132°
134°
136°
46°
44°
42°
40°
38°
36°
34°
32°
124°
1971年 3 月．日本最後の
トキ死滅
■＝原子力発電所
(建設準備中を含む)
尾瀬観光公害
四日市喘息
イタイイタイ病
宍道湖淡水化問題
人形峠
野ざらし放射性残土
岡山を中心とした
森永ヒ素ミルク事件
富栄養化／赤潮
大阪国際空港
カネミ油症事件
淡路島奇形ザル
高知パルプ生コン事件
臼杵
大阪セメント事件
瀬戸内海富栄養化
0
200km
土呂久鉱山
五ヶ瀬川ヒ素検山
水俣病

緊急普及版

環境百科

危機のエンサイクロペディア

編者
市川定夫
石田和男
伊藤重行
佐藤敬三
永田靖

表紙・口絵・本文中写真提供
樋口健二

中扉裏写真提供
中村梧郎

関電美浜原発　右より1，2，3号基

低レベル放射性廃棄物のドラム缶
（台湾の蘭嶼島貯蔵所）

エリート社員(原発コントロールセンター)

建設中の原発炉心部入口（東電福島第二）

原発労働者

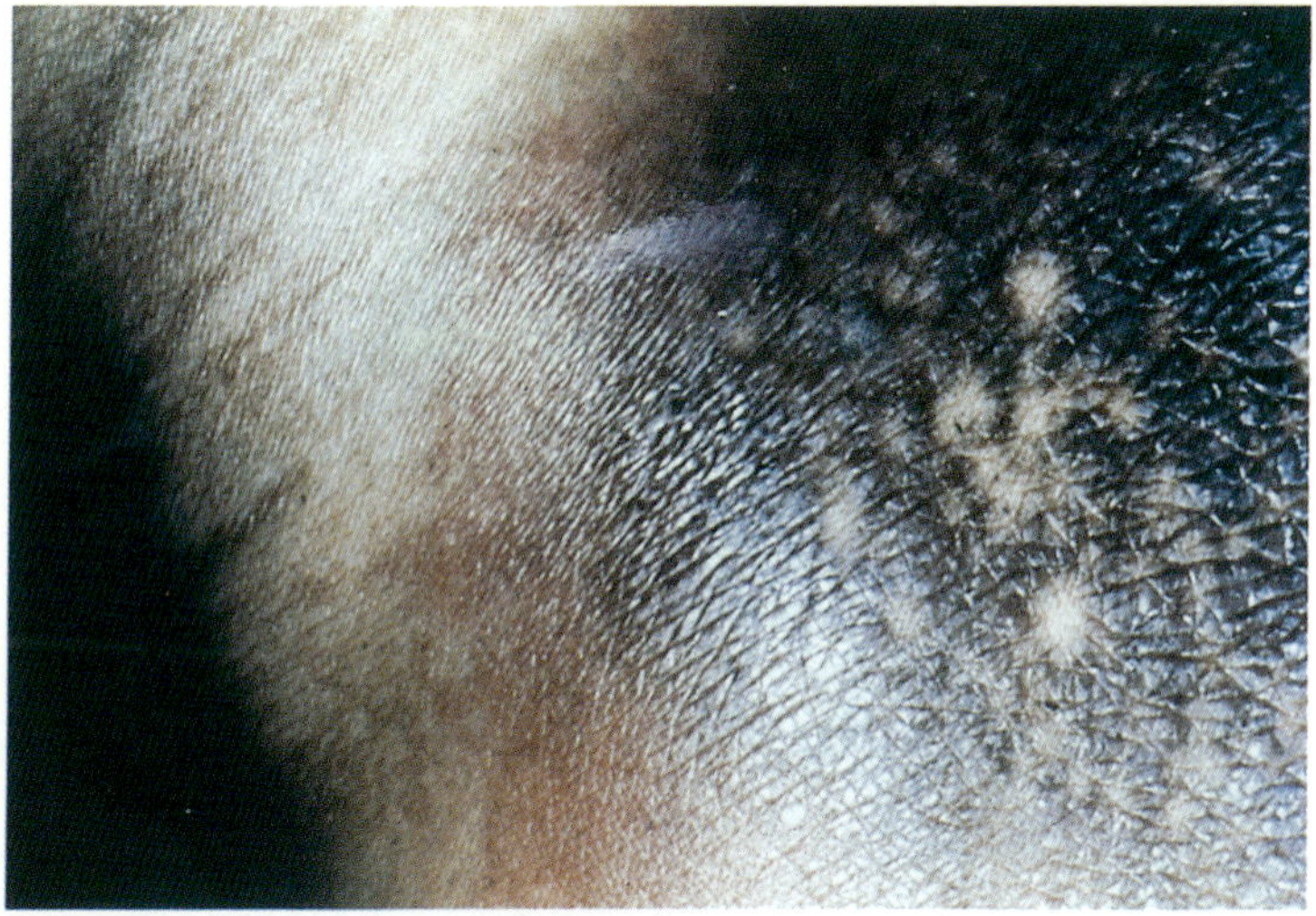

被曝者の放射線皮膚炎

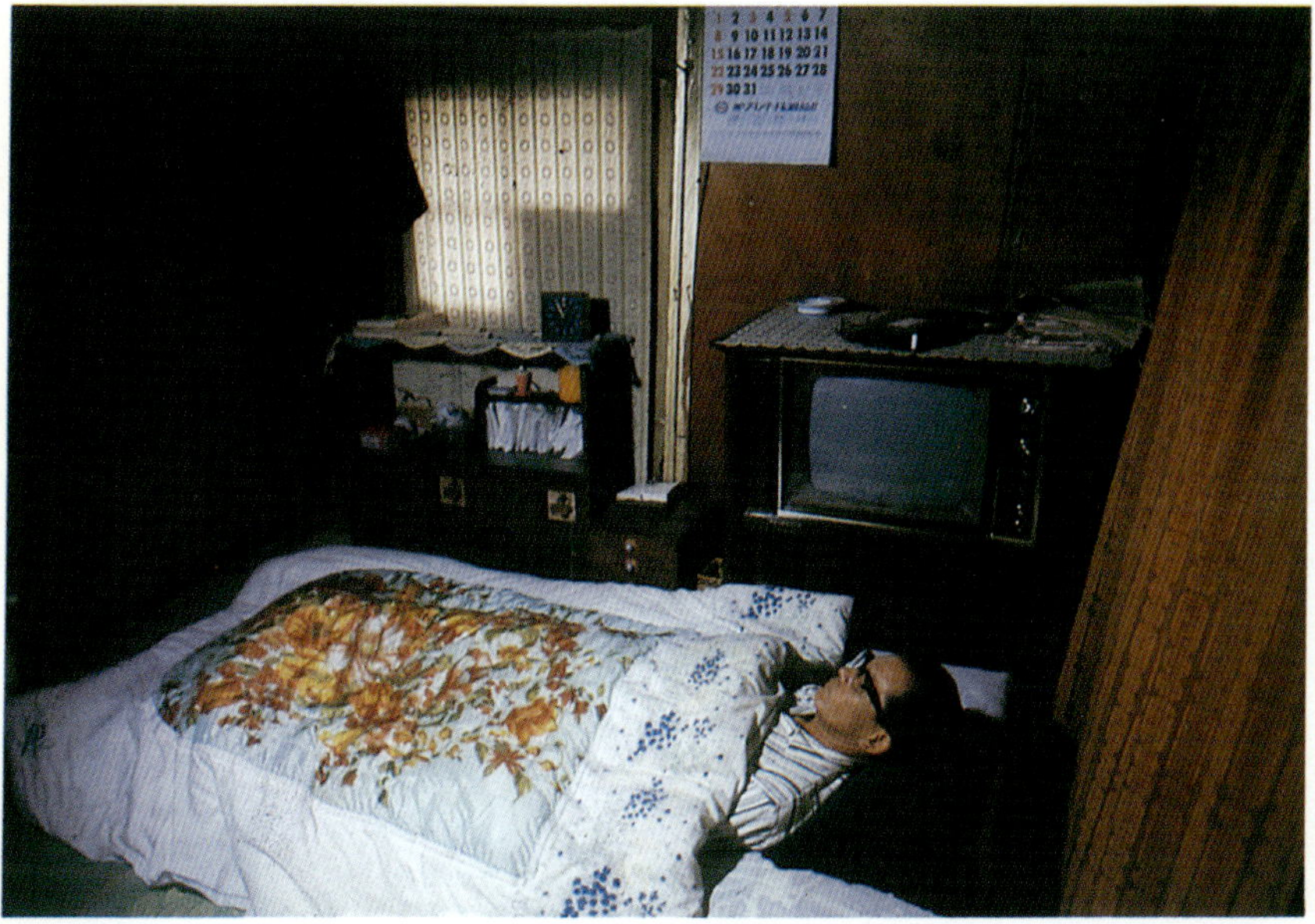

被曝者　岩佐嘉寿幸さん

操業を一部停止したスリーマイル島原子炉

スリーマイル島にある植物の異常現象

スリーマイル島に生える植物の異常現象

序　言

現代は、歴史的に見て、最も危機的な時代である。これまでの各時代と大きく異なるところは、その危機が必ずしも目に見えないところで深刻に進行していることであり、そして、そのことが、逆に現代の危機を根深いものとしているのである。

地球の温暖化、酸性雨、オゾン層の破壊といった地球規模の環境破壊は、地球全体の生態系と、それに属する人類を含むあらゆる生物の生存基盤を崩壊させつつある。核燃料サイクルもまた、さまざまな深刻な問題を人間社会につきつけているだけでなく、一九八六年のチェルノブイリ原発事故は、一つの事故が地球規模の環境汚染をもたらすことを示した。さらに、一九九〇年に起こった湾岸戦争は、現代では、一つの局地戦争もまた、地球規模の環境汚染を招きうることを教えた。

こうした地球規模の環境破壊と平行して、あらゆる生物の微小な細胞の中で、すべての生命現象の設計図としての遺伝子DNAの破壊が進行している。このナノレベル（一ナノメートルは一〇億分の一メートル）での遺伝子破壊は、酸性雨を招きかつ地球の温暖化にも加担している大気汚染物質により、また農薬類、食品添加物などさまざまな人工化合物や、核燃料サイクルが産み出す人工放射性核種によって、目に見えない形で、深刻に進行しているのである。

現代の危機のもう一つの深刻な問題は、一般市民の加害者化である。すなわち、快適だからとエネルギーを大量に浪費したり、便利だからと、大量の資源とエネルギーを消費して生産される工業製品をどんどん使い捨てたり、危険な人工化合物を使用したり、車を乗り回したりすることによって、一般市民が環境破壊や遺伝子破壊に加担している事実である。それは、かつての公害では見られなかったものである。

こうした現状は、さまざまな人間の営為が環境を破壊し、さらに、そうした人間の営為によって、人類が培ってきた価値や倫理まで含めて、おしなべて危機にさらされ、変質を余儀なくされていることを物語っている。したがって、環境問題はもちろん、人工知能、体外受精、臓器移植、遺伝子操作などといった諸問題は、決して自然科学だけの問題ではなく、人文社会科学をも含み込む、幅広い人間の精神の問題としてとらえて初めて、その位置づけが鮮明になるのである。

しかしながら、この広い意味での思想の側からは、危機意識や告発が盛んになされてきたとは決していえない。とくにわが国では、従来の人文社会科学は、むしろ、西欧のそれに追随することにその精力を費やしてきたのであり、逆に世界の言論をリードしたり、問題を提起したりすることは、少なかったといえる。自然科学も、とくに応用科学の分野では、わが国では模倣が主流であったことは否めない。

本書は、このような現状の中で、現代に広くかつ根深く浸透し、それゆえに人類を含む地球上の全生態系の将来を左右する諸問題を取り上げ、問題を提起し、あるいは告発し、そのうえで、そうした重大な諸問題の解決への方途を探ることを意図して企画された。古く、ディドロ、ダランベールの百科全書の創刊は、一時代を画し、その後の時代を方向づけるものであった。本書の企画も、自然科学、人文社会科学といった枠を取りはずし、新進気鋭の、また経験豊かな頭脳と知恵を結集して、目前に迫った二十一世紀に向かって、この危機的な時代を乗り越えて行く舵となることを念願としている。本書を『環境百科——危機のエンサイクロペディア』と名付けたのは、その意味からである。

本書の構成は、第Ⅰ章「炸裂する都市・膨張する人口」、第Ⅱ章「自然の逆襲」、第Ⅲ章「生態系の崩壊・遺伝情報の狂い」、第Ⅳ章「危機のエネルギー」、第Ⅴ章「日本の環境問題」の五章とし、各章とも多数の項目から成っている。これら五章の個々の項目は、私たち編集者が選んだものであるが、それら多数の項目の一つひとつに本書の企画意図が込められている。

本書は、その企画意図から、研究分野、視点、過去の経験などがさまざまに異なる多数の執筆者に執筆分担を依頼し、多様な視点からの問題提起、告発、解決策を執筆してもらうことにした。それゆえ、当然のこととして、異なる見解が本書に述べられていることもある。しかし、本書の意図は、読者に問題点を提起あるいは告発し、問題解決への方途を探ることにあるから、内容を統一したり、各執筆者の文章を修正したりすることはせず、異なる見解があっても、あえてそのまま掲載してある。そうした点については、問題が何に由来し、私たちがいま、何をなすべきか、読者一人ひとりの賢察にまかせるべきであると考えるからである。

なお、本書の各章を構成する多数の項目は、その重要性、解説の必要性などにより、およそ三二〇〇字、一六〇〇字、八〇〇字の三クラスに分けて執筆を依頼した。また、その配列は、それぞれの関連性を考慮した順序になっている。五十音順ではないため、特定の項目を探しやすいよう、巻末に索引をつけた。

さらに、本書の企画の段階で執筆を依頼した多数の項目のうち、いくつかの項目については、残念ながら原稿が未着のものがあるが、将来の増刷時に追加することとし、出版することにした。

この『環境百科——危機のエンサイクロペディア』は、そうした不完全さを一部含んでいるものの、かつてなく深刻で危機的な現状を真に理解し、何がそうした危機的な状況をもたらしたのか、また、いま、私たちが何をなすべきかについて考える契機を、読者に提供することができると信じる。現時点において、そうした危機的な現状を理解し、どんなに小さいものであれ、行動に立ち上がる人が増えることこそが、最も緊急に必要なことなのである。私たちは、本書の読者に大きな期待をもっている。

一九九二年五月

市 川 定 夫

目次

目次

第一章　炸裂する都市・膨張する人口

第二章　自然の逆襲

第三章　生態系の崩壊・遺伝情報の狂い

第四章　危機のエネルギー

第五章　日本の環境問題

第一章

炸裂する都市・膨張する人口

「群衆」の発見

モスコヴィッツの定義によれば、群衆は、反社会的であり、狂気をはらみ、犯罪的である。そのような現象としての群衆は、難民、下層民、見世物に熱狂する観客、政治的な団体行動をする群衆など、古代以来数多く見られるが、それが問題群をはらみ、客観的な考察の対象として俎上に登ってきたのは、一九世紀半である。そこでは、人口の爆発的な増加とあいまって、人が群れている状態が、多くの思想家にインスピレーションを与えたのである。ギュスターヴ・ル・ボンの『群衆心理学』やガブリエル・タルド『模倣の法則』などの古典的著作を経て、二〇世紀になるとフロイト、デュルケム、ウェーバー、オルテガ・イ・ガゼット、リースマン、ルフェーブルなどに、とらえ方は異なるものの、さまざまに考察されている。

それらのなかでは多種の群衆が描写されているが、そのなかでも、もっとも現代に近く、もっとも群衆が先鋭化したものの一つは、ロシア革命時に見られた群衆である。彼らは、帝政側から見れば、反社会的であり、狂気をはらみ、犯罪的であった。この群衆が特徴的であったのは、思想家たちにばかりでなく、多くの芸術作品のモチーフにもなったことである。

映画ではエイゼンシュタイン監督『戦艦ポチョムキン』、『ストライキ』、『十月』などに典型的に見られるが、「ティパージュ」という手法によって、素人の群衆が文字通り主人公となって、革命を再現している。演劇でも同様な群衆劇が演じられた。ルネサンス時代には、ローマではすでに舞台の上に一〇〇人余りのエキストラが登場したというが、これはただ舞台の上に整然と並ぶ隊列としてであり、このロシアでの群衆劇は、その意味で、群衆をモチーフとしたばかりでなく、主人公にもした画期的な出来事であったといってよい。一九二〇年のペトログラードでのアンネンコフ、クーゲリ、マスロフスカヤ演出『解放された労働者の神秘劇』、同年ラドロフ、ホダセーヴィッチ演出『ロシアの封鎖』、また同じくペトログラードでペトローフ、ラドロフ、ソロヴィヨフ、ピョートロフスキイ演出『世界共同体に向けて』、そしてこれらの群衆劇ではもっとも有名なエブレイノフ演出『冬宮襲撃』など、これらにはプロの俳優のほかに素人の兵士たちも参加して、どれも数千人規模の大群衆劇になった。ほぼ時を同じくしてドイツのラインハルトが試みる群衆処理も、同様にスペクタクル性と壮大な迫力に長けていたが、その群衆と異なったのは、これらの演劇は、大衆のための、大衆が参加する演劇であったことである。その意味で、ラインハルトの影響を受けて同じくロシアで群衆場面をダイナミックに演出した例えばグラノフスキイの作品とは、決定的に異なっていた。

しかし、その後、ロシアは異なるタイプの群衆を生み出すことになった。三〇年代になると、スターリニズムによって、それらの熱狂的な群衆が支えた芸術運動があらゆる領域で圧殺され始めるが、その際それに代わる群衆が組織された。ザミャーチンのアンチ・ユートピア小説に先取りされ、ロトチェンコの三〇年代の写真に描かれた群衆は、整然とし、没個性的であるが、集団的な統率心の旺盛な群衆である。一人の偶像の名の下に強い団結心を示すこの群衆は、権力者の威信を高めるための媒体ともなったのである。その後、この群衆は、アレクサンドル・ジノヴィェフがその風刺的な小説で描写しているように、膨大な数の「ホモ・ソビエティック」とでも名付けられる群衆に変形していく。ジノヴィエフによれば、ソ連という官僚制を支えたのは、共産党官僚のみではなく、膨大なこの群衆なのであった。彼らは、同じような既得権内にいて、一様に労働をし、一様に黙している限りにおいて、ソ連官僚制を下から支える群衆だったのである。

現代では、各国で様々な群衆が誕生している。概してさまざまに分化した、よりミニマムな集団が多く生まれている一方で、相変わらずより大きな群衆となってそこに権力が生じるという構図が見られる。その意味では、群衆に対する考察は、ようやく始まったばかりである。（永田　靖）

人口の冬

「人口の冬」とは、直接には、ドイツ、オーストリア、スイス、イギリスなどの国々で、人口の増加率がマイナスに転じることを意味している。この場合の問題は、単に、これらの先進国で人口の増加率がマイナス転化するそのこと自体にあるのではない。問題は、出生率を抑制しようとする、あるいは実際に、人口増加率が低い先進国に比べて、発展途上国では、人口増加が、経済発展のためにはどうしても必要であるとする、その意識のアンバランスにある。人口問題は、環境問題や食糧問題に直接かかわる問題であり、その意味で、現在先進国と発展途上国との間にある人口格差やそこに横たわる意識の違いが、環境問題や食糧問題に対する取り組みを困難にしているのである。

一方で人口爆発を持ち、他方「人口の冬」を迎えているこのアンバランスは、地球規模の様々な問題に触れ合っている。日本でも、都市に人口が集中し、深刻な過疎の問題を生んでいる上に、「人口の冬」は確実に押し寄せており、平均寿命の延びとともに、老人福祉を始めとする高齢化社会に対する対応は、先進国と比べるとはるかに遅れていると言わなければならない。さまざまな角度からの取り組みが急務だと思われる。

（永田　靖）

都市化

第二次世界大戦後の、日本における都市化を次の四つの指標から考察する。

(1) **人口集中度**　一九六〇年頃までは東京、大阪、名古屋、横浜、京都、神戸などの六大都市へ人口が集中した。一九六〇年以降の、大都市への人口集中は鈍化する。大都市の人口は過密になり、大都市に住んでいた人のなかにも大都市を出て周辺部に移り住むようになる人もでてくる。また、大都市に居住することを希望しながら、大都市に転入できずに周辺部に流入する全国からの移住者がいる。これら大都市の周辺部への人口集中は大都市を中心にしてドーナツ型の大都市圏を形成する。

一九八五年一〇月一日の国勢調査と一九九〇年三月三一日の住民基本台帳を基にして人口の増減をみると、首都圏では、東京都が一九万人の減少（一・六％減少）、神奈川県が四一万人の増加（五・六％増加）、埼玉県が四三万人の増加（七・四％増加）、千葉県が三三万人の増加（六・六％増加）となっており、東京都の減少に対して周辺部三県の増加は著しく、増加数、増加率共に全国の一位から三位の高さである。首都圏一都三県の人口（一九九〇年三月）の合計は三、一二七万人で全国人口の二五・五％を占める。京阪神圏（大阪・京都・兵庫・奈良）では、二万五〇四人の減少、減少率は〇・一％である。大阪府と京都府の減少に対して奈良県の増加率の高いのが目立っている。京阪神圏四県の人口の合計は一、七八二万人で、全国人口の一四・五％を占める。中京圏（愛知・岐阜・三重）は約二〇万人増え、増加率は二・〇％となっている。中京圏三県の人口の合計は一、〇四三万人で全国人口の八・五％を占める。首都圏、京阪神圏、中京圏の三大都市圏の人口の合計は五、九五二万人に達し、全国人口の四八・五％と、全国の約半分の人間が三大都市圏に住むようになった。

人口密度（一九八五年）は、東京都が五、四七一人、大阪府が四、六四一人で、全国平均（三二五人）に対し東京都が一六・八倍、大阪府が一四・三倍となっている。

(2) **環境不安全度**　工業化は都市化の中心的役割を果たしている。工業集積形成に応じて人口増加、特に第二次産業（鉱業・製造業・建設業等の加工産業）人口が、生産部門につくと同時にそれぞれ周辺通勤圏内に分布し、それに応じて、流通、消費、情報活動等の集積、第三次（商業・運輸・通信業・金融などサービスを提供する産業）人口の流動化が起こり、管理中枢機能を原点として関連部門の集中、企業間の結合度を高める。この求心的運動は累積化され、大都市、大工業地帯から周辺諸地域に波及してゆく。

都市化のあおりを受けた社会的諸事象の、社会病理学的現象を含めたマイナス面と、「歪み度」ともいうべき面の集積が環境不安全度である。いま改めて成長の限界や地球の温暖化が問われているが、大気汚染、水質汚濁、土壌汚染、騒音、振動、地盤沈下、悪臭などの各種公害が多発している。公害苦情受理件数（一九八七年度）をみると、一位東京都、二位大阪府、三位愛知県、四位埼玉県、五位神奈川県となっている。全産業の事業所数の割合（一九八六年）は、首都圏が二三・三%、京阪神圏が一五・四%、中京圏が八・九%で、三大都市圏の合計は四七・六%を占める。工業事業所数の割合は、首都圏が二二・一%、京阪神圏が一八・八%、中京圏が一三・五%で、三大都市圏の合計は、五四・四%を占める。遊び場・公園の問題、水と緑・環境保全問題、保育・教育問題、医療・保健問題、土地問題、住宅問題、交通事故・都市交通の悪化の問題などが進行している。住宅地の一平方メートルの基準地標準価格（一九八九年・国土庁）は、一位東京都（八五万三、五〇〇円）、二位大阪府（三七万六、八〇〇円）、三位神奈川県（三三万三、三〇〇円）、四位京都府（二三万七、六〇〇円）、五位埼玉県（二三万三、六〇〇円）となっている。全国でも最も価格が低いのは島根県（二万一、七〇〇円）であった。持家率（一九八五年）は、全国平均が六一・七%に対し、東京都が四三・二%、大阪府が五〇・一%である。交通事故・人身事故発生件数（一九八七年）は、東京都、大阪府ともに約五万件であった。

(3)　**「いえ」解体度**　日本の家族の伝統的形態を「いえ」と考える。大都市圏への人口集中は大量の人口が農村から都市に流入したことを示す。都市の過密は農村に過疎をつくった、と同時に「いえ」に対する価値観を変えた。先祖から代々子孫に伝えられる家産と生業、本家と分家を軸とした家連合における「いえ」と「いえ」の関係などが、都市に住む人びとには個人に中心を置く意識として強まっていった。大都市に就職し、周辺部の団地で所帯を持ち、子どもを育て、その子どもが結婚をした時、団地のなかで二世帯が同居することは物理的に不可能であった。新婚のこども夫婦は近くのアパートに居を構えた。新築の頃は、はいからなテラス・ハウス3Kと、マスコミからもてはやされた団地には年老いた夫婦だけが残り住んでいる。

核家族世帯数比率（一九八五年）は、全国平均が六〇・〇%である。首都圏では、東京都（五六・〇%）の比率は低いが、全国で一番高い埼玉県（六七・八%）をはじめ、千葉県（六五・二%）、神奈川県（六四・三%）など都心周辺部が高い。団地で生まれ、団地で育った子ども達は「ふるさと」や「いえ」をどのように考えているだろうか。結婚も「いえ」と「いえ」の関係から愛情・理解・合意という人格的関係を基礎にしたものに移行してゆくであろう。

(4)　**大都市の魅力度**　大都市になぜ人は集まるのだろうか。東京圏のメリットのイメージを二因子に区分する。第一因子＝社会的・目標達成的行為の欲求度を示すイメージ。ほかより楽しい生活ができる、金持ちになれるチャンスがある、世にでるチャンスがある、自分の能力を生かせるチャンスがある、文化の恩恵をより多く受けることができる。第二因子＝社会的・環境適応的並びに余暇的行為の欲求度を示すイメージ。自分の好きな生活ができる、生きがいを感じさせてくれる、買物が便利で豊かな消費生活ができる、子どもの教育上便利だ。

第一因子、第二因子ともにイメージ得点が高いグループは自由業で所得が最高クラスの人達であり、第一因子の得点は高いが、第二因子の得点が低いグループは社宅居住者、大学卒、管理職であり、第二因子の得点は高いが、第一因子の得点の低いグループは五〇歳以上、農業であり、第一因子、第二因子共に得点が低いグループは労務職、収入は平均値のクラスの人達である。東京圏のディメリットのイメージを二因子に区分する。A因子＝生活危害としての危険性と不健康性を示すイメージ。ゆとりがない、いらいらする、通勤時間が長すぎる、健康に良くない、自然が欠けている、子どものためによくない、交通事故が多い。B因子＝環境不全としての不便性と不快性。物価が高い、住宅環境が悪い、犯罪が多い、公害で心身がむしばまれる。

A因子の得点が高いグループは、収入が最低のクラス、社宅居住者、公団住宅居住者であり、B因子の得点が高いグループは、職業別で無職、主婦（無職）、民間アパート居住者などである。

東京圏に住む人びとが都市生活の規則的または蓋然的な経過に関して抱き、有し、利用しうる認識や意見の準備状態としてのイメージを探求してきたが、生活水準の高度化志向は同じような方向にかなり偏りながら、意図・目的・手段としての生活体系によって現実性を把握し処理するパターンに大きな相違がある。東京圏という同一地域内に居住する人びとの異なるレベルでの生活時間、生活空間を通しての生活の質の差によって東京圏のイメージに落差が生じていること、誇張性を持つイメージに落差が生じていること、誇張性を持つイメージが培養されその落差の増幅が起こりうる可能性がある時、改めて東京圏とは何か、都市とは何かが問われてくる。

（西　真平）

過疎化

日本における過疎化を次の四つの指標から考察する。

(1)　**人口減少**　一九八五年（国勢調査）と一九九〇年（国勢調査）を比較すると、五年間で一八道県で人口が減っている。人口減少の高い順にあげると、①青森（四一、五一三人）、②北海道（三五、七二四人）、③長崎（三〇、九五三人）、④山口（二八、九八二人）、⑤秋田（二六、五四一人)、⑥鹿児島(二一、五〇四人)、⑦岩手(一六、六五一人)、⑧愛媛(一四、九五六人)、⑨高知(一四、七二一人)、⑩島根(一三、六二四人)、⑪大分(一三、二九〇人)、⑫和歌山(一二、八八五人)、⑬宮崎(六、六二一人)、⑭新潟(三、八六八人)、⑮徳島(三、三〇七人)、⑯山形(三、二五八人)、⑰佐賀(二、一四八人)、⑱鳥取(二八三人)となっている。人口減少率が高い一位から五位は、①青森(二・七%)、②秋田(二・一%)、③長崎(一・九%)、④-1山口(一・八%)、④-2高知(一・八%)である。人口が減少する最大の現象は他都道府県への転出者が他都道府県からの転入者を超過することにある。依然として大都市部に人口が集中していることを示している。

(2)　**人口密度**　一九八五年(国勢調査)における一平方キロメートル当り人口密度は全国で三二四・七人であった。人口密度の低い順に一位から十位までをあげると、①北海道(七二・三)、②岩手(九三・八)、③秋田(一〇八・〇)、④高知(一一八・二)、⑤島根(一一九・九)、⑥山形(一三五・三)、⑦福島(一五〇・九)、⑧宮崎(一五二・〇)、⑨長野(一五七・三)、⑩青森(一五八・五)などである。福島、長野を除く人口減少の高い地域で人口密度が低くなっている。ちなみに同年、首都圏の都市の中で人口密度が最も高かったのは埼玉県蕨市の一万三、八三二・六人であった。

(3)　**第一次産業**　産業三区分別十五歳以上就業者調べ(一九八五年・国勢調査)の中で全国の第一次産業就業者比率は九・三%であった。人口減少度が高い県の第一次産業就業者比率は、青森二四・一%、北海道一二・六%、長崎一七・三%、山口一二・九%、秋田二一・八%、鹿児島二二・五%、岩手二五・三%、愛媛一六・七%、高知一九・八%、島根一九・三%、大分一七・八%、和歌山一四・九%、宮崎二一・九%、新潟一四・一%、徳島一七・六%、山形二〇・〇%、佐賀一八・八%、鳥取一八・九%となっており、いずれも全国平均より高い比率を示している。このことは農業・林業・漁業に従事している人々が多い地域が人口減少度が高いということであり、調和の取れた産業構造をどのようにして作るかが地域社会の課題になってきた。全国の第二次産業就業者比率は三三・二%である。第二次産業の中には、鉱業、建設業、製造業が入る。人口減少度が高い十八地域の中で、第二次産業就業者比率が全国平均よりも高い地域は新潟(三五・七%)と山形(三三・四%)であった。全国の第三次産業就業者比率は、五七・五%である。第三次産業の中には、電気・ガス・熱供給・水道業、運輸・通信業、卸売・小売業、飲食店、金融・保険業、不動産業、サービス業、公務などが含まれる。人口減少度が高い一八地域の中で、第三次産業就業者比率が全国平均よりも高い地域は北海道(六三・八%)、長崎(五九・三%)、高知(五七・七%)などであった。

(4) **六五歳以上人口** 〇―一四歳、一五―六四歳、六五歳以上、いわゆる年齢三区分別人口で全国の六五歳以上の構成比（一九八八年）は一一・二％である。人口減少度の高い県の六五歳以上の構成比は、青森一一・五％、北海道一〇・九％、長崎一三・四％、山口一四・六％、秋田一四・一％、鹿児島一五・四％、岩手一三・二％、愛媛一四・三％、高知一五・九％、島根一六・八％、大分一四・三％、和歌山一四・二％、宮崎一三・二％、新潟一四・一％、徳島一四・四％、山形一四・九％、佐賀一四・一％、鳥取一五・〇％などとなっている。北海道以外はすべて全国平均よりも高い。若者の転出が多いことを語っている。（西　真平）

スラム化

総体的生活水準の高度化を志向して大都市圏に地方から人口が集中している。生活水準を高度化させたいという欲求のなかには、よい職業を求める欲求、利潤を追求する欲求、質の高い消費の欲求、権力欲、名誉欲、立身出世欲、恋愛の欲求、家族を愛する欲求、流行を追う欲求、味覚欲、社交欲、便利な住居に住みたい欲求、健康・保護を正常に保つ欲求、娯楽・休養の欲求、スポーツの欲求、高い教育・教養の欲求、趣味の欲求、芸術への欲求、科学探求の欲求、宗教への欲求などがある。

大都市において社会的階層や経済的階層などが低い層に所属し、生活水準を高度化させたいという夢は破れ、都市生活の満足度も低く、特に社会的属性によって疎外されている人達が、貧民窟を形成していく過程がスラム化である。

大都市において都市生活満足感の低い人達の実態はどうか。職業はブルーカラーが多く、失業率も高い。定まった職業は持たず、ある期間を時間給や日給で働く人もいる。その人達は社会が景気がよい時は忙しく、不景気な時は手当が出ない休日が多くなる。仕事の内容は人のいやがる仕事が多い。利潤を追求するにはあまりにも低い。所得階層別では最も低所得層に属する。常に貧困であり、生活保護を受ける率が高い。消費生活は一日を生きるのに最低必要なものに限られる。スーパーや商店の残り物を時間や場所を問わず安く分けてもらうことに気を使っている。権力はスラム内においてのみ認められる生活価値の配分を巡って闘争が行われ、その闘争に勝った者がスラムのボスとして君臨する。その生活価値のなかにはグループで非常識的にあるいは犯罪的に獲得したものが含まれることもある。日頃の不満を外に向けて、反社会集団となり騒乱を起こすこともある。ボスになると居住地域内の人間関係に気配りをし、外部からの圧力にリーダーシップを発揮しなければならない。所属グループから与えられる名誉は外集団の社会的規範や拘束から自由になることが認められた時に与えられる。グループ内の立身出世も内集団の価値観に基づく役割取得であり、外集団には逆機能として働くことが多い。性的欲求は、性の売買によって処理される機会が多い。離婚や家出によって家族が解体している者が多い。母子家庭や父子家庭、いわゆる欠損家庭も見られるし、老人の単身者の増加が予想される。流行を追う行動は、外集団の側から見れば悪徳と退廃につながる行動であり、中毒・自殺・犯罪などの逸脱行動が含まれる。味覚の欲求よりも満腹になる欲求が強い。社交欲はほとんどない。孤独と疎外のなかで自己のアイデンティティーを喪失し、匿名性を重視し、家族や親戚からも離れ、人間関係の煩わしさがないことを大都市の利点と考えている。便利な住居に住みたい欲求は強い。しかし高級住宅街に住むことは夢物語である。住居は仕事と生活に便利な場所にあっても、老朽化、狭小化、過密化その上危険という住居が多い。間借りや同居の事例も多い。宿泊施設を利用する者もいる。住環境の劣悪さは健康性・保健性に特記すべき問題を残している。娯楽や趣味の欲求はギャンブルに主として向けられている。パチンコ、競輪、オートレース、競艇、競馬そして個人的賭博。スポーツの欲求は低所得層には全く満たされていない。バスや電車代金すら倹約するために、一時間かけて住居から職場まで歩くことが唯一の運動という話もあった。高い教育・教養の欲求も高額な学資を必要とする。スラム居住者には高学歴者が少ない。芸術や科学探求の欲求も一部の者を除いて縁が遠い。宗教への欲求に対する宗教各派のアプローチは真剣である。しかし費用が高い墓所・墓地の問題は大きな悩みとなっている。

土地問題、住宅問題に関連して日本ではかつて経験しなかった新しいスラム化の問題が起こっている。兎小屋といわれる集合住宅の老朽化である。第二次取得者は、低所得層でありスラム化の地域的拡散が起こりそうである。

（西　真平）

都市衰退

わが国における大都市の中心市街地から夜間人口の減少がおこっている。

都市の中心部から住居を他に移す理由の第一位は住宅に関することであり、第二位は仕事に関することであり、第三位は結婚に関することであり、第四位は環境に関することである。地方から若い単身者が進学や就職のために大都市に集中する。大都市において結婚し、民間の木造アパート四・五畳に居を定めるところから出発し、第一子の妊娠、出産、育児の時期に、より広い住宅を求めて郊外に転出していく。「住居が狭い」、「自家（持家）を持ちたい」という願いが圧倒的に高い。

民間の木造アパートは、日照の問題、家賃の問題、立ち退きの問題、プライバシーの問題等をさらにかかえている。

民間の木造アパートに居残っている人達は老人達であり、永年住み慣れた居住地区に愛着が強い。ある日、家主の土地を買った会社から立ち退きを迫られる。その土地は次から次へいくつかの会社に転売され、短期間のうちに個人では購入できない高い値段になる。

ちなみに住宅地の基準地価（一九九〇年）で日本一高かったのは東京都千代田区の一平方メートル千二百五十万円であり、同年商業地の日本一は東京都中央区の一平方メートル三千八百万円であった。

駅前から敷地規模の小さい小売商が消えていく。老夫婦で経営していた煙草屋、魚屋、肉屋、八百屋、米屋、駄菓子屋、ラーメン屋、定食食堂、おもちゃ屋、古着屋、銭湯、雑貨屋、古本屋、はきもの屋、自転車屋、だんご屋、時計屋、床屋、とうふ屋、赤ちょうちんなど、数多くの小さな店が消えていった。

代わって出現したのは、デパート、銀行、ホテル、スーパーマーケット、レストラン、名店街、官庁、大会社などあか抜けした高層ビル群であった。

郊外からの通勤者によって昼間の人口密度、昼間人口比率が高く、居住人口密度が低い地区が大都市の中心部に形成されている。このドーナツ化現象は地方の核都市へも波及している。この中心部の人口構成の特色は老年人口比率が高く、年少人口比率が低い。このことは保育所、幼稚園、小学校の定員減を生じさせている。さらに進めば廃園・廃校につながる。新入社員やサラーリマン家族に適した住宅が激減するため新規来住者比率が低い。転出人口比率が高く、転入人口比率が低い。出生時から住み続けている人口比率は高い。二〇年以上の居住者比率が高い。老人のみの世帯比率も高い。民営借家は大都市中心部の再開発前と後では大きく異なる。再開発後は民営借家の比率は減少し、質は高級化し、家賃は高騰化する。

大都市中心部の産業構成の特色は、個人経営よりも会社形態の第三次産業の比率が高い。卸売業の比率が高い。映画館やパチンコ屋など娯楽施設の数が多い。建蔽率は高く建物は高層化される。交通事故の発生比率は高い。

「まち」から住民が減少することは「まち」から人間性がなくなることにつながる。都市学者、磯村英一は都市の再生の条件として次の四つをあげている。第一は人間づくり。居住し生活する人間の基本的人権が確保されること。それは日本国憲法の保障を、都市自らが憲章を策定して確保する。第二は環境づくり。建物や施設の整備を対象とする。それらの構築には、住民・市民の理想が反映することが大切である。第三は市民づくり。市民とはその都市のまちづくりに何らかの形で貢献するものをいう。居住だけではなく、都市形成に参加・貢献するという約束住民である。約束の根拠には憲章を必要とする。第四はまちづくりを実現するには、都市の憲章を住民自治によって策定する。まちづくりを前提とした地方制度の改正こそ都市再生の基本である。

（西　真平）

インナーシティ問題

アメリカやイギリスの大都市で問題になっているインナーシティの荒廃は大都市郊外の人口の膨張と高い関連を持っている。アメリカの大都市中央部の成長率を一とすれば郊外の成長率は五という大きな数字を示している。郊外に移動した人々の大部分は白人家族であった。大都市中央部の学校において人種の混合が行われていることは大都市の中央部から白人が郊外に転居する大きな原因の一つになっている。多くの白人は自分の子供を白人だけの学校に入れたいと思っている。

大都市中央部は汚染度や混雑度が高くなっている。ごちゃごちゃしたまちなかよりも広々とした眺めの良い場所に住みたい。狭いアパートよりも庭付きの家が持ちたい。職場に行くのに広い道路を車で快適に飛ばしてみたい。他の地域にでかけるのにも網の目のようにできた高速道路を利用したい。職場や生活関連サービスの事業所を自宅近くに導入することにも力を入れたい。そのような思いで、高収入の人達が大都市郊外の他市へ転出することは大都市の税の歳入が減少することにつながる。高収入の人達が去った後に残っている人達や高収入の人達が住んでいた場所に移り住む人達は低収入であり、社会階層は貧困層に属する。失業者の集団も形成されていく。

大都市中央部のビジネス地区に隣り合う居住区の建物は修理をはじめとする維持管理を行わないために老朽化が早くすすみ荒廃していく。板張りや、焼けたビルがそのままになっている。空き家になり無人化し、コミュニティも崩壊する。

貧困や疾病に加えて売春、麻薬、犯罪が増加する。社会福祉サービスの費用、学校や建物の維持、警察や消防などに多額の予算が必要となる。

黒人人口比率の増大と共に黒人も郊外に移り住むようになると、郊外において白人と黒人との間に新しい紛争の問題も起こってくる。

インナーシティの荒廃問題を背景として、家族解体が進行している。離婚率が上昇し、母子家庭や低所得で老人女性である一人暮しが増加している。

未婚の母の増加、女性の妊娠年齢の低下に関連して女子高校生の退学問題が浮上してくる。

犯罪のなかでは麻薬による殺人や強盗などの路上犯罪が特徴的であり、青少年犯罪も増加している。

社会階層の低所得者層比率が高くなればなるほど財政上

の危機は増大し、市民に対するサービスが低下する。歳入の衰退は負債を蓄積し、負債の債務不履行をも生じさせる。

郊外から大都市中央部に通勤するサラリーマンが職場所在地で享受する行政サービスの社会的費用も大都市の財政にとって問題になる。通勤サラリーマンが、通勤している大都市に払う税金は少なく、行政が支出する税金の恩恵は多大に受けているのだから。

しかし、人口の郊外への移動と共に事業所も郊外に移動していく。市内から郊外へ通勤する労働者の比率も高くなっている。

市街地の改造を行うために莫大な費用が投じられる。零細な小売業は地代や管理費用の高騰によって商売が維持できなくなり郊外に転出していく。

白人対黒人の図式が移民の増大によって人種、民族、教育水準、所得などを総合した社会階層別に上層と下層という図式に変わってきている。居住地区も上層は下層と同じ地区に住むことを嫌うが、下層は上層の居住地区に住みたいという欲求を持っている。

工場を原因とする大気汚染が減少しているのに対し、自動車通勤による交通混雑が増大し、自動車による大気汚染、交通事故も増加している。大都市中央部の駐車場不足も深刻である。

各種情報の大都市一極集中も人間性を麻痺させる大きな原因となっている。


（西　真平）

人口流入

わが国の四七都道府県における人口の流入について二つの指標から考察する。
(1) **一九八九年の一年間の転入者数について**　四七都道府県のなかで転入者数が大きい順に第一位から第一〇位までをあげると、①東京（四五万四、八一五人）②神奈川（三〇万〇、五九〇人）③埼玉（二四万五、九五五人）④千葉（二二万一、〇〇五人）⑤大阪（一九万五、八七一人）⑥兵庫（一三万三、二二八人）⑦愛知（一三万二、六九四人）⑧福岡（一二万三、〇三九人）⑨静岡（七万五、六二九人）⑩茨城（七万三、三二六人）となっている。このなかで第一位の東京は同年間の転出者数が五一万六、五七四人もあったため六万一、七五九人の転出超過となっている。第五位の大阪も転出者数が二四万〇、一五七人で四万四、二八六人の転出超過である。東京と大阪を除く他の八県はすべて転入超過である。埼玉の転出者数は一七万一、〇五八人で七万四、八九七人の転入超過（全国一位）、千葉の転出者数は一六万七、六八七人で五万三、三一八人の転入超過（全国二位）であった。
(2) **常住地と、従業・通学地が異なる一五歳以上の人口について**

一九八五年の国勢調査を基に他県に常住して、昼間、流入してくる人口を四七都道府県別に比較してみる。流入人口の大きい順に第一位から第一〇位までをあげると、①東京（二六〇万三千人）②大阪（六八万四千人）③神奈川（二四万九千人）④埼玉（一八万八千人）⑤京都（一五万九千人）⑥愛知（一四万八千人）⑦千葉（一三万四千人）⑧兵庫（一二万六千人）⑨福岡（五万四千人）⑩茨城（五万四千人）となっている。同年の東京の昼間人口は一、四〇〇万人であった。夜間人口を一〇〇とすると、昼間人口は一一八・四％になる。この昼間人口の一八・六％が通勤・通学による他県からの流入人口である。逆に昼間、埼玉からの従業・通学のための流出人口は九三万九千人、神奈川の流出人口は九一万六千人、千葉の流出人口は七七万二千人で三県の流出人口のほとんどが東京に流入している。

（西　真平）

人口動態

わが国の人口動態統計（厚生省）によって、出生・死亡・乳児死亡・婚姻・離婚等の人口動態現象について見てみよう。

一九八九年の出生数は一二四万六、八〇二人で、出生率（人口千対）は一〇・二である。一人の女性が生涯に平均して何人の子供を産むかを示す合計特殊出生率は一・五七である。出生率低下の原因としては、出産適齢の女子人口の減少、晩婚、晩産化に伴う少産化傾向があげられるが、若者の生活環境や生活意識の変化、特に結婚生活の暮しにくさも指摘されている。

一九八九年の死亡数は七八万八、五九四人で、死亡率（人口千対）は六・四である。わが国の死亡率は医学や薬学の進歩、公衆衛生の発展等によって低下の傾向を示している。都道府県別で死亡率が最も高いのは島根の八・八で、以下、高知、鹿児島などとなっており、最も低率なのは埼玉と神奈川の四・七で、次いで沖縄となっている。

一九八九年の乳児死亡数は五、七三四人で、乳児死亡率（出生千対）は四・六である。乳児の生存は母体の健康状態、養育条件等の影響を強く受けるため、乳児死亡率はその地域の衛生状態や生活水準を反映する指標の一つである。世界で最も低率であるといっても過言ではない。

一九八九年の婚姻数は七〇万八、三一六組で、婚姻率（人口千対）は五・八である。若者の労働観、性行動、モラトリアム意識、伝統的な家族制度などが絡み合って若者の単身生活者の割合を高めている。

一九八九年の離婚数は一〇万七、八一一組で、離婚率（人口千対）は一・二九である。夫妻の同居期間別では五年未満が最も多いが、一五年以上の離婚率の増加が目だっている。離婚申し立て動機において夫側は、①位、性格が合わない、②位、同居に応じない、③位、異性関係、妻側は、①位、性格が合わない、②位、暴力を振るう、③位、異性関係等をあげている。

（西　真平）

人口ピラミッド

一九八八年の推計人口（総務庁）によれば、わが国の総人口は一億二、二七八万人である。

わが国の人口ピラミッドは図のとおりで、各時代の社会情勢の影響を受けた出生・死亡の状況を反映している。

一九四七年（昭和二二年）から一九四九年（昭和二四年）の間に生まれた第一次ベビーブーム期と、一九七一年（昭和四六年）から一九七四年（昭和四九年）の間に生まれた第二次ベビーブーム期に二つのふくらみを作っている。団塊の世代と呼ばれた第一次ベビーブームの人たちの生い立ちが、そのまま社会に大きな影響を与えている。全国の出生数は、一九四七年が二六七万九千人、一九四八年が二六八万二千人、一九四九年が二六九万七千人となっている。また、第二次ベビーブーム期の出生数は、一九七一年が二〇〇万一千人、一九七二年が二〇三万四千人、一九七三年が二〇九万二千人、一九七四年が二〇三万人であった。ち

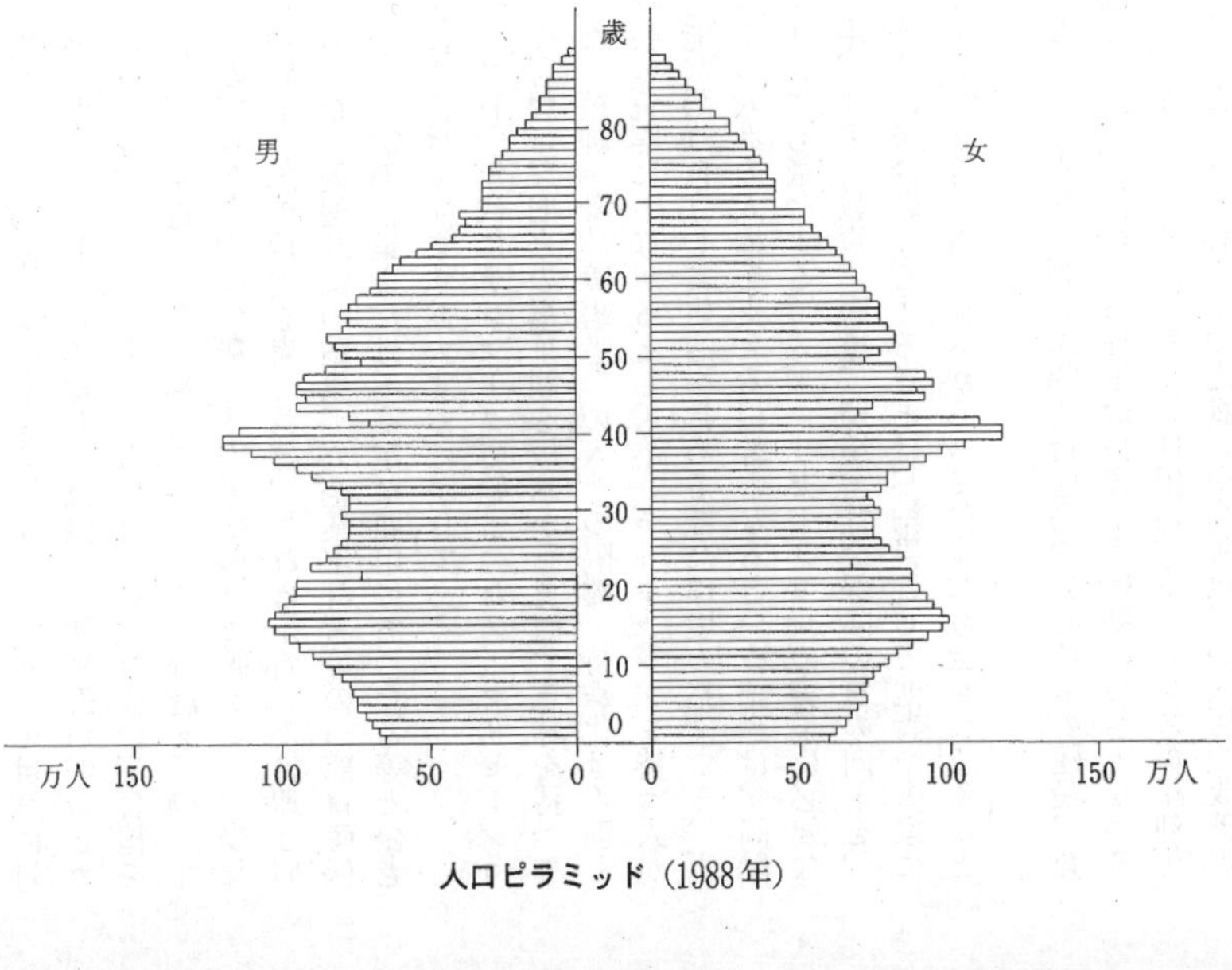

人口ピラミッド（1988年）

なみに、一九八八年の出生数は一三一万四千人である。

一九八八年の、年齢三区分別人口の構成割合は、年少人口（〇―一四歳）が一九・五％（二、三九九万人）、生産年齢人口（一五―六四歳）が六九・二％（八、五〇一万人）、老年人口（六五歳以上）が一一・二％（一、三七八万人）である。年少人口の割合は低下しており、老年人口の割合は上昇している。人口問題研究所は老年人口の割合を二〇〇〇年には一六・九％、二〇一〇年には二一・一％、二〇二〇年には二五・二％と推計している。

年少人口指数（生産年齢人口一〇〇人に対する年少人口の比率）は二八・二、老年人口指数（生産年齢人口一〇〇人に対する老年人口の比率）は一六・二で、年少人口指数の低下に対し、老年人口指数は上昇している。労働力需要の量と質が今後の大きな課題となる。

従属人口指数（生産年齢人口一〇〇人に対する従属人口〈年少人口と老年人口の計〉の比率）は四四・四である。世界でも低い。（西　真平）

高齢化社会

日本の高齢化のピークは、総人口に占める六五歳以上の割合が二三・五％と推計される二〇二〇年に訪れる。科学と生産を至上の価値としてきた現代は、〝死〟を自然に対する人間の〝屈服〟とみなし、高齢者を死に近い弱者とカテゴリー化する傾向にある。政府は高齢化社会の高負担を喧伝し、行革推進と共に福祉の民活や在宅介護を奨励しているが、GNPの成長が国民の生活環境を潤すことの少なかったこの国の現実を考えれば、これは矛盾した論理といえる。企業優遇政策の結果、大企業出身者等の一部資産保有者と、零細企業または不安定な雇用にあった者等との老後の格差はますます拡大するばかりである。

一九五〇年代にデンマークで始まったノーマリゼーションの思想は、旧来の福祉観を根本から見直す意味を持っていた。精神・身体障害者等の人々の隔離・特殊化は差別と社会の荒廃につながるとし、ハンディキャップを持つ人が可能な限り自立して生活を営める社会環境の整備こそ、すべての人々の人権を支える根幹となるという認識は、高齢化社会にも適合する。ノーマリゼーションの実現に必要な雇用、住宅、教育、医療、環境、社会保険の質の向上を、基本的政策課題と考えることは、結果として他者や国家に全面的に依存しない個人から成る健全な社会をつくることになる。

とりわけ水準の高い民間賃貸住宅や公的住宅の建設、介護と自立を可能にする住宅改良資金の援助は急務となっている。家主による高齢者の居住拒否、ホームレスが深刻化する現在、一人暮らしの高齢者や高齢世帯が入居や改善の優先権を持つことは社会的公正の公準に照らして当然となろう。

　しかし、日本型福祉という名で政府はひたすら市場経済化を図り、受益者負担、自助を原則とした弱肉強食社会を築きつつある。

　日本型福祉がどのようなものかは、生活保護法のなかで明らかだ。福祉予算の削減にともない、補助金が毎年カットされる生活保護の受給率は一九八九年でとうとう全人口の〇・九%を割った。欧米先進国の三～八%に比較してもきわだって低い。ニセ広告、年齢・人種・性差別が横行する劣悪な雇用環境が原因の一つとなり、母子世帯、障害者、中高年等の貧困を人為的に作り出す。このなかで文字通り最後の命綱となる生活保護率の低下は、適用に際しての行政による苛酷な人権侵害と拡大解釈に基づく扶養の強制を原因としている。

　明治政府は、共同体や親族による相互扶助を第一の義務とし、第二に必要悪としての貧民救済措置をとってきた。生活保護法のなかで当時と変わらない自己責任の強調、世帯主義、公的扶助に先だって第三親等にまで及ぶ親族扶養の義務化は先進国のなかでも異例であり、国民の権利意識の発達を著しく阻害し続けている。

　この親族扶養は女性による無償の高齢者介護を前提とする。道徳的抑圧から、また生活手段として〝嫁〟を演じる女性の従属的役割意識は、公的責任における福祉の後退と、貧困で依存的な女性高齢者を再生産することにつながっている。

　高齢化社会の到来により、二〇一〇年で約二〇〇万人弱の人手不足が予測されている。労働省が考えたのは、ボランティア、パート、アルバイト等の低賃金が支える介護労働を〝女性向き〟の仕事として奨励することであった。高齢者介護を女性の関心事として囲い込み、再度底辺労働化することは、高齢社会を矮小化し女性差別を促進するネガティブな発想でしかない。

　家族制度の孤独から抜け出した中高年の女性たちが、老後を支え合う血縁以外のネットワークを作り始めた。市民レベルのこのような試みが幅広く連動し、男性社会や自治体に働きかけるなどして、問題を社会化していくことが期待されている。

（九原　弓）

集団の老化

　ヒトの体が老化して死に至るように、集団や社会にも老化や死がある。ヒトの集団を考えるならば、人口が急速に増加している集団では、死亡率に比して出生率がずっと高く、若齢人口が最も多く、老齢になるにしたがって人口が減っていく。このような集団は、年齢構成はピラミッド型をしており、若い集団といえる。これに対して、死亡率が高く、出生率が低い集団では、若齢人口が他の年齢層よりも少なく、人口は減少に向かう。この場合、年齢構成は時間とともにますます老齢に偏り、集団として老化していく。ヒトの集団の老化は、人口の高齢化の問題として当面の社会的な対策を求められている（「高齢化社会」の項参照）。

一方、広く生物界全体を見渡したとき、集団の老化は生物の栄枯盛衰と深く関わっている。いま、ひとつがいのショウジョウバエをビンに入れ、自由に繁殖させると、ハエの個体数ははじめ急速に増すが、次第に増加が鈍り、S字形のロジスチック曲線を描いて一定数に達し、平衡状態となり、それ以上増えない。自然界のさまざまな動物が、捕食者（天敵）や疾病、食料不足などの環境抵抗に左右されて個体数を変動させながら集団を維持しているのは、このような平衡状態での現象と見なせる。これに対して、ほぼ無菌状態の一定の空間内でマウスやラットに飼料を十分に与えて自由に繁殖させると、個体数は急速に増大し、やがてその生息空間での上限値に達するが、間もなく減少を開始し、再び数を増すことなく、ついには全滅に至る。このような集団では、個体数が最大に達する前から、出生数の減少と死亡数の増加が見られ、この傾向は日数と共にさらに進行する。また、日数が進むほど再生産率は低下し、集団としての成長率はマイナスとなり、年齢構成も老齢に偏り、老齢層の占める割合が増す。集団として老化が進行し、この集団は崩壊し、死滅することになる。外的な環境抵抗がほとんどない状態の限られた空間内におかれた集団を、このように老化し死滅するように運命づける最大の要因は、個体密度と考えられる。個体数が増し、過密となると、個体間の相互干渉が増し、このことが社会的ストレスとなって、動物の神経内分泌系調節機構に作用し、攻撃行動の増大、性行動の異常、なわばりや順位など社会秩序の乱れ、巣造りや保育行動の放棄、雌の流産の増加など、集団の社会病理的側面が顕在化するとともに、外的刺激に対する抵抗性の低下、免疫能の低下、生殖能力の減退をひきおこし、これらの結果として、死亡数が増大する一方、出生数は減少する。こうして、捕食者（天敵）や疾病の存在、食物の不足などの外的な環境抵抗がない状態では、個体密度が内的な環境抵抗となり、集団を老化・死滅させるのである。

ここで、もう一度ヒトの集団に戻って考えてみよう。人類が誕生してから今日まで五〇万年の間に、あるいは現生人類のヒト（ホモ・サピエンス）が誕生してから五万年の間にヒトは急速に人口を増やしてきた。例えば、紀元前七〇〇〇年には一千万人だった人口は紀元〇年には一億六千万人、一九〇〇年には一六億人となり、二〇〇〇年には六五億八千万人になると推定されている。ヒトは捕食者（天敵）や疾病の存在、食糧の不足など本来、環境抵抗として個体数の増大を抑制する要因を次々に解決し、地球上という限られた空間内で猛烈な勢いで大発生をしてきた。しかし、今日、食糧は既に不足しており、これが人口の増大を抑制する有効な要因となる可能性がある。この場合、よく引き合いに出されるのがアメリカ・アリゾナ州のカイバブ高原のクロオジカの例である。この高原では、ピューマやオオカミが捕食者としてこのシカの繁殖を妨げており、シカの個体数は四〇〇〇頭前後で安定していた。ところが、ヒトの手でこれらの捕食者をほとんど退治したところ、シカは数年のうちに一〇万頭まで増えてしまい、食糧不足に陥り、その後二年間に六万頭が餓死し、まもなく一万頭まで減ってしまったという。ヒトがこの例のようになるかも知れない。一方、もしも食糧の充足が可能となったとしても、個体密度の上昇が社会的ストレスないし社会病理的要因となり、ヒトの集団の老化、死滅を引き起こす可能性が考えられる。ヒトが地球上に生存していくためには、なによりも人口の効果的な抑制が不可欠である。　（町田武生）

大衆社会

一九五〇年のわが国の産業三区分別就業者構成比は第一次産業が四四・〇％、第二次産業が二六・一％、第三次産業が二九・二％であった。三五年後の一九八五年になると第一次産業が九・三％、第二次産業が三三・一％、第三次産業が五七・三％と大きく変化している。また、東京都、埼玉県、千葉県、神奈川県の一九五〇年の人口の合計は一、三〇六万人、四〇年後の一九九〇年の人口の合計は三、一二七万人と二・四倍に増加している。産業構造の変化、人口の都市集中が進むなかで大衆社会が成立していく。

大量生産に従事する大衆は職場において組織化され歯車化されて仕事の一部を担い受動的に働かされる。原子化された人間として無力感を覚えても人間的なつながりのない淋しさは解消されない。疎外、不安、孤独、政治的無関心、アノミー、狂騒、パニック、過同調、匿名性、相対的貧困感などの状況のなかで不定型の集合体を作る。

一九八八年に実施された国民性調査（統計数理研究所）における、望ましいくらし方に関する質問の中で、回答された選択肢の第一位は「金や名誉を考えずに自分の趣味にあった暮らし方をすること」（四一％）、第二位は「その日その日をのんきにくよくよしないで暮らすこと」（二三％）であった。

大量消費の進行は生活様式の平準化をもたらし、階層帰属意識において中間層的意識が強い。同上の国民性調査では、「上」が一％、「中の上」が一二％、「中の中」が五二％、「中の下」が二七％、「下」が五％と回答されている。「中」の計は九一％になる。

人々のテレビの視聴時間は平日で約三時間、新聞の発行部数も最大で約九〇〇万部、雑誌の発行部数も三八億冊を超えた。マス・メディアの情報に依存し生活をしている大衆を、操作し、世論をも作ることができるマスコミの発達は、情報を管理する社会が進んでいることを意味すると考えなければならない。

（西　真平）

コミュニティの崩壊

一九五〇年代から本格化した高度成長期の凄まじい経済効率主義は、全国的な町村合併（一九五三年の町村合併促進法施行以来、三年間で九、六一〇町村から三、四七五町村になっていた）を伴って、伝統的地縁血縁社会と地域性を破壊した。地域社会の水路、道路が、人やモノの迅速な移動という単機能を担いはじめると、住民の生活圏も交通道路そのものによって分断されていった。景観の歴史的連続性の寸断は、人々の心に癒し難い傷を残し続けている。しかしまた、家を単位とする伝統社会の桎梏から解放されるために、若い世代はすすんで都市化に順応していった。

価値感や地域的一体性において、人々を結びつける地域社会の潜在力が極度に疲弊した一九七〇年頃から、行政はコミュニティという言葉を盛んに使い始める。ふれあい、生きがい、町おこし、イベント等手垢のついたこれらの行政用語同様、日本語となったコミュニティも行政主導という視点で一貫してくる。

しかし、コミュニティが本来非権力の場であるなら、行政や専門家によるコミュニティ形成がまさに住民のイニシアティブを封じ込め、コミュニティの衰弱を招く倒錯となってしまう。

その上、コミュニティに言及する際に行政が公的な住民組織として認めるものの多くは、町内会、PTA、青少年育成関係団体、老人会といった行政の下部組織的性格を持つものや、農協、地元商工会等の利害を共にする集団である。このような地域関係のなかでは、その他の住民による自主的な社会活動は行政の管理が及ばない私的行為とされ、むしろ〝公共〟の名のもとに排除される結果となる。

ここで問われるのは、住民とは誰で公益とは何かということである。

一九五〇年代から全国に広がった公害、環境破壊の危機のなかで、行政と対決した住民たちが実感したのは、いかに公益というものが国家からの視点で独善的に決定されるかということであった。それは地域によって問題意識が分断されやすいということでもある。

住民に比較的近い自治体が国の施策に異論を唱えれば、地方自治法に定められた機関委任制度等によって権力構造が露わとなる。このように各省庁から都道府県、そして市町村をそれぞれの上下関係と規定するなかで最も末端に位

東京の新宿に林立する高層ビル群

ゴミで埋立てられた東京湾に建つ高層住宅

埋立てられる東京港

交通渋滞は現代日本の日常的風景
（東京・青梅街道）

近代化された製鉄工場から
吐き出される噴煙（千葉県
君津市の新日鉄君津製鉄所）

マニラ市トンド地区は20万人とも言われるスラム街が形成されている。

世界的なゴミの山・スモーキーマウンテン（フィリピン・マニラ市トンド地区）

置付けられるのが住民となるわけである。

情報社会の今日、膨大な情報が行政に集中する。行政は自ら判断を正当化するために、情報の秘密化、操作を行なう。地域に密接に関わる行政プラン、都市計画が発表された時、住民はプランのどの段階にも参加していないことを知る。居住地として情報を持ち、最もそこから影響を受ける住民が主体的に関わってこそコミュニティとなるのであり、その方向へ向かうには情報公開等、市民参加のシステム整備と共に行政と住民の合意形成に時間をかけうる両者の民主的関係が必要条件となろう。

また近年、コミュニティを成立させる要因としてアメニティが取りあげられている。これも行政や企業が住民不在のまま使っている言葉ではあるが、本来は、産業革命後のイギリスで、自然の消失、都市環境の悪化を背景に生まれた概念である。示唆的なのは地域のアイデンティティを基本としながら、反公害から自然保護、歴史的建造物や町並保存、都市計画までを安全で快適な環境の条件とみる包括性と、草の根としての住民が行政を動かすという、主体の明確さである。

経済至上主義が際限なく強いる生活環境の数量化を断ち、国民の側から公益概念を再建する可能性をそこに見ることができないだろうか。

（九原　弓）

都市論批判

かつてモンテスキューは新しい街を訪れた時、かならずその街全体が見渡せる場所に行き、そこから街をよく眺めたそうである。そうすれば、その街の精神に出会うことができるからなのである。しかし私達日本人は、この「都市の精神」なるものにとんと馴染みがない。廃墟しか残っていないギリシアやローマの古代都市だけでなく、中世都市のリューベックやハンブルグ、ブリュージュの都市、産業革命の都市リバプールやマンチェスター、ロンドン、そして近代的な都市であるベルリン、ニューヨーク、パリ、それぞれ歴史をふまえた街の貌をそなえている。ところが我が国の近代都市をみてみると、どれも個性がない、一九世紀にできた我が国の諸都市は、重商主義や絶対王政の名ごりをとどめ自治体としての都市というよりも、国家権力に奉仕する都市という役割をにない、その独自性を発揮するチャンスを逸していたからである。もう一つモンテスキューの頭のなかにあった都市についてのイメージは、プラトンの考えた理想国家ポリスであった。このポリスは人口がわずか五千人で、市民はたがいの顔をよく知っている。生命体としての都市はそこに生きる人々の表情をいつもそなえている。それがすみずみまで行きとどいている。いつからかこの都市を生命体として考える仕方がヨーロッパでは定着した。それは絶対王制の時代においてさえ考慮されていた。

一方、我が国の都市はというと、その成立の仕方が植民都市的である。その時代の支配者の意志を直接的に反映しやすくできている。東北地方にかつて築かれた北辺城柵はこの国の都市作りのモデルとなった。そこに住む人々の顔や表情が素直に反映される都市の原型が、この国ではできなかった。わずかに堺や江戸の下町に生まれた都市の貌は権力者に破壊されるか、きびしく監視されるかされてきた。そうでなければ、国家的な意味合いを持たされた都市が巨大化する過程においても、何らかの個性が残されていたはずである。それがすんなり産業都市へと変貌してしまったのは、日本が伝統的な農村への依存が大きかったことを意味していた。しかし、その近代化の過程、すなわち近代日本の都市の発展は、この農村をふみにじってゆくことで可能になったのである。日本の近代都市ほど農村と完全に対立しているものはない。そして、その都市が発展すればするほど、農村は消失してゆく。まるで農村が存在していなかった様にである。肥大化する都市を秩序あるものにするために手だてとなる市民のモラル、市民意識を西欧のそれをモデルにして取りあげることもできるが、それも役に立ちそうもない。それらを克服するために考えられ、最近注目されているウォーターフロント計画にしても、学園都市構想もリゾートタウン構想も、巨大化した都市の機能を分散化させ、そこに新しい機能を付加させようというにすぎない。巨大化した都市がそのいとなみを停止しない限り、年ごとに上昇してゆく都市の気温、光化学スモッグや都市の砂漠化に歯止めをかけることができなくなっている。それは都市に生活する人々のいとなみを受けとめようとする都市が生まれない限り、それらの問題を解決する手段は生まれてこないであろう。いま巷に横行している都市論のほとんどが、まるで神や王様が描いた都市のように独善的なのも、そのことに気がつかないからである。その視点は千年以上も前に、この国の占領者が先住民を支配する際にデザインしたときと変わらない。それをいつか転換させようという意志が生まれてこなければ、そこに住む人々がエネルギッシュに都市のさまざまな貌を自分の力で作ってゆくことなどできはしない。都市に限らず、時のいとなみが刻まれていなくてはなるまい、それが未来へ向けてビジョンをなげかけるものになるためには、まず生きた生命体とならなくてはならないのだ。そのための第一歩をふみ出すことからしか日本の都市の未来はない。

（石田和男）

都市設計

都市計画と都市設計　都市計画は都市圏を構成するさまざまな物的要素を対象とする意志決定行為である。それは人口規模に応じた都市の将来目標像を設定し、生産・居住・交通・休息等の市民の社会経済活動が安全・快適かつ効率的に展開されるように支援するために、それらの活動に必要な都市空間の平面的・立体的な相互関係を調整して、住宅地・商業地・工業地等の土地利用並びに道路・鉄道・公園・上下水道等の公共的な社会基盤施設（インフラストラクチャー）の適切な規模及び配置を決定するに至る、一連の思考過程とその結果を意味する。広義にはその実現手段や方法（財源・組織・制度等）を含める場合もある。建築等の物的な施設に関わる問題は技術的な判断を必要とし、設計の段階で更に詳細な決定がなされる。都市設計は、さまざまな施設群の物理的な配置関係や形態、建設材料等をどのようにすれば人間の生活行動や心身に良い効果をもたらす都市空間を構成できるかを考えることであり、都市デザインまたはアーバン・デザインとも言う。それは景観の質的向上等都市空間のアメニティを高めることを通じて、人間主義的な観点から生活の場としての都市を形成していくことを目指すものでなければならない。

しかし現代の都市計画は関連法規に基づく行政的手続きの中で進められ、しかも都市規模の拡大と共に複雑化する諸問題に対応するために組織が細分化される傾向が強く、官僚主義のセクショナリズムを乗り越えて諸部門が関係する施設の計画や設計の整合性を根気よく横断的に調整していかなければならなくなっている。また自由主義・民主主義の現代社会においては、市民や民間企業の活動をいかに適切に誘導して行くかという課題も大きな位置を占めている。利益主義的・個人主義的発想による開発行為が勝手に行われれば、都市空間は混乱の淵に陥るだけである。一方地価高騰の波は公共財源による都市整備事業の進展をますます遅れさせ、民間活力を期待しなければ良好な都市環境の形成が困難になっていることも事実である。都市設計は地域社会の総体的な協力体制を必須とする課題である。

理想都市と計画設計思想　都市を計画し設計するという行為は古代から行われてきた。しかし社会や産業の構造は時代と共に変化し、理想とされる都市像は時代ごとに異なっている。特に産業経済構造や生活様式の急激な変化は都市空間の構造にも変革を迫ることが少なくない。無論人口の高密化やそれに伴う衛生環境の悪化はいつの時代にも都市改造の大きな原因の一つだった。

産業革命を起点とする工業化社会の進展は、都市構造の近代化を促進してきた。その過程で経済効率主義を背景とする機能主義の考え方が台頭し、合理主義的思考による既存環境の解体と新たな都市施設の建設が推進されてきた。工業に従事する人口の都市部への集中がもたらした居住環境の悪化は、田園都市論等数々の近代的理想都市に関する提案を生み、ニュータウン等の形で実現されている。そこではゆとりあるオープンスペースや豊かな緑が計画的に配置され、新しい町並みが作りだされている。機能主義思想に基づく都市形成の基本は土地の用途の純化であり、効率的な生産性の向上と環境管理を目指すものである。しかし高度な工業化を達成した先進国では、地域固有の風土や歴史的伝統とは無関係に工業生産された建築材料による近代建築群に囲まれた都市空間の没個性的・無国籍的な景観に対する批判が高まり、そこに住む人間の多様な精神的営みや生活文化の発現に対する配慮の必要性が指摘され始め、脱工業化社会への移行に伴うポストモダニズム思想による都市空間のあり方が問われるようになっている。

このように都市の計画や設計はその時代の卓越した社会思潮に影響される側面が強い一方、その実現には相当の時間と労力を要するために、都市の規模が大きくなればなるほどさまざまな時代に形成された環境がモザイクのように隣接したり混在するようになっていく。したがって、異なるデザイン思想の同時並存という状況の中で都市設計を進めていく場面が今後ますます多くなっていくことは確かである。

都市空間の変貌　二〇世紀は車社会化と都市化が平行的に展開してきた時代であり、それに対処することが都市の計画・設計上ますます重要な課題になっている。利便性の高い自動車は郊外住宅地開発による都市のスプロール化を一層促進し、一方で都心人口の減少や産業の転出等による空洞化が都市構造のドーナツ化という事態を引き起こしている。ピーク時の都市交通は慢性的な混雑状態に陥り、遠距離移動を強いられる市民生活のストレスは増大する一方である。こうした非人間的な都市空間を再生するために、歩行者のための空間を優先的に確保し、快適な環境を創出することが都市設計のなかで極めて大きなウェイトを占めるようになった。一時的な歩行者天国方式から始まり、恒久的な歩行者専用道路として設計された数多くのショッピング・モールはその典型であり、近代以前の都市空間のスケールの回復が市民に好感をもって受け入れられている例が増えている。しかし同じ歩車分離思想による歩道橋の建設は、むしろ車社会を是認するものとして一時期敬遠されたことがあり、広域的な歩行空間体系の見直しが求められている。車の流れを抑制することを意図した歩車共存の思想による街路の設計も行われるようになったが、一部の区域に限られているのが現状である。他方、大都市における集積密度の増大はとどまるところを知らず、都市空間の立体的重層化へのニーズは一層大きくなるばかりである。地下街に代表される地下空間の開発は今やジオフロントという名称まで獲得しているが、掘り出した建設残土処理の問題について議論が尽くされていない。閉鎖的空間であることによる防災上の安全性の問題は言うまでもなく、換気や照明についても人工エネルギー依存型の環境であることは維持管理上大きな負担を生む。土地の有効利用を目指して上空への挑戦も盛んに行われているが、高層ビル周辺のビル風や災害時の避難問題等、良好な都市空間としての条件に反する側面を抱えている。駅前広場における効率的かつ安全な交通動線処理を目的として建設されるペデストリアン・デッキや、交差点の立体交差、高架や地下の道路や鉄道等、増大する需要に対処するための交通空間の拡大も立体化に頼らざるを得なくなっているのが現実である。

こうした複雑化・巨大化した都市空間の構成要素は年月の経過と共に耐用の限界に達することがある。構造物としての力学的性能が劣化して、防災上あるいは安全性の面で問題が発生したり、利用密度が増大して機能的な容量を越えた時には、それらを更新せざるを得なくなる。もともと都市再開発はスラム・クリアランスにより衛生状態の改善や不燃化を促進することから始まったものだが、効率主義によるスクラップ・アンド・ビルド思想のもとで次々に建設投資が行われるようになっている。これは設計そのものの寿命が短期化していることに他ならない。このような状況のなかでは、何世紀にもわたって形成されてきた歴史的な都市環境の保存は大変な困難に直面しており、地上げによる地域社会の解体と共に都市空間の永続的・蓄積的な育成を阻む危機的な局面を迎えている。産業構造の転換に伴う埋立地のウォーターフロント再開発も、地下水位の高い土地の耐震性能の問題や既成市街地との連携を充分に考慮した設計をすることが緊急の課題になっている。

（窪田陽一）

高層化

わが国では昭和三八年に、建築物の三一㍍の高さ制限が撤廃され、高層化への道が開かれた。昭和四三年には、超高層ビルの先駆けとしての霞が関ビルが建設されて、高層化に拍車がかかることになる。昭和六三年三月現在で、三一㍍をこす高層建築物は一万一千棟を越え、一〇〇㍍をこす超高層ビルも六四棟に及んでいる。

こうした建築物の高層化に対応して、災害の高層化が進展している。まず指摘できるのが「強風災害」とよぶべきもので、強風によるドアの指詰め、ベランダの布団や植木鉢の落下のほか、建物が揺れ気分が悪くなるビルの揺れ現象などが起きている。次に「高所災害」と呼ばれるものがある。幼児がベランダから墜落死する例は高層住宅に多く、自殺者が飛び下りするのも高層住宅に多い。

さらに周辺環境を破壊するという問題もある。プライバシーの侵害、日照権や眺望権の侵害、電波障害やビル風公害、都市景観の破壊といった問題である。

ところで、高層化がもたらすリスクで忘れてならないのは、火災や地震による危険である。火災時には、炎や煙が上階に拡大しやすい、外部からの消火や救助が困難である、高所からの避難には心理的に不安がともなう、といった問題がある。地震時には、揺れや振動が大きくなる、火災や家具転倒などの二次災害が起きやすく、ガラスやタイル等の落下の恐れがある、といった問題がある。もっとも、高層化に応じた防災設計が義務づけられており、必ずしも高層＝危険という訳ではない。例えば、出火した場合の小火で止まる確率は高層ほど高くなっている。

ところで高層化については、それがもたらす生理的、心理的、病理的な問題を見落としてはならない。高層住宅では、自閉症になる子供が増える、頭痛や体調の不調を訴える主婦が多くなる、エレベーター利用の犯罪が増える、との報告があるだけに注意を要する。

（室崎益輝）

都市交通

都市圏における人や物の移動パターンは、都市の自然的立地条件の上に歴史的過程を経て形成された人文社会的構造、特に産業経済的な地域構造に基づく土地利用の分布形態により規定される。ある場所（出発地）から別の場所（目的地）への交通量は、需要面から見れば各々の場所の人口規模や産業活動の集積度等の関数であり、供給面から見れば途中の経路の容量に制限される。現代都市交通の一般的な特徴は、①都市圏域への集積規模の拡大に伴う大量化、②都市構造の構造の機能分化（特に職住分離）による時間的一方向性と遠距離化、③同じ理由によるピーク時（ラッシュアワー）とオフピーク時の集中度の波動性、④交通目的による交通手段選択の多様化、等にある。特に通勤通学目的の交通は大量高速性を要求するため、大都市の都心部に流出入する人的交通の大半は軌道系公共交通機関に依存している。一方商業業務関連の交通やレクリエーション交通は移動の自由度の高さを求めるため、自動車利用率が高い。これらの交通が特定の時間帯に同一経路を選択するためにピーク現象が発生し、混雑・渋滞というサービス水準の低下が起こる。交通容量を増大させてそれらの問題を解決するため、路線増や交通機関の運行頻度の改善、交通施設の立体化（高架化・地下化）による新たな交通空間の確保が進められている。しかし短期間に建設された交通インフラストラクチャーは全線がほぼ同時期に老朽化し、多大の維持補修費を必要とする。また大都市に見られる交通路線パターンの放射型一点集中性は都心部に慢性的混雑を生じ、災害時にはパニックを引き起こしやすい状態にある。他方郊外駅周辺の駐輪・駐車問題や、廃棄物や危険物を満載した貨物自動車が道路整備の遅れた住宅地の近傍を頻繁に往来する状態に象徴されるような、交通基盤投資と土地利用計画の不整合は、交通事故や交通公害の遠因ともいえるものであり、都市計画そのものの再編を必要とする問題である。（窪田陽一）

都市水道

一九八七年の一〇月に発表された国土庁の「全国総合水資源計画」によると、一九八三年の水需要実績（生活用水、工業用水、農業用水の合計）は八九二億㎥／年であったのに対して西暦二〇〇〇年には一〇五六億㎥／年に増えると予測している。このようにある一面だけを取り上げると水は足らないように見える。しかし結論を先に言えば「水は余っている」のである。なぜ、そう言えるのかについて説明する。

戦後、日本の水需要は増える一方であったが、一九七五年くらいからはほぼ頭打ちになった。その最大の理由は工業用水の循環利用技術が進んだことで、七五年から七八年にかけて一八三→一五八億㎥／年へと減少していることである。農業用水はこの間五七〇→五八五億㎥／年へと微増している。一方、生活用水は一二三→一四九億㎥／年へと増えているのであるが三つの合計量で見ると八七六→八九二億㎥／年と微増に止まっている。すなわち、工業出荷額やＧＮＰが増加しても水需要はそれほど増えないということが明らかになってきた。

このような傾向は今後どうなるのであろうか。まず工業用水については、産業構造が水多消費型の重化学工業から軽薄短小型のハイテク産業に大きく転換していくことにより減少傾向はつづくものと予測できる。農業用水については、現在でもかなり余っており農地の減少傾向を見ると水需要も減っていくものと考えられる。そのなかで生活用水だけは今後も増えていく傾向にある。それは人口が西暦二〇〇五年まで増えていくことと、生活様式が都市化することにより一人当たりの水消費量が増加すると考えられるからである。

一人が一日に消費する水の量は一九七五年の二六五ﾄﾘｯﾙから最近では約三〇〇ﾄﾘｯﾙへと増加してきたが、しかしその傾向も頭打ちであり、節水などの努力でまだかなり減らせる可能性ものこっている。以上のことを総合すると「水需要が今後も増えていくということはない」という結論になる。

それでは国土庁の予測はなぜ増えていくとしているのであろう。じつは政府の出す長期水需要予測を振り返るならば、つねに過大であり、いつも実績とは掛け離れてきたという歴史的事実がある。その理由は単純で、水行政に携わる役人にしてみれば、自分の在任中に大きなダムを計画したほうが出世の役にたつし、巨大な利権にも関係できるからであり、そのためにはいかに現実離れしていても「水需要は今後も増えて行く」という結論をつくりあげなければならないことになる。

いま一つの問題点として、東京や福岡のように局地的に水不足が起こることをどうするかであるが、それについては①地域間の水の融通②工業、農業用水の生活用水への転用③家庭における節水④巨大都市への人口集中の緩和などの政策によって十分乗り切れるものと考える。

過大な水需要予測による無謀な水資源開発は、いずれ環境破壊や水道料金の値上げとして私たちにそのツケが回ってくる。水道に関していま最大の問題点は「安全でおいしい飲み水をいかに供給するのか」ということであって、私たちの払う税金や水道料金の使い道を「水量」から「水質」へと変えていかなければならない。

水道の普及率が九三％にまでなってしまった日本では、蛇口を捻りさえすれば、いつでも、どこでも、欲しいだけの水量が手に入ることが普通となっている。ところが、水道水に「何が、どれくらい、どうして」入っているのかということについては、まだ分かっていない点があるし、分かっていても人々に知られていないことも多くある。

ガラスコップに蛇口から水を注ぎ、その中に何が入っているのかを感覚的に考えてみよう。泡が消えた後にはたいていの場合透明の水が残るが、もしこの段階で色が着いているとすれば塩素によって進行した配管の錆が出てくる赤水のためである。この場合は見た目の感じ、洗濯物に色が着くということや、飲んでみてすこし金気がするというようなことで分かる。次に水の臭いをかぐと、淀川や利根川下流を水源とする水道水では塩素特有のなまぐさい臭いがする。現在、大部分の浄水場では急速濾過方式が採られているが、そこでは浄水工程の最初に前塩素を、そして最後に後塩素を投入する。淀川の下流を原水とする大阪府や大阪市の浄水場で見ると、前塩素投入が七～一〇ｐｐｍであるのに対して後塩素が〇・二～〇・五ｐｐｍとなっており、塩素の大部分が前塩素工程で消費されていることがわかる。塩素は消毒殺菌用に使用されていると理解されているが、それは後塩素のことであって、前塩素は原水中のアンモニア性窒素、鉄、マンガン、藻類などを除去するための処理剤として使用されている。

浄水場では原水中にアンモニア性窒素が一ｐｐｍあると塩素を一〇～一五ｐｐｍ投入することになっており、前塩素のほとんどがアンモニア性窒素によって消費されている。利根川、荒川を水源とする東京の金町、朝霞浄水場では三〇年前の塩素投入量は一・五ｐｐｍ程度であったが現在は三七～八ｐｐｍと五倍程度に増えているし、淀川を水源とする大阪府や大阪市の浄水場でも三〇年前に比べて四倍近く増えている。河川原水のアンモニア性窒素の増加こそが前塩素投入量を増やしてきた元凶であるが、塩素とアンモニア性窒素が結合するとクロラミン（結合残留塩素）が出来る。そして、このクロラミンが蛇口から出てきて水道水の味を悪くしたり臭いの原因を作り出しているのである。

琵琶湖、淀川を原水としている水道水からは、春から夏にかけてカビ臭が出てくることがある。琵琶湖で発生したプランクトンはジェオスミンや二―メチル・イソ・ボルネオーレというカビ臭を発生するが、浄水場ではそれらの物質を除去できないためそのまま蛇口から出てくる。すなわち、カビ臭の原因を元までたどっていくと窒素やリンの流入による湖の富栄養化に到達する。

赤水、塩素臭、カビ臭などは味覚、臭覚、視覚という感覚によってある程度知ることができる。しかし水道水中には私たちの五感ではとうてい知りえない危険物質が入っていることが分かってきた。

東京都の水道水中に検出されたことのある有機化合物を東京都水質年報と東京都衛研年報より抜き出すと六〇種類に達する。これらの起源を分類するとハロゲン含有有機化合物としてはCNP、NIPのような除草剤、トリクロロエチレン、テトラクロロエチレン、メチルクロロホルムのように洗浄用の溶剤で地下水汚染の原因物質になっているもの、トリハロメタン類（クロロホルム、ジクロロブロモメタン、ジブロモクロロメタン、ボロモホルム）のように浄水場における塩素処理によって生成されるもの、そして塩化メチレンなどの工業薬品などである。さらに非ハロゲン含有機化合物では、スミチオン、ダイアジノン、ナフタレンのような殺虫剤、ベンゼン、トルエン、キシレンのような有機溶剤、ジオクチルフタレーン、ジブチルフタレートのようなプラスチックの可塑剤、三、四―ベンツピレンのように石油に含まれている多環芳香族炭化水素、そして陰イオン界面活性剤や蛍光増白剤のように合成洗剤に入っているものも分類される。これら物質の多く（農薬、有機溶剤、フタル酸エステル、合成洗剤など）は、水道原水に入ったものが浄水場で除去できないためほとんどそのままの濃度で蛇口からでてくることがわかっている。

原水中には存在しないのに、浄水場での塩素処理によって生成され蛇口から出てくる危険物質としてはトリハロメタンやTOX（全有機ハロゲン化合物）がある。トリハロメタンは温度に比例して生成されるため夏は平均値の約二倍、そして冬は約二分の一になる。汚染が進んでいる地域としては、沖縄、千葉、大阪をあげることができる。トリハロメタンは原水中の有機物と浄水場で投入される前塩素が反応して生成されるが、原水汚染に比例して高くなることが分かっている。すなわちトリハロメタンの高い地域は原水汚染が進んでいることを意味している。

トリハロメタン濃度はTOXに比例して高くなり、その割合はTOXの一五〜二〇％であることがわかる。TOX

の中身についてはトリハロメタン類以外にクロロ酢酸やクロラールがトリハロメタンと同量程度含まれていることがわかっているが、残りの半分についてはいまのところ成分は不明でる。

以上のことを考えるならば、塩素処理に固執している日本の水道法は根本的に見直す必要に迫られている。

（山田國廣）

下水道

建設省都市局下水道部長は下水道の意義についてつぎのように説明している。「下水道は、国民生活をより豊かで安全で快適なものにしていくための不可欠な都市施設であり、その役割も、市街地の雨水、汚水の排除、便所の水洗化といったものだけでなく、公共用水域の水質保全、都市環境保全、あるいは、修景用水、雑用水などへの利用といった大きな役割を持っており各地で多くの成果をあげている。下水道は、今や都市、農村を問わず、広く待望されている」。

しかし、このような建設省の宣伝や説明にもかかわらず、「下水道政策がもたらしてきた現実」はそのような意義づけから掛け離れたものであることが明らかになってきた。

日本の下水道普及率は一九八九年度末の実績で四〇％であった。第一次五ヵ年計画がスタートした一九六三年では普及率が七％であったので、この間の年間平均伸び率は一・三％ということになる。

下水道普及率を都市別に見ると、一〇〇万人以上の政令指定都市では八二％であるが、五万人以下の市町村では五％である。府県別に見ると、高い方から東京都八二％、大阪府六三％、神奈川県五七％、兵庫県・京都府五五％などである。一方、低い方では和歌山県二％、島根県五％、佐賀県七％、三重県・徳島県・高知県九％などとなっている。

これらの数字は「人口密度の高い市街地では普及がかなり行きわたってしまったが、人口密度の低い農村部や山間部ではなかなか普及しない」という下水道の格差構造をよく示している。そのことは同時に、今後の下水道普及対象地域が人口密度の低い投資効率の悪いところしか残されていないことになり、普及はますます困難になることを表している。

一九八六年から始まった第六次五ヵ年計画は総事業費一二兆二〇〇〇億円で推進されることになっており、一年間の予算では約二兆四〇〇〇億円となる。下水道の一人当たりの建設費用は約一〇〇万円になる。これは二〇年前に比べると約五倍に跳ね上がっている。

これまでの実績では、建設費財源のうち約三分の一が国庫補助から、そして約半分は起債であるので、自治体は下水道建設のため大変な借金を抱え込むことになる。これらの借金には当然利子がつくことになり、それは結局市民の税金や下水道使用料金によって負担される。

実際のところ下水道建設は自治体の財源を大きく圧迫している。地方公営企業建設投資のうち四六％が下水道で最大の金食い虫になっており、水道の二二％、宅地造成の一五％を大きく引き離している。

なぜ下水道建設にこのような大金が必要なのか。驚いたことに、公共下水道では管渠費に七五％が使われる。流域下水道では五二％である。「下水管をいくら埋設しても汚水を運ぶだけで、水そのものはきれいにはならない」という事実に注目すべきである。

下水道には市町村単位で独自に処理場を建設していく公共下水道（事業主体は市町村）と、流域を一つの単位としていくつかの市町村にわたって共同で処理場を建設していく流域下水道（事業主体は府県）がある。最近は下水道の広域化が叫ばれ、流域下水道方式が増えている。

流域下水道方式では処理場まで汚水を運ぶ幹線管渠は当然長くなる。例えば、琵琶湖東岸部の湖南中部流域下水道の管渠延長距離は一九六㌖、千葉県の印播沼流域下水道では一四〇㌖と一〇〇㌖を超えている流域下水道も珍しくない。

ところで、幹線管渠「伸び」の実績は年々低下する傾向にあるが、今後順調に進んで一年間に二㌖ずつ進行したとしても、完成までには長いところで七〇年、平均的に見ても一五年から五〇年という年月を要する。

そして、市町村が下水道地域に入ってしまうと、合併浄化槽やコミュニティプラントなど他の方法を導入しようと考えても、下水管が来たときには下水道法によって強制的に潰されることになっているので「間に合わせ」という位置付けになってしまう。

日米構造協議では、「下水道予算を倍にし、今世紀中に下水道の普及率を七〇％にする」とうたっているが、そのようなことをすれば「下水道の不合理性」が覆い隠されるだけでなく、インフレをもたらす恐れがある。（山田國廣）

都市型災害

日本列島は、地球上のプレートの境界付近の不安定な地域にあり、世界有数の地震・火山国である。また、気象的にも、台風、豪雨、暴風、豪雪などが頻発する。国土は山あり谷ありの複雑な地形であり、地質も複雑で断層が多い。このため、地震、津波、洪水、高潮、がけ崩れ、土石流、雪崩、火災など、わが国の自然災害は、その種類からいって世界一多いと言われるほどである。

近年、構造物の強化、外力の制御などのハードな対策と、災害情報、防災教育、避難計画などのソフトな対策とによって、災害の防止が特に中小の自然外力に対してはある程度可能になってきた。しかし、都市においては、人口、資産、社会・経済・文化活動が極度に集中し、従来にない新しい環境が造られてきた。都市は災害に対して非常に脆弱な面を持っており、都市における特徴的な災害は「都市型災害」と呼ばれている。

都市型災害とは、昭和三四年（一九五九）の伊勢湾台風による名古屋市周辺の大被害、または、大正一二年（一九二三）の関東大震災から想定されるような災害である。都市型災害とは、単に、災害の規模が都市の大きさで大きいことを意味するばかりでなく、人口・施設が密集しているために二次・三次的な災害が発生し、災害の規模が異常に拡大されるものである。例えば、都市型災害の一つである都市火災では、都市においては木造家屋が密集しており、災害が異常に拡大されることになる。

都市型災害を考える場合、都市が災害に対して非常に脆弱な主な理由としては次のような事実が挙げられる。

第一に、多くの都市では、人口が増大し、都市域が拡大している。山麓周辺の丘陵地を切り開いたり、急傾斜地、低地を利用したり、海岸を埋め立てて、大規模な都市が形成されてきた。切土、盛土をすることは、地震時や豪雨時に崖崩れ、地滑りを起こりやすくさせる。また、多くの都市は、海岸沿いの低地に立地していることに加え、都市域の低地への拡大、ウォーターフロントの開発、地盤沈下などにより、洪水、高潮、津波などの災害を被りやすくなっている。さらに、これらの低湿地では、地盤が軟弱であり、地震時には地盤の液状化が生じ、建物の転倒、埋設管などの地中構造物の破壊が生ずる。

一方、都市部においては、避難地に利用できる空地が少なくなり、住宅が密集し、立体的にも過密となっている。高層ビル、地下街では、風水害、地震、火災、ガス爆発などの災害が発生した場合に避難しにくく、被害が大規模化、複雑化する危険性を有している。

第二に、近年の経済発展に伴い国民の生活水準は向上し、能率的で便利な日常生活へと変化した。燃料が、薪・炭から電力・都市ガスに変化したのをはじめ、上下水道、道路・鉄道、電話などのシステムへの依存の程度が増加した。これらのシステムは生命・生活に関係した線状構造物という意味で「ライフライン」と呼ばれ、これらなしには生活・産業が成り立たなくなっている。

また、大都市の都心部に政治、経済の中枢機能が集中し、企業の本社・本店機能も集中している。これらの機能に障害が生じた場合には、都市ばかりでなく、全国的に、さらには国際的にも、社会・経済が麻痺することになる。

第三に、産業活動の拡大に伴って、石油類の消費が増大し、都市では、石油類、可燃ガス等の危険物の集積、輸送が活発であり、石油コンビナート、ＬＮＧタンク、ガソリンスタンドなど新しい危険箇所が造られてきた。また、自動車の増加は著しく、災害時には車そのものが危険物となりうるばかりでなく、交通を混乱させ、住民の避難、消火活動、負傷者の救護、緊急輸送の確保などの災害応急対策への支障となることは明らかである。

第四に、都市型災害では、災害の発生過程及び様態が複雑化・多様化しており、災害の連鎖が思いもかけない範囲に安易に波及する可能性がある。外力と災害発生の関係が複雑であり、災害が起こって初めてその因果関係が判明することも多い。どのような危険が存在しているか事前にわからないため、事前に対策を講じておくことが難しい。

例えば、ライフラインでは、地震により物理的破損（管路の破断・漏水、道路橋の落橋など）が発生し、この結果として、機能低下（水圧低下・水量不足、交通渋滞など）が発生する。これは、ライフラインでは、多くの構造物がネットワーク状に有機的につながって、全体が一つのシステムを構成し、初めてその機能を発揮できるためである。このため、少数の構造物の破壊でも、供給経路が断たれると、機能が全面的に停止してしまう。また、電力の停止が上水道のポンプの機能の停止を引き起こすことがあり、停電による断水が発生する可能性もある。

第五に、巨大都市の住民は新しく移住した人が多く、近所づきあい、助け合いも少ない。人口の密集した都市では群衆状況が発生しやすく、関東大震災におけるパニック災害なども都市型災害に特有なものである。

以上のように、都市は、災害に対してもろい面を数多く備えており、都市型災害が発生する原因となる。都市型災害の代表は地震と洪水による災害である。洪水に関しては次項に説明を譲ることとし、ここでは地震災害について説明する。

地震災害では、建築物の倒壊、同時多発火災、津波、崖崩れ、道路・橋梁の損壊、ライフライン施設の機能喪失等が発生する。関東大震災（一九二三）では都市火災の、福井地震（一九四八）では直下型地震の恐ろしさを経験した。新潟地震（一九六四）では、地盤の液状化による鉄筋コンクリートビルの横転、石油タンクの炎上が生じ、十勝沖地震（一九六八）では鉄筋コンクリートビルの一階部分の崩壊が生じた。宮城県沖地震（一九七八）では斜面開発による宅造地の被害、ブロック塀の倒壊、停電・断水・ガスの供給停止などのライフラインの被害、停電に伴う交通信号の機能停止による道路交通の混乱、電話の輻輳、タンクからの重油の流出、薬品による火災が発生した。また、日本海中部地震（一九八三）では津波の恐ろしさを改めて教えられた。しかし、いずれの災害も、今日のように巨大化した都市を襲った大地震によるものではない。大都市は未だ大地震の洗礼を受けていないのであり、前述の災害はその一面を示したものに過ぎない。

都市型地震災害では、前述のように、災害の因果関係が複雑であるため、多重に、多方面から対策を講じておく必要がある。

第一に、地震に強い安全な都市を造っておくことが重要であり、建築物の耐震不燃化、建築設備・エレベーターなどの安全性の向上、崖・擁壁・ブロック塀の崩壊防止、落下物の防止、道路・橋梁などの構造物の耐震強化、システムとしてのライフラインの信頼性の向上、延焼遮断帯の整備、土地利用の規制誘導による危険物の排除、公園などのオープンスペース・避難場所・避難道路の整備などが重要である。

以上の構造物自体の耐震性の向上に加えて、第二に、地震時の避難、救援、応急、復旧対策も重要である。安全な避難方法の確保、応急医療体制の整備、防災用資機材の広域的な備蓄、水・食料の確保、緊急輸送路・輸送港・仮設住宅用資材の整備などが必要である。

第三に、地震後には、単に公共機関の活動のみならず、地域住民の連帯意識に基づく自主的な防災ボランティア活動が必要であり、平時より、震災に関する知識を普及し、訓練を実施しておくことが重要である。また、情報の迅速な収集・伝達が、被害を大幅に減少させる。

第四に、地震予知の研究、地震後の被害の想定、最も効果的な復旧方法の検討なども災害を最小限にするために重要である。

（川上英二）

都市型洪水

「河川流域の上流に森林や田畑があり、そこに降った雨水が、どのような経路で下流の都市に到達するのか」。森林に降った雨や雪は地面にまで達する「到達水」と、地面に達する前に蒸発してしまう「蒸発水」に分けることができる。日本全国の平均では、降った雨や雪の年蒸発率は三五から四〇％程度である。したがって地面に到達して下流へ流れていく水の年流出率は六〇から六五％である。

地面に到達して下流へ流出していく水が、川や池の水そして地下水となっていく。「到達水」は地表流、中間流、地下水流という三つの流れになって下流へと下っていく。地表流や浅い中間流は比較的流れが速く、降雨・融雪中および直後の河川や池の増水をもたらす。深い中間流と地下水流は長い時間を経て浸透していくので、降雨や融雪が停止した後の無降水時にも流れを形成する。このため、雨や雪の量に季節変動があっても、河川の流れは年中絶えることなく流れ、池の水も一定量はいつも確保されている。

静岡大学の村井教授は、岩手県と宮城県で地目・植被・地形・地質・土壌条件の違う七五地区で浸透能を測定している。その結果によると、林地平均の浸透能は一時間当たり二五八㎜であるのに対して、芝生などの人工草地では一〇七㎜と林地の四一％程度に低下し、歩道では一三㎜と五％程度にまで低下してしまう。都市型洪水の主要な原因は上流の開発にある。いま一つの原因は、都市そのもののコンクリート化や下水道化である。

最近三〇年間の使い捨て文明、急激な都市集中化は水循環、生物循環をズタズタに破壊してきた。下水道の進んでいる東京や大阪で、神田川や平野川という都市河川がなぜ溢れるのであろう。都市のコンクリート化が進み、雨水が下水管に短時間に集まってくると、放流先の都市河川の水量が急激に増え水が溢れるのは、当たり前のことである。雨水は下水に流すのではなく、出来るだけ地下水へ戻してやることが大切である。かつて、井の頭池、善福寺池、石神井池では、武蔵野台地に降った雨を集めた地下水の湧き水がこんこんと湧きでていた。しかし一九六五年から七五年にかけて湧き水は枯れてしまい、現在では深井戸からの給水に頼っている始末である。

流域下水道は金食い虫で完成まで数十年も要するというだけでなく、現在のような二次処理（活性汚泥法）では窒素や燐はあまり除去できないので、下水放流水が東京湾や大阪湾の赤潮の原因となっている。さらに、雨水も家庭排水も地下の下水管へ行ってしまうため多摩川などの河川水がなくなってしまうという事態も生じている。すなわち、「都市型洪水」と「水無し川」は表裏一体のものである。

東京や大阪など大都市の平均気温は地方より一度C以上も高くなっている。夏のアスファルト道路は五〇～六〇度にもなり、クーラーなどからの廃熱によって都市全体が温室のようになってしまうためである。

大きさも種類も出来る限り多種多様な水循環、生物循環を作り出すことが大切である。まず武蔵野台地に降った雨は、地下へ浸透させる必要がある。そのためには森林、田畑（都市近郊農業）のこれ以上の減少をくいとめるだけでなく、空き地、道路、住宅地周辺の緑を積極的に増やしていかなければならない。一本の木は想像以上の浸透効果を持っている。歩道のような大きな荷重のかからない所では敷き石にしたり、団地や学校などでは雨水を貯溜して再利用することも出来る。都市の地下には、地下鉄、下水、上水、ガス管など多くの埋設物（地下水脈を破壊する恐れがあるためこれ以上ふやさない方がよい）があるが、工事中を含めてそこで生じる地下出水は陸上で再利用する方法もある。

（山田國廣）

地盤沈下

わが国の地盤沈下は、大別して三つの地域で考えられる。一つは既成都市部、二つは豪雪寒冷地方で、合わせて一九八七年までに三六都道府県六〇地域で生じ、とくに今は筑後、佐賀平野及び関東平野北部が顕著である。埼玉、栃木、茨城県では一九八七年に四～五㎝沈下している。三つ目は海上埋立て地で、最近は関西新空港の埋立て現場の予想外の沈下が耳目を集めた。一と二は、地下水の過剰採取で起こり、三は海底の地質などによる。

地盤沈下でこうむる被害は、土地利用、建造物、港湾や河川施設、農地、道路、下水道など広範囲に及ぶ。海辺では、洪水や高潮、津波などの被害も考えられる。

大阪市では、工業用や冷房用の大量の地下水汲み上げで深刻な地盤沈下を招き、汲み上げを禁止した。都市部ではコンクリートやアスファルトで地表を覆い、雨水の地下浸透を妨げる一方で、地下水を大量に汲み上げると、補給が追いつかず地盤沈下が生じるのである。かつて地盤沈下がはなはだしかった東京、名古屋、大阪の大都市部は、規制で沈下は鈍っているが、新たな地域で問題が生じて来ている。

大規模リゾート開発が盛んな現在、山林を伐採しゴルフ場やスキー場にすると、保水能力の低下に伴って雨水の地下浸透率が減少し、地下水の補充が妨げられる。地下水を利用する山間や山麓の町は、先祖が経験することのなかった地盤沈下に見舞われることになる。

最近は寒冷地方で消雪用に地下水を道路や屋根にスプリンクラーで撒き、冬季の水不足と共に、地盤沈下が問題になっている。

ウォーターフロント計画が叫ばれ、従来、港や工場や倉庫だけの海岸埋立て地に、リゾート施設、テクノポート、住宅などが進出し、人々が埋立て地に足を運ぶようになった。埋立て地では、建物の歪み、道路の波打ち、パイプのずれなど、沈下による被害例が数多く確認できる。建造物の地盤を洪積粘土層まで打ち込めば安定する、といわれているが、実は意外と柔らかく、地質改良もできないし、三〇～五〇年は沈下を続けると分かって来た。埋立て用土砂に混じる廃棄物の種類で、軟弱な基質が形成される場合もある。（山田國廣）

下水処理

関西では一三〇〇万人が琵琶湖・淀川水系を水道水源としている。大阪府民の九〇％以上は淀川の水を飲んでいるが、淀川の上流には京都という大都市があり、大阪ではどうしても京都の下水を処理して飲むしか他に水源はない。正確にいうならば、京都の下水を琵琶湖と木津川の水でうすめてから浄水場で処理して飲んでいることになる。下流で「下水を飲む」という関係は淀川だけでなく利根川水系にも見られ、上流の開発が進むに従って全国的に増えている。

「下水処理場はどれくらい水をきれいにしているのか」ということを淀川水系を例として説明する。有機物汚染としてBOD（生物化学的酸素要求量）、無機物汚染としてアンモニア性窒素を考える。

一九八六年度の下水道統計によると、京都市の鳥羽処理場のBODは流入水で一四〇ppm、処理水で九・二ppm、除去率九三％である。アンモニア性窒素は流入水で一一・八ppm、処理水で八ppm、除去率三二％である。桂川流域下水道の洛西浄化センターにおけるBODは流入水で一二六ppm、処理水で七ppm、除去率九四％である。アンモニア性窒素は流入水で一五・六ppm、処理水で一七・七ppm、除去率はマイナス一三％となっている。

淀川水系に放流されている八ヵ所の下水処理場のBOD除去率は九〇〜九六％で、この点から見ると「下水処理場は水にある程度浄化している」と言える。しかし処理水のBOD平均値はまだ一〇ppm程度である。

河川水の水質基準値では、BOD一ppmというのは、簡易な浄水方法で飲める水（水道一級）、すなわちきれいな谷川のような水である。BOD三ppmというのは、前処理を伴う高度の浄水操作を行う必要がある水で（水道三級）、これ以上汚れると飲み水には不適であるという限界値である。そしてBOD一〇ppmというのは、これ以上汚れると水が腐り日常生活で不快感を生じますという限界値である。

淀川の下流ではBODが三ppm前後と、すでに飲み水としては限界に達しているが、それに対して下水処理場の放流水はBODが一〇ppmである。下水処理場は確かに流入水のBODをある程度浄化しているが、「下流に対してはまだ汚染源である」という事実に注目しなければならない。

淀川下流に位置する庭窪浄水場における水道原水のBOD経年変化を見ると二〇年間で下水道が普及してきたにもかかわらず横這い、少し上流に位置する村野浄水場では増加傾向にある。

アンモニア性窒素については下水処理場でほとんど除去できないので、下水道が普及すればするほど水道原水のアンモニアも増えてくる。

水道原水中にアンモニア性窒素が一ppmあると、浄水場では一〇〜一五ppmの塩素を投入してアンモニアを除去しなければならない。そのとき、どうしても塩素の過剰投入を招き、発ガン性物質であるトリハロメタンを増やしてしまう。淀川を原水とする水道水のトリハロメタンが全国平均より二倍程度も高いのは、塩素投入量の多さが主原因でありその元凶はアンモニアにある。

さらにアンモニアと塩素が反応してトリクロラミンという物質が生成され蛇口から出てくるが、水道水の「まずさ」の原因はこのトリクロラミンにある。

一九八八年一二月、「河川の水質保全と下水処理に関する調査報告書」が発表された。これは建設省、京都府、大阪府、京都市、大阪市の下水道関係部局が、土木学会に調査を委託してまとめられた三年間の結果である。それによると活性汚泥法という現状の下水処理式のままで下水が普及した場合、西暦二〇〇〇年時点での淀川のアンモニア性窒素は現状（一九八三年）を少し（〇・一ｐｐｍ程度）上回ると予測している。

すなわち、これまで下水道を推進してきた建設省や土木学会までが「アンモニアについては現状の下水処理方法ではお手上げである」ということを認めたことになる。アンモニアを除去するためには硝化脱窒法という三次処理を導入すれば技術的には可能であるが、膨大な費用と敷地を要するため、各自治体での実用化は困難であると考えられている。

下水道の普及が文化のバロメーターといわれてきた最大の理由は、下水道だけが各家庭のトイレの水洗化を可能にすると考えられてきたことと関係している。しかし、下水道の普及は毎年一・三％程度しか伸びないし、人口密度の低い地域にはなかなか来ないという実態が明らかになってきた。

そこで登場してきたが、家庭単位でし尿だけを処理する単独処理浄化槽である。ところが、単独浄化槽は下水道が出来るまでの「間に合わせ」と位置付けられたため、処理水質基準はＢＯＤ九〇ｐｐｍときわめて甘くなっている。そのため管理も杜撰で「垂れ流し」に近いものが多くある。

一九八六年度で水洗トイレを使用している人は六七八七万人で総人口の五六％である。そのうち約半分は下水道であり、残りのほとんどが単独浄化槽による水洗化である。それら下水道と単独浄化槽の処理水質はあまり良くない。それらが都会にも地方にも普及してきたのであるから、日本の河川が汚くなるのは「当たり前」なのである。

そのような問題点をなんとか乗り越えるため新しい技術として出てきたのが、家庭雑排水とし尿排水を同時に処理する小型合併処理浄化槽である。現在、全国に七五、〇〇〇基の合併浄化槽が出回っている。市販されている合併浄化槽は、一家庭五人分の排水処理設備で七〇～一〇〇万円程度で短期間に建設でき、処理水質はＢＯＤ一〇～二〇ｐｐｍ程度である。その利点は、下水道より速く安く建設でき、処理水質は単独浄化槽よりかなり良いということであるが、ＢＯＤ一〇～二〇ｐｐｍというのは、河川を浄化する水質にはまだ程遠い。

このような状況のなかで「石井式」合併浄化槽の持っている可能性が大きく浮かびあがってきた。鹿児島県国分市にある第一工業大学の石井勲教授は、永年、合併浄化槽の研究を続け、改良に改良を重ねて「石井式」合併浄化槽を完成させた。

「石井式」が、市販されている他の合併浄化槽と大きく異なっている点は、なんといってもBOD一ppm台という処理水が夜も昼も安定的に出てくることである。BOD一ppmというのは、これまでの下水処理の概念には存在しなかったような奇跡的な数値であり、そこからは多くの可能性が出てくる。

処理水は中水道的に再利用できるため、たとえば水洗トイレ、洗車、庭の散水などには十分使用できるし、汚れた川にそのまま放流しても浄化に役立つ。そして、「石井式」は数百人の処理規模にまで拡大できるため、団地ならば処理水で敷地の中に小川を作ることができる。子供達が安心して遊べる小川が団地の中を流れている光景は想像するだけでも楽しくなる。学校、公民館、ビルなど「石井式」のもっている可能性は多様である。

下水道に比べて五分の一の費用で早く建設でき、処理水質も奇麗な高性能合併浄化槽こそ、「河川荒廃から脱出」するための切り札である。

（山田國廣）

ゴミ処理

使い捨て社会のなかで、家庭から会社から工場から、日々捨てられる膨大な量のゴミ、生ゴミからプラスチック、かん、びん、乾電池……。これらのゴミ処理の具体策を次にあげる。

(1)　**生ゴミ**（厨芥）可燃物を代表するものであるが、本来水分が多く、いわば難燃物である。大勢としては焼却が主になると思われるが、その場合も水分をできる限りとって排出することが求められる。それが励行されれば巨大焼却炉は必要なくなるであろう。

(2)　**紙類**　紙類は最もよく燃えるもので、焼却のサイドからすれば、水分の多い生ゴミを調節するために不可欠なものとなるが、一方最も資源化しやすいものである。いわゆる集団回収が紙に集中するのも、保管が容易で、回収ルートが身近なためである。

(3)　**容器類**　ワンウェイ容器の氾濫は目に余るものがあり、散乱ゴミとしても、市町村の清掃行政の過重負担になっている点でも、何らかの規則が必要である。

(4)　**プラスチックゴミ**　生産段階で出る〝廃プラスチック類〟は、再生処理できても、一時廃棄物の〝プラスチック〟は、広範囲に散在し、かつ基本的に分類不能であるため、有効な再生手段は皆無である。いろいろ実験的に試みられているが、集荷、分別、輸送コスト、再生品の質や利用価値などで、リサイクルの障害が大きく、行きづまっている。

(5)　**有害ゴミ**　日常出回っている製品中には多くの重金属が含まれているため、これを焼却する場合には、焼却残灰及び集塵灰の埋立処分に十分な注意が肝要である。

(6) **粗大ゴミ**　粗大ゴミの業者引取りも一部行われているが、最も望ましいのは、〝デポジット制度〟であると思われる。

（里深文彦）

ゴミ問題

現代の廃棄物は質・量ともに基本的に処理困難であり、その後始末に止まっていては、やがて恐るべき環境破壊をもたらすことが明らかである。

ゴミは嫌われものである。それは人目につかない所に捨てられ、人目を避けて処理される。誰もがゴミ処理が重大であることを知りながら、自分では手をつけようとせず、誰かにやって貰い、あるいはどこか遠くへ持って行くことを考える。このようなやり方を、「ゴミかくし」と呼ぶ。目の前から消えればゴミ処理はできたと思い、それ以上の関心は持とうとしない。事実は、ゴミ処理ではなく、まさに「ゴミかくし」なのである。

まして、廃棄物は種々雑多なものの総称である。混ぜれば混ぜるほど処理は雑多的となる。あらゆる努力を注いで、〝身近〟で処理することが最もゴミ処理の基本であり、遠ざければ遠ざけるほど環境破壊は進むであろう。

いいかえれば、廃棄物は最終的に環境＝自然界にその処分を依存することになる以上、自然のサイクルをはみ出すことのないようにすることが究極の目標である。そのため自然のサイクルをはみ出すものは、できる限り、人工のサイクルの中で循環するシステムを作るよう心掛けなければならない。いわゆるリサイクルである。

不要となったものを捨てずに再利用してゆくことは、資源と環境を保全する上で基本的に重要であるとともに、最終処分量を最小とし、安定化することが廃棄物処理の目標であることから考えても、単なる後始末からリサイクルの道へ転換することが廃棄物処理の本道とならなければならない。

リサイクルのシステムは、次の三つの方式に大別される。

一つは、不要として棄てないで、そのままの形で再利用を考えることであり、不用品交換やリサイクルショップなどの形で行われる。ヨーロッパでは商工会議所が中心となって事業所間においても不用品交換が行われていることは、大いに見習うべきである。物が豊かになり、新品同様のものまで無造作にゴミ化している風潮のなかで、リサイクルショップや交換制度の波及はまさに清涼的効果がある。

二つ目は、捨てる時点での再利用システムで、集団回収、分別収集、あるいはデポジット制などの形で行われる。

この必要が近時クローズアップされていることが注目に値するが、住民の意識が改まらないと、〝金になるもの〟だけ回収される欠陥を生むことになる。また〝静脈産業〟

としての廃品回収業の育成、確立が必要である。

三つ目は、ゴミ化したものを収集後に再利用する方式で、多くは廃品回収業によって予選別や機械選別によって行われるが、当然単なる資源化に終わり、リサイクル社会を組み立てる力にはなりえない。リサイクルという以上、第一あるいは第二の方法が推進されねばならない。

これらの手法は消費者＝末端における努力であるが、日常使われる品物の多くが使いすて型であり、リサイクルを前提とした商品化が行われていない以上、現状では、リサイクルへの道は遠いといわなければならない。生産販売のすべての過程でリサイクルを主流とする製品・流通が行われるならば、廃棄物処理は未来に向かって憂いのないものとなる。

だからこそ、われわれは、まず廃棄物の正確な実態調査、廃棄物処理行政の欠陥の認識、次いで環境保全のための処理対策の確立と推進が先行すべきことを強調したいと思う。

なお、現在大阪湾においては、関西新空港、LNG発電所、フェニックス、都市再開発などを合わせて、二一世紀初頭までに、実に七、〇〇〇ヘクタールの埋立計画があり、東京湾においても、横須賀、横浜、東京、千葉などの沖に巨大埋立計画が軒を並べている。

（里深文彦）

情報化社会

現代は情報化社会であるといわれる。それは一般的には物質やエネルギーに代わって情報の価値が相対的に高まってくる社会であり、物質やエネルギーに依存してきた工業化社会を超えた「脱工業化社会」（ダニエル・ベル）とも、農業の時代、工業の時代に次ぐ「第三の波」（アルビン・トフラー）の時代とも、また「ネクスト・エコノミー」（ポール・ホーケン）とも呼ばれている。

そして、一九八〇年代には、ジャーナリズムにおいて、情報・通信分野における新しい技術革新が、いわゆる「ニューメディア」としてとりあげられた。キャプテン、文字多重放送、CATV、高品位テレビ、衛星通信、VAN、LAN、またそれらを支える基礎技術である超LSI、光ファイバーケーブルなどである。

このような趨勢をいち早く指摘し、「情報化社会」の定義を試みたのは林雄二郎氏であった（『情報化社会』講談社現代新書）。

氏によれば、商品には「実用的機能」と「情報的機能」があり、前者よりも後者の価値が高まってくる社会が、「情報化社会」ということになる。

そして「衣食足りて礼節を知る」の格言どおり、「実用的機能」は人間生活を続けていくうえで必要最低限の欲求を充足するものであるのに対して、「情報的機能」はアレかコレかと選択する自由を持つものであるから、前者を「非選択的機能」、後者を「選択的機能」と言いかえた方が適切でないかと同氏は指摘している。

いずれにせよ、こうして「商品」というわれわれに身近なものについてミクロ的に「情報化」をとらえることができるとすれば、それを経済・社会全体に拡大してマクロ的に「情報化」を考えることもできる。

たとえば、コーリン・クラーク流に産業を三大別し、第一次・第二次・第三次産業に分けた場合、時代の変化に伴って生産額においても就業人口においても、第一次産業から第二次産業へ、さらに第二次産業から第三次産業へと重点が進行しつつあることは広く知られている。そして第一次から第二次産業への動きが「産業の高度化」とか「重化学工業化」の動きと対をなしていたのに対し、第二次から第三次産業への動きは、「サービス産業」の隆盛と対をなすものであるため、一般に「サービス経済化」の動きと呼ばれている。

加えて同じ第二次産業にあっても、先ほどの「非選択的機能から選択的機能」への需要構造の変化に対応するため、各企業は従来の「少品種大量生産」から「多品種少量生産」へと転換せざるを得ないこともあって、コンピュータを利用した生産管理方式を積極的に導入するなど、製造業自体が情報機能を重視した事業経営へと変質しつつある。

このような傾向は一般に「ソフト化」と呼ばれており、「サービス経済化」とその背景において軌を一にする面があるため、しばしば同義に用いられている。

それでは早くも一九六〇年代に予見され、今日のわれわれが直面しようとする「情報化社会」の価値基準とはいかなるものであろうか。多くの論者に共通していることは、価値観の多様化を前提として自由度を持った「環境社会」である。いいかえれば「情報通信の多様性」が保障されうる社会ということである。

その意味では、アイディアが先行しがちであった「情報化社会」が、技術に裏づけられた実体を伴って今まさに始まらんとしているのである。今日の「情報化社会」論は、これまでの技術予測や未来論といった側面よりは「技術と人間のかかわり」「われわれの日常生活はどう変わるか」といった人間学的側面が重視されているが、これは技術がもはや予測の状態から実用化の段階に移った今日の状況をそのまま反映したものといえよう。

（里深文彦）

過剰情報

環境について考えるとき、自然環境の汚染や破壊がますます深刻な問題となっているが、同時に注目されるのは、政治、産業、教育、家庭などあらゆる分野での情報の果たす役割の増大であり、まさに情報の海がわれわれを取り巻く環境を形成しているといっても過言ではない。二〇世紀最後の四半世紀は情報化の時代に突入し、日本は世界のなかでもその先端を走る国家群の有力な一員となっている。

情報とはそもそも、それによりわれわれが周囲の状況について知ることができ、われわれの生存に役立てることのできる知識のことである。情報は単一の主体により外界から受け取られるだけではなく、集団をなし交流し合う複数の主体の活動は格段に豊かな情報の取得を可能にする。さらに、情報は外的状況の認知の他、主体間の意思の伝達、つまりコミュニケーションを可能にする。これは社会が成立するために不可欠な要件である。かくして情報により知識獲得とコミュニケーションがもたらされる。

始めから人間の歴史と切り離すことのできなかった情報の働きが、今ことさら脚光を浴びているのは、情報の伝達、貯蔵、加工など、いわゆる情報処理の理論と技術の目覚ましい発展と、それを実用化し商品化して急激に普及させてきた情報産業の台頭、急成長に起因している。以前から見られた出版、それに新聞、放送などのマスコミや電話などが新しい技術の発達で長足の進歩を遂げただけでなく、CATV（ケーブルTV）、ファクシミリサービスやパソコン通信、ビデオなど企業、研究教育、地域、家庭のいずれにおいても影響力を発揮する新たなメディアが次々と登場してきた。

出版業界は不振が伝えられているが、単行本はともかく、趣味、旅行、女性向けや求人などの雑誌類は多彩を極めている。海外通信網や印刷、編集に技術革新が見られる新聞では、日刊紙で発行部数一部あたりの人口が（朝夕刊セットで）一九七〇年代以降、三人を切っている。放送ではテレビがラジオにとって代わり主役となって以来久しいが、郵政省が一九九一年春に発表した調査では二台以上のテレビ受像機をもつ家庭は五五％以上に達し、家族でなく個人でテレビを見る時代へと進みつつあるようである。放送衛星によるテレビ放送でますます多くの番組が提供されるようになっただけではなく、録画やビデオソフトを楽しめるVTRも低価格で販売され、NHKの調査では一九八九年末にその世帯普及率は七〇％を越えた。

電話は二台ある家庭が二三・八％にのぼると郵政省が一九九一年春に報告しているが、第二電々や日本テレコムなどの参入でサービスがいちじるしく多様化している。また、とくに増加が目立つ自動車電話を始め、船舶電話、航空機公衆電話などの契約数も着実に増加している。ファクシミリ通信網サービスはその契約数が一九八七〜八八年頃に飛躍的な伸びを示した。

情報処理テクノロジーはそもそも、情報伝達における時間、空間的距離の可能な限りの短縮をめざして開発され、今では地球の裏側で起こった事件の映像がほぼ瞬時に送られるような、以前には思いもよらぬ巨大な成功を収めた。それも単に文字や音声ではなく映像でしかも静止画ではなく動画による伝送が情報のリアリティを圧倒的に高めている。こうした情報の高性能の伝送に加え、さらに情報の驚異的な記録、貯蔵の手段が開発され、これは蓄えられた情報を互いに結びつけたり好きな時に再現するなど、現実の時空の流れに縛られぬ自由な情報の操作を可能にした。

仮装のリアリティをも含む大量の情報はしかしわれわれを圧倒し、われわれは沈着、丹念に考えぬく努力を放棄して人任せの安易な判断に流れ、マスメディアに影響されがちになる。他方、ビデオを個人でマニアックに楽しむとき、ビデオがもたらす情報が夥しければ夥しいほど、それは情報の一機能たる主体間コミュニケーションの促進とは逆に、他と隔絶された人それぞれの世界を築いて行く。

（佐藤敬三）

コンピュータ・ウィルス

コンピュータ・ウィルスの発生とその対策は、情報化社会における危機管理として深刻な問題である。ウィルスはディスクのコピー又はネットワークを通じて感染し、作動の妨害、ファイル破壊を行い、自己増殖して他のコンピュータへ伝染していく。

ウィルスと総称される悪意なプログラムにも、数種類を区別する必要がある。

(1)　**トロイの木馬**　有用な仕様を伴った一見通常のソフトウェアであり、それを使用すると裏で隠されたプログラムが破壊活動を行なうもの。通常自己増殖はしない。

(2)　**論理爆弾**　特別なコードの入力、ファイル、データの存否など、特定の状況に呼応して発動するもの。システムの時計が特定の時刻になると活動するものを、「時限爆弾」と呼ぶ。

(3)　**ウィルス**　トロイの木馬の手法で侵入し、他のプログラムを寄生主として姿を隠しているため、一見して気づかれない。本体は、伝染、自己増殖、破壊の三つの作業を行なう部分で構成されている。その全体を複製して、システム内、またはネットワーク内で無差別的に伝染し、破壊活動を行う。

(4)　**ワーム**　本体はウィルス同様の構成をもつが、寄生主を必要としない。メモリー内で次々と番地を変えて自己複写し、またはネットワーク内で動きまわるためにワームと呼ばれる。多くの場合、空きプロセッサを利用した並行処理によって自己複製作業等を行うため、ホストまたはネットワーク本体はその間正常に作動する。

ウィルスの理論的基礎と言うべき「自己増殖機械」は、コンピュータの生みの親、フォン・ノイマンの構想である。その後増殖型のゲームはいろいろと研究されたが、犯罪的ウィルスは一九八七年頃から発生し、既に三百種に達している。インターネット上に発生した「モリスのワーム」は、半日で六〇〇〇台のコンピュータに伝染した。メーカー提供のソフトが開発段階で汚染されていた例もある。さらに自然界のように「突然変異」するウィルスの可能性も指摘されている。

ウィルス、ワームの侵入予防、検出、除去等を行うソフトを「ワクチン」と呼ぶ。しかし、基本的には解析済のウィルスにのみ有効であり、必ず耐性を持ったウィルスが発生しうる。さらに数学基礎論の不完全性定理に類似の理論によれば、原理的に考えうるすべてのウィルスを発見するワクチンは存在しない。だが、数学的理論はより強力な防御機構の開発に有効と考えられている。

情報化社会においてさける事のできない、ソフト、データの交換にかかわるウィルスの対策は、倫理的法律的な面を含めて、今後の重大な課題である。　（矢野　環）

流通機構

商品が生産者からエンドユーザーの手に渡るまでの社会的な仕組みのこと。両者の間で生ずる距離は地理的、時間的なものだけでなく、社会的、文化的なものでもある。その仕組みの発展は国によって異なるが、今日では普遍的法則が確立しつつある。商品が流通されるためには社会的な分業関係を経て行なわれるが、そこに従事している人々を流通業者と呼ぶ。流通機構は卸売業と小売業によって構成される。商品によっては卸売業を経過せずに、直接エンドユーザーに流通する場合がある。消費される商品は流通機構を媒介にしてエンドユーザーに流通されるが、その逆に貨幣はエンドユーザーから生産者に向かって流れる。

相互の活動によって流通機構は生産から消費へ、そして再生産へと結ぶコネクターの役目をする。それがうまく運ばないと、経済活動そのものが麻痺することになる。このように流通業は生産者から商品を購入することでリスクをおかし、商品の輸送を行ない、中小の生産者に金融支援を行い、消費者のニーズの動向を探り、またそれを喚起し、商品を多くのエンドユーザーに分散させ、たくさんの商品をたえずエンドユーザーが手に入れやすいように準備する。

日米の貿易摩擦によって日本の流通機構の特殊性が問題視されているが、その理由として主に卸売業の複雑さが指摘される。一次卸、二次卸、三次卸の存在は外国人にはわかりにくい。流通業者は多数の零細業者からなり、その基盤は脆弱である。歴史的に形成された古い慣行がまだ強く残っており、書面契約の欠如、秘匿的リベート制度、返品制度、決済の遅さが特徴的。また生産から販売に至るまで系列化、寡占化が進み、独禁法に触れる場合もある。また諸外国と異なる流通過程に対する行政の介入が多く、法律的規制も多いのが特徴。これらの特殊性を解決するために流通機構を単純化、合理化する必要に迫られているが、それをただ単に外圧によって行うのではなく、新しいシステムの確立によって行わなくてはならない。そのための方策として考えられるのに、生産から消費のサイクルだけではなくて、リサイクルへ、すなわち廃棄、還元へと進むシステム開発が望まれるし、流通活動をただ単に経済活動とだけに限定しないで、社会的文化的な活動として位置づける必要がある。

(石田和男)

狂乱物価

七三年後半から七四年前半にかけてOPEC諸国を中心とした産油国による原油価格の大幅値上げに端を発し、高率のインフレが起った。卸売物価は七三年一二月に七・一%、七四年一月に五・五%、二月に三・九%上昇し、わずか三ヶ月で一六・五%も上昇した。消費者物価も、この期間九・九%と上昇した。企業のなかには、ちり紙やトイレットペーパーを買い占め、売り惜しみをしたためにスーパーや百貨店に人々がおしかけるという社会的混乱が起こり、政府のすみやかな対応が求められた。

それに対し、政府はまず金融引締めを中心とした総需要抑制策を採った。公定歩合が九%に据え置かれ、七四年度の一般会計予算は前年比一九・七%増に留まった。また、公共投資部門でも事業の繰り延べが行なわれた。また物価対策としては、石油ガス、ちり紙、トイレットペーパーの標準価格が決められ、買い占め売り惜しみに対する法律も制定された。公共料金についても国鉄運賃や消費者米価が、六ヶ月据え置かれた。

これらの対策の結果、卸売物価は三月から沈静化に向かい、消費者物価の上昇も一〇%代を切るようになった。このような現象が生まれる背景には、世界経済の流れのなかに通貨供給の増加があったことが強調されなくてはならない。事実二回の石油危機が発生する前後に、すでに先進諸国では二ケタ台のインフレが起こっており、その直接的原因にアメリカのドル通貨の供給が増大したことがあげられる。物価の値上がりの原因が輸入コスト・インフレだとしたら総需要抑制策だけではおさえることはできなかったはずである。

物価はおさまってきたものの、消費者の購買力は七〇年に比べて四〇％も減少しており、企業の産出量も減少し、雇用量も減った。これはスタグフレーションとなり、世界中が不況にみまわれた。七六年以降、景気は少しずつ回復してきたが、物価は西ドイツ、日本で落ちつき、イギリス、イタリアなどで上昇が続くという二極化傾向が進んできている。（石田和男）

都市農業

都市農業というのは、都市部で行われている農業を指すが、都市近郊農業などとは違って、とくに日本では、社会学的な観点も含めて、特有の意味をもっている。

都市近郊農業は、大都市の近辺であることを利用して、大都市という大きな市場を対象に、野菜、果菜、花卉など、長距離輸送または長期間保存が困難か、あるいは高価につくものを生産し、遠隔地よりも新鮮なものを供給しようとするものが主流である。関東、関西、中京地方などで、そうした都市近郊農業が盛んであるが、現在では保冷運送技術の発達とともに、より遠隔地でも、同様な農業が行われるようになっている。

それに対して、都市農業は、同じ傾向をもつものもむろんあるが、むしろ、農業そのものの採算よりも、農業を続けることによって、税法上の利点を得ようとするものが目立つようになっている。そうした後者の性格をもつ都市農業では、自家用の農産物をつくるのが主目的であったり、都市に住む人たちに、たとえば一坪農地を提供して使用料を取るなど、形のうえだけの農業も見られる。農業生産物を市場に出すのは、余剰分が出たときのみという場合も多いのである。

このような状況は、さまざまな原因によってもたらされている。まず、一九八〇年代に入ってからとくに顕著になっている国際的な貿易収支の不均衡（自動車産業、電機産業に集中する黒字）によって、農産物の市場開放という強い圧力が農業にかけられている。しかも、この間、農林水産業（第一次産業）への就業者数が減少し続け、一方で、サービス業など第三次産業への就業者数が急増しており、それは、とくに三大都市圏で著しい。また、七五年にいったんほぼゼロになった三大都市圏への人口の流入が、八一年から再びプラスに転じており、大都市圏への再集中時代に入った。こうした背景のもとで、都市部の地価が投機的な買占めによって急騰しており、「狂乱地価」とさえ呼ばれる状態になっている。そして、日本の農業全体が困難な状況に置かれているなかで、とくに都市農業は、その存立基盤すら失われつつあるのである。

政府は、食糧の自給率維持をはかるため、これまでにさまざまな農業保護策をとってきた。しかし、それは、主として稲作農家を対象とするものであり、たとえば食管法に基づくコメの買上げの際の生産者米価を、消費者米価よりも高くするという、いわゆる逆ザヤによって稲作農家を保護してきた。また、余剰米が出るのを防ぐ減反政策でも、休耕する水田に減反奨励金を支払うという稲作農家保護を行ってきた。農業全体に対しては、農地の宅地などへの地目の変更を制限する一方、農地への課税を著しく低く抑え、農家の保護をはかってきた。この政策は、市街化区域内の農地にも適用されてきたのである。

ところが、この政策が、都市部の「狂乱地価」の進行のなかで新しい問題となっている。大都市の市街化区域内に農地をもつ農家が、形だけの農業を行い、宅地並みの高い課税を免れているという批判が、「狂乱地価」でとうてい住宅地を買えないという強い不満とともに、本来なら真っ先に批判が向くべき投機的な土地の買占めや政府の土地政策の無策よりも、むしろこうした都市農業に向けられているのである。そして、市街化区域内の農地に対する宅地並みの課税が、国会で議論されたり、新聞社説などで取り上げられたりしている。

確かに、税法上の利点を得るため、形だけの農業を行う場合が目立つようになっているが、本来の責任者は、そうした農家よりも、投機的な土地の買占めで地価を急騰させた企業や、無策のまま放置した政府なのである。化学肥料や農薬を使わない有機農業など、真剣な都市農業に励んでいる農家も多いのであり、そうした真剣な農家をなくしてしまうような方策は、決してとられてはならない。

（市川定夫）

都市生態系

都市という、人間がつくり出した特殊な環境のなかで、特異的な生態系が成立しており、それを都市生態系という。

都市には、人口が集中し、人間がつくった構造物が増え、自然のままの環境が消えてしまっている。まず、地表の大部分がコンクリートやアスファルトで舗装され、土壌が露出している面積が著しく減少している。そのため、植物が根づくことができる土壌面が少なく、また、降雨の大部分も舗装部分から直接排水溝に流出して、地面に吸収される量が少ないため、土壌が全体的にほとんど常時乾燥している。人為的に植えられている街路樹、庭木、花壇の草花などを除けば、そうしたわずかな乾燥した土壌に根づく植物種は、エノコログサ、メヒシバなどいくつかのイネ科植物や、セイヨウタンポポ、ヒメジオンなどキク科の帰化植物といった、比較的乾燥に強いものに限られ、植物相は極めて貧困なものとなっている。建物が撤去されたりして、しばらく空き地として放置されると、セイタカアワダチソウやブタクサなどの帰化植物を中心とする、やはり限られた植物種だけが生育する。植物相が貧困であることに伴い、土壌中の微生物は少なく、ミミズや昆虫の幼虫など地中に生息する動物も少ない。つまり、大都市は、コンクリートとアスファルトの砂漠なのである。

第二に、人口が集中している都市には、人間の生活に密着した動物だけが増えることである。イヌ、ネコなどペットなどとして飼育されている動物以外には、ゴキブリ、ダニ、イエネズミ、ドブネズミ、カラスなど、限られた動物種だけが増えるのである。ゴキブリは、家のなかやビルのなかなど、主として食事や調理をするところに住みつく、都市部で最も個体数が増加している動物で、その駆除のため、専用のさまざまな駆除剤や駆除具が売り出されているほどである。この古い型の昆虫は、生活力も繁殖力も旺盛で、駆除することは極めて難しい。また、ダニは、畳やカーペットの裏などに住みつき、これも駆除が難しい。ネズミ類は、建物内や排水構などに住みつくが、大都市などでとくにネズミが増えているのは、大量の残飯が出る飲食店が密集しているところである。ネズミも、強い生活力と繁殖力をもっている。カラスも、残飯や台所からのゴミに群がる大型で雑食の鳥であるが、大都市で増え始めたのは、比較的近年になってからであり、人間の生活形態に急速に適応しつつある。

また、都市で人間の生活に密着して増えているのは、これら動物だけではない。カビ、バクテリア、ウィルスなどにも、人体やペットに寄生したり、残飯や生ゴミあるいは市場などで売れ残って捨てられる野菜、魚介類などに繁殖したり、下水中で繁殖したり、建物内の湿ったところや日の当たらないところで繁殖するものなどがあり、こうした微生物類は、人口が密集し、ビルなどがところ狭しと建つほど、増えるのである。伝染性の病原微生物がその好例で、インフルエンザウィルスなども、人口が密集しているほど、伝染しやすく増殖しやすい。

このように、都市生態系は、限られた植物種と、人間の生活に密着した限られた動物種と限られた微生物種から構成される極めて貧困な生態系で、生態系としての物質循環は、もはやなくなっている。つまり、植物が光合成によって有機物をつくり出し、それを草食動物が食べ、それをさらに肉食動物が捕食し、枯葉や倒木、動物の排出物や死体が微生物によって分解されて無機物に戻り、それがまた植物に吸収されるといった食物連鎖が、もはや循環していないのである。こうした都市生態系では、人間の生活から排出される有機物に大きく依存する、一方交通的な物質移動しか見られず、物質が循環している自然の生態系とは異なり、生物特有の平衡維持機能を失ってしまっている。

（市川定夫）

近隣騒音

騒音が誕生するのは、一九世紀の近代都市の誕生と軌を一にしている。それ以前、つまり産業革命以前の騒音は、マニファクチャ内部での生産系の騒音や物売りの声、辻馬車の音などに限られていた。つまり、生産や交通や商業が、それぞれの内部で完結する時代には、騒音はまだ静寂のなかに浮かび上がる音に過ぎなかった。しかし、産業革命後、機械が成長し、テクノロジーが発展すると、これらの生産系が交通や商業と無限に交錯を始め、伝達系の進展も伴って、さらに騒音は拡大する。つまり、都市全体が生産から伝達まで騒音で覆われるようになる。そこでは、騒音のゲシュタルトが転換し、静寂は人間が意識的に作り出さなければ、獲得できない特権性をかね備えてしまう。隣人の弾いているピアノの音にその隣人を殺害した事件は記憶に新しい。また、電車内でウォークマンの音をとがめた人間が暴力によって反撃された事件も、その意味ではなんら不思議ではない。

実生活での様々な騒音をいうこの近隣騒音という言葉も、現代都市生活とは切り離せない。深夜営業のカラオケ、ピアノ、エアコンから、ペットや拡声器まで。これらの音に対しては、規制がされているが、都市のなかの騒音と静寂という構図は相変わらず存在している。そればかりか、ますます騒音の発生源は広がっているといえる。冷蔵庫のモーター音やクーラー音などの電気騒音。蛍光灯やワープロから発せられる周波数騒音。また電話の通信障害やレコード、CDのヒスノイズなども含まれる。

これらの騒音とは、我々はもはや離れることができない。静寂を夢見る我々は、実際に静寂に浸ると、急に恐怖感に駆られるという逆説的な体験を持つ。もはや我々は静寂を生きることはできないのである。

（永田　靖）

電波騒音障害

通信機器や電化製品が発生する不要電波による障害は、従来、機械間の技術的な問題として処理されてきた。電波障害、電波騒音（電磁ノイズ）といった呼称も、こうした発想に基づいている。しかし、現在真に問われ始めているのは、電磁波――電波はその略称にすぎない――全般が及ぼす人体への害作用の有無についてである。その意味でも電波騒音は、より広範な「電磁ハザード」の一環として、正しく位置づけておくことが望ましい。

電磁ハザードのなかでも最近にわかに注目を集めているのが、ＯＡ機器の端末ディスプレイ（ＶＤＴ）、高圧送電線、携帯電話やトランシーバーなど、生活に身近な電子機器・電気設備の害作用である。ＶＤＴの常時使用者に異常出産やてんかんの多発が報告されているほか、高圧送電線の近くに住む子どもには白血病が多いとした研究もある。また、携帯電話の微弱電磁波でさえ眼球温度を上昇させれば、白内障を引き起こす元凶ともなりうる。

こうした不安が高まるなか、一九九〇年六月、郵政相の諮問機関である電気通信技術審議会は「電波利用における人体の防護指針」（ガイドライン）を答申した。この答申は、電磁波が及ぼす人体への悪影響をわが国において公式に初めて認めた点で、画期的な意義をもつ。ただし、ガイドラインの内容そのものはすでに一〇年も前から施行されていた欧米の基準に準じたもので、識者の間には不十分な基準値だとする声も少なくない。

害作用の実証的データーとなると、いまだ再現性のある確たるものに乏しいのが現状だが、いずれにせよ電磁ハザードを論じる〝土俵〟だけはできたわけで、この問題はこれから本格的に人々の関心の焦点になっていくと思われる。リニアモーターカーが発生する巨大な変動磁場の問題も含め、進展する情報化のなかで高電磁化されていく社会の宿命として、いまや人類はこの新たな環境問題と直面することを余儀なくされているのである。

（吉永良正）

犯罪と都市

日本の犯罪発生状況（一九八九年）のうち全国の認知件数（警察において犯罪の発生を認知した件数）は一六七万三千件である。四七都道府県の中で上位五位は、第一位が東京（二二万一千件、全国の一三・二％）、第二位が大阪（二二万一千件、全国の一二・六％）、第三位が神奈川（九万五千件、全国の五・七％）、第四位が福岡（九万四千件、全国の五・六％）、第五位が愛知（九万一千件、全国の五・四％）となっている。東京と大阪の合計は四三万三千件で、全国の二五・八％、約四分の一を占めている。

同年の検挙件数は、全国が七七万二千件、東京が八万二千件（全国の一〇・六％）、大阪が五万八千件（全国の七・五％）である。東京と大阪の合計は一四万件、全国の一八・一％を占める。

検挙人員の総数は全国が三二万三千人、東京が五万六千人（全国の一七・九％）、大阪が二万九千人（全国の九・三％）である。東京と大阪の合計は全国の二七・二％を占める。

検挙人員のなかで少年（満一四歳から一九歳まで）は全国が一六万五千人、東京が一万九千人（全国の一一・五％）、大阪が一万七千人（全国の一〇・三％）である。東京と大阪の合計は全国の二一・八％を占める。

検挙人員の総数に対する少年の比率は、全国が五二・七％、東京が三三・九％、大阪が五八・六％となっており一四歳から一九歳までの年齢層の犯罪比率が高い。

凶悪犯の検挙人員は全国が四、七四〇人、東京が六五〇人（全国の一三・七％）、大阪が四二〇人（全国の八・九％）である。東京と大阪の合計は全国の二二・六％を占める。

凶悪犯の少年の検挙人員は全国が一、二二五人、東京が一八一人（全国の一四・八％）、大阪が九〇人（全国の七・三％）である。東京と大阪の合計は全国の二二・一％を占める。

凶悪犯のなかで凶悪犯少年の占める比率は全国が二五・九％、東京が二七・七％、大阪が二一・五％である。

粗暴犯の検挙人員は全国が四万五千人、東京が六千四百人（全国の一四・二％）、大阪が四千二百人（全国の九・三％）である。東京と大阪の合計は全国の二三・五％を占める。

粗暴犯のなかで粗暴犯少年の占める比率は全国が四〇・三％、東京が二七・五％、大阪が三四・二％である。

窃盗の検挙人員は全国が一九万五千人、東京が二万七千六百人（全国の一四・一％）、大阪が一万七千人（全国の八・七％）である。東京と大阪の合計は全国の二二・八％を占める。

窃盗の中で窃盗少年の占める比率は全国が六二・〇％、東京が四〇・四％、大阪が六八・二％を占める。

知能犯の検挙人員は全国が一万二千人、東京が一千四百人（全国の一一・七％）、大阪が九百人（全国の七・五％）である。東京と大阪の合計は全国の一九・二％を占める。

知能犯のなかで知能犯少年の占める比率は全国が六・四％、東京が二・一％、大阪が五・四％である。

風俗犯の検挙人員は全国が一万一千人、東京が二千人（全国の一八・二％）、大阪が一千人（全国の九・一％）である。東京と大阪の合計は全国の二七・三％を占める。

風俗犯のなかで風俗犯少年の占める比率は全国が五・四％、東京が二・七％、大阪が七・四％である。

大都会の犯罪は若年層が群がる繁華街を中心に発生している。窃盗を犯す少年、薬物乱用の少年、性の逸脱行為で補導される女子少年、集団で強盗、恐喝、強姦、傷害などをおこなう凶悪犯罪少年などが増加している。

家庭の解体の進行によるものか、相反して矛盾する多元の欲望を御せないためか、より強い刺激を求めるためか、競争社会に脱落したためか、複合的原因を社会が問われている。

（西　真平）

暴走族

その起源は昭和三〇年代のカミナリ族で、単車に乗った若者たちが街のなかを猛スピードで走りぬけ人々を驚かせた。昭和四〇年代に入ると、原宿で表参道を中心に車で競争をするようになりサーキット族と呼ばれた。昭和四七年になると、全国に広まり暴動事件にまで発展した。昭和四〇年代後半になるとスピード狂の若者たちが集団化し、それが組織化されるようになり、活動の範囲も広がっていった。これが暴走族と呼ばれた。これらの組織に参加する者は大部分が未成年者である。彼らは組織としてのアイデンティティを意識し、車を改造したり、チーム旗、特攻服、鉢巻など、思い思いのデザインを工夫した。彼らの行動の特徴は、カーマニアとして車のメカに凝ったり、運転技術を競い合ったり、仲間と一緒にドライブ・ツーリングを楽しんだりしたことである。ただ、人々から注目されることを期待するあまり、彼らの行動は極端な方向へ進んでいった。マスコミに取りあげられる際に「悪玉」としてみずからが登場することを好むのも彼らの意識の中に潜在的にある社会に対する不満を表出させているのである。しかし、彼らの意識や行為が加速され一般の人々を巻き込み、雑音や暴行事件、交通事故へと至り結果として、みずからが被害者となることに自覚的とはいえない。彼らの自己消費的エネルギーは組織の間で対立抗争にまで発展し、自己解体をおし進める。その一方で、彼らが生きる消費社会のなかの反社会的意匠は管理社会に批判的な視点を持とうとする青年の純粋さを現わしているが、しばしば論理がステレオタイプ化されているために、批判の回路が狂い反動的な言説に導かれる。彼らの行為は、消費社会のなかから生まれ、その矛盾の捌け口を求める行為ではあるが、批判の道具《ツール》を欠くために、必要な感性的表現の場やそれを表現する手段が生まれてこないと生かされない。

（石田和男）

心理的性倒錯

心理的倒錯の最も大きなパースペクティブとしては、クリナードが社会的逸脱現象として示す犯罪、自殺、売春、浮浪、各種の中毒、賭博、偏見、差別、精神疾患、さらに戦争などが考えられる。

精神病理学的側面からは、ボスのいう素質的・生活史的要因による障害のため自然な恋愛形態を実現できなくなっている性的倒錯があげられる。

性的対象の異常として同性愛、動物性愛、死体性愛、フェティシズム、性行為の手段としてのサディズム、マゾヒズム、そして露出症や窃視症などである。

犯罪心理学的側面から、安香宏は犯罪者における人格の社会化不全の種類として七つをあげている。①特殊な文化のなかでの生育によるもの、②文化葛藤にもとづく生育面での混乱、③家庭での人間関係の障害によるもの、④学校生活への不適応によるもの、⑤職場生活での不適応によるもの、⑥近隣・地域社会からの疎外によるもの、⑦思春期にあらわれる一般性の不安定状態などである。

社会学的側面から、マートンは社会構造とアノミーの文化形式の原理を三つあげている。①平等な機会にめぐまれていない地位を占めている人々が、批判の眼を社会構造から自己自身に向けるようにすること、②低い社会階級の人々が、自分の仲間とではなく、頂点にある人々と同じだと思い込むことによって、社会権力の構造が維持されること、③大望を促す文化的命令に同調できなければ、社会に参加する資格がないと圧力を加えること。これに対応する個人の類型として五つあげている。①文化的目標と制度的手段への同調者、②富と権力を得るために、効果は多いが制度的には禁止されている手段を用いる抜け目のない人間、③産業組織において生産高を用心深く一定量に止めておく労働者、④目標と手段を放棄した放浪者、⑤支配的な目標からの疎外を前提とした怨恨者や反逆者などである。

（西　真平）

拒食症

ダイエットをきっかけとして強迫的痩身願望にとらわれ、成長は無論、生存に必要な食物さえ拒むようになることがある。体重が標準の二〇～四〇％減ると、まず生殖能力、末梢循環機能の一時的停止にともなって月経が止まり、髪が抜け、体温が下がる。死に至る例もある危険な病であり、患者は主に思春期の若い女性だ。

拒食と、その反動による過食を繰り返すことも多く、総称して摂食障害とも呼ばれる。

心理的自殺ともいえるこの病気は、家族を含む他者や社会の侵入を拒む一種の防衛状態である。人間の一生が生誕の瞬間から死へ向かう直線だとされる現代では、成長することさえマイナスの方向表示となりうる。

さらに、男性を基準とする社会が女性にあてがう属性がある。女性は、内面的には「男性の資質」を欠いた性、外面的には性的対象物と見られ、いずれ女は皆同じという匿名性と非人格化を共通項とされてきた。

社会・文化的に規定される〝女であること〟が、これほど自己形成と合い入れないことであるなら、女性の思春期が無意識に存在の危機となるのは当然である。多くの女性は思春期に社会によって激しく客体化され、客体化した自己像を内面化させられるという出口のない構造にはまり込む。極端な自己の客体化は、パーソナリティの欠如感と自己評価の低さにつながる。

　痩せた方が美しいという美の画一化はあらゆる媒体を介して飽くことなく繰り返される。視覚的に洗練された〝抑制の奨め〟というスローガンは強力である。

　多くの精神科医たちは、〝性差〟や〝医学的見地〟がしばしば性差別的であることに気付かず、拒食症患者や家族を二重に抑圧する危険性がある。

　治療に際しては患者のパーソナリティを最大限尊重するのが原則であり、〝性差〟を教育することではないのは言うまでもない。

（九原　弓）

セクシャル・ハラスメント

　いやらしい目で身体を眺められたり、卑猥な言葉をかけられることが女性にとって不快で屈辱的なのは、これらが女性を性的なモノとして品定めをし私物化する行為とうつるからである。

　とりわけ、教育の場や職場という逃れられない環境で地位をかさに性的関係を迫るなどの性的いやがらせに〝セクシャル・ハラスメント〟という名が付いたのは一九七六年のアメリカといわれる。女性解放の歩みと共に、今まで個人的体験、あるいはあたりまえの事として考えられていたものが、次々に明るみに出されるようになった。その結果セクハラも多くの女性が共通体験を持つ、性差別に基づく社会問題と認知されるに至ったのである。男は本来そういうものという社会通念が問い直されてきている。

　一九七〇年代後半から、アメリカでは裁判で原告の女性が勝利するようになり、以来多くの判例が積み重ねられている。日本でも一九八九年、初めて福岡でセクハラ訴訟が提訴され、注目を集めていたが、原告が勝訴した。根拠のない不倫の噂により退職を余儀なくされたとして元上司の編集長が訴えられたものである。

　スウェーデンの平等オンブズマンの定義によれば、職場でのセクハラとは『職場や採用時におけるあらゆる種類の歓迎されない性的な言葉や行為などで、それにより女性が屈辱や精神的苦痛を感じたり不快な思いをさせられるもの』である。

　また、セクハラ先進国のアメリカでは、八〇年の雇用機会均等委員会によるガイドラインに『不快で敵対的な職場環境をつくり出している場合』という条項が入って以来、雇用主の責任も明確となり、企業内教育などセクハラ撲滅の気運が盛り上がってきたといわれる。

一九八六年にアメリカの最高裁判所は、セクハラが雇用における性差別の禁止に違反するとの判決を下した。

〝不快で敵対的〟の定義にみられるように、セクハラは単なる性的接近ではない。セクハラは性を用いた支配関係の強圧的表明であり行使である。女性は男性に従属する性的存在であるとする男性優位の価値判断にともなって、働く女性を男女の境界線を脅かす者とみる男性も多い。セクハラは男同士の連帯となってあらわれもするし、無意識的段階でも非常に攻撃的になりうるのである。

一方、男性がセクハラの被害者となることは極めて稀である。女性は男性を性的目的物視するように社会化されてはいないし、利用する地位や権力も持っていない場合がほとんどだからだ。

セクハラの被害に会ったら、まず自分を責めてはいけない。信頼できる人や、女性のいる相談機関に話すことが大切である。支援グループもあるし、作ることも可能、予防のためには、女性労働者が中心となって情報提供やキャンペーンを行うこともできる。

雇用主にとっても、セクハラのない友好的な職場づくりは、人材確保、労働者の健康維持に役立つことであり、さらにセクハラ訴訟による企業の大幅なイメージダウン、経済的損失を予防する上でも不可欠なものとなりつつある。

職場だけでなく、公教育の場でもセクハラが報告されており、撲滅のための教育プログラムや相談窓口の設置が必要とされている。

日本では入試の際の定員差別や雇用差別他、セクハラ以前ともいえる問題が山積しているが、このような性差別の一角を切り崩し、構造転換を促す新しい社会ルールとしてみた時に、重要な可能性をセクハラ問題は示している。

（九原　弓）

性の商品化

性の自由化は一九六〇年代から急速に一般化し、性は自然であり快楽であってエロスの回復は人間性の解放につながるとの認識から性表現の自由も正当とされた。その結果、ポルノ解禁、猥褻罪の自然消滅と、時代は様変りしたようにみえる。

性産業は一〇兆円の成長産業となり、ポルノグラフィーは製作費の安さと収益率の高さから大量に流通するようになった。ポルノショップ、ビデオ店、通信販売だけでなく、一般書店やコンビニエンスストアで極めて容易にポルノグラフィーや売春情報が入手可能となっている。普通のサラリーマンが読むスポーツ新聞、週刊誌から、児童を対象の漫画・単行本までポルノ的表現が浸透しているのが現状だ。ポルノとは何か。文化人を含む多くの人々が単に性表現とみなし、言論・表現の自由として擁護してきたものを、再定義する動きが生まれつつある。

一九八〇年代に入り、ポルノは性差別であり女性を性的目的物として商品化するものであるとの批判がフェミニストたちから発せられるようになった。自然そのものであると思われてきた性行為や性意識のなかにも、男性支配の価値感が色濃く投影されており、女性を性的目的物としてのみ抽出するポルノはこの価値観を固定化し、女性解放と相入れないとの主張である。特に暴力的ポルノは成長期の青少年のセクシュアリティ形成に大きな影響を与え、レイプを容認する社会風潮を補強する。アメリカでは、ポルノに強制的に使われた女性に、民法上の損害賠償請求権を認めることによって被害者を具体化し、従来の猥褻罪における定義や証明の困難を克服しようとする新しいアプローチも試みられている。

売春婦同様、ポルノの出演者も自由意志で報酬を得ていると一般にみなされているが、共に若年で性的虐待を受けた経験を有する者の割合が高いといわれる。

被害者と加害者の関係が露呈するのは児童ポルノである。家出人、ストリートチルドレン、誘拐児の他、家庭内での幼児からローティーンに至る児童が犠牲者となっている。背景にはさらに広範で日常的な保護者や知人による子供への性的虐待があるとみられ、その予防のための教育、救済、分析調査が日本でも緊急課題となっている。

ポルノの低年齢化、日常への浸透と共に、性産業労働者、代理母、メイルオーダーブライド等の性の細分化が南北問題として進行していることが注目される。いずれも女性の無権利状態という点で共通しており、幼い時から性的に脅かされやすい女性の姿が浮かび上がってくる。

性の商品化を支えるものに、男性は獲得する性、女性は奪われる性という旧来の性意識から来る文化的貧困と男女の間のはなはだしい経済格差があげられるだろう。女性は性的にも人間的にも自由で強く生きる権利があることは、幼年期から積極的に教育されるべきである。両性による対等で豊かな相互関係へのビジョンは、消費文化のステレオタイプ化された表現に覆い隠されて見えにくくなっている。子供のコミック誌にみられるように、コミュニケート不能な異性像は幼い時期から形成されている。物理的な力や優越によって他者を支配することを男らしさの原型とする少年漫画の世界では、女性は非権力あるいは保護すべき弱者として対等な関係性から剥離していく。これに対して少女漫画には暴力的欲望を追求する異性像は姿を消し、心地良い依存関係としての擬似恋愛が繰り返されることになる。少女漫画では従来、男性編集者によってキャラクターやストーリーが決定されることが多いといわれる。女性漫画家が女性の生身の視点と主体性を取り入れにくい状況も今後大きく変化していくと予想される。

（九原　弓）

買売春

かつては売春は売る側の問題としてのみとりあげられてきた。たとえば売春婦たちに、「売春を始めた動機は何ですか」「売春という行為に罪悪感はないのですか」などと調査することが売春問題だったのだ。

しかし売春問題は、実は売る側の問題でなく、買う男たちの問題である、ということが、最近になって、ようやく認識されるようになった。

特に日本の男たちは、東南アジアでは「セックスアニマル」とよばれるほど、恥ずかしげもなく女を買い漁っている。だから、私は、こう問題を立てておきたいと思う。「なぜ、日本の男たちは、平気で売春婦を買うことができるのか」と。

まず、この問題を解くにあたって見過ごしにできない歴史的事実がある。それは豊臣時代以降、わが国の為政者たちは、「買春」を、男たちを管理する常套手段としてきたということである。

たとえば豊臣秀吉は、「人心鎮撫の策」として、京都に「柳町遊里」をつくることを許可している。戦乱のつづいた武士、猜疑心に満ちた民衆の不満をなだめるためである。そして徳川家康は、遊廓を許可するにとどまらず、手厚い保護を与えている。彼にとって遊廓とは、第一に自分に反逆しかねない武士たちを、酒色に溺れさせる〝牽丸抜き〟政策であり、第二に謀反の相談をキャッチするための場所でもあった。つまり「買春」は、男たちの反骨精神を根こそぎ削ぎとる政策として、大きな役割を果たしてきたのである。

この江戸時代の遊蕩風俗は、明治の志士たちにもうけつがれ、「浮気は男の甲斐性」「英雄、色を好む」などのコトバで、「買春」を正当化するようになっていった。

第二次世界大戦では、兵士たちの不満をそらすために、政府は、日本軍のいるところに「慰安所」をつくり、売春婦として朝鮮人女性をだます形で連れていった。その数十七万人とも十八万人ともいわれているが、軍が慰安所をつくるなどということは、世界の軍隊、戦争史上、前代未聞だという。そのうえ朝鮮人慰安婦たちの存在は、「軍事機密」だったため、彼女たちの大部分を戦地に置きざりにしている。

そして「買春」は、いまなお男たちを管理する有効な政策であるようだ。たとえば中小企業などでは、成績優秀な社員への報償として、あるいは社員旅行と称して東南アジアへの買春ツアーに参加するところが増えている。仕事がキツくなる一方の社員の反抗を削ぐ巧みな労務管理として、

「買春」は大きな成果をあげているのである。

こうした為政者たちの積極的な「買春」政策に加え、日本には男たちに「買春」を許す差別構造がある。それは第一に、東南アジアの人たちに対する根強い差別である。買春ツアーや東南アジアからの「花嫁」を、女たちに番号札をつけて選ぶ威丈高な日本の男たちの姿をみるだけでも、日本人の東南アジアの人たちへの差別意識が、戦前と全く変わらないことを思い知らされるのである。

彼女たちが、売春せざるを得ないのは、実に日本を含めた「先進」諸国の、東南アジアにおける企業活動（低賃金雇用、資源の乱獲、公害輸出等）の結果なのだから、現地の人たちが、日本人への憎しみを募らせていることはまちがいない。

第二に、売春を生業とする女たちへの根深い差別がある。男たちは、売春婦を自分の妻や娘と全くちがう世界の女と考えるし、妻たちもまた、彼女たちは、自分よりも卑しい女たち、という侮りがあるから、「カネで済む女なら家庭をこわさない」と、夫の「買春」を黙認してしまう。

しかしながら、よくよく考えてみれば、結婚後、夫も妻も自分の役割をこなすことが夫婦生活だと思い込み、お互いのみずみずしい愛を育てる努力を怠っている夫婦の関係で営まれる性生活も、売春婦との性と変わらなくなっている。つまり愛情が醒めた妻が、ただ夫の稼いでくる給料で生きていくしかないとあきらめてカラダを開く性のあり様は、カネで買われる売春婦の性と同じものなのだ。

したがって、こうした「買春」が日常となってしまっている日本の男たちの貧しい性意識を変えるためには、まず、男も女も、人間として誇り高く生きることが必要だろう。夫たちは、「買春」をエサにされて、企業の奴隷となるのでなく、自分たちの給料や労働条件の改善は、組合活動でたたかいとるという反骨精神をよみがえらせることであり、妻たちは、夫の一度の「買春」も許さない！　という誇り高さを持ち、女の存在を侮らせないよう、経済的自立、家事・育児の分担をふくめた男女対等の夫婦生活をつくり出していくほかないのである。

（深江誠子）

保育問題

保育問題は社会の次の世代が育つための力という視座に立つとき、政策面と生活面からの危機が指摘されうる。

国際的に見ると、日本の保育所の数、保育内容の一般的な質的水準は充実しているといわれる。しかし、女性の労働市場参入の増大、ないしは産業の女性労働力への依存度の高まりのなかで、保育問題は新たな局面を迎えている。社会参加する女性とその夫たちが安心して仕事と子育ての両立を図るために、乳児保育・学童保育システムの不備、保育料の高額化、保育者が低賃金で重労働を強いられる現状から発生する保育者の数と問題、保育者の健康と待遇の問題、保育施設の質の充実など保育政策の再検討を迫る問題は山積している。

また、今日の都市生活は親たちが子育てに関する「多様な生身の生活モデル」と接触する機会を減らした。病院での出産と核家族のなかで行う子育ては親の孤立化を生み、そのための「対症療法」のような形で、育児書、育児雑誌など活字化された情報が多量に流通している。しかし、個別の状況に対応する適切な情報が必ずしも提供されているわけではない。育児不安、育児ノイローゼ、幼児虐待など新たな子育ての問題も生じている。都市の生活空間は地価の高騰、住宅の高層化、子どもの遊び場の減少、環境汚染など、居住空間の破壊が進んでいる。そのため都市に暮らす子ども数の減少や子どもの孤立化が生じている。

このような情況の下では、都市計画の再検討（特に乳幼児の遊び場と学童向けの自由に走り回れる空間）をはじめ、ハード面での環境造りと、ソフト面での創造的努力が必要である。例えば多様な保育ニーズに応えるきめ細かな相談機能の充実、保育の質的充実、男女が育児参加できるような労働時間の改善や育児休業制度が円滑に機能するための見直しなどが急務である。また、都市内で孤立した親子たちが手をつなぎあい、子育てを共有していこうとする試みが近年生じ始めており、こうした地縁、知縁、血縁、職縁などを通じての子育てネットワークの広がりが、解決への道の一つとして期待される。

（中山まき子・上野恵子）

母乳拒否・人工哺乳

母乳栄養は母乳中に、各栄養素が適切な比率、濃度で含まれること、消化吸収の容易なこと、免疫物質を含むこと、直接乳房から授乳でき衛生的なこと、経済的といった理由のほか、母親と子供の間に強い心理的つながりをつくることなど、乳児にとって最も理想的な栄養法といわれている。

厚生省の乳幼児栄養調査によると、生後一ヶ月の時に母乳のみで育てていた割合は一九六〇年が六七・八％なのに対し、二五年後の一九八五年は四九・五％で一八・三ポイントも減少し、人工栄養・混合栄養の割合が増加している。さらに乳児の月齢が高くなればなるほど人工栄養の割合が増加する。

母乳栄養が減少してゆく一般的な理由としては、①施設分娩の増加によって医療従事職の人手不足や母親に十分な授乳指導がなされないこと、②栄養学の進歩と粉乳の生産技術の向上、③母親が職業を持つことによる社会的活動を含めた外出時間の増加、④睡眠・休養・栄養不足等を伴う日常生活の過労などがあげられる。

母乳がでなくなる理由としては、①母親個人の素質的・生活史的要因による障害、②現代社会の環境からの影響、などが考えられる。

現代社会の環境からの影響としては、①生涯学習からの影響――妊娠・出産に関する理解度。乳幼児の身体・心・ことばの発達、習慣形成、遊びとおもちゃ、健康・安全などについての理解度。②家庭からの影響――居住空間。夫婦・親子・祖父母・兄弟など人間関係。特に夫の育児に対する協力度。③近隣社会からの影響――悪臭・騒音・日照。保育所・託児所、こども専門病院、こども公園などの有無。近所の連帯。特に相談できる人の有無。④マス・メディアからの影響――育児情報の選択。テレビやラジオの視聴時間・視聴態度。⑤職場からの影響――職場における男女差別。夫婦の育児休業。育児休業中の所得保障。企業による子育てへの協力度などがあげられる。

（西　真平）

パート労働

日本にはパート労働についての明確な定義はないが、ＩＬＯはこれを「世間一般の正規の労働時間よりも短い時間数を一日または一週間単位で就業すること。しかもこの就業は規則的、自発的であること」と定義している。もし短時間労働が、真に自発的に選択され、かつ正規労働者と同等な労働条件が保障されるならば、それは多様な就労の一形態として、なんら社会問題となることはない。今日パート労働が大きな社会問題となるのは、パート労働が女子労働に代表されること、均等待遇が保障されない不安定就労の一形態となっている点にある。世界に共通してパート労働の圧倒的多数は女性であるが、その理由は性役割分業による女性の家事責任が、職業と家庭の両立のため、パート労働の選択を余儀なくされていることにある。もちろん国によりパート労働の性格は異なる。女子パート労働比率の高いスウェーデンでは、週一七時間以上の勤務者であれば、各種社会保険が保障され、またフルタイムとの相互転換が進められるなど、均等待遇保障のための、よりきめ細かい規制がある。

それに比べ日本のパート労働は特異な性格をもつ。①イギリス、フランス、西ドイツでは三一時間以上働く者は一割程度に過ぎず、文字通りの短時間労働であるのに対し、我が国では女子パート労働の約半数は、三五時間以上働いており、半数近くは身分のみ異なる恒常的労働者群を構成している。②また有夫女子雇用者の四一％（一九八七年）がパート労働に従事しているが、彼女達の多くは未組織であり、かつ「家庭責任の方に比重が重い」として、差別的労働条件が正当化されている。

女子パートの時間給は一般女子労働者の七割程度、年間所得九九万円以下が八割（一九八七年）を占め、その他賞与、社会保険などの権利が保障されていない場合が多い。政府のパート・タイマーに対する課税限度額一〇〇万円、配偶者特別控除の創設等は、女子労働者自身が課税限度内に就労しようとする傾向を強めて、主婦意識を助長し、労働者としての自立意識形成にもネックとなっている。

パート労働対策として、政府は一九八九年六月、「パート・タイマー労働指針」を出したが、パート労働の真の労働権の保障のためには、パート労働法の実現と全体の労働時間短縮、パート労働者の組織化、パート・タイマーのキャリアづくりのための教育・訓練制度の確立などが急がれる。

（竹中恵美子）

身体障害者と都市

身体に障害を持っていなければ何ら行動に支障をきたさない建築物であっても、障害を持つ者にとってみれば、しばしば大きな障害となり、移動の自由を奪い、そのために就職や結婚あるいは教育を受ける機会を失っている事実があることは、かなり昔から指摘されてきたことである。

しかし、その当時（一九五〇年代）、障害者に対する設計者の建築的関心は、施設計画であったし、行政施策においても施設を重要視していた。したがって街角で困っている障害者がいれば、周辺の市民が援助をすることで問題を解決せざるを得なかったわけである。

しかし、都市への人口集中化、また市民の生活テンポが速くなるにつれて、いつまでも市民の協力に期待することもむずかしいこと、また障害者にしてみれば、自分一人での行動の自由が束縛されてしまうこと、経済的活動に制約を受けること、などの理由により建築的障害の除去が障害者団体によって叫ばれるようになった。

この動きは、北欧を中心に起ったインテグレーションの考え方と表裏一体となって世界的な動きとなった。

このインテグレーション（社会統合）の考えは障害者の地域社会への参加、活動をより活発化したが、その後、ノーマライゼーション、メーンストリームといった考え方が示されるにしたがって、その傾向はますます強くなっていった。

そこで次に、障害者に対する住宅施策と、公共建築物に対する政策を比較することによって、身体障害者が近づきやすく利用できる建築物および設備の基準をしらべてみよう。

(1)　**スウェーデン**　現在の障害者に対する住宅政策は大きく二つに分けられる。

一つは、一般の公営住宅を車椅子使用者にも使用できるようにしていることである。

身体障害者のための建築基準

項目　国	アメリカ	カナダ	イギリス	オーストラリア	スウェーデン	フィンランド
名　称	•建築物および設備を身体障害者にも近づきやすく，使用できるものにするためのアメリカ基準書	•身体障害者のための建築基準書	•身体障害者が建築物に近づくためには	•身体障害者が建築物に近づくためのデザイン	•身体障害者のための建築基準	•身体障害者が建築物に近づく方法
制定年月日	1961年	1965年	1963年，1967年改定	1968年	1969年	
主　体	•アメリカ基準協会	•全国建築基準協議委員会 •全国調査会議	•イギリス基準制定会議	•オーストラリア基準協会		
範　囲	•公共の用に供するすべての建築物と設備 •住宅対象外	•公共の用に供するすべての建築物・設備	•すべての建築物	•公共建築物・設備	•公共建築物事務所，役所，図書館，集会場，教室等	•住宅を含む •公共建築物 サウナ，プール，公衆浴場 •町づくり •交通
対象者	•歩行障害者（車椅子使用者） •準歩行障害者 •視覚障害者 •聴覚障害者 •運動調節障害者 •老人	•歩行障害者（車椅子使用者） •準歩行障害者 •視覚障害者 •聴覚障害者 •運動調節障害者 •老人	•歩行障害者（車椅子使用者） •視覚障害者 •聴覚障害者 •老人	•歩行障害者 •上肢障害者 •運動調節障害者 •視覚障害者 •聴覚障害者 •老人		•明示していないが60歳以上の車椅子を使用している婦人および使用していない者の活動範囲を基本的寸法に考えた
目　的	•すべての公共建築物・設備を一般の人々同様身体障害者にも使いやすくすること	•公共の建築物を介助なしに身体障害者に使いやすいものにする •公共の建築物をこの基準に従って建造，改造することで身体障害者の社会活動をうながす	•身体障害者・老人の日常活動をよりたやすくできるようにすること	•身体障害者にとって使いやすく，近づきやすい建築物とすること		

出典）　障害者のための建築基準—外国篇—，昭和48年，日本肢体不自由児協会　p. 12

インテグレーションが具体的に実行され、社会のなかで障害者が生活するとなれば、当然一般住宅への訪問がありうるわけである。その結果、中層住棟にエレベーターを設置し、各住戸の玄関戸は幅が広げられ、床面の段差を除去し、いままで狭かったサニタリー・ルームは車椅子でも利用できるように改良された。

もうひとつは重度障害者に対するケア付住宅の供給である。

これはフォーカス・ソサイアティと呼ばれる団体が団地の計画段階で一〇数戸の住宅を重度障害者用に改造すると同時に、介助用浴槽・共同食堂・居間さらにケア・スタッフの事務室等を住棟内に設ける形をとっている。

一九五九年には、障害者向け住宅建設に内する規程ができたこともあり、六〇年代の初めからは、多くの障害者協会から公共建築物の標準や規格案が示されて来た。しかし具体化したのは一九六九年に、ようやく建築規格の補遺という形で成立した。当初、対象となった建築物は、官公庁・図書館・集会場・学校等の公共建築物であったが、一九七〇年にはすべての工場が加えられた。

(2)　**西ドイツ**　一九六〇年から身障者住宅の建設や設備の提案が、ドイツ・リハビリテーション協会、ドイツ赤十字などから出ていたが、これらを基にして「重度身体障害者―住宅」の基準が一九七六年に定められた。この基準では一九七六年に造られた一般健常者（老人を含む）用住宅の基準において住居内の一部しか障害者に利用できなかったものを、住戸内のどの室内にも車椅子で入れ、かつ利用できるように考えることによって、障害者が単に他人の介助から自立するだけでなく、家族と一緒に生活できるようにすることを前提としている。

他方、公共建築物の政策に関しては、一九七〇年に連邦政府が発表した「障害者の社会復帰を促進するための行動プログラム」において公共建築物の建築的障害の除去についてふれられている。

(3)　**アメリカ合衆国**　アメリカ合衆国の住宅は主として民間に委ねられており、公共住宅建設の占める割合は非常に低い。しかも、これらは低所得者層に限られ、その多くは老人用の住宅で占められており、障害者住宅としては目立った動きは見られない。

公共建築物に対して、障害者配慮を最初に定めたのはアメリカ合衆国である（一九六一年）。

一九七三年にはリハビリテーション法が成立し、連邦および州政府のプログラムになんらかの関連があれば、これらの建築物から一切の建築的障害を除去しなければならないことになった。

ひるがえって、わが国をみると、住宅・公共建築物、いずれにも規格は定められていない。人体寸法・生活様式の差異はあるにしても、国際的に通用するものをつくる必要があろう。

（里深文彦）

受験戦争

選抜的な上級学校入学や資格取得の合格を目指して激化する能力競争に〝生き残る〟ための異常な「学習熱」と、それに伴う青少年の歪みや社会的諸問題を「戦争」になぞらえた表現。受験戦争は学校制度が階層的に整備され、学校が〝立身出世〟という階層移動の通路となった一九〇〇年代から存在したが、特に、一九六〇年代から激化し、それを形容してマスコミが使い社会に定着したものを指す。

六〇年代、技術革新と合理化による労働の一面化、労働密度の増大等に対応する新しい質の青年労働者を要求する財界が教育政策に積極的に介入し、高校の能力別多様化が促進された。また、「高度経済成長」による都市への急激な人口集中、それに伴う学齢人口の急増に加え、戦後のベビー・ブーム世代の高校・大学進学期が重なり、上級学校の「能力別」序列化、同一学校内での進路別コース化等の促進と入学定員の限定が、より社会的評価の高い進路を目指す〝生き残り〟競争を激化させることとなった。それは、

「低い」能力の持主は社会的評価の「低い」職業に就くという社会風潮を助長させ、親や子どもの労働観・職業観を歪めるばかりか、子ども達の間に差別・選別意識を再生産させることになった。六八年の教育課程改訂では「能力・適性に応ずる教育」が中学校にまで拡大され、八〇年代に入ると、雇用状況の悪化、「共通一次試験」の導入等によってこの傾向は学校教育全体の序列化を徹底させ、「戦争」状態を恒常化させている。進学のための成績評価は、教師を「輪切り」化された進路の「手配師」と化し、「個性をのばす教育」はタエマエとなった。また偏差値は、「能力」序列化に有効に機能し、情報化社会のなかで全国規模でこれを算出できる受験産業（業者テスト）が、逆に学校教育の進路指導を左右するまでになった。この競争から外されたものや、望まない進路を割りふられた者の学校不適応・学習意欲の低下がさまざまな教育問題をおこしている。

（山口和孝）

民族問題

民族とは、一定の地域で歴史的に言語・宗教・文化を共有してきた人々の集団であるが、民族の画一的な客観基準を確定することはできない。民族意識によって民族は定義されるのである。

民族としての意識は他の民族との接触によって形成される。したがって、歴史的に変化することもしばしばある。また民族は人々の集合として存在することにも、注意しなければならない。したがって、個人の権利としての体系である近代法の観点から、民族を扱うのは不適当である。民族の思想・感情を表現し伝達する手段である言語・教育や、民族団結の象徴が、民族の存続にとって欠くことのできないのもこのためである。

複数の民族間の紛争が民族問題である。異なる文化を持つ民族が接触すれば、しばしば誤解や偏見による摩擦が生じる。こうした文化摩擦は、古くからあらゆるところで存在してきたが、今日でも一般に民族間の紛争を増幅する要因である。しかし、政治的社会的背景を無視しては、今日の民族問題の本質を見誤ることになるであろう。

近代世界の政治原理として今日まで最も成功して来たのが、民族国家主義《ナショナリズム》である。近代世界では主権国家こそが唯一の正統的組織であるから、国家の安全と繁栄は国家資源の最大限の利用によって実現されることになる。国家がその構成員から最大限の忠誠を効率的に確保するのに好適なのは、国家構成員が民族と同一であることである。

しかし、共通の統治体制に忠誠を持つ国民は、民族と一致するとは限らないから、多様な民族構成を持つ国家は、国家構成員の均質化である国民主義を推し進めるようになる。ここで、国民国家主義は、しばしば特定の有力民族による少数民族の同化・抑圧を意味する。こうして、抑圧された民族は、民族自治のために自民族の国家を作り出そうとして独立・分離・自治運動をすることになる。既存の諸国家は、こうした民族紛争を自国の利害の観点から、援助したり抑圧したりするのである。

ところが、こうした民族国家建設は、しばしば困難に直面する。少数民族の居住地域は国境地帯である場合が多く、近接国家との戦略的・政治的関係の上で分離は国家パワーの喪失と見なされやすいこと、少数民族居住地域が経済・資源確保の上で欠くことのできないことがあること、さらに民族が混在して生活している場合が少なくないことが、その要因である。近代化はこうした要因に拍車を掛けているといえる。

近代化の過程は、共通のコミュニケーション手段に基づく形式的均質化とともに社会分業に伴う人々の分化とを生み出すから、多数派民族による少数民族の同化と抑圧に好適な条件を提供する。したがって、奴隷制に見られるように、少数民族が未熟練労働力の提供といった経済社会的機能を担っている場合には、支配派の民族にとって、少数民族が国家存立に必要な資源と見なされるのである。

民族は、人類が多様性を保持するうえで不可欠の文化的・社会的機能を担ってきたし、将来にわたって担い続けるであろう。一方、近代国家が果たしてきた役割である国内平和と近代化推進の手段としての性格は、今日重大な転機を迎えつつあるといえる。民族が共存し協力しあって行けるような国家を越えた世界政治秩序が、今日では求められつつあるのである。民族が国家と結びつくかぎり、政治紛争としての民族問題はなくならないのである。（荒井　功）

人種差別

通説では、人間を主として皮膚の色で白、黄、黒人種などに分類し、一つの人種がより優れているとして、他に対して不平等、支配、差別、隔離、虐殺などの不法行為を行うこと。

人種差別は、しばしば民族、宗教、イデオロギー、言語、性などによる差別とからみあった形で行われる。そしてこれは、ヨーロッパ近代国家が成立する過程、そしてアジア、アフリカ、ラテンアメリカへの帝国主義侵略を始めたとき、帝国主義戦争時などに大規模に爆発した。つまり国家が統合するとき、あるいは外に向かって拡張しようとするとき、国内の少数者、弱者にたいして突如として弾圧が加えられたのであった。

例えば一五世紀、イベリア半島でラテン人がイスラム支配の打倒をめざしたレコンスキタ運動の時、半島に散らばっていたユダヤ人共同体に対して異端者裁判などの形で弾圧が加えられた。一九世紀、帝国主義の時代に入ったフランスでドレフュス事件のようなユダヤ人迫害が起こった。当時の中央ヨーロッパ各都市ではユダヤ人をゲットーに隔離していた。

第二次大戦中のナチス・ドイツのユダヤ人大虐殺はあまりにも有名である。このとき「アーリア人種の優越」なるものを口実にしてヒットラーはユダヤ人を強制収容所に送り、六〇〇万人をガス室で殺した。このときロマ人（通称ジプシー）五〇万人も同様に虐殺された。

ヨーロッパ各国がアジア・アフリカの広大な大陸を勝手に分割し、植民地支配をしたのも、白人優越主義という人種差別にもとづいていた。実際には植民地に綿花、パームやし、錫、ゴムといったヨーロッパの工場で使う原料を生産させ、同時にヨーロッパの工業製品の販売市場を確保するという経済的搾取を目的とした侵略行為であった。

人種差別の最も典型的な例として挙げられるのは、合衆国における黒人差別である。歴史的にはアメリカ南部の綿花プランテーションにアフリカから大量の黒人が奴隷として連行され、この黒人奴隷労働がアメリカ資本主義発達の基礎となった。南北戦争後、奴隷制は廃止されたが、とくに南部ではきびしい人種隔離の形で残った。

一九六〇年代半ば、アフリカの独立に励まされて、南部でマーチン・ルーサー・キング師の公民権運動が始まった。この運動はキング師の暗殺という衝撃的な事件も起こったが、黒人差別撤廃に大きく貢献した。同時に、折からのベトナム戦争に対する反戦運動、女性解放運動などアメリカ社会を揺さぶった大変動へとつながって行った。

南アフリカ共和国のアパルトヘイトは、この人種差別の最も極端な形態である。これはオランダ語のApart（分離する）から来ている人種隔離制度である。少数派の白人が、原住民である多数派の黒人に対して、すべての権利を奪って支配しているばかりでなく、ホームランド（バンツスタン）と名付けた不毛で狭い土地に女性、子ども、老人など黒人家族を力づくで押し込めている。残りの黒人は都市の黒人居住区や金鉱、農園などの黒人専用宿舎に出稼ぎ労働者として、安く、ひどい条件で働かされている。

アパルトヘイトによって白人は黒人の二〇倍もの収入を得、南アフリカに投資した外国企業は世界一の利益を得ている。この国の産業の五〇％を占める金鉱は自由世界の市場にほぼ独占的に金を供給している。

アパルトヘイトに対する内外の反対運動が高まるにつれて、白人政権は「改革」を約束し、黒人との交渉を開始している。だが真にアパルトヘイトを「解体」するまでの道のりは遠い。だが国連では「人類にたいする犯罪」と非難され、ヨーロッパやアメリカでは南アフリカに対する経済制裁が部分的に実施された。もはやアパルトヘイトをなくすことは、南アフリカの国内問題ではなく、人類に課せられた責務であると理解されている。

アパルトヘイトと並んで人種差別の極端な例として、先住民に対するジェノサイド（大量虐殺）が挙げられる。一九七四年の国連総会にアメリカ・インディアンの代表が出席し、「合衆国政府のジェノサイド」を告発した。これは、国連が国家を単位とした連合であり、他国の国内問題には介入しないとしてきた一九世紀以来の外交の原則を覆えした行動であった。以後、アメリカ・インディアン、中南米のインディアン、オーストラリアのアボリジニ、日本のアイヌなど先住民が「独立した国家」として国際的に認められることになり、国連は世界先住民会議を開いている。先住民は中央政府によって、ウラン、石炭などの開発によって保留地を侵食され、今日では熱帯林の伐採によって狩猟や採取など生きる場を奪われ、生存そのものを脅かされている。

今日、先進国に存在する新しい人種差別として移民労働者の問題が挙げられる。とくに一九六〇年代の高度成長期に大量のトルコ人労働者を招じ入れた西ドイツ、アフリカ人労働者を使っているフランスでは、八〇年代に入って経済不況が始まるとともに、この外国人労働者に対する右翼の攻撃が激しくなった。一方この新しい人種差別に対する闘いも起こっており、国籍は異なっていても市民として受け入れようという動きも出ている。一部の地域では一定の滞在期間を経た外国人に地方自治レベルでの参政権を認めようというところまで来ている。

このように人種差別は、経済の悪化、南北の格差の増大とともに強まっていると同時に、反アパルトヘイト運動に見られるように、人種差別との闘いも前進している。またこれは性差別、民族差別などすべての差別に対する闘いと密接に関連している。

ここで、人種とは何かという根本的な問題を考えてみよう。冒頭に皮膚の色などによって人間集団を分類したのが人種であるという通説を紹介したが、実はこれは事実に反する。人種とは、歴史的、政治的、社会的、経済的に創り出された分類である。例えばヒットラーは「アーリア人種」のドイツ人の優位を口実にジプシーを虐殺したが、ジプシーはインド西北部から来たアーリア人である。ヨーロッパでジプシーが弾圧されるのは、動民という異質な生活様式のせいである。そしてナチスは黄色人種の日本と枢軸を結んで、同じアーリア人種のイギリスと戦った。南アフリカでは、アラブ人と同じセム人種に属するユダヤ人は白人種に入っており、アーリア人種のインド人は非白人と見なされている。日本人がこの国で「名誉白人」の地位を与えられているのは、企業がアパルトヘイトに加担していることへの報酬である。

すべての人種、民族も複数の混血によって成り立っている。歴史的に何万年にも亘って人は移動を繰り返しており、「純血」と「優越」を主張する白人種は、その移動、混血のうちでも最も新しい。

また差別されている集団が、さらに他の集団を差別するという事実も指摘しなければならない。ユダヤ人は一九四八年にイスラエルを建国して以後、パレスチナ人を新しい「離散の民」にした。今日でも、占領下において、かつてヒットラーのユダヤ人虐殺に匹敵する残虐な弾圧をパレスチナの子どもに加えている。

日本人は「単一民族」の国であるというフィクションに基づいて、「人種差別はしない」と言ってきた。政府は一九二一年のパリ会議の際、合衆国での日系人迫害に抗議して、「人種差別反対」を主張してきたことを誇りにしているが、アメリカやヨーロッパの企業が撤退した後の南アフリカと貿易を増やすなどアパルトヘイトに加担し、またアジアからの出稼ぎ労働者を「不法滞在」だとして、無権利の状態に置いたり、追放している。日本人もまた差別者である。

（北沢洋子）

難民

難民とは、広義には、政治・社会的理由による迫害・被害を受けるおそれがあるために、自国を去ることを余儀なくされた人々をさすが、狭義には政治的迫害を理由とする個人に限定される。

難民問題が国際問題として扱われるようになったのは、第一次大戦後のヨーロッパや小アジアで生じた大量の難民からである。一九二一年に設置された国際連盟難民高等弁務官事務所は、国際連合難民救済機関（UNRRA）、国連難民機関（IRO）を経て、一九五一年には国連総会で採択された「難民の地位に関する条約」に基づいてジュネーブに設けられた国連難民高等弁務官事務所（UNHCR）に職務が移行された。UNHCRは今日に至るまで、難民問題を担当する中心機関になっている。また、特にパレスチナ難民保護のためにUNRWAが設置されている。

東西冷戦の深化にともない、ヨーロッパでは東欧からの難民問題が生じるようになったが、一九五〇年代まで国際難民問題はパレスチナ難民を除くと主としてヨーロッパの問題であった。難民の性格も、外国からの侵略や民族・政治的意見の違いによる迫害の脅威を理由とするものであった。東欧の難民は、文化的にも古くから交流がある西欧や北米・オセアニア諸国の寛大な受け入れ政策や高度経済成長を背景にして比較的容易に定着し、恒常的な問題となることはなかった。

ところが、一九六〇年代になると、第二次大戦後の植民地解放によって生まれたアジア・アフリカ地域の新興独立国では、戦争・内戦・災害による被害から逃れようとする大規模な難民が生まれるようになり、一九七〇年代以後には第三世界での難民の増加が世界的な問題となるようになった。

第三世界の国々の多くは、国内に民族的・宗教的・地域的分裂要因を抱えており、さらに政治的寛容や立憲主義の歴史が浅く、近代行政・管理機構が十分に整備されていない。また、近代国際体系では安全保障は自力救済に基づく以上、周囲の国々との紛争や大国の戦略的干渉は過度の軍事化をもたらす。安価で強力な近代兵器の国際市場が一層、軍事化に拍車をかけエリートの軍部指向を強め、政治の暴力化を促進する。さらに資本主義世界市場への適応は、こうした脆弱な国家能力の条件では、低開発経済を一層従属化することになる。こうして抑圧的政治体制や戦争・内戦が生まれ、国家の保護を期待できない人々の難民が生み出されるのである。

今日、こうした難民は、南アフリカ周辺、中部アフリカ地域、中東、アフガン、インドシナ周辺、中米地域などを中心に一、五〇〇万人（国連難民高等弁務官推定）にのぼっている。しかもその過半数は婦人や子供である。

難民への援助と保護は、国連難民高等弁務官を中心にして行われている。しかし、この措置も関係国の利害を反映して一様ではない。援助拠出国が、戦略的観点から援助を行なったり、また難民収容国が外交的配慮から外国や国際機関が収容施設に接することを認めないこともあるからである。また、難民が本国政府の正統性に疑問を投げかける以上、本国政府が難民の主張はもちろん、その存在を否定したり、外国が難民を受容することを非友好的行為と見なしやすい。難民の一部がゲリラ活動を行なうこともあるから、難民に対する軍事行為を一律に禁止する国際法の合意も困難である。

難民が、まだ国際的に承認されていない反政府運動や民族運動に起因する場合には、難民の救援はそれ自体が現政府への挑戦を意味するから、国連難民高等弁務官でも「非政治的」に対処することが困難となってしまう。

移民として他国に定着するのは、故国に戻れないことを前提とすれば、難民にとって次善の解決策である。しかし、従来から難民を受け入れて来た国々でも、近年は国内経済不振や難民統合のための社会的コストから消極的になってきている。また、難民は市民権を獲得しても、多くの差別や障害に直面しなければならないのが現実である。

難民問題の解決策として、もっとも望ましいと考えられるのは、本国への帰還である。本国での状況が変化し出国した理由が消滅したかどうかを判断することは必ずしも容易ではない。また本国では一時的に大量の難民の帰還を必ずしも望まないこともある上、帰還した難民を非愛国者として差別や迫害があることもある。

こうして今日の難民についての最大の問題は、難民が長期間これといった有効な解決策がないままに、基本的な社会生活も許されない状態におかれていることなのである。

難民問題の解決には、世界的な緊張緩和と集団安全保障の強化、国際武器取引の禁止、低開発国の安定的な経済発展を促すような国際経済秩序の再編成、また人類的普遍価値を指向する市民文化の普及が必要であろう。

（荒井　功）

外国人労働者

その国の国籍をもたない外国人であって、就労している者、または就労を希望しその国に滞在している者を、一般にこう呼ぶ。かれらが長期滞在者となり、定住への傾向をつよめ、また社会もそれを許容する傾向をしめす場合、「移民労働者」という言葉も使われる。今日の外国人労働者の代表的な例としては、アメリカにおけるメキシコ人労働者、フランスのアルジェリア人労働者、ドイツ国内のトルコ人労働者などがあげられる。

労働者が自分の国から他の国に移動する理由にはさまざまなものがあるが、たいていの場合、自国の貧しさ、雇用の少なさ、失業、人口圧力などが関係している。このため、一般に発展途上国がこうした労働者の送り出し国となる。そして、かれらの出身地域をみると、発展途上国のなかでもより貧しい農村地帯であることが少なくない（たとえば、トルコのアナトリア高原の農村）。一方、先進社会における労働力需要、およびその背後にある人口不均衡も、外からの労働者の受け入れの理由となる。たとえば第二次大戦後のフランスや旧西ドイツでは労働力不足が深刻であり、経済成長を達成するためには外国から大量の労働力を受け入れることが不可欠であった。両国では、労働人口の七、八％が外国人によって占められ、現在にいたっている。ただし、先進国の労働市場では、熟練労働者の需要はいちおう満たされるため、それ以下の不熟練、半熟練の労働力を外国人にあおぐことが多く、このため外国人労働者はしばしば職業階層のなかでは下層を占めることになる。旧植民地や保護国の住民がよりよい生活機会をもとめて旧宗主国にやってきて、外国人労働者の大きな部分を構成しているケースも少なくない。イギリスは、伝統的に旧植民地住民の入国や就労に寛大であったから、アイルランド、インド、パキスタン、バングラデシュなどの出身の数多くの労働者を擁している。ただし、最近ではかれらの入国はかなり厳しく制限されている。

外国人労働者を比較的自由に受け入れる国も少数みとめられるが、大多数の先進国は、これに制限を加えている。旧西ドイツやフランスのように、一九七〇年代の石油危機以降、雇用状況の悪化を理由に、新規の受け入れをいっさい停止している国もある。日本では、これまで外国人労働者の受け入れに消極的で、今なお就労の認められる職種は限られており、現場労働やサービス労働に就くことは原則として禁止されている。これらの制限は、内国人の雇用を守り、賃金水準の低下をふせぐために必要であるとされ、これには一定の根拠はある。しかし、この制限のために、先進諸国ではどこでも「不法」に就労する外国人が相当数生まれることになる。本来労働関係の立法は国籍による差別待遇を認めていないのに、十分な法の保護を受けられない、劣悪な条件で働く外国人がこうして生みだされるところに一つの問題がある。なお、合法的に就労する外国人のばあいも、国籍・民族・文化の違いや、低職種ゆえに、内国人と平等にあつかわれず、職場や社会のなかで差別されていることが少なくない。

外国人労働者は、一般に雇用機会の多い都市部に集中する。たとえばフランスでは、パリを中心とする首都圏（面積で国土の二％）に外国人の三六％が住んでいる。かれらは、郊外の低家賃公営住宅に集まる一方で、十分な移動の手段をもたない場合、周囲から排斥されたりするため、都心部に近い劣悪な住宅街に集中するといった問題が生ずる。かれらの適応を容易にするための生活面の援助や、言語の習得機会の提供も欠かせない。学校では、外国人の生徒がふえることに伴い、言語などについての配慮が要求され、また内国人の生徒・父兄とのあつれきを避けるための努力も必要となる。これらは先進諸国の都市がほとんど例外なく直面している問題であり、外国人労働者の増加は、都市のなかに福祉、文化、人権にかかわる幅ひろい問題を提起するのである。

（宮島　喬）

アパルトヘイト

南アフリカ共和国で白人政権が施行している人種隔離制度のこと。白人が人種的に優れているという人種差別主義にもとづいているが、アメリカ南部にあったような黒人差別にとどまらず、パス法その他数えきれない法律により公的な制度になっていたことが特徴である。

南アフリカの白人は、オランダやイギリスからの移民で、全人口三三〇〇万人のうち一五％という少数派なのに、南アフリカを「白人の国」だとしている。そして七〇％の多数派で原住民の黒人から一切の権利を奪い、しかも国土の一三％でしかない荒れ地を選んで九つの黒人の「ホームランド（バンツスタン）」だと勝手に決め、ここに労働力として役に立たない女性、子ども、老人など黒人の家族を、すでに一、〇〇〇万人以上も押し込めている。

「白人地域」にあっては、黒人は白人の農園、金鉱、工場などで安い労働者として苛酷な労働条件の下で使われている。しかも、ここでも黒人専門の宿舎や黒人居住区に入れられていて、移動の自由は認められていない。

一九六六年、国連はアパルトヘイトを「人類に対する犯罪」と非難決議し、以来、南アフリカに対する「経済制裁」を主張してきた。南アフリカの黒人は、一九八三年九月以来、金鉱や工場でのスト、黒人居住区ではデモの形で激しい反乱を続けている。一方、アメリカ、ヨーロッパでは反アパルトヘイト運動が高まった。その結果、南アフリカに進出している大企業や銀行が相ついで撤退をはじめた。

こうした内外の圧力が強まるなかで、一九八九年に誕生したデクラーク政権はアパルトヘイトの「改革」を約束し、二八年間獄中にあった黒人指導者ネルソン・マンデラを釈放し、反アパルトヘイト団体〈アフリカ人民族会議（ANC）〉と交渉を開始した。だが、黒人側はアパルトヘイトの「解体」を目ざしており、「バンツスタンの廃止」「一人一票制」を要求しているので、交渉は長びくと思われる。（北沢洋子）

テロ

テロ、これは、暗殺、暴力、内乱などと違って、英語のテラー（Terror）、すなわち恐怖を他者に与える心理的効果を中心に展開される政治的手段のことを指す。

そういう政治的手段は、多くの場合、政治体制擁護者と反体制派の間で用いられることから、双方共に組織化あるいは機関化して集団的に行うことが多いが、個人が行う場合もある。

テロ、すなわち恐怖的手段を実行する人あるいはグループをテロリストと言う。テロリストは、自己あるいは集団的意志、ある場合にはイデオロギーの正当性をどこまでも押し通そうとすることから生じてくる。そしてまたテロ行為を行なう場合、その実行行為者と指令を出すところがカムフラージュされていることが多い。つまり正体をあいまいにしておくことが効果的であるからだ。

歴史的には、フランス革命時のジャコバン党による恐怖政治、ロシア革命時以降に起こった国内戦の白色テロ、ドイツのスパルク団に加えられた反革命テロなど多くの事例があげられる。近年においては第三世界の経済的、政治的独立に対する被支配者側からのテロなどのように国家的テロが行われる一方で、新聞、報道のあり方に対するテロが国内、国際的に起こっている。特に最近重要視されるようになったのは、核のテロである。核によるテロは、人々に強い恐怖感を与えることによって、近年のテロ行為は、通世界的になってきた。被抑圧者、被抑圧国、被抑圧グループは、核を保持することによって自らの立場の正当性を主張するようになってきた。

この意味でテロは、その時代の科学・技術と強く結び付き、一方的に体制擁護者のみならず、反体制派、弱者にも実行する機会が増大してきた。情報化社会によって、その効果も増大して来ているので、多く起こる可能性がある。テロはまた暗殺と結び付くことも多い。

（伊藤重行）

第二章

自然の逆襲

自然の発見

人間はかつて自分を自然の一部であると認識していた。文明ができてからも長い間、その習慣は変わりなかった。農民や漁民は自然の変化に意識的ではあったが、その変化そのものに関与する意志も手段も持ちあわせていなかった。むしろ自然界が長年つちかってきたダイナミズムを体得しているので、その体系に忠実であろうとさえした。これらの素朴な知恵は文明の創始者たちも感知していた。ギリシアのソクラテス以前の哲学者たちは、宇宙の根源的原理をなすものとして単純なものを考え出した。タレスは水。ヘラクレイトスは火。アナクシメネスは空気。エンペドクレスは水、空気、火、土をそれぞれ自然の本来的なあり方を説明するための元素とした。自然は自ずと生成し、やがて消滅してゆくもの一般を指し示した。この時代の人々は自然を自己と対立する外的事物と考えていなかったので、自分の生活から遠く離れることはなかった。むしろソクラテスやプラトンの時代に、これらの自然が人間的真理のために遠ざけられたのであった。彼らが言う真理の支配者とは人間のことである。この支配者は西欧中世の暗黒時代においては、神となって自然を支配し利用する権利を得るようになった。ここに至って、人間は自分たちが自然の一部であると考えながら、また自分たちが自然を超越した存在でもあると考えていた。この時代の人々は自然に対して、か弱い自らを武装するために神を用いた。その時代の農民や漁民がつちかっていたコスモロギー（宇宙観）を放棄して、不安から解放され安心したいがために永遠という時間を対置させた。この専制支配に立ち向かっていったのがデカルトである。デカルトは自然の支配者であった神の代わりに純粋思惟を位置づけた。この思惟の前ではあらゆる物質が単なる延長と化してしまう。その彼を支えたのが、当時発展した数学であった。デカルトは近代ヨーロッパ技術文明の創始者として大きな役割をになった。彼によって自然は分割可能な部分となり、外部から観察可能となった。彼は自然を精神ないし魂と遠くへだたったものとして客観化可能なものとしている。彼に導かれてヨーロッパ的知性は自然の征服に乗り出し、それを自分の所有物と化すことに情念をかたむけたのだった。この自然観こそ今日の物質文明を可能にしたし、それを支えた科学技術の発展も生み出したものであるといえる。しかしそこで生み出された科学技術も社会形態も、いずれも人間の一生の時間単位しか扱い得ないために、自然の長い営みからすれば、ほんのつかの間の出来事にしかすぎない。技術文明は時間を短縮化することに情熱をかたむける。それは同時に時間を止めたいという願望があるからだ（ハイデッガー）。そして私たちのモノとの本質的な関係は戦争と占有に還元されてしまったの長い時間をかけた自然のいとなみが、この技術文明のおかげで、ほんの短期間の間に破壊されようとしているのだ。もし自然の発見があるとすれば、そのような危機的な状況にあって、人間がその矛盾に覚醒し自らが自然と共生してゆかねばならないという認識に立ち、欲望を先おくりにしながら、ゆっくりとした時間に帰ってゆく努力をすべきなのである。そのためには現代の人々は、そのような自然の状態を「環境」という名辞でとらえるのでなく、一体感を持ったものとしてとらえるような視点が必要なのであろう。それは一種の「自然」のルネッサンスとでも言えるもので、古代人や民衆の知恵を自らの文明の知恵と化す試みなのである。（ミッシェル・セール）。それだけでなく信じられないほど

（石田和男）

一八世紀と自然

一七世紀の自然哲学者たちが発展させた機械的な自然観はプラトンにまでさかのぼる西洋の数学的伝統に根ざすものであるが、今日でもなお科学の世界を支配している。この自然観によれば、自然は部分に分割することができ、またそれらの部分を配列しなおすことによって、別の種類の存在をつくりだすことができるということになる。〈事実〉すなわち情報のビットは、周囲の情況から抽出することができ、論理的、数学的操作に基づく一連の規則に従って配列しなおすことができる。結果をもう一度自然にもどすことによって、その究極的な有効性を検証し、立証することができる。数学的な定式化が合理性ならびに客観性の基準を与え、自然が経験的な妥当性ならびに理論を受容すべき基準を与えてくれる。

科学史学や科学哲学者の努力にもかかわらず、科学者の世界では、近代科学が外界についての客観的で、前後の状況からも価値観からも自由な知識であると一般に受けとめられている。そして科学は、この機械論的、数学的モデルに還元できる度合が大きければ大きいほど、より正統な科学とみなされることになった。

こうした考え方は、一八世紀初頭に出版されたアイザック・ニュートンの『プリンキピア』のなかでまとめられ、このニュートンの哲学的〈世界システム〉に関する法則は、イギリス社会の政治的経済的秩序の宇宙論的な手本とされた。

これに対し、一八世紀の自然観は、哲学者ゴットフリート・ヴィルヘルム・フォン・ライプニッツによって基礎づけられた。

彼によれば、自然は、合理的な認識と適切な行為をとおして、管理することができるものであった。

「地球のある部分は繰り返し野性にもどったり、破壊と悪化をこうむったりするであろうが、それにもめげず、やがては地球全体が開墾され庭園のようなおもむきを呈するであろう。まさにこういうわけで、われわれの地球のかなりの部分が、今でさえすでによく開墾され、またこれからも開発されていくのである」。

人間文明の進歩と、宇宙全体の内的な発展に対する、このライプニッツの楽観主義は、一八世紀の啓愛思想の哲学を導いた。

「神のなしたもうた事柄の一般的な美しさと完全さに加えて、われわれは、宇宙全体が一種たゆみなく、またきわめて自由に発展しており、まるでより大きな改良にむかって前進しているようであることを認めなければなるまい」とライプニッツは書いている。

ライプニッツとニュートンの体系は、自然の機械論的分析を重要な構成要素としている点では共通しているが、機械論的宇宙における神の役割および実在というものの基本的性質についての両者の見解はおおいに違っていた。ライプニッツにとっては、現象的な世界だけが機械的であり、真の実在の世界は有機的であった。一七一六年にライプニッツとニュートンのあいだでおこった有名な論争の事実上の争点は、有機的伝統と機械的伝統の底に流れる、神と物質と自然の概念にかかわるものであった。自然の数学的法則に従う時計仕掛のような宇宙のなかで、神はいったい何ができるかという問題が論争をよんだのであった。

ライプニッツのダイナミックな生気論は、〈自然の死〉とはまっこうから対立するものである。彼の晩年の考え方の中の生気論的要素に、われわれは有機体志向をみるのであり、それは宇宙に浸透する生命に対して畏敬の念を抱いていた彼の先駆者たちの生気論と同様、自然の搾取に反対するものと解釈しうる。

ライプニッツの自己充足的な内的発展という原理は、有機的世界観の核心をなすものであるが、それは変化を反応的なもの、つまり受動的な実在におよぼされた外的影響の産物であるとする機械論と鋭い対照をなすものであった。

（里深文彦）

虚構としての自然

限りなく広く雄大な自然は、われわれの畏怖の対象であると同時に、その懐に抱かれることによりわれわれは暮しのなかで疲れすさんだ心をなごませ、安らぎを得ようとする。しかし、慰めを求めて時おり赴く立場から見られた自然とは、自然を日々の舞台として生きる立場からすれば虚構でしかないと言われよう。自然は人間の甘えを許さぬ存在である。

他方、われわれが接することができるような自然とは、すでになんらかのかたちで人手で変えられ作られたものであり、その意味で、いわゆる自然のままの自然といった観念は虚構であるとも言えよう。もともと人間は他の生き物と同様、自然のなかで生まれ自然を生活の場としてきたが、特有の能力を発展させ文化を生み出しつつ、自然とは関わりの深い緊密な関係を豊かに育ててきた。

しかし人間は、自然の制約から開放され自立した世界を築き、それをより拡大しようとも努めてきた。近代的な文明の利器の開発や都市中心の社会組織の構築はそうした自然からの自立をめざす努力の帰結だが、人間にとってこれらが世界のなかに心地好い砦を築いてくれるはずであったのに、皮肉にも現実には金属に包囲された都市空間や殺伐とした人間関係を生み、都市の住民は安らぎを外部の自然に求めざるを得なくなっている。

いずれにせよ、都市生活本位の近代社会で語られる自然とは、したがってすでに人の気に入るように作り変えられあるいは観念の上で思い込まれている、という意味で、虚構としての自然と言われよう。しかし人為的な加工が人間に特有な文化活動の本質であるならば、まさに自然と相対する人為が人間にとっての自然である、という込み入った事情も否定できない。実際、人為の王国とも言える都会は強力に人をひきつけ、その吸引力は都市の過密、山村の過疎を激化させる一方である。自然から離別して都市を拠点とし、その上で外部に虚構の自然をこしらえることが人間にとっての自然というべきなのであろうか。

自然と不自然とを区別することも簡単ではないが、さらに面倒なことに、人間には虚構を虚構と知った上で、あるいは虚構であるがゆえにそれを好むという性向もある。面白いのは虚構であり、真実とは面白くも可笑しくもないとか、そもそも虚構ならぬ真実などは存在せず真実と虚構の区別は無意味である、などと説く識者は多い。

しかし、手が加えられているものを自然であるかに思い込むことや虚構に酔い痴れる集団催眠的状況が危険であることは、衒学者ぶろうとする人でなければ、誰もが弁えていることだろう。悠久と思われていた自然が案外脆いと言う、今日だれしも抱く危機感で実感されているところのことが、現実ではなく虚構であると信じる人はいないだろう。

ところで、科学は自然について次々に新たな認識をもたらしてきたが、科学がもたらす知識も一種の虚構で単純に真実とは認めがたい、と言われるようになってきた。この点で、真実は面白くも可笑しくもなく、愉快で人を楽しませるのは虚構であるという識者の発想が、科学は真実を探求する方向に進んできたと判断する上での基準として役立ちうるという意外な効用を持つと言えそうである。なぜなら、科学者が暴いてきた自然の姿は、当人にとっても周囲にとっても、思惑違いで不愉快であることが少なくないからである。

惑星が円運動をしていると信じてやまなかったケプラーにとって、惑星の楕円軌道の発見は不本意であったし、宇宙の基盤をなす法則的秩序を確信したアインシュタインにとって現代の確率論的物理理論は承服しえぬものであった。そこで、たとえ、意に沿わせるための画策がなされたとしても、それらは人間が按配しきれずに認めざるをえぬことに道を譲るようにしてことは進んできた。恣意が跳梁しえぬこの厳粛さにより、科学が真実の探求の方向へと進んできたことがうかがえよう。

こうした事情は、より大きな規模で、科学の発展とキリスト教との関係のなかに見出すことができる。近代科学革命は科学が宗教との闘争において勝利をおさめた過程と見る見方に対し、科学的精神の形成に対するキリスト教の寄与が指摘されることも多くなっている。たしかに、整然とした宇宙の秩序や調和はなにより、創造主で偉大な神の意図の現れであり、その意図を読みとることが科学の課題とされていたことはコペルニクス、ガリレオ、ケプラーなど科学革命の主役の著作からも明白である。

さらに、一般に科学はアニミズムや神秘主義などを打破してきたと言われるが、その運動にはキリスト教も大いに貢献した。たとえばロバート・フラッドを中心とし錬金術による魂の救済をめざす秘密結社的な薔薇十字団が一六世紀末に勃興したとき、フラッドを邪悪な魔術師と非難し、激しく錬金術攻撃を展開したのはカトリック教会を代表する修道士メルセンヌやガッサンディであり、かれらは実証に基づく知を重んじ、神秘主義の自然観を虚構として排撃した。

こうしてキリスト教から実証主義、合理主義が唱道され、科学の援軍をなすかの観を呈したが、それだけではない。ほぼ同時代のフランシス・ベイコンは、人間は神の手になる被造物のなかでも他の被造物を自己のために利用し支配することを許された特別な存在であることを、聖書を根拠に宣言すると共に、技術的応用のための知識の開発を奨励し、近代の産業と技術の文明の隆盛に寄与した。そこでは自然の法則も、自然と人間との関係も、創造者たる神によりあらかじめ定められている。

しかし、神の意図を読んだはずの近代初期の科学には、まず、その世界観が機械論的であるとして目の敵にされるにいたった顚末があるが、それにもまして深刻なのは、科学によって忘恩的ながら、キリスト教との提携からの波状的な乖離、離反がなされたことであった。ガリレオ裁判はそうした小さくない亀裂の一つであったし、さらに決定的な一歩を踏み出したのが一九世紀のダーウィンの進化論であろう。それは、生物の種が不変で固定されたものではなく進化をとげ、したがってヒトも他の動物から進化して生まれた生き物であることを示した。しかし、それだけではなく、その含意するところは、生命はおろか宇宙全体も、超越者たる神によって造られたりあらかじめ定められているものではなく、まして、人間が特別の権利を与えられた被造物として神により定められているわけではない、といったことにも及ぶであろう。

造られているのに自然であるかに装う虚構については先に述べたが、キリスト教においては逆に、自然に生まれたものを造られたかに思う虚構が存在している。この虚構は自然に関する虚構のなかでも最大級の虚構の一つであろう。近代文明の危機を語るとき科学がその責を問われることは多いが、このキリスト教の虚構も問われずにはすまぬだろう。世界創造の観念の否定はすでにアリストテレスに見られるが、自然の虚構の暴露が近代において科学により、科学的精神を生み出したとも評されるキリスト教との背馳にもかかわらずなされたことは、科学の真骨頂といえよう。

宇宙船から地球を見た飛行士たちは、自然の雄大さに胸打たれ、われわれを生み育てた地球に限りない敬愛の念を抱くと語っているが、自然のありようをすべて神の栄光と見る思想では、偉大であり敬愛すべきは自然ではなくその統治者たる神である。したがって、自然への冒瀆も神への冒瀆ゆえに断罪される。しかし、科学は自ら生まれ進化しうる自然の力を解明してきた。一七世紀以来、進展し続け、今日では進化を自己組織化の問題として研究している科学が提示するのは、もはや近代初期の機械論的自然像ではない。それはそれ自身敬愛されるに値いし、また、冒瀆されてはならぬものとしての自然の姿である。　（佐藤敬三）

大気圏

諸天体をとりかこむ気体状の層を大気という。たとえば太陽系の木星や地球には大気が存在し、太陽自身も大気でつつまれているので、これは太陽大気と言われる。しかし地球の月にはほとんど大気はない。ふつう大気という場合は、地球の大気を対象とする（以下地球大気について説明する）。

大気は上層に行くほど密度が稀薄になるが、高さ八〇キロでは太陽からの散乱光がやっと見える程度になる。六〇〇キロでは気体の一部が、大気圏外に脱出するようになったり、千キロではオーロラの出現によって、なお大気の存在が確かめられる。そして三万キロの上空では、大気は地球の自転に追従していけなくなるので、この高さがおよそ大気の上限とみられている。

大気は高さによっていくつかの圏に分かれている（図）。地表から一〇キロ位までは対流圏といい、大気現象のほとんどはこの圏にあらわれる。対流圏の上にはおよそ三〇キロ位まで気温のほとんど変らぬ（マイナス六〇度位）下部成層圏がある。三〇キロ以上になると気温は次第に上昇しはじめ、やがて（五〇キロ前後で）零度近くにまで達するが、この部

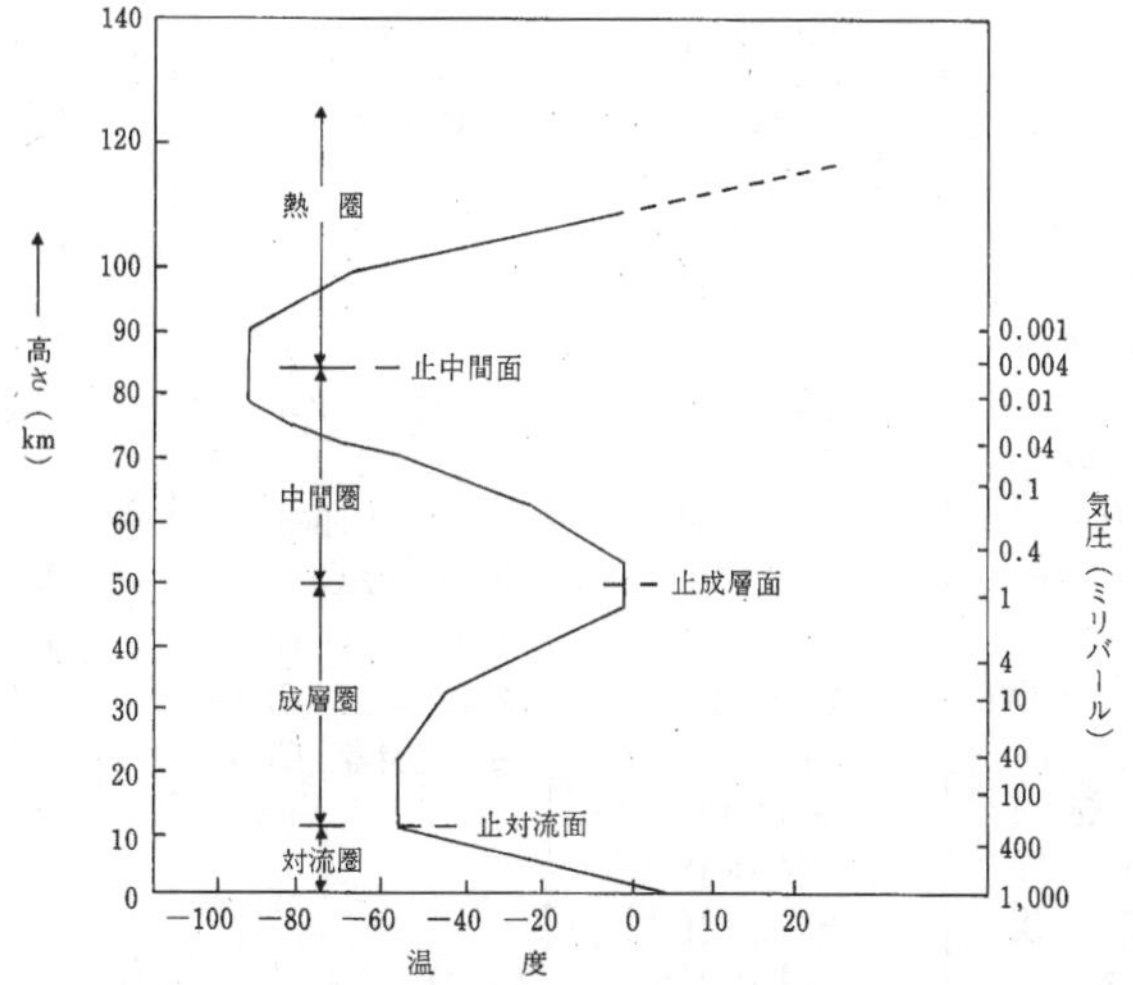

標準大気の垂直構造

分が上部成層圏である。上部成層圏の上には再び気温が低下していく中間圏があり、およそ九〇キロで熱圏もしくは電離圏に達するが、この部分がオーロラや流星の観測される大気の部分である。

大気の質量のおよそ¾は対流圏に存在する。また水蒸気の大部分も対流圏に存在し、通常〝天気〟とよばれる現象は対流圏で起っている。

汚染物質などの大気中のエーロゾルを考えたとき、地球環境としての大気の意味は、それらの物質の大気中の滞留時間によって地域的なひろがりがちがってくる。たとえば光化学スモッグの対象となる硫黄酸化物や窒素酸化物の大気中の滞留時間は数日から一ヵ月程度、その影響のひろがりは局地的である。酸性雨などの場合は、対流圏の総観過程によってそのひろがりは地域的になるが、フレオン、二酸化炭素、メタンなどになると滞留時間は数年から数十年にもなり、その現象は成層圏にも達し、影響する範囲はグローバルになる。

（根本順吉）

大気組成

地球の大気はさまざまな気体の混合したものであり、そのなかで最も多いのは窒素の七八％、ついで酸素の二一％

対流圏大気の成分

ガ　ス	容積混合比	ガ　ス	容積混合比
窒　素　N_2	0.781(乾燥大気)	二酸化硫黄　SO_2	上限 2×10^{-8}
酸　素　O_2	0.209(乾燥大気)	硫化水素　H_2S	$2\sim20\times10^{-9}$
アルゴン　^{40}Ar	9.34×10^{-3}(乾燥大気)	アンモニア　NH_3	上限 2×10^{-8}
水蒸気　H_2O	上限 4×10^{-2}	フォルムアルテヒド　CH_2O	上限 1×10^{-8}
二酸化炭素　CO_2	$2\sim4\times10^{-4}$	硝　酸　HNO_3	上限 1×10^{-9}
ネオン　Ne	1.82×10^{-5}	メチル・クロライド　CH_3Cl	上限 3×10^{-9}
ヘリウム　He	5.24×10^{-6}		
メタン　CH_4	$1\sim2\times10^{-6}$		
クリプトン　Kr	1.14×10^{-6}	塩　酸　HCl	上限 1.5×10^{-9}
水　素　H_2	$4\sim10\times10^{-7}$	フレオン11　$CFCl_3$	約 8×10^{-11}
亜酸化窒素　N_2O	$2\sim6\times10^{-7}$	フレオン12　CF_2Cl_2	約 10^{-10}
一酸化炭素　CO	$1\sim20\times10^{-8}$	四塩化炭素　CCl_4	約 10^{-10}
キセノン　Xe	8.7×10^{-8}		
オゾン　O_3	上限 5×18^{-8}		
二酸化窒素　NO_2	上限 3×10^{-9}		
酸化窒素　NO	上限 3×10^{-9}		

であり、この二つだけで大気の約九九%をしめている。残りの一%のなかにアルゴン、二酸化炭素（CO_2）、水蒸気（H_2O）、オゾン（O_3）、ネオン（Ne）、ヘリウム（He）、クリプトン（Kr）、キセノン（Xe）、アンモニア（NH_3）、過酸化水素（H_2O_2）、ヨウ素（I）などが含まれ、これらの大部分は地球大気のきわめて長い進化の過程でためこまれたものである。

したがってその寿命は大へん長く、もっとも短いヘリウムでも10^6年の寿命をもち、大気の上方から脱出してゆく。アルゴン、ネオン、ヘリウム、クリプトン、およびキセノンの非常に寿命の長い気体と対照的に、表示された気体の大部分は大気中の寿命は数十日もしくはそれ以下（たとえば水蒸気の大気中の滞留時間は約一〇日）で、きわめて早く循環している。

大気中にはさらに微細的エーロゾルが存在するが、これは次第に大きな粒子として凝固してゆき、大きくなったエーロゾルは地表や海底に沈積する。それらの沈積物の増加の割合はエーロゾルの半径の自乗に比例している。水蒸気の場合、それらは水滴もしくは氷晶となるが、そこに可溶性のエーロゾルはとけこみ、これらが凝結核となって雨滴、霧程、氷晶が発達してゆく。そしてこれらの粒子は太陽光を散乱し、さまざまな化学循環の一部をになうことになっている。

対流圏の上限、すなわち対流圏界面をこえると、大気の分子は太陽からの紫外線を吸収することによって変化してゆく。たとえば酸素分子（O_2）の分解によって成層圏のオゾン（O_3）が形成される。この成層圏オゾンの紫外線の吸収によって地表までオゾンが達しなくなるため、地表の生物が紫外線の殺菌作用をうけることなく、生存が可能になっているのである。

一〇〇キロ以上の大気では紫外線による解離作用が強くなるために、酸素分子（O_2）は解離して酸素原子（O）になり、その高さの主成分は窒素分子（N_2）と酸素原子（O）である。

（根本順吉）

大気汚染

私達は空気を日夜呼吸し続けているが、いつもは空気の存在をあまり深く考えていない。しかし、人間は食物なしで数週間、水なしで数日間生存可能であるが、空気なしではわずかに数分間しか生きられない。このことからも、人間の生存にとって空気（大気）がいかに大切であるかが理解できる。大気汚染とは、人間生存にとって欠くことのできない空気の汚れのことである。鈴木（一九七二—「環境の科学」毎日新聞社）は各国の大気汚染の定義を総合して、「大気汚染とは、人間の活動によってつくり出された汚染物質が、地域社会を含む戸外の空気中に拡散され、汚染物質の性質と濃度と持続時間の関係において、ある地域住民のうちかなり多数の人々が不快感を引き起こされたり、健康や福祉に悪い影響を与える状態をいう。ここにいう健康への影響とは、人の正常な生理現象への影響から急性、慢性の疾病や死までの広い範囲をいい、福祉とは人間と調和して共存する動植物、自然保全、財産、器物までも含めるものとする」と述べている。この定義から明らかなように、大気汚染とは人への健康影響のみならず、生態系への影響を引き起こすものを含んでいる。

地球大気の組成は長い地質時代を通じて変化してきたが、約二六億年前から窒素と酸素を主成分とする現在の組成になっている。場所や時間によって大きく変化している水蒸気を除いた大気（乾燥大気）の九九％（容積比）は窒素と酸素で占められ、それにアルゴンを加えた残りはわずかに〇・〇四％である。大気の汚れを引き起こす原因物質はこの微量な成分中に含まれているため、その濃度は、百万分率（ｐｐｍ）や十億分率（ｐｐｂ）で示される。一ｐｐｍの目安としては中学や高校の教室に湯呑み茶わん一杯程度の気体状汚染物質を混ぜた濃度と考えられ、一ｐｐｂに至ってはさらにその千分の一ときわめて低濃度である。大気汚染を引き起こす成分には数多くの種類があり、大都市や工業地域で問題となっているものには、二酸化硫黄、窒素酸化物、一酸化炭素、炭化水素、オゾンなどの気体に加えて、煤煙や粉塵などからなる粒子状汚染物質がある。これらのなかには、海塩粒子や土壌粒子などの自然起源のものもあるが、大気汚染として問題になる多くのものは人間活動に伴うものである。また、これまでに大気汚染ガスとして問題にされなかった二酸化炭素や人蓄無害で安全な物として、クーラーや冷蔵庫の冷却剤、精密部品の洗浄剤等として多用されてきたフロン類はともに地球表面の気温を上昇させるいわゆる温室効果ガスであり、後者はさらに太陽からの有害紫外線から地球の生物を保護している成層圏オゾン層を破壊している物質であり、いずれも地球大気を汚染している物質である。したがって、大気汚染といっても、汚染物質の排出地域のみに局地的影響を与えるものから、地球規模で影響を与えるものまであり、その影響の程度や範囲は汚染物質の性質、濃度、大気中における滞留時間や気象との関係で決まり、種々である。よって、大気汚染の予測と防除対策の策定には、個々の汚染物質の性質とともに汚染の発生機構を十分に理解することが必要である。

大都市や工業地域における初期の大気汚染は石炭燃焼によるものであったが、すす等の煤煙による汚染は、古くさかのぼれば人間が火を使い始めたことに端を発しており、大気汚染の歴史は人類の文明の発達や都市の発展と表裏の関係にあるとも言える。仁徳天皇が丘の上から庶民の繁栄の象徴として把えた民家の炊事の煙も、まさに大気汚染物質の排出であるが、化石燃料使用量の著しい増加や都市への過度の人口集中が生じる以前は、排出された汚染物質は大気の自浄作用によって生活環境から除去され、大気汚染問題は生じていなかった。しかし、霧の発生しやすいロンドンでは、すでに一三世紀には人口の集中と石炭使用による煤煙による大気汚染規制のための「市内における石炭使用禁止令」が、時の国王エドワード一世により公布され、また我国でも明治政府による富国強兵策に伴う工業化は各地に煤煙による大気汚染を生じ、大阪では明治二一年（一八八八）には「旧市内に煙突をたつる工場の建設を禁ず」という府令が公布された。

西欧では産業革命以後の石炭使用量の急増は煤煙による激しい大気汚染を引き起こし、一九三〇年頃から各地で多数の死者をもたらす大きな被害が生じ、大気汚染が社会問題化していった。このなかで最大のものが一九五二年冬のロンドン・スモッグであり、呼吸器疾患による死者は約四千人にも及んだ。石炭燃焼に伴う煤塵と硫黄酸化物による汚染であるロンドン・スモッグはまたの名をその色から黒いスモッグと呼ばれ、一九四〇年代から自動車排気を主要汚染源とする窒素酸化物と炭化水素の太陽光の下での光化学反応によりロサンゼルスで生じた光化学スモッグは、白いスモッグ、ロサンゼルス・スモッグと呼ばれている。光化学大気汚染は、視程障害、植物被害、目への刺激等を引き起こす。

第二次世界大戦の打撃により、一時沈静化していた大気汚染は、経済復興に伴い世界の大都市や工業地域で頻発し、その典型がロンドン・スモッグであった。我国でも朝鮮戦争を契機として急速に復興した工業は石炭燃焼による粉塵汚染を各地に出現させ、引き続いて硫黄酸化物による激しい大気汚染を引き起こした。このような状況下で海岸線に立地した工場群からの排煙は深く内陸にまで及び、東京オリンピックや大阪万博といった華やかな経済発展とは裏腹に、大気汚染は広域化し、日本は公害列島化していった。各地の石油化学コンビナートの操業とともに生じ始めた、いわゆる四日市喘息は市民の公害に対する意識を高め、公害対策基本法、大気汚染防止法の制定、亜硫酸ガスの排出規制、環境基準の設定へと進み、行政を環境汚染防止という受動的政策から環境管理という能動的政策へと向けていった。

二酸化硫黄の排出規制、脱硫、燃料転換は日本の二酸化硫黄濃度を著しく低下させたが、一九七〇年代には自動車排気を主要汚染源とする光化学スモッグが生じ、一九七五年頃は関東地方の半分に過ぎなかった朝顔の被害もその十年後には関東全域へと拡大している。わが国では、光化学スモッグの原因物質の一つである窒素酸化物に対して厳しい排出規制が行われているが、自動車交通量の増大やディーゼル車対策の不十分さから、都市部における改善はあまりみられない。今後は、排出規制に加えて、自動車交通システムも検討する必要がある。また、対策が功を奏した硫黄酸化物も関東地方における国土の面積当りの排出量は、酸性雨被害の著しいドイツに匹敵しており、酸性雨との関連で長期的にみた場合には、その対策は必ずしも十分とは言えない。さらにディーゼル車の黒煙に代表される浮遊粒子状物質低減対策も今後強力に推進されねばならない。

一九八六年春のソ連のチェルノブイリ原子力発電所の爆発事故で発生した放射性粒子は約二週間で北半球全域に拡散し、世界の大気汚染との密接な関係を示した。また、北欧や北米の酸性雨や北極の浮遊粒子状物質汚染は、大気汚染物質が発生地から遠く国境を越えて長距離輸送されることを示しており、大気汚染対策への国際協力の必要性を示唆している。さらに、地球温暖化を引き起こす二酸化炭素は、エネルギー生産のために化石燃料を燃焼させれば必ず排出されるものであり、全地球レベルでの取り組みを必要としている。

一九七〇年代の石油ショックの頃までは、大気汚染は先進国の問題であったが、現在では開発途上国の大都市でも経済発展や人口集中により激しい大気汚染問題が生じている。それらの国々の多くは、まだ燃焼技術も十分でなく、また汚染物質排出抑制装置を設置し得るほど生産性も高くなく、今後先進国からの大気汚染防止のための技術移転に加えて適切な経済援助が行われなければ、大気汚染問題の解決は困難である。また、先進国からの公害産業の輸出に対する問題も提起されており、先進国からの海外進出は単なる経済性の追求だけでなく、地域環境への配慮を含めて行う必要がある。一方、先進国ではまず省エネを推進し、これまでの消費型の化石燃料から、循環型のバイオマス利用や太陽エネルギー等のクリーンエネルギーの利用へ、さらにはエネルギー多消費型生活形態からの脱却を目指したライフスタイルの変更までも考えていかねばならない。また、それと同時に、一般的に環境問題を解決するためには経済的利益と環境からみた利益とを同時に追求する社会的仕組みを考えて行く必要がある。

（坂本和彦）

光化学スモッグ

工場、自動車などから排出された窒素酸化物、不飽和炭化水素をはじめとする多くの大気汚染物質が、大気環境中で太陽光線を引き金として複雑な化学反応（光化学反応）をおこし、その結果生じたさまざまな酸化性物質を光化学オキシダントという。その主体はオゾンであるが、パーオキシアセチルナイトレート（PAN）、過酸化水素、アルデヒド、アクロレインなどを含み、ヒトの健康を害し、物質や植物に被害を及ぼす。二酸化硫黄、煤塵など直接人体に影響する一次汚染物質に対して、二次汚染物質と呼ばれる。

疫学的には、オキシダント濃度が高いとクロスカントリー走者の記録が低下し、喘息患者の発作が増加するとされている。実験的にはオゾンは動物が細菌に感染しやすくさせる。

オキシダントによる大気汚染問題（光化学スモッグ）は一九五〇年代には、米国のロサンゼルス地区に限られたものであったが、一九七〇年代になると米国はもちろん、日本や欧州の各地で問題になってきた。日本で最初に光化学スモッグの被害を受けたのは、一九七〇年六月、千葉県木更津の海岸で魚釣りをして遊んでいた小学生であるとされている。次いで、同年七月一八日、東京都杉並区の立正高校で体育授業中の女子生徒に大きな被害が出た。目やのどの痛みのほかに、せき、息切れ、頭痛、しびれ感を訴え、一部は重症となり呼吸困難、けいれん発作、意識障害により入院を必要とした。その後一九七一～七五年に東京、大阪などの大都市圏で、主に夏期に同様の被害が続き、被害者数は年間一・五～五万にも及び、連日新聞紙上を賑わした。これらはいずれも光化学スモッグによるものとされた。一九七六年以降、被害者は年々減少し、一九八九年にはわずか三六名となった。

光化学スモッグは、燃焼により生ずる汚染物質が局地的に高濃度になり、それに自然条件が加わって発生するものである。新たな未知の物質により、同様の被害が生ずる可能性もある。燃料の浪費を避け、自動車の規制を含めた新たな交通体系を考える必要があろう。

（安達元明）

窒素酸化物

窒素酸化物には N_2O, NO, N_2O_3, NO_2, N_2O_4, N_2O_5, NO_3 などがあるが、大気中に存在する汚染物質として代表的なものは一酸化窒素（NO）と二酸化窒素（NO_2）であり、両者併せて NOx と表わされる。光化学反応に関連し、物質や植物およびヒトの健康に影響を及ぼすが、有害性が明らかになっているのは二酸化窒素である。

窒素酸化物は自然界の生物反応によっても大量に生成される。しかし、これらの発生源は広範囲に分散しており、自然界の除去作用の早さも十分なので、結果として環境大気中の NOx 濃度は非常に低く抑えられている。人工的発生源は移動発生源（自動車、船舶など）と、固定発生源（発電所、化学工場など）に大別されるが、いずれの場合も石炭、石油などの化石燃料の燃焼により生ずる。

自然の浄化力を上回って大量に産生された時、大気中の濃度が上昇する。都市部の NOx 濃度は、農村部の一〇～一〇〇倍と言われており、人工的に発生するものがいかに大気汚染源として重大であるかがわかる。発生源から排出時は、ほとんどが一酸化窒素であるが、大気中では生物毒性の強い二酸化窒素へ変化する。

実験により、二酸化窒素は動物の呼吸機能を低下させ、細気管支炎や肺臓炎など肺に病変を引き起こす。さらに二酸化硫黄、浮遊粒子状物質など他の汚染物質があると、動物を細菌に感染させやすくする。人では嗅覚および暗順応の異常を引き起こし、呼吸機能の異常を起こすことがわかっている。

大気中では他の汚染物質と共存するため、単独の影響はわからない。しかし、疫学調査結果によれば、高濃度の NOx は、肺機能の低下、急性および慢性呼吸器疾患の増加をもたらすとされている。

物質への影響では、繊維染料を退色させ、白い繊維を黄変させる。また、木綿、ナイロンを脆化させる可能性がある。植物への影響は、二酸化硫黄、気体フッ化物、光化学オキシダントより低毒性であるとされている。（安達元明）

気候変化

大気中の現象は、その時間スケールに応じて天気、天候、気候さらに年候に分けられる。天気はある時点における大気の総体の示す状態を言い、これを言い当てるのが、ふつうに言われる（短期）天気予報である。

天候とは天気がおよそ一週間以上、同じような状態でつづくとき、それをひとまとめにして天候という。気候とはこれよりさらに長く、一ヵ月とか、春夏秋冬の季節とかに及ぶ長さのスケールを持った現象をいう。年候とは、ある年が雨が大へん少なかったとか、気温が一年を通じて高かったというように、年のくせがある場合、これをひとまとめにしていうのである。

ある地点の気候とは、その場所の三〇年間の平均値を求め、これをもって平年値とする。たとえば一九九一年からの一〇年間は一九六一年〜九〇年迄の三〇年間の平均値を平年値とし、その値から大きい小さい、もしくは高い低いが、その年の特長として論ぜられるのである。

このような平年値からの偏りは、季節内変動とよばれることもあるが、それが一定の傾向を持って持続する場合、気候変動もしくは気候変化となる。

たとえば一九八〇年代になって世界全体の地上平均気温には大へん高めの傾向があらわれており、一九八一、八三、八七、八八、八九、および九〇年は、いずれも一七世紀以来の最高となり、このなかでも九〇年がもっとも高かった。この事実が地球の温暖化という気候変動として注目されているのである。

気候変化の原因としては、自然的のものと、人為的のものが考えられ、前者は内因的のものと外因的のものとにわかれる。内因的のものは大気自身、周囲の条件が同じでも、長い周期で現象がくりかえされる場合である。外因というのは大気系の外から、たとえば太陽活動とか火山の噴火などの影響をうける場合である。人為的原因としては二酸化炭素等による温室効果と、大気汚染による遮蔽効果（この場合は気温を下げる）の全くちがった方向の原因が考えられている。

（根本順吉）

異常気象

三〇年以上に一回のまれな気象をいう。三〇年とはその場所の気候の平年値を算出する期間であるが、その期間に起こるか起こらぬか程度の気象から異常気象となる。

異常気象は戦前から戦中にかけては春先の大風とか、上陸して災害を及ぼした台風とかの人間生活に対して影響が顕著な現象について言われていたが、一九六〇年のはじめ頃から、現代、使われているような意味の異常気象が世界各地に繁発するようになり、ここで改めて世界気象機関（WMO）によって、三〇年以上に一回というような一応の基準がもうけられることになった。たとえば最近の異常気象としては次のような例が挙げられる。

年	日本	世界
一九八五	猛暑	ヨーロッパ北西部冷夏

一九八六	西日本少雨（秋）	アメリカ南東部旱魃
一九八七	暖冬・少雨（春）	インド少雨、バングラディッシュ洪水
一九八八	冬日本海側小雨、長梅雨	アメリカ中西部旱魃
一九八九	暖冬、残暑	ユーラシア大陸の高温

なお年候的な異常気象として、たとえば一九八四年の日本における寡雨があげられる。この年、日本の八〇の主要気象管署のうち第一位の寡雨を示したところ二〇ヵ所、三位までをとると、実に半数の四〇ヵ所が寡雨の記録を示していた。東京ではこの年、年降水量八八〇ミリ、平年の値は一四六〇ミリだから平年値のおよそ六〇%であり、東京の明治以来の年降水量で、一〇〇〇ミリを切ったことははじめてであった（従来の小雨記録は一九三三年の一〇一一ミリである）。

この年の寡雨の中心は北海道であり、北海道では根室以外の二三管署で第一位の小雨記録をつくった。札幌管区気象台の予報官によると、これはおよそ二千年に一度の少雨記録であるという。

最近の異常気象の特長の一つは、その稀な程度において、数十年に一回という度数よりははるかに稀に、前記八四年の全国的な寡雨のように、約百年、何千年、ものによっては何万年に一度の稀現象が、ふつうにいう意味の異常気象のなかに含まれていることである。

さてそれなら、これらの稀現象は一体どのように解釈したらよいのだろうか。何百年とか何千年に一度というのは、従来の平年値を標準としたとき、その平年値からの偏りが、正規分布を仮定したときの標準偏差の二倍以上のかたよりを示している場合なのであって、そのような値がかなり頻繁に各種気象要素にあらわれるということは、

(1)　平年値そのものが、従来使われたものにくらべ、かなりの偏りを示していること

(2)　平年値からの偏りを勘定するとき、正規分布を仮定したが、この分布が、変ってきていること

の二つをあげることができる。このうち(1)はたとえば最近各地でみられる温暖化である。東京の気温は各月ともおよそ従来の平年値より一度上昇させると、その値からの偏りは、プラス・マイナス相半ばすることになるが、従来のままだと、四六ヵ月のうち、実に三九ヵ月も月平均気温は高くなってしまうので（全体の八五%）、どうしても気候が温暖化しているという見方を持ちこまざるをえないのである。

また(2)についていうと、最近十年間において、従来の平年値にもっとも近かったのは一九八五年だけであり、その他の年は平年よりかなり高いか、反対に低いかの年に分かれている。そして高い期間の方がおよそ四倍程度長いために、平均するとこれが高温となってあらわれてくるのである。すなわちある場所の気候を示す状態が、必ずしも一つ

だけではない。気温の高い方と低い方に二つの分布を考えざるをえないのである。

このもっとも良い例はエル・ニーニョ現象が起こったときのペルー北部の雨量である。この地域はふつうの年は年間雨量百ミリ以下で、海岸部は南北に細長い砂漠になっているが、エル・ニーニョの起こった年は半年で二〇〇〇ミリも雨が降り、稲作すら可能な気候となる。これはペルー北部の気候の、もっともありうべき姿が一つではなく、砂漠気候と稲作も可能にするほどの湿潤な気候が共存し、それが週期間に交互にあらわれていることを物語っているのである。

（根本順吉）

冬将軍

モスクワを攻撃したナポレオンが、厳寒に勝てずに敗走した故事から、寒気の厳しさを擬人化していう言葉、また冬の訪れを〝冬将軍の到来〟ということもある。

ナポレオンは一八一二年六月、総数六〇余万をひきいてロシアに侵入、九月ボロシノでロシア軍を撃破し、九月一四日にモスクワに入ったが、ロシア軍は各所に火を放ったため、全市はほとんど焦土と化した。このためナポレオンの大軍の糧食の補給が断たれ、モスクワに留まることわずか一ヵ月で、一〇月一九日全軍総退却することになった。その途中、食糧の不足と非常な寒気と、ロシア軍の執拗な追撃のため、その行軍は言語に絶し、国境のニーメン河を渡る時はわずかに二万になっていた。ナポレオンはこの年一二月、パリに帰ったが、ロシア遠征の大失敗は彼の勢威を著しく失墜させ、没落への一歩となった。

一九世紀の初頭は、世界の気候はいまだ小氷期と言われた時代で、北方からの寒気の流出も顕著な時代であった。

北極からの寒気が氾濫する場合、寒気の流失しやすい地域がおよそ四ヶ所ある。その一つはシベリア北部のタイミル半島付近であり、極東の冬将軍の到来による酷寒は、この付近からの寒気の南下によることが多い。

ヨーロッパに厳寒をもたらす寒気はグリーンランド、アイスランド方面から、スカンジナビア半島付近を通って南東進してくる。ナポレオンの退却を苦しめた寒気はこのタイプであると思われる。

北極からの寒気の第三の出口は北アメリカ大陸の北方から合衆国方面に南下する場合で、この場合は地形の障害がないため寒気がフロリダ半島やメキシコ湾沿岸部にまで達し、柑橘類などに多大の損害を与えることがある。

寒気の第三の出口はアラスカ・ベーリンク海方面であり、この寒気は北太平洋に拡がりその一部はオホーツク海高気圧となって北日本に寒冷な天候をもたらすことがある。

（根本順吉）

エル・ニーニョ

クリスマスを過ぎた頃、南米エクアドル沿岸を南下してゆく暖流を、クリスマスの幼児キリストの名前をとってエル・ニーニョ（El Niño）という。エル・ニーニョとはスペイン語で幼児キリストのことをいう。

エル・ニーニョが優勢な年はペルー沿岸を南緯一二度位まで南下してゆく。このような現象が起きると、ペルー沿岸部で魚――主としてアンチョビ（かたくちいわし）――が大量に死に、これを餌としている鳥類（鵜やペリカン）にも異変がおきる。またこの暖流の影響でペルー沿岸部では雲がわき、砂漠地帯に半年で千ミリ以上の雨が降り、砂漠の中に一時巨大な湖水の生ずることさえある。

エル・ニーニョ現象は、今から、およそ百年前の一八九一年（明治二四）、ペルーの地理学者ルイス・カランザ（Luis Carranza）が、当時沿岸の水夫達の間で使われていたこの言葉を学会誌に発表したのが用例のはじまりである。

エル・ニーニョは並の程度のものなら、およそ六年に一回は起こる。一九七二年や八二年のように、その影響が太平洋の赤道海域全域に及び、さらに各地に旱魃等の大きな影響を与えるような場合は一五年に一度程度で起こっている。異常気象の定義は三〇年以上に一回の稀な気象のことだから、したがってエル・ニーニョは異常気象とは言えない。これはおそらくペルー方面の気候には二つのタイプがあって、暖流のときは多雨の気候、寒流の時は砂漠気候として交互にあらわれているものと思われる。

エル・ニーニョがなぜ起こるかについては、はじめはペルー沿岸を北上するペルー寒流（その起原は南氷洋）が南太平洋の高気圧の勢力によって変動するとする仕組が考えられていたが、最近、大規模なエル・ニーニョの解析が進むにつれ、太平洋赤道海域の貿易風の強弱による暖水の集積が大きな役わりを示していることがわかってきた。それではなぜそのように貿易風に強弱があらわれるのかというと、そこに火山噴火の影響なども考える人もいるが、まだ十分に解明されてはいない。

（根本順吉）

地球の温暖化

東京の月平均気温は一九八九年八月～一九九一年七月まで、まる二年間（二十四ヵ月）、平均より低くなることはなかった。このような高温の持続は日本全国にわたる顕著な傾向であり、都市化が進んだための局地的な気温上昇――もちろん一部はそのような部分もあるが――ではなく、地球全体の温暖化と関連した上昇と考えられる。

このような高温の持続を目前にすると、それではこの現象は最近広く言われるようになっている地球温暖化が原因ではないか、というようなことが問われる。それに対する専門家の答えは、地球温暖化といっても、地球上にはいくらも気温の下っているところがあるのだから、簡単に日本の現象を地球全体の温暖化と結びつけるわけにはいかず、現象はちがうことなのだから、むしろ関係がないと言った方がよい、というようなことが述べられている。

しかしこの考え方は逆転した説明と言わねばなるまい。というのは確かに地球上には日本とは反対に気温が平年よりマイナスのところもあるにはちがいないが、プラスの地域が広大なるが故に、全体を平均したときプラスの傾向があらわれているのであって、日本の高温の持続が地球温暖化の一部として寄与していることは明らかである。

すなわち地球温暖化と局地的な高温の間には大気大循環という総観過程が媒体としてあるのであって、局地的な気温とは関係があるものの、その関係は間接的というべきであろう。そしてこの総観過程にはなお不明の部分が多いのである。

地球温暖化の問題は、専門家の間ではすでに七〇年代に入ってから注目されていたことであるが、これが世界的に広く日常的話題になったのは一九八八年の夏以来のことである。

この年はアメリカで一九二〇年代以来の猛暑、旱魃が起こり、極東では揚子江の下流域の猛暑の持続がさまざまな形で災害をもたらした。アメリカではこの高温には地球の温暖化がすでにあらわれているのではないかということが市民の間で問題になり、この世論にうながされて上院では専門家を呼んだ公聴会が六月にひらかれた。出席した米気象局のハンセン博士は、もし地球温暖化が進めば、今年のような猛暑、旱魃になる年が今までよりも増加するであろうと述べた。

報道関係の表現は必ずしも適切でないことが少なくないが、これが専門家が猛暑が温暖化に関係ありと証言したように伝えられ、世界的な与論としてひろがっていったのである。

さてそれなら地球温暖化の実体はどんなものか、これを最近一〇〇年位にわたって調べてみよう。一九世紀の始め以来、およそ五〇年位の周期で上下しながら上昇してきた北半球の平均気温は一九四〇年代で一つの極大をむかえるが、この間の気温の上昇は〇・五度／一四〇年の程度であった。

一九四〇年代の極大のあと地球の気温は下降に転じ、およそ六五年頃に一つの極小をむかえるが、この間の約二〇年間は、やがて再び氷河期が再来するのではないかということが論ぜられた時代であり、特に一九六三年冬の世界的異常気象は、氷河時代に想定される気圧配置がきわめて安

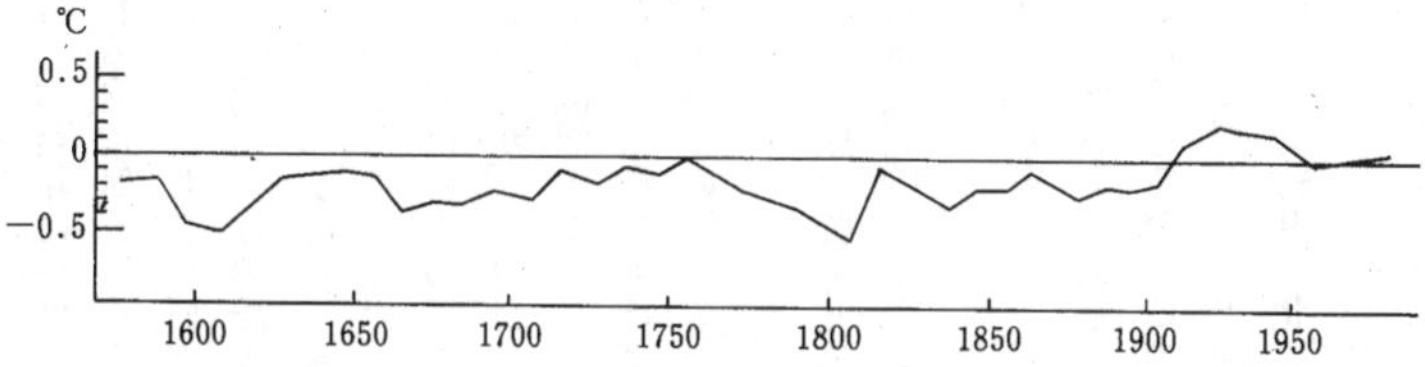

地球の平均気温の変化（10年移動平均）（H. Landsberg, 1984による）

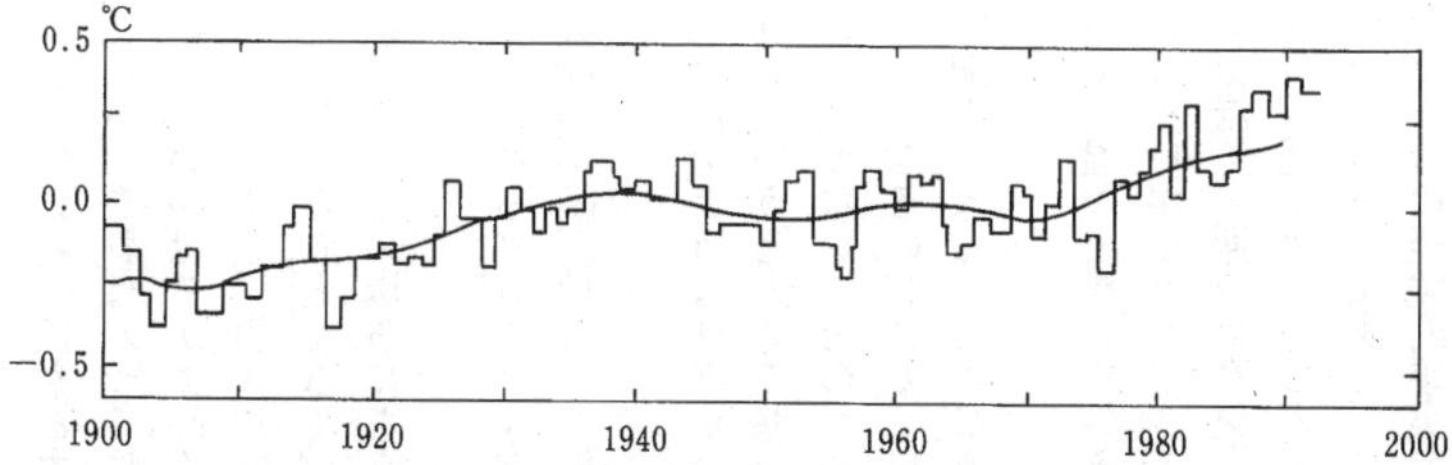

グローバルな気温変化（P. D. Jones, M. L. Wigley 等, 1988による）

定した形で持続し、ヨーロッパやアメリカでは厳寒に見舞われたため、寒冷期の到来として論ぜられたのである。

ところが六〇年代も半ばを過ぎると地球の気温は顕著に上昇しはじめた。六五年以後の、およそ二〇年間の気温の上昇は〇・三度であり、この上昇は一九四〇年代までの気温の上昇よりははるかに大きい。特に八〇年代に入ってからの気温の上昇は著しく、一九八〇、八一、八三、八七、八八および八九年はいずれも一七世紀以来、最高の気温となった。このなかでも最高は八八年であったが一九九〇年はさらにこれを上まわっている。

最後の氷河期が終焉して以後、地球は現在後氷期（これから来るであろう氷河期を考えるなら、これは間氷期となる）にあるが、この後氷期で、もっとも温暖な時代はすでに終っている。それは今よりおよそ六千年前のことであり、日本の歴史では縄文中期にあたるが、その頃は高温期とよばれている。高温期以後地球の温度は数百年の周期で上下しながら下降し、現在に至っているのであるが、六千年間の気温の下降はおよそ三度である。

これに対し最近の気温上昇は二〇年で〇・三度であり、これを十倍すると二〇〇年で三度になるから、これを自然の変化にくらべると、およそ十倍も大きい上昇なのである。そこで一体この上昇の原因は何なのであろうということが問われるのであるが、これに答える前に、日本の高温の持続が、グローバルな変化と、どうつながっているかについて述べておこう。

冒頭にのべた高温の持続は、今までの気候を標準とする限り、何百年に一度の異常気象となる。これはふつうに見られる異常気象にくらべると稀の度合いがはるかに高くなるので、これを超異常気象とよぶことにする。超異常気象はある場所だけの局地的現象として起きることはなく、グローバルな異変の一環として、超異常がその場所にあらわれているのである。

それでは日本の高温の持続の背景にあるグローバルな異常とは何か。それはユーラシア大陸の高緯度地方に持続している高温である。

月平均気温が平年より五〜一〇度高いような状態が半年以上もつづいているのである。簡単にいうと大陸の寒気が大へん弱いのである。この北方に寒気のないことのため亜熱帯高気圧は強く北に張り出すことになるのであり、日本付近は相対的に南の気圧配置の支配下に入ることになるのである。

別の見方をすると、高緯度地方で気温が上昇していることは、地球上の気温の南北方向のちがいが小さくなっていることであるが、この南北方向の気温差と亜熱帯高気圧の平均緯度の間には簡単な関係があり、差が小さくなると高気圧の平均緯度は北にかたよることになるのである。これはドイツのフローン教授の見出した一つの経験的事実であるが、このようなことから日本の気候は亜熱帯化したことになるのである。

一年の季節を追った変化にも同じような傾向があらわれている。すなわち毎月、平年より気温の高い月が持続しているといっても、高温の度合は冬に顕著で、夏に小さくなっている。これはその場所の一年間の気温の振幅を小さくしているような傾向であるが、一般に一年間の気温の振幅は低緯度ほど小さく、高緯度ほど大きい。このことからも日本の気候が亜熱帯化していることに気付かれるであろう。

地球全体の平均気温が上昇している原因は、一体何であろうか。六五年以上の平均気温の上昇が著しいことは、すでにのべたが、ここで考えられるのは人為的に大気中に放出された気体による温室効果による気温上昇である。

このことについては、温室ガスの項目で述べてあるのでくりかえさないが、温室効果を大気中の仕組みとして考える場合、もっとも大切なことは、この効果だけが単独で独立に働くということはないということである。すなわちCO_2がふえたから、その効果だけで気温が変わるのではなく、そこには複雑なフィードバック機構が働き、これによって人体のホメオスタシスに相当した働きによりバランスがとられているのである。それからまた、気温上昇とCO_2の増加を結びつける場合、両方とも原因となりうることも忘れるわけにはいかない。CO_2の増加による温室効果によって気温が上昇するのとは反対に、気温の方が先に何らかの原因によってかわり、この条件によって大気中に残存しうるCO_2の量もかわり、そのCO_2の温室効果によって、はじめの気温の変化がさらに増幅されるような変化も考えられるからである。氷河期、間氷期間の間のおそらく一〇度以上に達する気温の変化は、第一義的には地球の軌道要素の変化によっておこり、これがおそらくCO_2の（さらに根源的にはメタンの）追従的変化によって増幅されているものとみられるのである。

（根本順吉）

温室ガス

大気中に存在する二酸化炭素（CO_2）以外の温室効果を示すガスの総称、英語のGreenhouse GasesのイニシアルをとってGGということもある。直訳して温室効果ガスともいう。

近年になって二酸化炭素だけでなく、大気中に微量に存在するメタン（CH_4）、亜酸化窒素（N_2O）、クロロフルオロカーボン（フロン）類（CFCs）などが、大気の熱放射に対する温室効果的役割りが意外に大きく、およそ一九六〇年代以後、これらの微量気体による温室効果の合計が、CO_2の温室効果と比較し無視できぬほどの大きさになってきた。GGの特長をあげてみよう。

(1)　CO_2に比較し微量である。およそ二〇〇分の一ないし十万分の一程度。

(2)　GGは遠赤外線に対する吸収が大きい。

(3)　CO_2のように多量に存在しないため吸収率が飽和していないこと、CO_2の場合と異なり、吸収率は物質量に比例する。

(4)　吸収線の多くはH_2OやCO_2の吸収域と重ならない。

(5)　CO_2の大気中における滞留時間は七年程度と見つもられているが、GGはこれより長く、たとえばCH_4は一〇年、N_2Oは一七〇年、CFCsはおよそ一〇〇年程度とみつもられている。このように滞留時間が長いため、放出を全面規制しても、すでに大気中に放出してしまったものの影響は数十年にわたって受けつづけることになる。

(6)　N_2Oをのぞいて、CO_2よりは大きな増加率を持つ。CO_2の〇・四％／年に対し、CH_4は一％／年、CFCsは四％／年にも達し、温室効果への寄与度は近年急速に増大してきた。すなわちGGの温室効果による上昇温は六〇年代にはCO_2による気温の六〇％程度であったが、七〇年代に入り七〇％程度に増大、八〇年代では、ほとんどCO_2に匹敵する程度の大きさになった。

地球の下層大気の温暖化は八〇年代になって特に著しいが、大気中に残存するCO_2の増加は七〇年代の高度成長期以後、ダウンしている。この傾向は八〇年代に入り特に昇温が顕著になっている傾向と予盾するが、この昇温は

CO_2 だけによるものでなく、GG によるもののほか、予想外に活発化した太陽活動にも原因があるものと考えられる。

（根本順吉）

酸性雨

酸性雨問題は、今や世界的な環境対策の課題になってきた。この問題は、三〇年ほど前の一九六〇年代にスカンジナビア半島の無数にある湖沼から魚類が減少していくことに気付いたことに始まる。また、同半島には、広大な森林があるが、毎年の単位面積当りの木材生産量が減少していることがわかった。森林立国のスウェーデンでは、大変な問題であり、その原因を究明していくうちに、南方から飛来してくる酸性の降水が疑われるようになった。

酸性雨被害の過程　英国やドイツなどで発生した亜硫酸ガスなどは国境を越え、千から二千キロ北のスカンジナビア半島へと移流されていく。この間に、亜硫酸ガスなどの酸性大気汚染物質は、水に溶けやすい形に変り、雲に溶け込む。酸性大気汚染物質に溶け込まれた雲水は、強い酸性を示すようになり、やがて雨や雪となって地上に落下してくる。

それが原因で、湖沼が酸性化されていく。酸性化されていくと、植物プランクトン、動物プランクトン、草類、魚類という食物連鎖の順に弱っていく。そして最後は死の湖となってしまう。

また、酸性雨は樹木の衰退も早めてしまう。直接影響もするが、土壌を通しての影響はもっとこわい。トウヒ等の樹木の外面的な衰退過程は、葉色の黄変化及び葉付き量の減少と共に、毎年出る葉の伸びも減少して行く。行くつく先は枯死であった。そして、死の森の発生である。しかし、その後の研究で、樹木の衰退原因は低pH降水とガス状の大気汚染等の複合汚染であることがわかったが。

日本の酸性雨被害・人体影響　わが国では、一九七三年六月二八日に突如として霧雨による目の痛み等を訴える事件が、静岡、山梨の両県で発生した。その後、被害は関東平野に飛び火し、一日で三万一千余人の被害届が出されたこともあった。大量の被害発生は三年で収まった。

なぜ、この期間だけに被害が集中的に発生したのか、なぞは多い。現在までにわかっている知見によると、当時の降水pHは非常に低く、汚染物質濃度も高かった。天気図を見ると前線が関東南岸に安定していた。被害発生は霧雨や微雨の時であり、また、被害日は連続する傾向にあった（図1）。

酸性雨被害は全欧州の課題　一九八〇年代になると、酸性雨被害はスカンジナビア半島のみだけではなく、中部ヨーロッパにも広がっていることがわかった。旧西独は、酸性

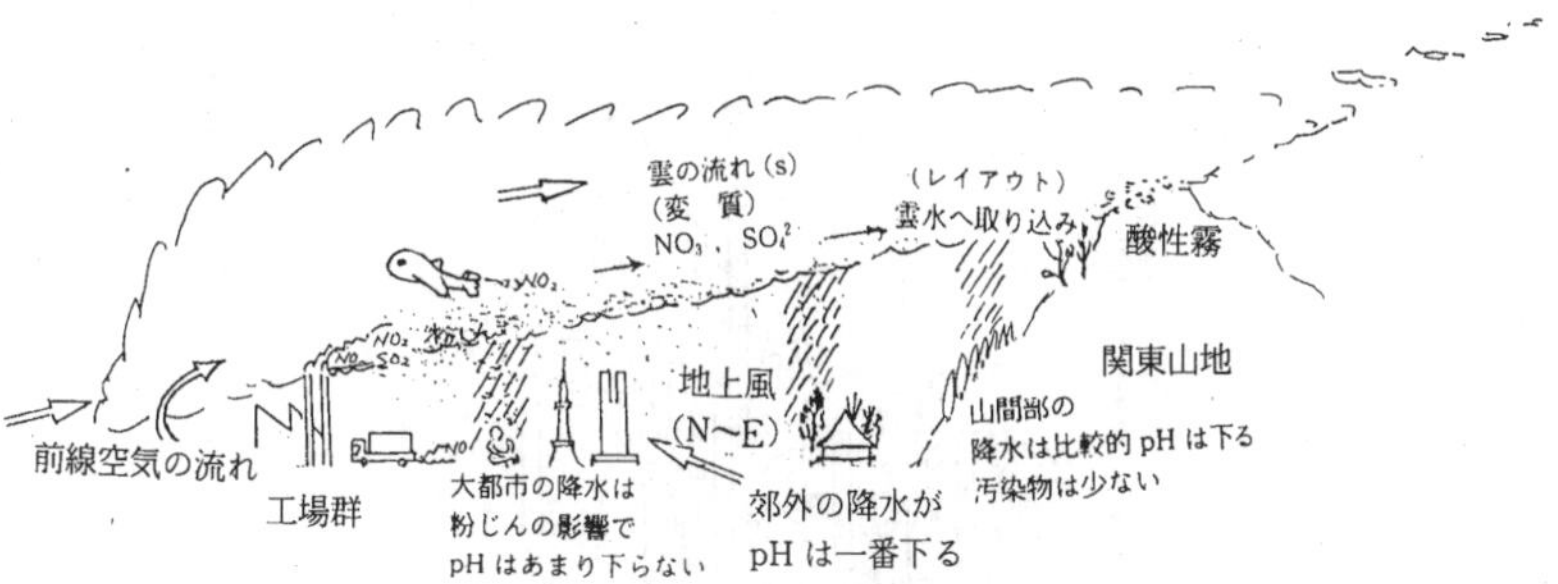

図 1　降水の酸性化のメカニズム（関東地方での場合）

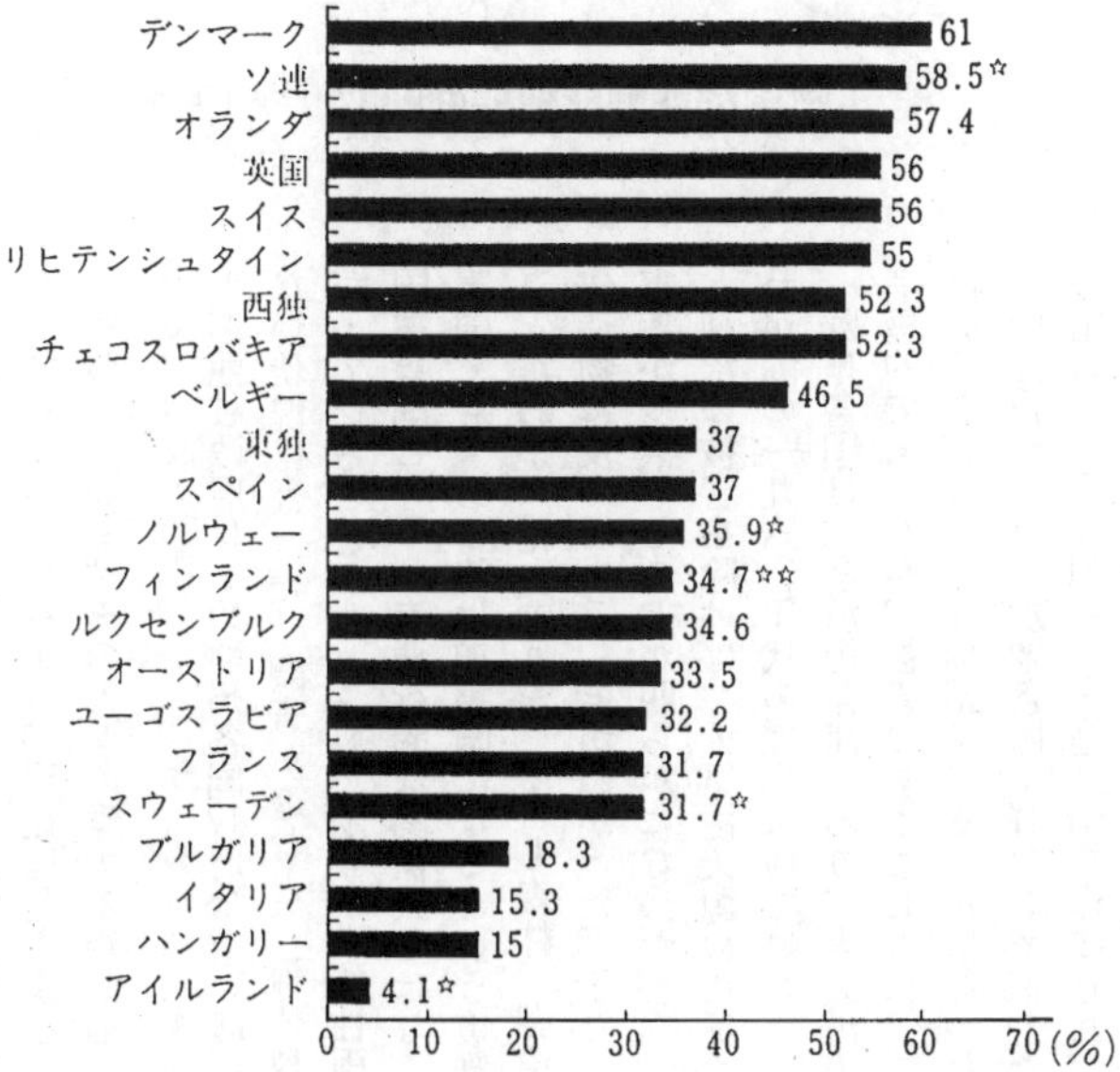

（備考）UNECE資料により作成。
☆は針葉樹のみ。☆☆は試算。鉱質土壌地域に限る。

図 2　ヨーロッパにおける酸性雨や大気汚染による森林の被害状況（1987 年）

図 3　西ドイツの各国との二酸化硫黄の越境収支（1984）

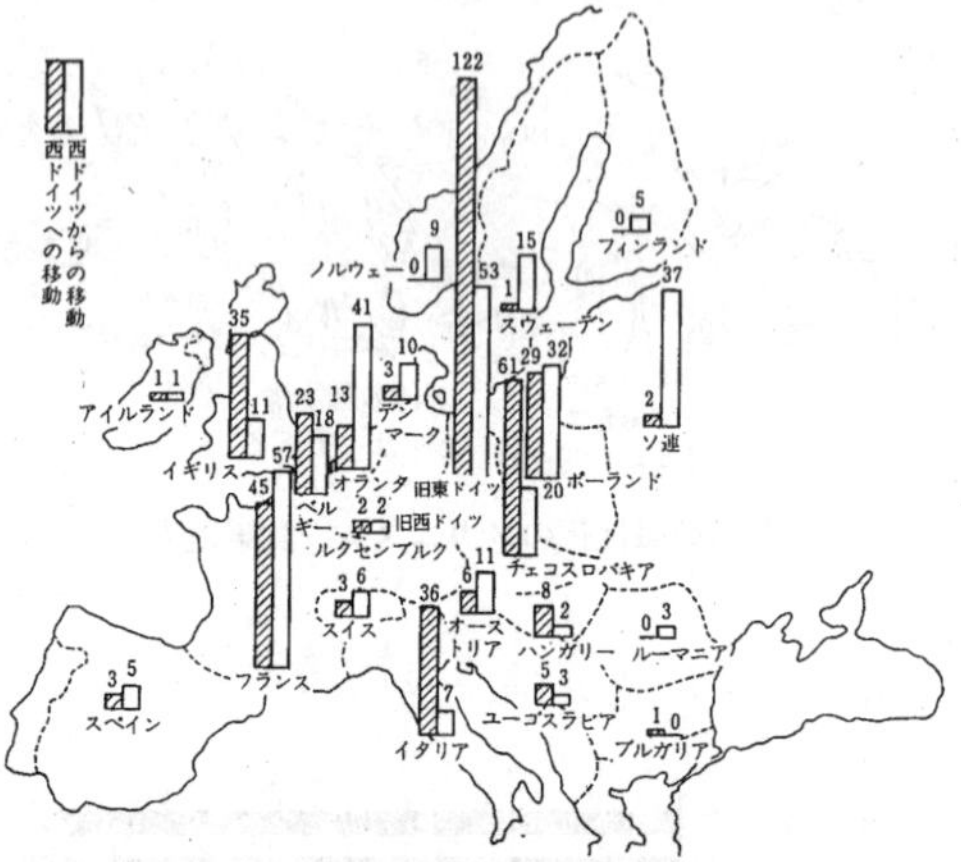

（備考） 1. UNECE「大気汚染物質長距離移動監視評価共同プログラム」により作成。
2. 棒グラフの長さは、硫黄の量を示す（単位：千t）。

雨問題が提起された初期には否定する側にいた。その後の調査で、自国内でも森が衰退していることがわかった。

欧州では、産業革命当時に燃料用に手当り次第、木を切ってしまった反省から、現在は花や森を大切にする人種に変わっている。その人々の愛する森が消えようとしているのである。

旧西独政府はじめ欧州各国政府は重い腰を上げざるを得ない状況になった。調査が進むと、森林被害は全欧に広がっていることがわかった（図2）。酸性雨問題は、加害国被害国という一方通行的な関係式ではなく、ある時は被害国でも、ある時は加害国になるという複雑な関係にあることがわかった（図3）。被害も森林、湖沼以外に石像や建造物に及んでいることがわかった。また、喘息などの被害者が多数いることが明らかになった。

湖沼の被害を除けば、大気汚染源の状況や被害の状況は、わが国の一九六〇年代の様相に似ていた。

欧州各国は、経済の停滞もあり、大気汚染防止対策には消極的であったが、被害のすさまじさに、国連欧州経済委員会を通じて、共同歩調をとることになった。

同委員会では、加盟各国に野放しであった大気汚染物質排出量の三〇%削減の実施計画を作成した。その計画は、紀元二〇〇〇年までに硫黄酸化物排出量を削減させると共に、窒素酸化物も削減しようとするものであった。同様な問題はアメリカとカナダの間でもあり、アメリカも重い腰が上った。

わが国でも、慢性影響の出現　関東甲信越静岡の各県では、一九七三年頃のような人体被害の発生は、ほとんど見られなくなったものの、降水のpH値はあまり改善されていないため、引き続き共同調査を継続してきた。

この間にわかったことは、大都市の都心部では初期降水よりも二～三㎜と降り進んだ時の方が、pH値は下る傾向があった。また、低pH降水の出現しやすい地域は、前橋、熊谷、浦和、多摩地域、平塚を中心にした地域であった。そして関東山地の外側ではpHは緩和されると共に、汚染成分も減少する傾向にあった。

低pHが出現する気圧配置は、前述した関東南岸に前線が張り付くか、気圧傾度が非常に緩み弱い低気圧が発達した時で、降水強度が非常に弱い時であった。

一九八五年になると群馬県の関口氏が、群馬を中心にスギの衰退が激しく、その原因として酸性雨や酸性大気降下物質が疑われるという発表をした。

これを期に、わが国でも酸性雨に対する関心が高まり、国の行政機関までも動かすようになった。

酸性雨の長距離移流問題　欧州から伝わってくる酸性雨問題は、長距離移流による樹木や湖沼等の被害であった。わが国でもスギの衰退が顕在化すると、中国大陸、韓国及び台湾からの大気汚染物質の中長距離移流が問題になり出した。これらの諸国にあっては、公害対策は遅々として進んでいないため、さらに経済発展すれば、欧米並に大気汚染物質が排出され、わが国にも影響するであろうという。

シラカバもモミも衰退　関東平野のスギの衰退以外にも、赤城山のシラカバや丹沢大山のモミ林等の樹木の衰退、枯損が各地で確認されるようになってきた。

樹木の慢性衰退の原因として、現在発表されている説は、酸性雨の直接影響説、同雨の土壌を通しての影響説、オキシダント説、水環境の変化説、及び都市化などの複合汚染説などがある。

東京の樹木の衰退状況を眺めてみると、スギが一番顕著で、ヒノキが続いている。アカマツは、マツノガイセンチュウによる被害等で急性的に枯れてしまうことがあるが、何故ここにきて、急激に被害が北上しているのか不明な点も多い。

ケヤキやポプラも大気汚染に弱い樹種であるが、光化学スモッグの激しかった一九七〇年頃のような不時落葉や太枝の枯損が見られるようなことはほとんどなくなっていた。大径木が本当に回復できるかどうか、今後の推移を見守らねばならない。

降水は空の掃除屋　陸と空の間の水の循環は、海水や河川水などが蒸発したり、雪や氷が昇華し、上空で冷却され、雨や雪などになって地上に舞い戻ってくる。このため、長い間、降水はきれいなものだと思われてきた。

しかし、大気汚染のなかった時代でも、降水は地上や海上から舞い上った物質を遠くへ運んだり、洗い落す作用をしてきた。山の頂にある植物は、降水や霧などから栄養補給してきたことを見れば明らかである。

酸性雨問題を、降水のpH低下がもたらす影響現象と捕える考え方と、広く酸性大気汚染などを含めた影響現象という捕え方がある。公害問題・環境問題は影響があるから問題であるという立場からすれば、後者のように広い立場から議論する方がよいであろう。

また、現在まだよく分らないため、何もしなくてよいというのではなく、分らないからこそ、汚染を少しでも防止することへの努力が必要である。誰にでもできる簡単な方法は少しでも物を大切に使うことである。　（小山　功）

水質

水中にどんなものが含まれているかによって水質の評価がなされる。BOD（生物化学的酸素要求量）やCOD（化学的酸素要求量）で示される有機物汚濁、工場廃水中の有害化学物質、家庭雑排水の合成洗剤、農業排水からの農薬など化学物質による汚染などがある。また、病原性をもつバクテリアやウイルスなどによる細菌汚染、植物プランクトンの栄養源となる窒素や燐が家庭や工場から排出されることによって起こる富栄養化（「富栄養化」の項参照）などがある。この他、濁度とか透明度、溶存酸素濃度、水素イオン濃度などで水質を判断することもある。

水質は時間や場所によって大きく変わることがあるので、測定結果の平均値だけで水質の良否の判断をすることは危険である。また、それぞれの地域のもっている価値とか特徴、歴史、文化などを総合的に考えて水質の評価を行うことが大切である。一律に単なる数値だけの比較で水質を判断することは避けなければならない。

水質が悪くなると、イトミミズ、ユスリカ、ヒメタニシ、サカマキガイなどが増えて、きれいな所に住む生物は激減する。河川改修や浚渫などで自然環境がかわったために生物のすみ場がなくなり、生物がいなくなることもあるので、水質だけが生物の減少の原因ではないこともある。

水中に含まれる有害物質が微量で通常の検査法では検出されなくても、水生生物体内には相当量の物質が濃縮・蓄積される場合がある。場合によると、許容規準以上の有害物質が蓄積することもある。

自然環境のなかでは浄化機能が備わっていたが、開発などによる環境破壊でこの浄化機能が低下したことも水質悪化の原因の一つである。最近、家庭雑排水の責任が問われているが、浄化機能が低下したことを問わずに水質悪化の責任を個人に転嫁することだけでは水質の改善はあまり期待できない。　（鈴木紀雄）

富栄養化

富栄養化という言葉はかつては湖にだけしか使われていなかった。湖の周辺から色々なものが湖に流入し、長い時間が経過するうちに次第に湖の水深が浅くなり、やがて沼沢化し、さらに湿地帯、草原へと移り変わっていく過程を富栄養化といっていた。

しかし、最近、人口の集中化、生産活動の拡大に伴って、湖や海、河川周辺の家庭や工場、農地などから窒素や燐などの栄養塩が湖に大量に流入するようになった。それに伴って、窒素や燐を栄養源として利用する植物プランクトンが大量に発生するようになる。このように植物プランクトンが大量に発生するような状態を富栄養化という。

したがって、本来、湖にだけに使われていた富栄養化が、最近では瀬戸内海、東京湾、伊勢湾などの閉鎖性の海域に対しても用いられるようになった。また、河川に対しても栄養塩の増加によって付着藻類の量が増えた状態に対してこの言葉が使われている。そこで、これらを人為的富栄養化と呼び、従来の富栄養化と区別することもある。

人為的富栄養化が従来の意味で使われていた富栄養化と違う点は、従来の富栄養化は湖に大型の水生植物が多くなるのに対して、人為的富栄養化の方は特に植物プランクトン、その他の藻類が急激に増加する点でことなっている。また、高度の人間活動による人為的富栄養化の進行の速度は、従来よりはるかに早いスピードで進行している点でも相違が見られる。

一般に水中の全窒素濃度が〇・二ｐｐｍ、全燐濃度が〇・〇二ｐｐｍ以上になったときに富栄養化というが、人によってはこの数値より低い濃度でも富栄養化したという場合がある。

人為的富栄養化によって、自然界にどんな影響があらわれるだろうか。湖や海では家庭雑排水や工場廃水、農業排水など外界から植物プランクトンの増殖を促進する窒素や燐などの栄養塩が入ってくると、さまざまな変化が閉鎖性の海域や湖などに起こる。

まず、植物プランクトンが多量に増えると、光が水中の深いところまで届かなくなり水中の透明度が悪くなる。すると、深い所まで生育していた水草は光量が不足するため、成長が困難となり水草の現存量は減少する。

そのために魚の産卵場所や仔稚魚の生息場所がなくなって、魚の生息数が減少する。そのために漁業にも影響がでる。

一方、植物プランクトンが大量に発生すると、その多量の死骸が水底に沈澱するので湖底や海底は有機物が堆積して汚れる。水底の有機物はやがて分解されるが、その分解過程のなかで水中の酸素が多量に消費される。

表面の水温が高く、底層の水温が低くなる夏期には、停滞期といって水の垂直移動がなくなるので、水底の溶存酸素が著しく減少する。植物プランクトンの死骸による有機物が多いときには水底は無酸素状態になることもある。

無酸素状態になると水底の有機物が不完全分解して水溶性の有機酸が溶け出したり、燐、マンガン、鉄などの物質が溶け出してくる。これらは植物プランクトンの増殖を促進する物質でもあるので、場合によると、表水層の植物プランクトンの増殖をさらに増やすことになる。こうして、水質はますます悪化する。そのうちに、赤潮が発生して水生動物に被害を与えたり（「赤潮」の項参照）、アオコが大量に発生して生物に被害を与えたりしながら、景観上も問題を起こす。

湖の富栄養化が進むと人間生活に多大の影響を与える。まず飲み水に与える影響については、富栄養化が進むと植物プランクトンが増えてくるため、浄水場では濾過障害が起こる（機能障害）。また、富栄養化が進むと植物プランクトン、なかでも藍藻類の仲間が特に多くなる。藍藻類は人間生活に悪影響をあたえるものが多い。例えば、藍藻類のホルミディウム、アナベナ、オッシラトリアから分泌される2・メチル・イソボルネオールとかジェオスミンなどの異臭物質が飲料水に混入して飲み水にかび臭を発生させる（生活障害）。

また、浄水場での塩素による滅菌処理の過程で発癌性が疑われているトリハロメタンなどのハロゲン化化合物が生成される（健康障害）。富栄養化が進んで水質が悪化するほどトリハロメタンなどのハロゲン化化合物の生成される量が増加する傾向が見られる。

さらに富栄養化の進行に伴い、湖が汚れてくると、毒性をもったアオコが出るようになる（健康障害）。このプランクトンの影響で飲み水による被害が起こった例がオーストラリアにある。水源にミクロキスティス・エルギノーサという毒性プランクトンが発生したために、住民のなかに肝臓障害者が多発した例が知られている。また、シゾソリックス・カルキコラという植物プランクトンは、リポ多糖質とよばれる「内毒素」をもっている。水源でこの植物プランクトンが増加したために、この「内毒素」が水道水に混入し胃腸障害を起こした例も北アメリカで起こっており、その毒性による被害者の数は約五千名にのぼったといわれている。わが国の湖でも発見されるアナベナ・フロスアクァエも同様の「内毒素」をもつことが報告されている。この「内毒素」は浄水場では処理されないということである。

アオコの主な原因になるミクロキスティスという植物プランクトンは染色体を破損することがわかっているので、遺伝毒性の危険性がある。また、生殖腺に害を与える毒性や胎児に対して致死作用のあることも知られているので、たとえ、これらの物質が水道中に微量にしか含まれていない場合でも飲料水として安全であるとは断定出来ない。

飲み水以外でも、毒性プランクトンの発生で被害の起こった例が外国でよく知られている。水泳中とか船から誤って水中に落ちた時にアオコの水を飲んで、慢性口腔炎、腹痛、胃けいれん、嘔吐、下痢などの症状を起こした例がある。また、アオコの水に触れて皮膚炎、温疹を起こした例、湖辺を散歩していて風に漂っていた毒性のプランクトンを吸い、呼吸困難、せき、喘息などの呼吸器障害を起こした例なども知られている。

毒性植物プランクトンが大量発生した水を飲んだウマやヒツジなどの家畜が死んだという例がアメリカ、カナダ、オーストラリア、アフリカ、ヨーロッパ各地などから報告されている。

アファニゾメノン・フロスアクアエという植物プランクトンは水鳥や魚を死亡させる。その時には、その死骸が湖辺に打ち上げられて悪臭を放っている例も外国である。

湖底の環境が悪化すると、底に住む貝などの生物が減ってきて水産漁業に影響がでることもある。また、ユスリカの幼虫など汚染に強い生物が汚れた湖底で増える。羽化したユスリカの成虫は建物の壁面や洗濯物などについてこれらを汚すので、湖辺の住民は迷惑をうける。また、ユスリカの死骸は粉末状になり、これが空中を漂って人間の喘息の原因になることもあるという。

富栄養化対策は適正で環境に悪影響を与えないよう計画された下水道の整備や農業集落の排水処理施設、工場排水の総量規制、農業用水の循環システムの回復、森林の涵養などの総合的対策が必要である。

しかし、このように植物プランクトンの栄養塩となる窒素や燐の流入を削減するだけでは不十分である。自然には、本来持っていた水浄化の能力が河川や湖、海などに存在していたが、特に湖岸や海岸の自然環境の破壊によってその浄化能力が失われたことにも注意を払う必要がある。そのため、同時に失われたこのような自然浄化機能を回復することも必要である。例えば、旧西ドイツのベルリン市では水浄化、生物の生息場所、湖辺の侵食防止、景観形成などさまざまな機能をもつヨシ群落を保護するために「ヨシ群落保護法」が一九六九年に出来ている。この法律はヨシ群落に損傷を与えるものには罰金を課すという厳しいものである。わが国では、今までの水質汚濁法では湖の水質保全対策が不十分であるということで、一九八四年に湖沼水質保全特別措置法（いわゆる湖沼法）が制定され、一九八五年から実施されている。しかし、湖辺やその周辺の環境を維持・保全することを目的にした湖沼環境保全法は日の目を見ず、水質保全の上では不十分なものとなっている。

（鈴木紀雄）

赤潮

昔から海では夜光虫などによる赤潮がみられていたが、最近では、その規模が大きくなり頻度も多くなっている。同時に色々な種類のプランクトンによる赤潮が増えている。

ところで赤潮は、本来、海域で赤潮プランクトンの増殖のために海水が赤くなった状態を指していたが、最近は海だけでなく湖や河川などの淡水域にも使われるようになった。淡水域に対しては特に淡水赤潮と呼ぶこともある。また、赤潮は水の色が必ずしも赤色であるとは限らず、褐色、白色、緑色の場合にも赤潮と呼ぶことがある。

富栄養化（「富栄養化」の項参照）が進むと、海・湖・ダム湖、そしてダム湖付近の河川などに赤潮が発生しやすくなる。赤潮プランクトンが発生すると、魚に大きな被害を与えることがある。海産プランクトンではピロディニューム・バハメンスやプロトゴニオラックス・カテラ、淡水プランクトンではアファニゾメノン・フロスアクァエなどは強力な麻痺性毒素をもっている。サキシトキシン（STX）、ネオサキシトキシン（neo STX）・ゴニアウトキシン—5（GTX 5）などはこれらのプランクトンに含まれる毒素である。この毒素が水底に住むアサリとかハマグリ、イソシジミ、ムラサキイガイなどの海産二枚貝類やマシジミなどの淡水産二枚貝に蓄積し毒化するので、この貝を食べた人が食中毒や中毒死を起こす危険性がある。

渦鞭毛藻類に属するデノフシスなどはムラサキイガイ、ホタテガイを毒化し、下痢を起こす。また、カトネラ（昔はホルネリアと呼んだ）はハマチを大量に死亡させたことでよく知られている。プティコディスカス・ブレヴィス、アンフィディニウム・クレブシ、淡水プランクトンはペリディニューム・ポロニカム、ウログレナ・アメリカーナなども魚類にたいして毒性をもち、そのために魚のエラが破壊されて呼吸困難で死亡した例もある。

また、赤潮の時には大量のプランクトンの発生のため、魚のエラにプランクトンがひっかかってエラに損傷を与えて死亡させたり、大量のプランクトンの死骸の分解に伴って酸素不足となり呼吸困難で魚が死亡する場合、プランクトンの分解過程で有毒物質ができて魚に被害を与える場合などもある。

赤潮が起こる過程には二つの段階がある。最初の段階は植物プランクトンの増殖を促す物質（プランクトンによって異なるが、窒素や燐だけでなく鉄・マンガンなどの微量金属類、ビタミン類、核酸関連物質、有機酸など）の濃度が高くなって、プランクトンが急増する増殖機構が働くことである。次の段階では水の動きなどでプランクトンが特定の所に集まってくるという集積機構が働くことである。

こうした機構が同時に働いて、特定の場所に縞状の赤潮が発生することになる。

（鈴木紀雄）

プランクトン

プランクトンは浮遊生物を意味し、遊泳能力が少ない生物にたいして呼んでいる。小型のプランクトンは一ミクロン以下のものから大型のものではクラゲのようなものまで含まれる。エビ・カニなどの甲殻類のような幼生も浮遊しているのでプランクトンと呼ぶ場合がある。

最も種類が多く、一般的なものはいわゆる植物プランクトンとか動物プランクトンとか呼ばれるものである。しかし、淡水赤潮の原因となるウログレナ・アメリカーナなどのように植物と同じようにクロロフィルを持って光合成を行うと同時に、運動性があり、動物のように有機物を摂取する性質を兼ね備えていて両者をはっきり区分できないプランクトンもある。

富栄養化が進むと植物プランクトンが異常増殖する。汚濁化が進むと毒性のプランクトンやかび臭を発生させるプランクトンが多くなる（「富栄養化」の項参照）。植物プランクトンの量は普通クロロフィル量で表わすことが多い。そこで、クロロフィル量で水質を判断することがある。

動物プランクトンは魚の餌になることが多い。特に仔稚魚にとっては動物プランクトンは欠かせない重要な餌となる。

プランクトンも指標生物となり、どんな種類のプランクトンが出現するかによって環境の状態を判断することが出来る。例えば動物プランクトンは富栄養化が進むとワムシ類が多くなる傾向がみられ、植物プランクトンはアナベナやミクロキスティスなどの藍藻類が増える傾向がみられる。

（鈴木紀雄）

合成洗剤

合成洗剤とは、合成界面活性剤を用いた洗剤をいう。界面活性とは、液体に溶けると、溶液の表面張力を著しく減少させる性質をいい、石けんも界面活性をもっている。界面活性剤は、親水基（極性基）と親油基（非極性基）をもっていて、両基が吸着層を形成し、親水性と親油性（疏水性）の二つの親媒性の二相の界面によく吸着されて、界面の表面張力を著しく低下させる作用をもっている。なお、石けんがアルカリ性であるのに対して、合成界面活性剤は中性であるので、合成洗剤は「中性洗剤」とも呼ばれた。

家庭で用いられる洗剤としての合成洗剤の急速な普及は、

電気洗濯機の普及に伴うものであった。日本では、電気洗濯機が、一九五八年ごろからほぼ一〇年間にほとんどの家庭に急速に普及したのである。当時の粉状の石けんは、水に溶けるのが遅く、溶けるのが速い合成洗剤のほうがずっと電気洗濯機に向いていたのである。電気洗濯機もまた、合成洗剤の使用を前提に設計されたものであった。

当初、「中性洗剤」の名称で広く使われていたのは、アルキルベンゼンスルフォン酸塩（ABS）という合成界面活性剤で、トリポリ燐酸ナトリウムという洗浄補助剤を加えた有燐合成洗剤であった。ところが、ABSが環境中でほとんど分解されないことが問題となり、六五年末から、各洗剤メーカーとも、合成界面活性剤を、炭素の鎖を直線状にした直鎖ABS（LAS）に切り換え始めた。LASは、比較的分解されやすく、「ソフト型」の名称で売り出されたが、毒性はABSよりも強いものであった。

合成界面活性剤がLASに切り換えられてから、皮膚の炎症やかぶれ、乳児の臀部や内股のただれなど、皮膚への障害や、河川の魚類が死ぬ例が続出するなど、人体や環境への影響が目立つようになり、とくに、合成洗剤を子供が誤って飲むとか、人に飲ませるというような事故や事件も起こって、合成洗剤の安全性に対する疑問が市民団体から出されるようになった。

さらに、「ソフト型」になっても有燐であった合成洗剤の使用が重なるにつれ、洗濯排水が流れ込む湖などの燐による富栄養化が次第に目立つようになった。大量の燐が流れ込むことによって富栄養化が進み、プランクトンの大量発生が起こって酸素不足になり、生物学的酸素要求量（BOD）が著しく大きくなるという現象が見られるに至ったのである。富栄養化現象は、日本で最も大きい琵琶湖でとくに顕著となり、合成洗剤追放運動が強まって、七九年一〇月、滋賀県議会が「琵琶湖の富栄養化の防止に関する条例」を可決するに至った（実施は翌年七月）。

各洗剤メーカーは、今度は、一斉に有燐から無燐に切り換え始めた。洗浄補助剤をゼオライトに切り換え、「無燐」を旗印に、合成洗剤にはもはや何の問題もないかのように、大々的に宣伝し始めたのであった。しかし、合成界面活性剤そのものがもつ、根本的な問題が忘れられていた。

それは、石けんと合成界面活性剤との根本的な差異であった。石けんは、その界面活性によって汚れを取り去るとき、アルカリであるため、酸・アルカリ反応によって、汚れとしての有機物を一定程度分解して排水中に送り出す。その有機物は、好気性バクテリアによって分解され、最終産物は、水、二酸化炭素およびアンモニアで、いずれも植物によって再利用されるものである。

一方、合成界面活性剤は、有機物をそのままひきはがすうえ、活性剤自体が好気性バクテリアの活動を抑えるので、高分子の有機物は、嫌気性バクテリアによって分解され、最終産物としてメタンが生じてしまう。このメタンは、下流の都市で水道水の滅菌に用いられる塩素と結合して、発ガン物質トリハロメタンを水道水中に生じさせているうえ、地球の温暖化にもかかわっているのである。（市川定夫）

地下水汚染

地球には一三億七〇〇〇万㎦の水がある。そのうちの九七・二％は海水であり、二・一五％は南極や氷河などの氷である。私たちが生活に利用できる水は残りの〇・六五％にすぎないが、そのうち九六％は地下水として存在し、表流水は三％だけである。

利用できる水量の大部分が地下水であるにもかかわらず、最近は地下水の持つ価値が忘れられたり、故意に見捨てられたりしている。日本における飲料水の四分の一は地下水であるが、利用率は年々低下している。その原因は地下水位の低下と汚染にある。

地下水の良い点は、①地域で確保できる独自水源である。②都市河川やダム水などの表流水に比べて水質が良い。③水温が一五度前後で一定しており、おいしい水が得られる。④地下水には貯留機能があり、安定した水源として渇水時にも使用できる。⑤適正な使用水量をまもる限り環境を破壊しない。⑥中小都市にとっては安い費用で確保できる水源である。

欠点としては、①汚染されやすい。②汚染されると回復しにくい。③水利権が確立していないため将来の水量確保に不安がある。

最近では特に、ＩＣ工場などハイテク産業による地下汚染が注目されている。ＩＣは高純度シリコンに微量の燐やホウ酸などの不純物を加えて半導体とし、その表面に微細な電子パターンを焼き付け、回路を形成していく。二五六キロビットのＩＣチップには一三〇くらいの製造工程があり、そのうち三〇くらいが洗浄工程である。ＩＣの集積化が進めば進むほど回路の最小パターンは小さくなり、一メガビットでは一ミクロン程度であるが、最小パターンの十分の一程度の不純物が付着すると製品として合格しなくなるため、洗浄は極めて重要な工程となる。シリコンウエハから油分や不純物を除去するためにトリクロロエチレン、一・一・一・トリクロロエタン、テトラクロロエチレンなどの有機溶剤が使用される。これら溶剤には発癌性や肝臓、腎臓に対する毒性がある。

一九八一年にアメリカのシリコンバレーにあるフェアチャイルド社周辺で有機溶剤による地下水汚染が発見された。それ以後シリコンバレーではＩＢＭをはじめ六五社の地下水汚染が判明した。原因の多くは溶剤貯蔵タンクからの漏出であると報告されている。一九八五年一月、カリフォルニア州政府はシリコンバレー周辺住民の三年間にわたる健康被害調査結果を発表した。それによると飲料水が溶剤で汚染された地区の住民のなかで先天異常児出生率、流産発生率は対照地区と比較して二〜三倍も高いことがわかった。

日本においても一九八三年一二月に、兵庫県太子町にある東芝電気工場のＩＣ洗浄建屋からトリクロロエチレンによる地下水汚染が発見された。溶剤は下流四㎞にわたり民家井戸を汚染し、現在においても水道水中の規制値である〇・〇三㎎／ℓを越えているところがある。

環境庁などによるその後の全国調査では、電気工場、機械工場周辺で有機溶剤による地下水汚染がみつかっている。一九八八年九月、千葉県君津市のトリクロロエチレンによる地下水汚染の原因はＩＣ工場（東芝コンポーネンツ）からの廃溶剤が流れ出したものであることが、地元自治体の調査などで完全に明らかにされた。

全国的に生じている地下水汚染は硝酸性窒素によるものである。硝酸性窒素は乳児が大量摂取した場合、メトヘモグロビン血症になるほか、胃癌との関係が指摘されている。熊本市は日本を代表する地下水都市であるが、水源の硝酸性窒素は年々増加している。その主要な原因は阿蘇山麓におけるハウス栽培やゴルフ場などで大量に使用される窒素肥料によるものである。

その他に、ゴルフ場周辺の農薬や、産業廃棄物処分場周辺の重金属や放射能による地下水汚染も問題になっている。

地下水汚染の原因および物質には以下のようなものがある。

(1)　有機溶剤（トリクロロエチレン、テトラクロロエチレンなど）による汚染。汚染源はＩＣ、電気、機械、印刷、メッキ、クリーニング、化学薬品工場や廃棄物処理分場など。

(2)　肥料（硝酸性窒素など）による汚染。汚染源はハウス栽培やゴルフ場など。

(3)　家庭排水（アンモニア性窒素、雑菌など）による汚染。汚染源は垂れ流しの家庭排水、単独浄化槽、別荘地、ゴルフ場排水など。

(4)　農薬による汚染。汚染源は農薬工場、化学薬品工場、農地、ゴルフ場など。

(5)　重金属（カドミウム、クロムなど）による汚染。汚染源は金属鉱山、メッキ、電気工場排水など。

(6)　放射能による汚染。汚染源は原発からの廃棄物、事故、原爆実験の他に、酸化チタンなど鉱石に不純物として含まれているものが製造過程から廃棄物として出てくる。

地球は物質に関して閉鎖系である。そのため地球上の水は増えも減りもせず循環しているが、このような水循環の過程として地下水や表流水がある。水循環の存在は地球にだけ生命の存在を可能にし、生物循環が形成された。排熱、炭酸ガス、窒素、燐などの「汚れ」は地球の水循環、生物循環によって浄化されてきた。しかし、最近では地球の浄化力を上回ってこれらの汚れが放出されるため、地球の温暖化や、湖、河川、地下水の汚染が生じている。一方、放射能や有機塩素化合物は水循環や生物循環によって浄化しにくい汚れである。地下水や表流水を汚染させないためには「これらの物質を造りだしたり、地下から取り出したりしてはいけない」という原則を打ち立てる必要がある。

（山田國廣）

トリクロロエチレン

トリクロロエチレンはＩＣや金属などの洗浄剤のほか、油脂や染料の抽出剤、フロンガスの原料、熱媒体、殺菌剤、医薬品の原料などとして使用され、一九八六年には約七万トンが製造されている。

トリクロロエチレンの人体影響については、頭痛、間接の違和感、不安感、皮膚炎、目・鼻・喉の刺激、高濃度では腎臓や肝臓障害などの他に、マウスによる実験では肝臓癌が生じ、微生物テストでも変異原性がある。そのため水道水におけるトリクロロエチレンは〇・〇三㎎／一以下、工場排水の規制値は〇・三㎎／一以下と規制値が定められている。

厚生省と通産省は一九八九年三月一七日、地下水の主要な汚染原因物質であるトリクロロエチレン、テトラクロロエチレン、四塩化炭素を「化学物質の審査及び製造の規制に関する法律（化審法）」に基づく第二種特定化学物質に指定し、同年四月から施行することを決定した。

第二種特定化学物質は「製造者・輸入者は毎年、製造・輸入の実績数量、用途、在庫量等の報告」を義務付けするほかに、以下のような義務が課せられることになる。

(1)　製造量制限：予定どおり製造・輸入が行われれば、人の健康被害が生じる程度に汚染が進行してしまい、これを防止するため製造等の制限が必要であると認識された場合、通産大臣は製造・輸入量の変更命令をする権限が付与されている。

(2)　技術上の指針の公表：取り扱い業者に対し、当該化学物質による環境汚染の防止のため、とるべき措置に関する「技術上の指針」を公表し、環境中への排出量を減らすため一定の取扱方法を遵守させようとするものである。これに違反する業者に対しては「勧告」がなされる。

(3)　表示：取扱業者に対して、第二種特定化学物質またはそれが使用されている製品の譲渡・提供に際し、その容器・包装・送り状に、環境汚染防止のための措置等に関し表示すべき事項を表示する。

（山田國廣）

自浄作用

地球には重力があるため、物質が自然に地球から出ていくことはない。例外として、人工衛星が宇宙へ飛び出し戻ってこない場合や、隕石が空から落ちてくる場合があるが、そのことを除けば、地球は物質について閉じている。一方、熱について地球は開いている。太陽からの熱を海や陸地が吸収している。地球上のさまざまな活動によって生じた余った熱は、水が吸収し水蒸気となって上昇し、宇宙空間へ熱だけを放出し、水そのものは冷たくなって雨として戻ってくる。

このような水循環によって、地球の温度は摂氏一五度にコントロールされてきた。「地球に大量の水がありその水が循環する過程で廃熱を浄化する」というこの機能が、地球にだけ生命が存在するという基本条件を作り出してきた。これこそ地球の自浄作用である。

地球には水循環、大気の循環、生物循環があり、二酸化炭素、窒素、燐などの汚染物質は循環している。これらの循環は相互に関係しあいながら、一つの循環系が他の循環系のなかに含まれているというように、何重にも入れ子構造を形成している。それが森林や川や湖や土壌が持っている自浄作用である。このような循環の入れ子構造によって、汚染物質は浄化され、資源の浪費が防止されている物質がある。それが植物を中心としたバイオマスである。

「循環によって浄化できる物質については、その系（例えば地球、地域、人体など）が持つ自浄作用を超えて発生させてはならない」という原則を守る必要がある。

一方、石油や鉱物資源は、使用すれば必ず、いずれかは使えない状態になっていく。さらに、放射能や有機塩素化合物（ダイオキシン、ＰＣＢ、フロンガスなど）は「循環によって浄化できない汚れ」であり、これらの物質は原則的に「作り出してはいけない」ものである。　（山田國廣）

木炭浄化装置

一般的には、炭の浄化作用を利用して、地域の中小河川の浄化を目的とする装置をいう。合併浄化槽の三次処理や、手作り浄水器もこの範疇に入る。

河川浄化の場合は、数十キロの木炭を金網などのネットで包み、川に並べて杭に固定する。木炭の吸着性と微生物効果によって、水の臭い、濁り、色、燐などが取り除ける。

設置後、計画的な管理を継続する必要がある。例えば、雨後の増水時は装置の点検を行い、炭は時々引き上げて洗浄するなどである。

　また、水質がとくに悪い川ではすぐ目詰まりを起こすので、浄化があまり期待できない。流量が多い川では装置の設置が困難だし、流されると川を汚す。木炭の浄化作用もまちまちで、ある例では二割程度と言われており、過大に期待しないほうがいいだろう。

　この装置の実用化は、各地とも住民団体が独自に、または行政との協力体制で行っており、川の浄化を目指すと共に、住民が身近な環境に目を向け、地域の連帯を作り出すという目的に重点がおかれる場合も多い。

　現在、木炭は高価でなかなか多量入手できないところから、町の住民たちが山に入り、山の住民の協力を得て、間伐材などを活かし、自分たちの手で炭焼きをするケースが多い。そこで過疎化する山の暮らしの実情を知ることができ、家族とくに子供達も喜んで参加するので、自然のなかで楽しみつつ学ぶ機会を得ることになる。炭焼きは何日もかかるので、夏休み中の行事にしてもいい。村の炭焼き窯を使わしてもらうほかに、ドラム缶で作った簡易炭焼窯で焼いている団体もある。

　手作り木炭による河川浄化は、東京都の矢川（国立市）における「炭やきの会」がよく知られている。その影響もあってか、東京都各地で支流河川や用水路などでの取り組みが目立つ。北海道下川町では、木炭浄化槽の実験が行われている。（山田國廣）

土壌

　土壌は地殻の最表層の部分が風化作用で破砕され、物理的、化学的および生物的変化を受けた有機・無機の混合生成物である。したがって、土壌はその下層にある岩石とは本質的に異なり、気候、地形、堆積様式、棲息または生育する動植物などの作用を受けて、長い年月を経て生成される独自の形態をもつ自然体である。しかも、この自然体はたえず変化していて、その変化の過程は土壌断面の形態や組成、性質に反映されている。すなわち、われわれは土壌断面を調査することによって、土壌の「生い立ち」に関する情報を得ることができ、この調査をもとにそれぞれ特有の性質をもつ土壌ごとに類型化を行う（土壌分類）ことができる。

　土壌は実にさまざまな機能をもつ物体であって、人間をはじめとするすべての陸上生物の生存は直接あるいは間接に土壌によって大きく規制を受けている。土壌の多様な機能のなかでも、土壌が地球上での物質循環にとって、物質の重要な貯蔵場であると同時に、物質変化の場としての働きは人類をはじめとする、あらゆる生物の生存環境を考えるうえで、もっとも重視しなければならない機能の一つである。地球上で行なわれている物質循環のバランスが、量的・質的に破壊されるようなことがあると、土壌は先に述べた機能をはじめとして、すべての機能が停止または十分に働かなくなる。汚染水域の底質土壌や有害廃棄物で汚染された土壌が機能を失っているのは、土壌中の生物が物質循環を担う重要な働き手であり、有害汚染物質によってこれらの生物が死滅したことを示すにほかならない。土壌の大部分がその機能を停止するか、いちじるしく阻害を受けた場合には、地球のあらゆる生物の生存は不可能になる。すなわち、この機能の停止、もしくは阻害に至るまでの容量のなかで地球の全生物は生存している。われわれは生命の育むこの土壌を破壊しないように守り、むしろ積極的にその機能を高めてゆくよう努力しなければならない。

（松本　聰）

土壌汚染

土壌の汚染は、さまざまな形で進行している。重金属、農薬、ダイオキシン、酸性雨などによって慢性的に汚染されているほか、チェルノブイリ原発事故は、長寿命の人工放射性核種による広域の長期土壌汚染をひき起こした。土壌が汚染されると、汚染物質が農作物や森林などを痛めつけるだけでなく、それが農作物や家畜などに取り込まれ、結局は人体内にも入ってくるのである。

最初に目立った土壌汚染は、重金属によるものであった。かつて富山県の三井神岡鉱山でイタイイタイ病を起こしたカドミウムは、一九七〇年代初めごろまで、テレビ工場やメッキ工場などから排出され、各所で周辺の土壌汚染を起こしていた。滋賀県醒が井では、アンチモンによる土壌汚染も起きた。栃木県の足尾銅山の周辺では、銅、亜鉛、カドミウム、鉛、ニッケルなどによる土壌汚染が現在も残っている。最近では、乾電池中の水銀やカドミウムによる汚染も問題になっている。

やはり早くから進行し、年とともに目立つようになったのは、農薬による汚染である。DDTやBHCという強力な有機塩素系の殺虫剤が、七一年に全面禁止されるまで、農薬としても大量に使われ、残留性が極めて高いため、田畑の土壌を中心に汚染が進行した。現在でも、どんな検体からも残留DDTやBHCが検出されるほどである。また、ディルドリン、クロルデンなど、やはり有機塩素系のドリン剤も多く使われ、土壌を汚染した。これら有機塩素系殺虫剤が禁止されたあとも、殺虫剤、殺菌剤、除草剤、土壌燻蒸剤などの使用が、当初の対症療法的なものから、病虫害などの発生の有無にかかわらず定期的に散布する、予防的全面大量散布へと変貌したため、土壌の農薬汚染がますます進行した。さらに、近年のゴルフ場での多種多様な農薬類の大量使用がそれを加速させている。

近年になって進行しているのは、強い催奇性、発癌性、変異原性をもつダイオキシン類による土壌汚染である。除草剤など農薬類にはダイオキシンが含まれているため、農薬汚染と平行したダイオキシン汚染も起こるが、最近、とくに問題となっているのは、焼却炉からのダイオキシン発生である。それは、人工の有機塩素化合物を燃焼するとダイオキシンが生じるからであり、家庭から出るプラスチック類を含むゴミや、これら化合物の生産工場などからの廃棄物の焼却によってダイオキシンが発生しているのである。事実、どの都市の焼却炉でも、飛灰や燃えがらからダイオキシンが検出されており、焼却炉の周辺や、燃えがらの投棄場の近辺で、ダイオキシンによる土壌汚染が進行している。

やはり近年になって問題となっているのは、半導体の洗浄などに用いられているトリクロロエチレンによる土壌と地下水の汚染である。ハイテク汚染とも呼ばれており、半導体生産工場の周辺で急速に深刻化している。

酸性雨による土壌の酸性化も深刻に進行している。かつて足尾銅山が七〇年間にわたって排出し続けた大量の亜硫酸ガスが酸性雨をもたらし、周辺の森林を全滅させた（現在でも森林の回復が困難なままである）。こうしたかつての局地的な酸性雨に対して、近年の酸性雨は、発電や自動車による化石燃料の燃焼の急増によって、極めて広域なものとなっている。酸性雨による被害は、北欧やカナダでは早くから深刻化していたが、日本でも、食酢に近い酸性雨が各地で観察されるなど、年とともに深刻化しているのである。

チェルノブイリ原発事故は、セシウム一三七など、膨大な量の長寿命放射性核種を放出し、半径三〇キロ以内が無人化されただけでなく、ウクライナ、ベラルーシを中心に、西へ約三〇〇キロ、北へ約二七〇キロもの広範囲に、本来なら退避を要するレベルの長期の土壌放射能汚染をもたらした。その放射性核種が農作物や家畜に濃縮され、深刻な食品の放射能汚染を招いているのである。

（市川定夫）

クロルデン

有機塩素系（炭素と水素の化合物に塩素が結合したもの）の殺虫剤の一種。有機塩素系の物質は環境中でなかなか分解せず、生物に蓄積するため使用禁止になっているものが多い。クロルデンも同様の性質を持っている。日本では農薬としての登録は一九六八年に失効したが、その後、白蟻駆除剤として大量に使用された。建築用木材への塗布、合板の接着剤への添加、敷地の土壌への注入などさまざまな形で使用された。農水省のＪＡＳ規格で白蟻対策にクロルデンを使用するよう指導されていたこともある。また、住宅金融公庫は白蟻駆除を義務づけるなど行政によるクロルデン使用の推進もあった。

そのため、日本全国の魚介類や河川、泥などがクロルデンで汚染され、一九八二年の環境庁の本格的調査では多くの検体からクロルデンが検出された。また、食品や母乳からもクロルデンが検出され、全国的にクロルデン汚染が問題になってきた。

クロルデンで白蟻駆除をした家庭では、散布後五ヵ月たっても室内の空気から高い濃度のクロルデンが検出され、その後の調査では五年以上も室内を汚染していることが分かった。

クロルデンは、一九八六年九月に「化学物質の審査及び製造等に関する法律（化審法）」によって、すべての用途で製造、販売、使用が禁止されたが、禁止まぎわまで駆け込み使用が続き、問題になった。八六年の使用禁止以前は八四年にクロルデンを二％以上含む薬剤が劇物に指定されただけだった。白蟻駆除は二％以下の薬剤が使われたため、規制はないに等しかった。消費者にとってみれば、ある日突然、クロルデンは「安全で長持ちのする白蟻駆除剤」から「すべての用途での使用を禁止する」という恐ろしい薬剤に変わったことになる。化学物質の規制のあり方が問われる。

（辻万千子）

ディルドリン

ディルドリンは有機塩素剤エンドリンの異性体である。これらにアルドリンを加えて、「ドリン剤」と総称している（アルドリンは環境中ではディルドリンに変化する）。農薬としては野菜や果樹に一九五四年から、七二年まで使われていた。

ディルドリンは土壌に長い間残留し、九五％消失するのに二五年かかるという報告もある。しかも農作物への吸収率が高いので、過去に使用した畑で栽培した野菜から、現在でも検出されるありさまである。人体への影響は、変異原性・発癌性が指摘されている他、慢性的な神経障害が心配されている。

こんな農薬であるにもかかわらず、ＢＨＣと混合して家庭内のゴキブリ退治用のエアゾル型殺虫剤として使われ、全身の痺れ、めまいなどの後遺症を残す中毒をひきおこしたこともある。

このように多くの問題が発生したにもかかわらず、農林省の対応はぬるく、一九六九年にやっと残留基準を決め、規制が始まった。一九七一年、「土壌残留性農薬」に指定され、農地では使われなくなったあとでも、樹木害虫防除や白蟻駆除剤としての使用が一時増え、やっと全面使用禁止になったのは一九八一年である。この間多くの農作物が汚染され続け、今でも人間の脂肪中や母乳からも検出される。

　ドリン剤は魚毒性が強く、当時この特徴を悪用し、川に流し、浮いた魚を捕まえるという無知な人間も少なくなかった。それほどに、農薬の毒性、環境に与える影響についての情報は公開されてこなかったと言える。こうした農薬によって水田や川のなかの多くの生物が姿を消し、今になっても戻ってこないものも少なくないが、その実態はきちんと調査されてはいない。

（宇根　豊）

DDT

　レイチェル・カーソンが、一九六二年にその著『沈黙の春』のなかでＤＤＴの生物への、環境への影響を告発したにもかかわらず、今でも南極大陸の氷やペンギンの体からも検出されるほど、事態は悪化してしまった。

　ＤＤＴは一九三九年に殺虫作用が発見され、第二次世界大戦中、衛生害虫の駆除に用いられ、戦後もマラリヤ病を媒介する蚊の駆除に効果を上げた。（沖縄県でマラリヤが根絶できたのはＤＤＴの効果である）。ＤＤＴは人間が化学的に合成した「農薬」の元祖と言えよう。殺虫作用の発見者ミューラーには、ノーベル賞が贈られたほどである。

　日本でも戦後、日常茶飯事に使用され、髪の毛のシラミをとるためといって、頭からかけられた人も少なくなかった。農薬として使用されるようになったのは、一九四六年からで、禁止されたのは一九七〇年である。

　ＤＤＴはＢＨＣと同じように分解しにくく、土壌中では九五％消失するのに三〇年かかると言う人もいるが、自然界ではもっと長いかも知れない。ＤＤＴは発癌性や染色体異常を引き起こすと指摘されており、免疫機能を低下させ、性ホルモンの働きを乱したりすることも明らかになっている。

　当初毒性が低いと考えられていたのに、これほどまでの汚染を引き起こした理由は、分解しにくいということと、「生物濃縮」で食物連鎖の上位にあるものほど濃縮されていくからである。ＤＤＴは水の汚染が一とすると、プランクトンで二六五倍、魚で五〇〇倍、そして魚を食べる鳥では八万倍にもなる。そして当然つけは人間にも回ってくる。日本でも人体脂肪中の蓄積は今でも数ｐｐｍある。これはまだＤＤＴが開発途上国で使用され続けていて、地球規模での汚染が進行中だということも一因である。（宇根　豊）

ＢＨＣ

ＢＨＣは水田や一部は家庭用にまで、広く使われた有機塩素剤であり、一九四九年から一九七〇年まで使われた。環境に対する影響は非常に大きく、水田や河川の多くの生物が死滅し、散布者の多くが中毒に悩まされた。ＢＨＣは分解しにくく、土壌や水系や生きものの体によく残留する。土壌中では九五％消失するのに一〇年かかると言われているが、自然界ではもっとかかっているようである。ＢＨＣには四つの異性体があり、そのうち殺虫効果が高いのはγ－ＢＨＣだけなのに、とくに日本ではより残留しやすいα－、β－、δ－ＢＨＣ（要するに不純物）までも、混合したまま使用したので一層汚染は深刻さを増した。

高知県では一九六八年に、残留性が高いこと、農地の益虫まで殺してしまうことなどの理由で、ＢＨＣとＤＤＴの使用中止を指導し、一九六九年には牛乳の、翌七〇年には人体脂肪中の汚染を積極的に発表し警鐘を鳴らした。しかし農林省がやっと水田での使用禁止に踏みきったのは、母乳が汚染されていることがわかったあと、一九七〇年一〇月であった。しかも、なぜＢＨＣを規制せねばならなかったのか、きちんとした説明は農業関係者にないまま、「農薬公害」は幕引きがなされたのである。村のなかで、そうした危険な農薬を「使用させてきた」行政や指導者の責任は問われることはなく、せっかく農薬のありかたについて議論する機会は生かされることはなかった。そのためだけではないが、一九七一年以降、むしろ農薬の散布回数は増加していくという皮肉な結果を招いた。

一方、一九七〇年以降もメーカーによる東南アジアへの輸出は続き、多くの人の顰蹙をかっている。残念なことに、未だＢＨＣを使用している国もあるために、輸入農産物の残留は高く、地球規模の汚染も続いている。（宇根　豊）

農薬汚染

農薬が日常的に使われるようになったのは、戦後である。そして、残留性が強いＤＤＴ・ＢＨＣや水銀剤、急性毒性の強いパラチオンが使用中止になった一九七〇年以降、農薬の使用量は格段に増えてきた。

農地での農薬使用　農薬汚染には次の四つの局面がある。①散布者（主に農民）の中毒。②田畑の生態系の破壊。③土壌、水系、大気の汚染。④作物や動物への農薬残留。

(1)　ともすれば散布者（主に農家）の中毒はあまり注目されないが、もっとも大事な問題である。農薬を散布する生産者の安全（健康）が守れないなら、消費者の安全（健康）も守れないであろう。なぜなら、農薬のいちばんの、そして最大の被害者は農家だからである。各地の調査でも、水稲栽培農家では二～三人に一人が、野菜果樹農家では過半数が、一年に一回以上の何らかの中毒症状を訴えている。自分の体を犠牲にしながらの農業生産のあり方は、決して人間的ではないが、そうせざるをえない現状は消費者の責任でもある。

(2)　農薬による田畑やその周辺の生態系の破壊は、目に見えにくいものである。気付いたときにはメダカや、どじょうや、トンボや、蛍や、タガメや、ゲンゴロウ、そしてミミズなどが姿を消していた。また、農薬散布をしたためにかえって害虫が大発生することもしばしばある。これは農薬によって益虫が少なくなって、田畑や山林の生態系が非常に不安定になってしまうためである。

(3)　散布された農薬の多くは土壌に吸着されるか、水に溶けて流れる。農薬は主に土壌微生物によって分解される。殺菌された土壌では農薬はほとんど分解しない。しかしそれにも限界がある。有機塩素剤は数十年も残留するものまであり、いつまでたっても作物から検出され、深刻な汚染をもたらしている。水系に流れ出した農薬は地下水や河川水を経て、飲料水を汚染する。また、散布された農薬は大気中に漂い、遠くまで広がっていく。南極や砂漠からもＤＤＴなどの有機塩素剤が検出されるのは地球の大気が汚染されている証拠である。

(4)　作物や動物への農薬残留はもっとも人々の関心のあるところだが、食べる都度、農薬をチェックするわけにはいかない。かといって、国が定めた「使用基準」を守っているから安全だと信じるには、あまりにも情報が不足している。それに「安全性」を動物実験で判断できるほど自然界の農薬の動態は単純ではない。そこで、消費者と生産者が直接結びついた「産直」の運動が広がってきた。有機農業や減農薬運動は、「残留」問題を見事に越えていく人間の知恵といえる。

さらに最近では輸入農産物の農薬汚染が問題になっている。それは①日本で禁止された農薬が外国ではまだ使われている。②収穫後、輸送中の害虫や変質を防ぐために農薬が使われている。③検査体制が不十分であるばかりでなく、そもそも残留基準がないものも少なくないことが心配されている。

ここでもうひとつ付け加えなければならないことは、近年、農薬と同じ成分のものが「農地」以外でも多量に使われるようになってきたことである。

農地以外の農薬使用　①ゴルフ場。芝生の除草剤・殺菌剤・殺虫剤・着色剤など。②公園・学校・空き地・線路・道路。主に除草剤など。③家庭のなか。殺虫剤・衣料用防虫剤・防かび剤・防臭剤・白蟻駆除剤など。このように「農薬汚染」は今でも身の回りで進行中なのである。

農薬耐性

農業における農薬の使用が、かつての対症療法的な局地的使用から、広域大量散布へ、さらに病虫害の発生の有無にかかわらず定期的に散布する予防的大量散布へと拡大するにつれ、病原菌や害虫の農薬耐性（抵抗性）獲得が重大な問題となってきている。

かつてハエ、カ、ノミ、シラミなど生活害虫の駆除のため、また、農薬としても大量に使用されたＤＤＴやＢＨＣは、その後、強い変異原性や発癌性が発見されて使用禁止となったが、現在のハエやカの大部分がこれら殺虫剤に対して耐性をもっている。それは、かつてこれら昆虫集団中の大部分の個体がこれら殺虫剤によって殺されたが、たまたまこれらに耐性をもっていた少数の個体のみが生き残り、その子孫が増えたからである。

このように、世代交代が早く、かつ繁殖力が強い病原菌や害虫の場合は、農薬の使用が重なるほど、耐性をもつもののみが選択的に生き残るようになり、その子孫が急速に増殖して、あたかも集団全体が耐性を獲得したように見える。しかしこれは、集団中の大部分の個体が一様に耐性を獲得したのではなく、人間が用いた農薬がそうした個体を選抜した結果にほかならない。世代交代が遅く、繁殖力が限られている生物種では決して見られない現象である。

イネ、コムギなど主穀類では、化学肥料が可能とした密植と、品種の画一化が、病虫害の広域発生を招いて農薬の使用量を急増させており、野菜、果菜、花卉、果樹などでは、生産物の外観の保持やビニールハウス栽培が、それを助長している。ゴルフ場におけるシバの植生も同様である。こうした農薬の大量使用が病原菌や害虫の天敵を滅ぼし、農薬耐性をもたらし、より強力な農薬の開発を招いているが、それは、前述のような理由から、アリ地獄に陥るだけである。有機農業の復活と農薬の使用制限が必要であり、天敵の利用も再考されるべきであろう。

（宇根　豊）

（市川定夫）

農業革命と農地離脱

農業革命の概念　農業革命の概念は、論者によってその内容が多様である。アルビン・トフラー『第三の波』（一九八〇年刊）のように、狩猟・採集経済の社会から農耕社会への移行を人類文明史の画期的事件として把握し、これを一八世紀末に始まる産業革命＝「第二の波」に対比して、農業革命＝「第一の波」と名づけるのは、その一例であろう。また、技術の急速な革新過程を「技術革命」と呼ぶのと同じように、農業生産力の急速な発展をもたらす技術的変革を「農業革命」と呼ぶこともある。もし、そのような意味で「農業革命」を理解すれば、いくつかの国の、いくつもの諸時期に、さまざまな姿の「農業革命」を見出すことが出来よう。しかし通常、農業革命という場合、農業の技術革新による農業生産力の発展が、技術革新とそれに基づく生産力水準の向上という範囲にとどまることなく、技術革新の結果が社会・経済の全般にわたる社会変革をひきおこすような、農業上の変革をさす。すなわち、農業の技術革新に基礎づけられた、農業生産および土地所有関係の全面的変革が、社会的・経済的な諸関係の根本的な変革をともなう場合にのみ、そのような農業上の変革を農業革命と呼ぶ。

ヨーロッパ農業史での技術革新の画期的な二つの時期　概括的に見れば、ヨーロッパにおいて農業技術が顕著な発展を示すのは、一一～一三世紀と一八世紀との二つの時期である。ヨーロッパの一一～一三世紀は、耕地が急速に拡大した時期である。これを支えた技術上の進歩は、鉄製農具の普及・重量有輪犂の利用・役畜飼育法の改良・蹄鉄の使用などによる深耕に基づく穀物収穫量の向上・安定であり、同時に三圃制農業＝開放耕地制の成立であった。これらの農業上の変革は、集村形態の村落の形成を推進し、村落共同体の成立および共同体規制下の農業慣行の確立をもたらした。このような三圃制農業＝開放耕地制とこれに対応する村落共同体とを基盤にして、ヨーロッパ中世の領主制が展開した。しかし、ここにみる農業上の変革においては、農民の農地離脱という現象は現れず、逆に農民が農奴として土地に緊縛されることとなった。これ以後のヨーロッパでは、これが基本的に変わることなく継続し、近代を迎えてそれが変革されるのである。

一一～一三世紀における農業上の画期的な技術革新に対して、一八世紀の農業革命は、三圃制農業＝開放耕地制と村落共同体とを廃絶して資本主義的農業を確立した点に、画期的意義がある。この農業革命はイギリスを舞台にして進行した。イギリスでは、①一六世紀の第一次エンクロージャーによる農業上の変革と、②一八世紀前半期の農業技術革新に始まり、同世紀六〇年代以降の立法に支えられた議会エンクロージャーの広範な進展のもとで、二度にわたる農業革命の一環を構成した農業革命との、二度にわたる農業上の変革を経て、資本主義的農業が確立した。

イギリス農業革命による農民の土地からの遊離　一六世紀の第一次エンクロージャーは〈羊が人間を喰い尽くす〉といわれた牧羊大経営のためのものであった。羊毛工業の発展に刺激された牧羊場の造成は、開放耕地制および村落共同体を破壊して農民を村落から追い出し、多数の農民を土地から切り離して浮浪民に化した。しかし、このような事態の進行は、一六世紀においては、イングランドの中部を中心にした限られた地域にすぎない。イギリス農業の全面的変革は一八世紀の農業革命をまたねばならぬ。

一八世紀の三〇年代以降、およそ一世紀にわたって継続した農業革命では、農業上の技術革新が議会エンクロージャーによる土地所有関係の変革と結びついて進行し、旧来の開放耕地制と村落共同体が根底から破壊され、三分割制農業＝資本主義的農業が創出された。タウンゼントのカブ栽培、タルによる条播機・畜力用粋土機の発明、四輪栽方式によるノーフォーク農法の普及、刈取機・脱穀機などの農業機械の開発など、あいつぐ新技術の登場による農業生産力の上昇が土地制度の変革と不可分に結び付き、これによって、一方では資本家的大農場が創出され、他方では土地から農民が引き剝がされて、大量のプロレタリアートが創出された。農民の農地離脱による農村人口の稀薄化には、新興の近代的工業都市での都市人口の濃密化が対応していた。しかし、農村人口の稀薄化にもかかわらず〈土地は以前と同量かまたはより多量の生産物を生み出した〉。農業技術の変革に基礎づけられた農業全体の資本主義化がそれを可能にした。農業生産過程への科学の適用、これに基づく農業生産力の飛躍的上昇、これが資本の進歩的一面である。しかし輝かしいメダルにも裏面がある、資本は労働力を搾取するだけで満足するのではない。労働力の搾取とともに土地の生産力をも収奪し、土地そのものを疲弊させ、自然を破壊する。このような社会・経済の全体の変革に帰結する急速な農業技術の革新こそ、真の意味での農業革命といえる。

日本近代史における農業革命の欠如　上述の真の意味での農業革命は、日本の近代史上では見出しえない。もっとも飯沼二郎『増補　農業革命論』（一九八七年）のように、風土的条件に基づく日本の中耕農業の特質を視野に入れて、明治三〇年代（一八九七〜一九〇六年）の日本産業革命期に耕地整理法（一八九九年）にともなって福岡農法（畜力深耕）が普及した事実をもって、日本の農業革命とする見解もある。しかし、明治以降における日本社会の資本主義化の過程には、土地所有関係の変革と結合した農業の技術革新が社会的・経済的な諸関係の根本的変革に帰結するという型での、農業生産の進化の軌跡は、残されていない。

安政開国（一八五八年）によって日本が世界市場の一環に組み込まれて以降、日本農業の発展の方向を強く規定してきた要因として、①世界市場における外国農業との国際的競争、②一八七三年に始まる地租改正と、一九四七年に始まる農地改革との、二度にわたる土地制度の変革、③資本主義的工業の発展と、これに基づく都市の膨張、以上の三点を指摘しうる。これらに強く規定されながらも、明治期から現在まで、日本農業での生産形態は、錯圃制（零細圃場の分散・錯索状態）の耕地に立脚した小農生産である。錯圃制の耕地に立脚した小農生産が、わが国で確立したのは、一六世紀末〜一七世紀中葉の時期であった。それ以後約四〇〇年間、現在にいたるまで、日本農業の担当者は、一貫して、錯圃制耕地に依拠した小農である。このことは、明治維新以降における日本の近代化過程での、農業の発達の軌跡のなかに、農業革命が欠如していることを示唆している。

農地改革と戦後農業の発展　第二次世界大戦での日本敗北の後、米国を中心とする占領軍の指令下で実施された農地改革は、現状の日本農業に強い影響を与えている。占領軍は、戦前日本資本主義の侵略的性格の基盤を、明治地租改正で創出された地主制に見出した。農地改革は、この地主制を解体するために、米国政府の意図で強行的に推進された土地制度の変革である。地主制下では、総農家数の約七〇%（小作二八%、小自作・自小作四一%）が地主から土地を借り受け、総耕地の四〇〜五〇%を所有する地主に、小作農が生産物の四〇〜五〇%におよぶ重い小作料を負担して農業を営んでいた。農地改革によって地主制は解消した。改革以降、零細な自作農（土地持ちの小農）が日本農業の基本的な担当者となり、農村と農民は、資本と土地所有の二重支配という改革前の状態から、資本の単独支配下に置き換えられた。農地改革によって創出された大量の零細な自作農は、小農保護と食糧増産を基本政策とする戦後農政のもとで、食糧増産におおきく寄与し、小農生産の枠組の内で土地生産性の向上を目指し、小農生産の発展に努めた。

しかし、一九六〇年代（昭和三五年以降）、経済の高度成長期にはいって、農村と農民は資本による激しい収奪にさらされ、零細な自作農の農業経営は分解し、農業人口の減少とともに〈農民の総兼業化〉という事態が現われた。一九六一年の農業基本法の成立は、農村と農民を収奪しようとする資本の欲求を、立法で保証するものであった。資本の欲求を表現した当時の財界人の意見を要約すれば、①日米間の国際分業を基軸にして、国内農産物に代えて安価な外国農産物を輸入し、②日本農業の労働生産性の向上（省力化）のために、農業の近代化を推進し、伝統的な小農生産（小農複合経営）から近代的農業経営（大型単作農業経営）への転換を図る、というものであった。この企図の具体化が農業基本法に基づく、いわゆる「基本法農政」である。農業構造改善事業の名のもとに、基盤整備・基幹作物の選定・自立農家の育成等々が喧伝された。しかし農業構造改善事業はことごとく失敗に帰した。にもかかわらず、農業基本法を生み出した資本の意図は貫徹した。すなわち、高度経済成長の要求する非農業部門（第二次産業・第三次産業）の労働力を農業から大量に剝奪すること、安価な食糧の確保によって賃金水準を低位に維持すること、これである。一九八五年農業センサスによれば、一九六〇年以後の二五年間に、専業農家は三四%から一四%に減少し、食糧自給率もまた八〇%から四〇%以下に低下した。この基本法農政によって、日本は自国の農村と農民を犠牲

農業就業者数の推移（1960～90年，国勢調査）

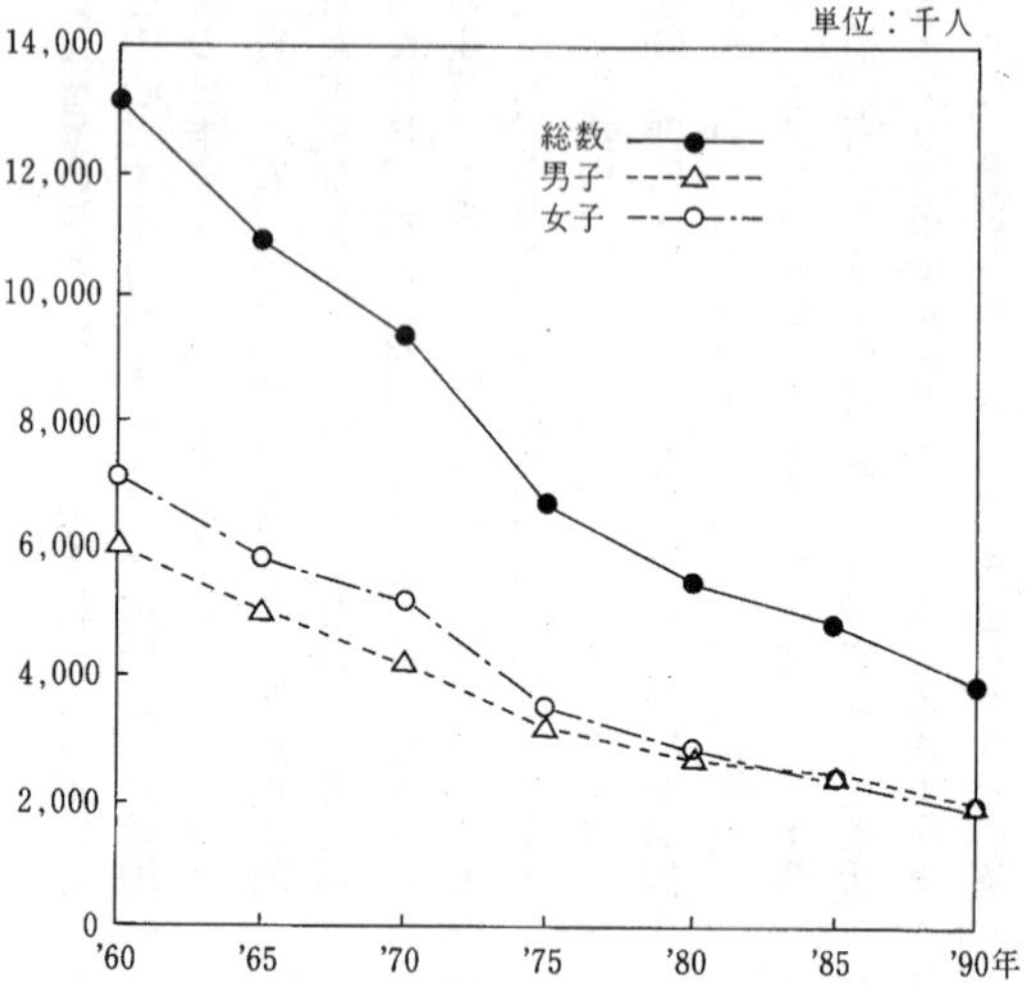

［注］(1)　1960年は『国勢調査集大成人口総覧』による修正値
(2)　1990年は１％抽出による概数

〔グラフ表〕農業就業者数の推移　（単位：人）

	1960年	1965年	1970年	1975年	1980年	1985年	1990年
農業就業者（総数）—●—	13,121,053	10,866,693	9,334,011	6,699,582	5,484,339	4,851,035	3,899,100
農業就業者（男子）--△--	6,012,219	5,011,565	4,149,082	3,214,665	2,707,591	2,482,423	2,028,700
農業就業者（女子）--○--	7,108,834	5,855,128	5,184,929	3,484,917	2,776,748	2,368,612	1,870,400

にして世界の経済大国に成長した。

日本経済の成長と国土の荒廃　長期的な観点から農業就業者数（国勢調査）の推移を眺めると、一九二〇〜三〇年には一、三七四〜一、三七五万人、四〇年には一、三三七万人である。このように戦前・戦中の二〇年間には農業就業者数におおきな変動がない。敗戦後の社会的事情（工業の解体による帰農者、外地からの引揚者・復員軍人、都市での食糧難・住宅難による戦中疎開者の農村残留等）によって、農業就業者数は一時一、六〇〇万人を越すが、五五年には一、五〇〇万人を割る。高度成長時代にはいると農業就業者数の激減が始まる（図参照）。国勢調査によると、高度経済成長の始まる一九六〇年から石油ショック後の七五年までの、高度成長期の一五年間に、農業就業者数は一、三一二万人から六六九万人へと約四九％の減少を示した。この急激な農業就業者数の減少傾向は、若年労働力の非農業部門への流出が基軸をなしている。そのため農業就業者の年齢構成はしだいに老齢化し、農村の過疎化が進行するとともに「三ちゃん農業」による農業の衰退が顕在化した。

農業就業者の減少と老齢化による労働力不足を補うために、省力化を図る労働節約的技術が採用され、機械・施設・科学肥料・農薬・その他の資材が導入された。それにもかかわらず、いや、それ故にこそ、農地利用度の低下・地力の低下・農地の荒廃を引き起こした。七〇年代後半以降の低成長期にも、農業就業者数の減少は徐々に進行している。農村と農民に対する資本の収奪は、農業を破壊すると同時に自然をも破壊する。

一九八〇年代の後半期になると、低成長期の不況も八六年一一月には底をつき、日本経済は「いざなぎ景気」（五七ヵ月継続）を上回る未曾有の景気拡大過程に突入した。実質経済成長率五％前後（年率）という絶好調景気のもとで、一九八八、八九、九〇年度と、三年間にわたって設備投資の伸び率は二ケタ台を持続し、労働力不足が極度に深刻化した。農業部門から労働力が徹底的に剝奪され、それでもなお不足する労働力は外国人労働者に依存するようになった。この間の国勢調査では、一九八五年から九〇年の五年間に、農業就業者数は四八五万人から三八九万人へと約二〇％弱の減少（男子一八％減、女子二一％減）を示した。同期間の農業センサスによれば、この五年間に専業農家数は六五万戸から五九万戸に減少（五％弱減）し、耕作放棄地は九万六千haから一五万haへと激増（三七％増）し、農業と農村の荒廃は歴然としてきた。日本の国土は、衰微する農業とともに疲弊し、荒廃してゆくのである。

（葉山禎作）

化学肥料

現在、人類が電子配置を知っている元素は九十八種。そしてそのうち、海中を含め、地上や地中に住む全生命の維持に絶対必要とされている元素、つまり必須元素と呼ばれているものは、二六種であり、植物だけに限定すると、一六種ということになる。これを元素記号で列記するとつぎのようになる。すなわち、O、H、C、N、P、S、K、Ca、Mg、Fe、Mn、Cu、Zn、Mo、B、Clの一六元素である。

ただし、これは現在の科学的知識で言っているので、将来、生命科学や分析技術が進むと、さらに増える可能性はある。しかし、生命を維持するのに、地上の元素のすべてがかかわっている訳ではない。

また、植物についてのこの必須元素も、先の三元素は、水と炭酸ガスで、Nは主として、土のなかに住む微生物によって、空気中の不活性な窒素ガスが活性なアンモニアや硝酸イオンに固定され使われている。

そして、残り一三元素は、土から植物が吸い上げる。しかし、植物が命を維持するために必要とする元素の割合と、土の中にある元素の割合とは何時も違っている。したがって植物は根を使って選び分けて吸収する。これを選択吸収という。しかし、これにも限界がある。その一つは、動物のようには動き回れないことである。したがって栄養的にこれが制限因子となり、生態系が出来る。

しかし、農業を化学的に理解した人間は、植物が特に多量必要とする元素、つまり、N、P、Kを植物が吸える形の無機化合物で与えればよいことに気づいた。現在、化学肥料と呼ばれているのは、主として、この三元素を、植物が吸収出来るような無機物の形に化学合成したり、化学処理したものであるが、近頃は植物の必須微量元素を含ませたものも出ている。しかし、堆肥や厩肥といった有機質肥料とは、本質的に違っており、乱用による環境破壊が問題化してきている。

（松尾嘉郎）

土壌の酸性化

蒸留水は、理論的には中性である。したがって海面や地表面から、太陽の輻射エネルギーによって蒸発し、上空で冷えて出来た雨水は、理論的には中性である。しかし、大気中には、微量つまり、約〇・〇三%の炭酸ガスが含まれており、さらに、活火山から吹き出す硫黄酸化物、SOxに加え、雷光により大気中の窒素ガスが酸化した窒素酸化物、NOxが常に含まれている。したがって、雨水は、人類がこの世に現われる以前から、常に弱酸性であった。それゆえ、現在問題になっている酸性雨は、局地的には、地球上で常に現われていたということである。それゆえ、雨量が多い地方は、宿命的にこの雨に洗われ、酸性化してきた。実際、熱帯雨林の土は太古から酸性であり、雨の少ない乾燥地帯は、鉱物の分解産物のアルカリ性のミネラルが表層に集積し、広くアルカリ土となって、分布してきた。

しかし、それにもかかわらず、何故、今、土の酸性化が問題になるのであろうか。それは、最近、人類がそれをますます加速しているからなのである。しかも、その主原因が人類による化学肥料の多量施肥と化石エネルギーの浪費によるところ大と言わざるをえない。

まず、第一の原因による酸性化は、化学肥料の施肥が始まると共に始まった。というのは、初期の化学肥料は、天然の塩化カリあるいは人工合成した硫酸アンモニウムであり、作物は選択的にカリやアンモニウムを吸収するが、残りの塩素イオンや硫酸イオンは残り、強酸性の塩酸や硫酸になるからである。さらに、化学肥料のなかのアンモニウムイオンは、通気の良い土の中では硝酸化成菌によって硝酸イオンとなり、酸性化する。しかし、これらは炭酸カルシウムや消石灰の散布で、ある程度、その酸性化を防止してきた。

しかし、これも限度があり、度重なる石灰の施肥は、マグネシウムや微量元素のミネラルバランスを破ることになり、また、別の問題がでてきた。

そこで、さらに熔成燐肥（燐鉱石と蛇紋岩を熔融してつくる）や製鉄産業の廃棄物であるスラッグの使用が考えられた。後者は化学的にケイ酸カルシウムを主成分としているが、それ以外にも有効成分を持っているので、これらを使う事で対応はある程度可能となった。

それゆえ、この点に関しては、完全ではないが、一応、我国のような先進、化学肥料多量施肥国では、応急処置はできている。しかし、このような処置を取らない、あるいは取りたくても経済的に取れない国、しかも雨の多い国では、この問題、つまり、化学肥料の多量施肥による土壌の酸性化は次第に深刻化している。一方、雨の少ない乾燥国、あるいは先進国を名乗るわが国でも、ビニールハウスのなかの土では乾燥化が起こり、逆に塩類集積が問題になってきている。

つぎの、酸性雨による土壌の酸性化の問題は、全地球規模で起こるので事態ははるかに深刻である。それは、いずれも化石エネルギーの浪費によって引き起こされている。先進国では、主として石油から出る NOx、中進国では石炭から出る SOx が大気に混じり、雨水を酸性化している。

この場合、被害が地上に現われる順序としては、化学的に緩衝能力のない湖沼に死が現われ、次いで、樹木が枯れ始めるが、落葉しない針葉樹の方にまず気づく。しかし、落葉樹の方は落ちていくために気づかないだけで、症状は出ている。一方、土の方は、緩衝能力が強いため、直ぐには出ない。じわじわとミネラルを失い、酸性化が進んでいく。ただしこれは現われる時は一挙に、かつ広範囲に荒廃させる。手遅れは許されない。酸性雨の監視と、早急な防止策が必要である。

（松尾嘉郎）

土壌悪化

私達人間にとって、田園の土はただ単に食料を生産してくれる場だけでなく、その土と風景は心身を安らげてくれる憩いの場所でもある。そしてまた、美しい山野の土と景観は、澄んだ空気、清い水を生み、地上や地中に生きるすべての命の母となっていた。しかし、最近、特にこの二、三十年、人間の飽くなき迄の物質追求欲と合理主義が、命の母とも言うべき土を悪化させ、荒廃化の途を進ませている。それ故、ここではその根底に潜む問題点を考えてみる。

したがって、ここでは土を、食料生産の場としての土、憩いの場、景観を支える土、原野や森林で地上の命を守っている場としての土、この三つに分け考えてみる。

最初の土は、いわゆる農耕地の土である。現在、先進国と呼ばれている国では、土地の農業生産性を高めるために、多量の化学肥料を使っている。しかし、これで生産性は高まったものの、結果的にエネルギーの浪費となり、土を酸性化したり、塩類集積を起こしたり、また片寄った微生物圏をつくって病害を発生させたりしている。そこでこれを防ぐために、多量の農薬を散布し、互いに係わりあって生きてきた多くの生き物の命を無差別に殺生している。その結果、土の生物活性を示す土の中の有機物含量はどんどん減ってきており、これが土を悪化させていく引金になっているのである。

では、土のなかの生物が減るということはどういう意味があるのだろうか。まず第一、変な奴が、土のなかに入り込んできた時、それを追っぱらってくれる善玉がいなくなっているということである。次は、これら土のなかの生物が創っていた食物連鎖、つまり、食ったり食われたりすることで保たれていた自然のなかの命の流れに乱れが起こり、予期できない方向に走り出す可能性がでたことである。

そして、この土の悪化は、今まで手を繋ぎ守ってきた土の団粒構造を破壊したり、土の養分供給力や保持力の低下を起こす。現在、北米で問題となっているエロージョンと呼ばれる大規模な土壌流亡の主原因は、この土の生物活性の低下に他ならない。

アメリカは現在、一トンのトウモロコシを輸出するたびに、土壌の悪化で、貴重な表土二トンを流亡させている。そして、この土を造るために、他方で、膨大なエネルギーを浪費しているのである。

次は、景観を守ってきた土の悪化の問題である。現在、わが国はリゾートブームの波に乗り、各地で原生林の乱伐が起こっている。例えば、ブナの原生林は、一度伐採されるともう二度と蘇らない。ここでは、縄文時代から私達の先祖が橅（掬い集める実の稔る木という意味の国字、ブナ）の実を採り生活した場である。春の新緑、夏の木陰、秋の落実と落葉は、大気の浄化、大雨の抱き込み、そしてそこに住むリスやミミズやトビムシなどによる安定した生態系をつくり、よく肥え、ふんわりとした土を造り、水を貯えて浄化し、山が麓を災害から守ってきたのである。開発で、たとえ見た目に美しく整地されても、かつての生きた土は、間違いなく退化し、悪化してゆく。環境倫理の立場から、一考の急がれる土がここにある。

そして、最後は、乱伐採、乱開発で次々と地上から消滅していく熱帯雨林の土である。ここでは、土はもはや悪化を越え、壊滅的打撃を受けている。地上では大規模な生態系の破壊、多くの生物の種の絶滅を起こし、地中では土の劣化、つまり保水力や保肥力の低下、通気性の消失が進み、地上以上に土の中の生態系が打撃を受けている。そしてそれは、酸素の供給、雨水の保持、気温の緩和の機能を失い、地球環境の悪化だけでなく、人間の心の荒廃に向かっても走り始めている。

（松尾嘉郎）

地力低下

今から約四億年前、海のなかで進化した命が、地上に上陸して以来、地上と地中の命を支えながら、自らも絶えず変化している地殻の生成物を、土、あるいは土壌と呼んでいる。

したがって、土の歴史は、地球の歴史四六億年から見ると、ほんの最後の一〇分の一にも満たない短いものである。しかし、この間、土は地上の命の循環の要《かなめ》として、地上の生命を進化させつつ、自らも生成と消滅を繰り返してきた。この地上の命の成長や進化を支えてきた土の潜在能力を、地力という。内的要因としては地殻あるいは堆積母材の地形や理化学組成、外的要因としては気温、雨量、年間に受ける太陽の純放射エネルギー量などによって生物活性を支えるこの力が決まる。

この観点に立って地力を考えると、地上の生態系と共に生きている土については、地力の低下は、たとえあったとしても考える必要がなかった。問題は、約五万年前、地上に現われたホモ・サピエンス（新人）が、約一万年前に土を耕すことを覚え、数千年前からの略奪農業に入ってからのことである。それは、地上の生態系つまり自然の命の循環系を無視し、土の持つ潜在能力を無視することから起こった土の疲労とも言える。

したがって、土が示すその慢性的疲労症状としては、塩類集積、保肥力の低下、透水性や保水性の低下となり、土を要に巡る命の活力の低下となって現われてくる。そして、現実の問題としては、農業生産力の低下、さらに進むと壊滅という形となって幕を閉じる。

幸い、わが国は、古来、水田稲作を主とした有機農業を行ってきた結果、地力の低下を食い止めてきたが、現在、危機に瀕している。一方、滅び去った古代文明、すなわち、エジプト文明、シュメール文明、ギリシャ文明、ローマ文明など、これら文明の滅亡の影に、畑作による地力の低下、そして土の荒廃があったことは、歴史が証明している。

（松尾嘉郎）

農耕地喪失

人類はわずか二〇センチメートル足らずの厚さの耕土を反復利用することで、その生命と文明を育んできた。いま、このかけがえのない人類共通の財産というべき耕土が非常な勢いで荒廃し、喪失されつつある。農耕地としてみた世界の土壌資源の地域分布を土壌の性質ごとでみると、地球全体では、何ら問題がなく作物の生産ができる優良農地はわずか一一％にすぎない。その他の土壌は過乾であったり、排水不良の湿地土壌であったり、耕土不足であったり、塩類土壌であったり、永久の凍土であったりして、そのままでは農耕地としては使用不可能な問題土壌である。しかも、優良農地の地球上での分布は均一でなく、地域にかなりの差がみられる。優良農地の分布割合がもっとも大きい地域はヨーロッパで、三六％であるのに対し、優良農地の少ない地域は北部・中央アジア、東南アジア、アフリカである。このように地域差がみられる優良農地の分布に人口密度の分布を重ね合わせてみると、優良農地の分布割合が高いヨーロッパや北米では人口密度は必ずしも高いとはいえず、むしろ優良農地の少ない東南アジア、アフリカに人口圧が高いことが認められる。したがって、東南アジアやアフリカでは増大しつづける人口圧に対応するため、農耕地を酷使する結果、土壌侵食、土壌塩類化、土壌固化が頻発し、少ない農地がさらに喪失されて行く。一方、優良農地に恵まれたヨーロッパ・北米でも農耕地の喪失は深刻である。優良農地は元来、水利・交通・地形的に有利な場所に立地しているが、これはまた都市の成立、拡大を助長する立地条件でもある。既存の耕地が宅地化され、道路、鉄道建設用地に転用された結果、その減少率は一九七〇年代の日本で実に七％、西欧諸国でも四・五％にも及んだ。アメリカでの年間農地減少面積は一九八二年でみると、一万二千平方饒であり、これは遠くはなれた開発途上国の数百万人の人に飢えを強いていることにつながるといわれている。また、農耕地が各種の重金属、有害物質などにより、土壌汚染されて使用不可能となる場合も頻発している。チェルノブイリの原子力発電所の事故による放射能の土壌汚染はそのなかでももっとも深刻な問題である。

（松本　聰）

砂漠化

定義　一九七七年、国連環境計画（UNEP）の主催により、ナイロビで開催された国連砂漠化防止会議（UNCOD）のタイトルに使用され、今日一般に広く用いられるようになっている「砂漠化」は、この会議では次のように定義されている。「砂漠化とは、土地のもつ生物生産力の減退ないし破壊であり、終局的には砂漠のような状態をもたらす」。このような具体例として、「放牧地で牧草の生産が不可能となり、乾燥地農業（ドライファーミング）が失敗し、灌漑農地が塩性化や湿性化などの土壌劣悪化現象のため放棄される」（Biswas, 1978）ような現象があげられる。したがって、砂漠化による土地の荒廃の自然的プロセスは次のような現象が含まれることになる。すなわち、植被の貧弱化と減少に伴う生物生産力の初期の損失が起こり、次いで風と水による土壌侵食が加速度的に進行する。土壌侵食が進むと土壌有機物と栄養塩類の含有量が減少し、土壌クラスト（皮殻）の形成と固結化による土壌構造、水文的物性の劣悪化が起こり、結果的に土地生産性が一層低下するというものである。また、土壌中への塩類やアルカリ類その他動植物に有害な物質の集積が起こる。このように、砂漠化は乾燥地、半乾燥地を主たる対象地域とはしているが、半湿潤地域までを含んだ広範な気候地域での人間活動を主原因とする土地の不可逆的不毛地化現象を言い表わす言葉として包括的な概念で定義されている。

その原因　砂漠化の原因を自然条件に求めるか、人為的条件に重きをおくかは、砂漠化現象に対する認識の仕方により、さらには対象とする時代や地域によって砂漠化の進行状態が異なっているため、これを一律に述べることはできない。しかし、今日の危機的な砂漠化の実態を見る限りでは、これら二つの条件が複合し、しかも両者の相乗作用で加速的に進行するものと考えられる。一般的な降水量や温度などの自然条件に恵まれている地域の砂漠化は人為的な要因がもっぱら主導的な役割を演じているのに対し、自然条件が厳しく、生物基盤の脆弱な乾燥地では旱魃などの自然条件が砂漠化の引き金になることが多い。ここでは便宜上、気候的要因と人為的要因とに分けて砂漠化の原因を見ることにするが、砂漠化の対象地域をもっともその進行度の著しい半乾燥地に限定して概観する。

(1)　気候的要因。気候学的にいうと乾燥地とは「可能蒸発散量が降水量を上回る地域」として取り扱われる。ここで、可能蒸発散量は緑草地に水が十分供給された時の蒸発散量を意味している。この定義にしたがって地表面での水の動きを考えてみると、乾燥地、半乾燥地では、可能蒸発散量が大きいため、土中の水の動きは湿潤地域のそれと異なり、土中の下方から上方への方向になっている。そのため、土壌水に溶解する塩分があると、塩分は土壌表面に集積するようになる。

乾燥地における降水量の特徴はその絶対量が極端に少ないということだけではなく、年による変動が著しく大きいことである。既存の砂漠の多くは降水量が少ないことで生じたもので、その拡大の変化は雨の降り方で大きく規制されてきた。砂漠をとりまく緑の前線は降雨によって前進し、旱魃で後退するが、旱魃の影響が少なく、生態系の有する復元力を超えない限り、旱魃の解消で、やがては元の緑に戻る。ところが、近年、大気の大循環、とくに水蒸気循環の変動に伴って、低緯度地帯を中心に降水量の大幅な変動が目立つようになり、各地に長期の旱魃が頻発している。同時に大雨も多発しており、植生や土地基盤の脆弱な乾燥地では大きな土壌侵食が起こり、砂漠化を一段と進めている。

(2)　人為的要因。第二次大戦後の爆発的な世界人口の増加は、元来土地生産力の高くない乾燥地、半乾燥地でも例外でなく、世界の乾燥地、半乾燥地域には一九八五年現在、約五億三千万人の人々が生活している。人為的要因で砂漠化が進行する根底にはいっこうに低下しない人口圧があって、農業の生産の場を通してさまざまな形の無理な土地利用が展開されている。農業の場からみた砂漠化の直接的な原因としては家畜の過放牧、薪炭のための伐木、不合理な灌漑による塩類集積などである。

家畜による採食行動が植物の生長限界を越えるいわゆる過放牧は植生の破壊をもたらし、土地の裸地化を促し、水食や風食の大きな原因となる。降雨に恵まれて植生が豊富になると家畜の頭数も急激に増加するが、その後に旱魃が発生し、植生に見合う頭数の調整が行なわれない場合、過放牧による砂漠化が著しく進む。放牧は大面積の土地を必要とするため、砂漠化の原因別面積割合のなかで、過放牧によるものが最大である。

ドライファーミングは土地の生産力を回復させるために、通常一〜二年の休耕期間が必要で、その間に水分を土壌中に貯留する。旱魃や食糧確保のために休耕期間を短縮すると、水分不足のため耕作を途中で放棄せざるをえず、激しい風食を招くことになる。

灌漑農業は生産量の割合が他の農法に比べて高く、しかも安定しているので、今後さらに開発が進行する。しかし、不合理な水管理や土壌管理で水資源の枯渇と同時に土壌の塩類化を招き、さらに地下水の二次的塩類化を起こして、

百メートルに渡って道路もろとも崩落していった。(長野県王滝村)

太古からの原生林を切り開いて急造の道路は台風でズタズタ林道となった。(南アルプススーパー林道ー山梨県側)

白い牙をむいたように崩落をつづける南アスーパー林道（長野県側）

八郎潟を干拓し大規模モデル農村を目指した秋田県大潟村

珍魚ムツゴロウの跳躍（長崎県諫早湾）

日本最大の泥質干潟。ムツゴロウはじめ百種をこす生物が生息し、渡り鳥の楽園でもある長崎県諫早湾。ここが埋立てられるのである。

ブナ原生林を守る運動をつづける鎌田孝一さん（秋田県藤里町）

霧に覆われたブナ原生林（白神山地）

深刻な塩類による砂漠化を進行させることもある。

砂漠化の地域と面積　一九七七年のＵＮＣＯＤでは、世界各地の乾燥地域の周辺で毎年六万平方㌔（九州と四国とを合わせた面積にほぼ等しい）の土地が砂漠化により失なわれていると報告した。その時の会議資料に提出された「世界の砂漠化地図」（図１）を示す。この図によると世界のすべての乾燥・半乾燥地域ならびに半湿潤地域で、程度の差こそあれ、砂漠化が進行、またはその危険性のあることが示され、この砂漠化地図が発表されて以来、今日に至るまでその勢いは少しも劣えを見せていない。この地図によると、乾燥地域の一二・三％、半乾燥地の一一・一％、半湿潤地域の二・九％が中程度以上の砂漠化の危険にさらされている。これまでに砂漠化した土地の合計面積は三、四七五万平方㌔にのぼり、これは乾燥地における全生産地域面積（四、五〇〇万平方㌔）の実に七五％を占めており、深刻な砂漠化による農村被災人口は一九八三年現在一億三五〇〇万人に達している。

砂漠化の進行状況と将来予測　前述のように一九七七年以降も世界の各地で砂漠化が進行しているが、なかでも発展途上国ではあらゆる土地利用部門で依然として顕著な砂漠化が続いており、とくに放牧地と熱帯地域の降雨依存農地の加速的な荒廃が注目される（表１）。一方、温帯乾燥地域の先進国における砂漠化はＵＮＥＰの報告によると、比較的停滞しているとされている。

図１　世界の砂漠化地図（FAO／UNESOC／WMO, 1977 を簡略化）
砂漠化の危険度：1 現存の砂漠　2 非常に高い　3 高い　4 中程度

地域	放牧地	降雨依存農地	灌漑農地	森林疎開林	地下水資源
スーダン・サヘル地域	↗↘	⇘	↗↘	⇘	↘
南部アフリカ	⇘	⇘	↗↘	⇘	→
地中海アフリカ	↘	↘	↗↘	↘	↘
西アジア	↘	↘	↗↘	↘	↗↘
南アジア	↗↘	⇘	↗↘	⇘	→
ソ連アジア	↗↘	↗↘	↗↘	↗	—
中国・蒙古	↗↘	↗↘	↗↘	↘	—
オーストラリア	→	→	↗↘	→	→
地中海ヨーロッパ	↗↘	↗↘	↗↘	↗	→
南アメリカ	↗↘	↗↘	↗↘	⇘	↘
メキシコ	→	⇘	↗↘	⇘	↘
北アメリカ	↗↘	↗↘	↗↘	↗	↘

⇘ 砂漠化加速　→ 砂漠化状態不変
↘ 砂漠化持続　↗ 改善

表 1　砂漠化の傾向（1977～1984）（UNEP，1984）

世界の乾燥地域では、今後さらに人口圧が増大するので、適切な防止対策が講じられなければ、次のような形で砂漠化が進行するとUNEPは警告している。

①放牧地では、現在と同じ傾向で砂漠化が続くであろう。②降雨依存農地の砂漠化は今後一五年間にいっそう加速されるであろう。③灌漑農地の砂漠化状態は全体的に現状維持の傾向にあると思われるが、排水その他の対策が講じられることにより、多少の改善が見込まれる。

今後とも砂漠化の危険度がもっとも大きいと予測される地域は、サハラ砂漠南縁のアフリカ、南米のアンデス地方、南アジアのネパールなどの熱帯地域の降雨依存農地である。

（松本　聰）

森林喪失

これまで人類は、主として建築材と燃材を生産供給するものとして森林を利用してきた。いま、世界の注目の的となっている森林喪失の問題について、いわゆる先進国と発展途上国を分けて考える必要がある。

日本の場合、その全森林面積に較べれば、森林喪失率は決して大きくない、否、途上国に較べれば圧倒的に小さい。それは、食糧増産のために森林が農耕地に転用されることがなくなり、また、燃料や建築材のために森林が過度の伐採をうけることがないからである。ただ、都市に近い森林がリゾート用地などに転用される。

自動車や電子機器などの輸出により、日本は多額の外貨を得る。それによって、化石燃料やウラニウムを購入し、森林が固定する有機物をエネルギー源として使用することは、まったくなくなってしまった。

建築材の生産も外国材と競争能力をもちにくい。人件費や銀行利子は、もっとも生産性の高い産業の利益率によって決定されるから、日本の林業は産業としての投資の対象にはなりえず、また森林保育のための人件費を確保することができない。

しかし、国土保全、もっとも直接的にはエロージョン（土壌侵食）防止のためにも、森林は維持管理されなければならない。目先の収益性にこだわることなく、国家百年いや五百年、千年の計を立て森林を造成すべきである。現在使われている国産材の多くは、一部の大名や富豪によって江戸時代に植林されたものである。

発展途上国、とくに熱帯域の森林喪失、砂漠化の地球環境に及ぼす影響が憂慮されている。成熟した森林は、炭素や窒素などのやりとりにおいて、外部環境とほぼ平衡に達しており、炭酸ガスを固定する能力はもたないが、森林樹木と土壌に固定された有機物は森林喪失とともに炭酸ガスとして大気に還える。したがって、伐採利用後、森林はふたたび森林として更新されることが望ましい。森林生産物は、鉱物資源とことなり、再生可能である。

森林喪失の究極的な原因は、爆発的な人口の増加にある。人口の増加は食糧とエネルギーと貨幣の増産を必要とする。食糧増産のためには、農耕地の開発・拡大が必要であり、それは森林の縮小、喪失をもたらす。縮小した森林から、燃料、建築材、家畜の飼料が収穫され、極端な収穫は森林の疲弊をもたらす。伐採された熱帯林は、決して再生能力をもたないわけではない。現実には、伐採後に再生する草・木本類の過放牧による収奪、乾季におこる火災、雨季の侵食による養分に富んだ表層土壌の喪失などの繰り返しが、森林土壌のもつ養分物質を枯渇させ、森林が回復できなくなり、いわゆる砂漠化がもたらされることとなる。

森林の喪失を防ぎ、地球環境を維持するためには、大局的な立場と局地的立場から、人類は対応する必要がある。大局的な立場とは、増加中の地球人口が将来、平衡に達する時点での人口に、すくなくとも現在、日本などで使用されている一人当りのエネルギー量をかけた量が確保し得るかどうかである。局地的には、能率的、効果的な地球資源の利用法の開発である。先進国では、省資源・省エネルギーのための努力であり、発展途上国では、有効な土地利用を伴う産業の発展であろう。

（岩坪五郎）

PCB汚染

「現代が未来の子供たちにおくる三つの贈り物は放射性物質による汚染、毒性化学物質による汚染、荒廃し破壊しつくされた自然環境である。」

一九八八年の夏から冬にかけて、北海にすむアザラシが二万頭近くも死亡した。腐乱した死体が沿岸に打ち上げられたり、半死半生の状態でたどりついたりした。死亡の原因は伝染性のウィルスによると見られているが、死亡したアザラシの体内からは高濃度のPCBやDDTなどが検出された。

PCBは絶縁油や熱媒体として広く使われ、世界で約一二〇万トン、日本ではおよそ六万トン（大半は鐘淵化学高砂工場で）生産された。しかし、スウェーデンのイエンセンによる環境汚染の発見、世界的に有名になったカネミ油症（〇・五gで発病）など、危険性が明らかになり、現在ではすでに生産が行われていない。

自然界にはまったく存在しない化合物であり、化学的に非常に安定し、通常の温度では熱分解や酸化を受けにくい。また、有機塩素結合は生物に毒性を有しているために、生物的な分解も起こりにくい。そのため、機器類の小型化、高電圧化、高速化を支える機械油・絶縁油や、熱交換機の媒体としてもてはやされた。

これらの「すぐれた」特性がそのまま現在のPCB問題となっている。工場排水や廃棄物から環境に放出されたPCBはほとんど分解されることなく、環境をぐるぐると回りながら最後は海洋の生物に濃縮されてゆく。すでに、世界の海に二三万トンものPCBが排出されているとの推定もある。一部は燃料油などに混ぜて焼却処分されているが、さらに毒性の強いダイオキシン類を発生するので、新たな問題を引き起こしている。

最近、有機塩素化合物の毒性をダイオキシン毒性換算濃度で表わすことが行われるようになっている（TCDD毒性当量）が、ある研究者は、平均的な日本人は一生の間にカネミ油症患者と同じ毒性当量を持つPCBを体内に取り入れると述べている。

経済性のみを追求するなかでつくりだされた一二〇万トンのPCBは子供たちの未来に何をもたらすであろうか。

（冨田重行）

ダイオキシン

「史上最強の毒物」などと言われているダイオキシンがみなの関心を引くようになったのは、次の三つの事件からであった。

(1) ベトナム戦争で使われた「枯葉剤」に不純物として含まれていたダイオキシンによって、多くの奇形児が生まれたことが報告された一九七〇年。

(2) 日本で最もおおく使われていた水田除草剤CNP剤（商品名：MO粒剤、サターンM粒剤、オードラムM粒剤など）のなかに、不純物としてダイオキシンが含まれていたことが暴露された一九八二年。

(3) ゴミ焼却場では普段にダイオキシンが生成され、灰のなかや、大気中に含まれていることが発表された一九八三年。

(1)の問題は、来日したベトナムの二重体児「ベトちゃん」「ドクちゃん」によって、ダイオキシン汚染が具体的なものとして私たちの目に焼きついた。しかし、二人は氷山の一角にすぎないのである。ベトナムではアメリカ軍の「枯葉作戦」が続いた一〇年間に、実に二〇〇万人もの国民がダイオキシンを浴びた。妊娠しても流産、早産、死産が急激に増加し、生まれてきた子供は多くの奇形を背負っていた。しかし、ベトナム反戦運動でもこのダイオキシンによる被害は必ずしも多くの人の関心を引き付けたわけではない。それはアメリカ政府が因果関係を否定し続けたからである。しかしアメリカ本国の科学者の運動がダイオキシンの恐るべき毒性を明らかにしていった。この時散布さ

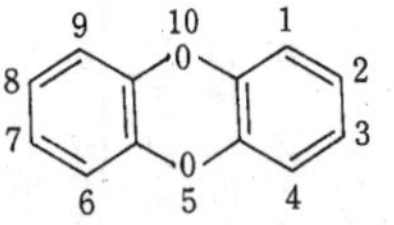

図１　ダイオキシンの塩素の位置図

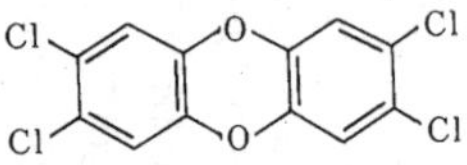

図２　２・３・７・８―四塩化ダイオキシン
（図１の1、3、7、8の位置に４つの塩素がついている）

れた「枯葉剤」二、四、五―Ｔに含まれていたダイオキシンは最も毒性の強い二、三、七、八―四塩化ダイオキシンであった。

(2)の問題は、日本中の農村を震撼させた。たしかにその後ＣＮＰの使用は減ったが、今では何もなかったかのように、まだ少なからぬＣＮＰ剤が使われている。それを使っている農家には、いまだにダイオキシンの毒性などまったくといっていいほど説明はされていない。例によって農水省の「登録された農薬は安全だ」という説明で幕が引かれた。ただ農協のなかには福岡市農協のように、①土壌に残留する。②水系を汚染する。③魚介類に残留する。④毒性の強いダイオキシンを含む、という理由を農家に明示して、一九八三年よりＣＮＰの使用をやめたところもある。そのため、福岡市の河川からは、他市町村の河川水が数百ｐｐｔの濃度で汚染されているときでも、ＣＮＰは検出されていない。

ＣＮＰ以外の農薬にもダイオキシンは含まれているが、農水省は公表しようとはしない。その後、各地の河川や湾内の水棲生物にダイオキシンが蓄積されていることがわかり、さらに鶏肉、卵、豚肉の汚染も明らかになり、日本人の人体脂肪、母乳からも検出されるに至り、事態は深刻さを増している。ダイオキシンは、他の有機塩素剤のように、自然界で分解しにくく、半減期は一年とも言われているが、自然界ではもっと長く残留する。

(3)の問題はもっともやっかいな問題である。私たちのまわりには多くの塩素化合物がある。これを他のゴミと一緒に燃やす時に容易にダイオキシンが生じる。この過程はまだ十分に解明されていない。便利さ、手軽さ、効率が良いことを求めるあまり、安易に化学物質を用い過ぎたつけが、こんな形でしっぺ返しとして、私たちを脅かすほどになってしまった。最近でも、製紙工場の漂白に使われる塩素が原因と思われるダイオキシンによる魚の汚染が話題になっている。

ところで、この三つの事例に共通する奇妙な現象がある。それはいずれも、ダイオキシンの毒性が住民には隠され続けてきたということである。枯葉作戦はあくまで人間には被害を及ぼさないという説明で始められたし、生殖異常が生じたあとでもすぐには認めようとはしなかった。にもかかわらず米国のメーカーは一九六五年にはダイオキシンの毒性を知っていたそうである。

CNPへのダイオキシン含有にしても、使用する農家にはまったく知らされていなかったし、どういう種類のダイオキシンが含まれ、それらはどういう毒性があるのか、説明は全くない。

毒物は一切排出されないという説明で、各地の新しいゴミ焼却場は建設されてきたはずである。ところがダイオキシンが排出されていることが暴露されると、十分な調査もしないまま、「微量だから心配ない」というコメントで済ませようとしている。

これでは、人類が共通の課題として、英知を傾けてダイオキシン汚染から抜け出そうとする合意ができるはずがない。こうして身近な課題、さし迫った課題でありながら、いまだにほとんどの人が、ダイオキシンを自分の問題としてとらえていないのである。

ダイオキシンには七五の異性体があり、特に2・3・7・8の位置に塩素原子が四個ついた「二、三、七、八―四塩化ダイオキシン」がベトナムで胎児の奇形の原因になった物質である。青酸カリはたったの〇・一五gで人間を殺すそうであるが、この二、三、七、八―ダイオキシンはその三〇〇分の一の量で人が死ぬと言われている。

またこのダイオキシンの催奇形性は、サリドマイドの二〇〇倍とも一〇万倍とも言われている。他にもダイオキシンには、発癌性、生殖障害、免疫毒性などがあり、その毒性の全容はまだはっきりしない。とりあえず、欧米では人間に対するADIは一～一〇pg/kg 体重なのに、日本では厚生省が一〇〇pg/kg と甘い「目安」しか示していない。

ダイオキシンを生じるような生活様式・経済構造を改めることが急務である。つまり、現代文明は根本的に改めなければならないということをダイオキシン問題は教えてくれている。

さて、ゴミは減らせるだろうか。農薬は減らせるだろうか。化学物質に頼らない暮らしはできるだろうか。ＧＮＰを下げても、つつましく暮らし、自給を増やすことで、本当に安全で幸せな暮らしを少しずつ取り戻したいものである。

（宇根　豊）

アスベスト

アスベスト（石綿）とは繊維状でほぐれやすい珪酸塩鉱物のうち、いくつかの鉱物種の集合をさす工業的名称である。一般に、蛇紋石族のクリソタイル（温石綿）と、角閃石族のクロシドライト（青石綿）、アモサイト（茶石綿）、トレモライト（透角閃石綿）、アクチノライト（陽起石綿）、アンソフィライト（直閃石綿）に分けられる。このうち、工業界に使われてきたアスベストは、クリソタイルが最も多く、次いで、アモサイト、クロシドライトの順である。

わが国では、良質のアスベスト鉱山はなく、北海道で短繊維のクリソタイルが産出されているのみであるが、第二次大戦前後より、軍艦等に用いる断熱材を確保するために、全国各地でアスベスト鉱山が開発され、五〇余の鉱山で終戦直前には八〇〇〇トンも産出していた。

アスベストの使用の歴史は古く、紀元前四〇〇〇年、フィンランド地方でアスベストを混ぜて陶器を作っていたという。また、古代エジプトの王ファラオの遺体を包むのにアスベスト布が使用されていた。アスベストは高い抗張力、柔軟性、耐火・断熱・保温性、吸音・吸湿性、電気絶縁性を有し、かつ化学的安定性に富む特性がある。最近までアスベストの使われてきた産業・職場はかなり広範囲に及ぶ。例えば、石綿糸を電線に巻き付けて絶縁用にするなど各種電気製品に、ボイラー、発電所、船舶、化学工場などの配管や補助施設などの保温・断熱用として、また、石綿布にゴムを塗布加工したものは、各種ジョイント用ガスケットなどに使われてきた。さらに、日本酒やワインの精製のためのフィルターや、苛性ソーダ・塩素・水素・酸素等製造時の電解曹隔膜などにも使用されていた。また、薄さ一㎜のアスベスト布にアルミ箔を蒸着した消防服、高温作業衣・耐熱服として、製鉄・金属・硝子工場、化学工場などにも常用されていた。つい最近までは歯科でも歯周観血処置に用いる歯肉包填剤にアスベストが混入していた。また、ベビーパウダー中にも不純物として含まれていたことも記憶に新しい。現在最も多く使われている分野は建材で、次いで自動車のブレーキライニング等に使われる摩擦材である。

アスベストを吸入することによって生じる疾患としては、石綿肺、胸膜（肺臓器を覆う膜）疾患、肺癌、中皮腫がある。

石綿肺は大量にアスベストを肺内に吸い込むことにより、

肺の組織に繊維化が起こり、酸素・炭酸ガスの交換が悪くなり、呼吸困難で死亡する予後の良くない病気である。胸膜疾患には、結核などの場合と同様、胸に水がたまり、治癒後、胸膜がびまん性に肥厚し、呼吸機能に障害がでてくる場合と、胸膜の一部が部厚くなる胸膜プラーク（肥厚斑）がある。後者の場合は過去二〇～三〇年にアスベストを吸った証拠となるが、前者と異なり、肺の呼吸障害はもたらさない。タバコを吸う人で、アスベストも吸入すると肺癌のリスクは相乗的に高くなることが知られている。中皮腫とは、肺や腹部臓器を覆う漿膜にできる悪性腫瘍で、スティーブ・マックイーンが、この病気で死亡したことで有名になった。彼もアスベストによる犠牲者として知られている。肺癌や中皮腫は、現在の医療レベルでは治癒困難であり、いずれもアスベスト吸入後、二〇～五〇年後に発生することから、かつて「魔法の鉱物」と呼ばれていたアスベストは、最近では、「時限爆弾」として恐れられるようになった。

　アスベストは工場から家庭にいたるまで広範囲に使用されてきたため、吸入する機会も極めて多い。アスベストによる疾病を予防する基本は、なによりもアスベストを飛散させないことであり、近年、話題となった吹付けアスベストの場合のような、いたずらな撤去は慎むべきである。アスベストの輸入から、使用、廃棄にいたるまでの全ての局面でのアスベスト監視体制の早急な確立が望まれる。

（森永謙二）

浮遊粒子状物質

浮遊粒子状物質とは、大気中に浮遊する粒子状物質のうち、粒径が一〇ミクロン以下のものをいう。人の呼吸により体内に取り込まれた粒子の大部分は、鼻やのどで沈着、排出される。しかし、粒径が一〇ミクロン以下になると、気管支や肺の深部まで達する。もともと粒子状物質はそれ自体有害とされているが、長期間肺胞を刺激したり、肺胞から粒子中の発癌物質などが体内に取り込まれ、種々の健康障害を引き起こす原因となる。

　浮遊粒子状物質は、発生源から直接大気中に分散放出した一次粒子と、ガス状物質として排出され、光化学反応などにより大気中で粒子に転換した二次粒子に分けられる。粒径が二ミクロン以上の粗大粒子は、主に土壌、海塩粒子、火山灰、花粉など自然起源のものであり、二ミクロン以下の微小粒子は主に燃焼によって生ずる一次粒子と二酸化硫黄、窒素酸化物や炭化水素からの二次粒子からなる人工起源のものである。都市域では、その大部分は工場や自動車による化石燃料の燃焼によって生ずる人工起源の粒子であり、多くの発癌性あるいは変異原性のある物質、すなわち重金属

(Cr, Ni, As, Cd)、鉱物質（アスベスト）、多環芳香族炭化水素（ベンツ(a)ピレン、ニトロアーレン）などを含む。

日本では昭和四八年より環境基準が定められているが、その達成率は低い状態にある。浮遊粒子状物質は発癌物質を含むなど、将来、ヒトの健康上の大問題に発展する可能性もあり、早急に対処しなければならない。

大気中のみならず、室内でも高濃度の粒子状物質に曝露される可能性がある。気密性の高い室内で喫煙すると、有害な粒子状物質（ベンツ(a)ピレン、ニコチンなど）の濃度が著しく上昇する。喫煙者のいる室内の粒子状物質濃度は、外気の三～一二倍となることがある。したがってレストラン、バーや公共施設内での喫煙は粒子状物質濃度を異常に上昇させることがあるので注意を要する。　（安達元明）

地すべり

山地や丘陵の比較的緩い斜面を形成する地塊の一部が、内部摩擦力の低い部分を境として徐々に下方に移動する現象をいう。多くの場合、軟かい粘土をすべり面としており、移動速度は、一般に一日〇・〇一～一〇㌢程度のごく遅いものであるが、ときに一時間四～五㌢、あるいは、それ以上の速さを示して、大災害を引き起こすに至ることもある。

地すべりは、緩斜面に発生するものが多いこと、地塊の移動速度が一般に遅いこと、それに、移動地塊があまり乱されずに原形を保っているものが多いことなどの諸点で、山崩れや山津波と区別される。しかし、地すべりのなかにも、地塊の移動の最後の段階で、山崩れや山津波のように急激に滑落するものがある。

地すべりには、第三紀層地すべり、破砕帯地すべりおよび温泉地すべりなどの種類があり、それぞれ、特定の地質や地質構造に関係して、地域的に集中して発生する傾向をもっている。そこで、地すべりによる大規模な災害が発生しやすい場所は、地すべり等防止法に基づいて地すべり指定地域になっている。

地すべりには、多くの場合、周期性と継続性とがあり、過去に地すべりを起こした場所は、今後も繰り返して活動する可能性が大きい。

地すべりは、これまで、純粋の自然現象と見られていたが、近年では、乱開発による地山の性質の弱体化によって、従来はほとんど、あるいは、全く発生していなかった場所に新しく発生するに至ったという事例が各地で知られている。また、ダムの建設によって貯水池の周辺地域の地下水位が上昇したため、地滑り多発地帯になったという例も多い。

地すべりは、長雨や融雪による地下水位の急激な上昇が誘因となって発生するものが多いが、誘因の不明なものもある。また乱開発が原因となって新しく地滑り地帯となった場所については、素因をどうとらえるかの問題がまだ十分に解明されていないことも多い。
（生越　忠）

自然改造

もともと自然との関わりなしに人間の生活は考えられないが、その関わりの長い歴史のなかでも、自然を治める神々を恐れ崇め、雨乞いや生け贄の儀式で恵みを得ようと乞い願っていた伝統を破り、合理的な自然の理解によって自然の利用、改造へと果敢に挑戦する近代的な潮流が現出したことはやはり重大な事件であった。しかし、自然の利用や改造が行き過ぎた結果、今日では自然破壊が深刻な問題になり、自然保護の必要が説かれている。

自然改造は自然利用のなかの、とくにより積極的な局面と考えられるが、それは農耕、都市、文字などで特徴づけられる文明の段階にいたり、文明以前の段階とは大きな違いを生じ、さらに、文明以後の段階でも、近代以前から近代への移行につれ、いっそう大きく目覚ましい変化が生じた。つまり、開墾、さらに道路、橋の建設や灌漑、護岸、干拓などの土木工事などはささやかなものから巨大なものまで、さまざまな規模で遠い昔からなされていたが、思想的な変革と共に大規模な自然改造が格段に活発になされるようになったのは、やはり近代以降のことで、とくにその点で一八六九年開通のスエズ運河、一八八一年着工のパナマ運河の開鑿はその象徴ともいえる事業である。

自然改造は過酷な自然条件を克服する人間の英知と意志の強さを証明するかに考えられ、二〇世紀前半でその頂点を示すものとして、アメリカでは一九三三年に議会で法案が可決されて一九四〇年代にかけ遂行されたＴＶＡ（Tennessee Valley Authority, テネシー河流域開発公社）による自然開発、共産圏では一九二八年から第一次が開始され一九六〇年代後半の第六次まで続けられた五ヶ年計画を遂行したソ連による国家的な大自然改造計画が挙げられよう。

自然改造の推進は第二次世界大戦をへて今世紀後半にかけても活発であった。しかし、それらの活動の基盤をなすエネルギー源に関して、原子力については軍事利用はもちろん平和利用にもスリーマイルやチェルノブイリでの事故などで危機感が高まる一方、化石燃料の利用についても資源の枯渇や大気汚染をもたらすことが明らかになるにつれ、自然の改造という自然支配の思想への反省が高まり、今日では自然との調和が強く叫ばれるにいたっている。楽観主義から慎重論へのこうした転換にさいしては、一九七二年にローマクラブが提出した報告書『成長の限界』は、さまざまな疑問や批判が寄せられたにせよ、忘れてはならぬ先駆的役割を果したと言えるだろう。

このような状況のなかで、かつて唱えられた宇宙や海底での都市建設や、人工降雨のような気象のコントロールなど、大掛かりな自然改造構想は影をひそめたにせよ、宅地化、鉄道やハイウェイの建設、さらにはゴルフ場、リゾート地の開発などは休むことなく進行中であり、一方、バイオテクノロジーや臓器移植など、生物的自然への人工的介入という意味での自然改造は活発化している。

しかし、原発はおろか、航空機や列車なども大小の事故を免れず、人間は自ら造り出した装置の管理すら全うしていない。ましてや自然に対しその改造をめざして介入しても、首尾よく管理しきることは不可能だろう。自然には神の意図による秩序と調和が実現されていると考えられてきた一方で、自然はそれ自体ではカオス（混沌）の状態にあり、知性をもった人間が手を加えてはじめて秩序が生み出されるかのようにも考えられている。しかし、自然は完全に秩序だってもいないし、まったく秩序を欠いてもいないだろう。同時に、秩序の確立を意図した人間の活動は、秩序だけではなく混沌をも生み出してしまう。そこで今われわれは、生物の活動も人生も、実は昼夜、四季、晴雨、寒暖など自然のリズムに基礎づけられていることを再認識し、もはやいたずらにそうしたリズムを無視した秩序を立てようとはせず、リズムとの共振、また、リズムに不順が生じたときの備えに重点を置くことが賢明であることを悟りつつあると言えよう。

（佐藤敬三）

システム環境問題

自分たちの生存がいかに環境に依存しているか、その環境が自分たちの活動により、いかに蝕まれつつあるか、そのことになかなか気づかなかったばかりか、気づいてもいかに迅速に事態に対処しえないでいるか、などを考えるとき、環境の問題はまさに現代における最大の危機とみなされえよう。

かつて、「環境が悪い」と言うときには、ほぼ社会的環境が念頭に置かれていた。その社会的環境が別に改善されてきたわけでもないのに、今日では環境と言えば、もっぱら自然や地球の環境について、その危機が叫ばれるようになったのは、その危機の方がはるかに深刻に感じられているからだろう。

今日の自然破壊、環境汚染は、しばしば近代文明における科学技術の濫用によるとされる。この指摘は誤りではないにせよ、深刻化する危機とはいかなるものかを考え、それに対処する上で科学を役立てうるし、そうした期待に応えるものこそ、科学たりうると考えられてよいはずである。

しかし、こと環境問題に関して、これまで科学技術がもたらした危機のマイナスと、危機の回避や克服について科学が寄与しえたプラスとを比較すれば、後者が前者を埋め合わせて余りあるとは言いがたいという議論もあろう。したがって科学技術に強い不信がもたれるのも不思議ではない。

科学技術文明を生んだ西洋の思想は自然と対決し支配することをめざすのに対し、東洋の思想は自然と調和し一体化することをめざしており、前者では人間と敵対する厳しい自然が考えられているのに対し、後者では柔和で恵み深い自然が考えられている、と言われることがある。人間と自然、あるいは環境との関係は、科学技術が盛んになる近代以前の遠い過去からさまざまな地域のさまざまな文化で神話や伝統的慣習のなかで捉えられてきた。そうしたそれぞれの文化に固有な自然観は尊重すべきものであるが、しかし、伝統的文化ももとより万能ではなく、それらに依拠すれば事足りると言えるものではない。現に、使い尽くし役立たなくなった土地を放棄して他に移ることを繰り返した民族が回復しえぬ荒廃をひきおこした例はまれではない。

われわれは過去の歴史的経験で積み重ねられたものから学ぶ一方、異なる文化を越えて全域が緊密に影響しあうという今日の地球社会的な時代に応じた自然観をもつべき状況にあると言えるだろう。まず、今日の未曾有の環境破壊が起こったのは、多分に、事象の解明という科学の目的よりも、技術のもたらす目先の便益をはるかに優先させる近代の一般的精神に帰しうる点が見逃せない。このことを考えた上で、われわれは近代科学を引き継ぎつつも、その批判を通じて発展した現代科学、とくに今世紀半ばに生まれ、現代科学の全体的方向を打ち出したといえるシステム論やサイバネティクスに大きな期待を寄せえよう。

近代科学を特徴づけるのは分析的方法だが、分析的方法は、研究すべき対象を他の対象との関係や全体から切り離した上で、その詳細な解明をめざす。それに対してシステム論は、対象を他の対象や全体との関係において捉えようとする。学問の世界での分析的方法の支配は、社会生活全般において分析主義的な処理が便法として常用されていることと奇妙なほど照応しており、学問でも社会でも、問題はますます狭く細分化された多くの専門的部門にばらばらに分離されて処理される傾向にある。

分析の方法は部分的効率の追求という目的に合致し、その面ですでに絶大な成果を収めてきた。しかし、反面、限られた自分の領域の問題にしか関心も責任も持とうとせぬ悪弊を生み、それは、学問の世界におけるセクショナリズムや、行政における融通のきかぬ縦割り主義などに露呈している。さらに、関係や全体を意に介さぬそうした悪しき分析主義の最も忌わしい産物こそが、今日の危機的な環境汚染、自然破壊に他ならない。したがって、この問題の対処には、関係や全体的相互作用への留意を基本姿勢とするシステム論的な思想が強く要請されるのは当然である。

相互作用や全体的関係を重視するシステム論は、自然との調和を重んじる立場からは東洋の思想などと共に歓迎されるが、また、システム論とほぼ独立に生まれ、今日ではそれと融合しつつあるサイバネティクスの視点も注目されてよい。サイバネティクスは制御の科学であることから、主体が対象を意のままに支配することをめざす近代科学の機械論的理論の典型であるかに思われがちだが、それは決して環境をいかに支配するかの技術論ではなく、主体の外の世界、つまり自然や外界に既にいかに相互調整や制御の機構が内在し機能しているかを解明しようとするもので、しかも、自然は単に円満な調和や相互作用だけでは語れぬことを示す点でも重要である。

多くの部分や要素が集まり、ある全体としてのまとまりを示すものはシステムと呼ばれ、したがって細胞や一個の生物、その社会、さらには生態系など、いずれもそれぞれのレベルにおけるシステムと考えられる。そうしたそれぞれのシステムは、システム論が強調する通り、他の諸システムを含む環境と相互作用し調和している。しかし同時に、それが他と区別されうるシステムとして存在する以上、多分に自己本位的に環境のなかで自らの存立を貫こうとすることも事実である。生体において体温や血糖量を一定の値に保つホメオスタシスの機構も、人間の文化や文明もすべて、システムが環境の変化からの自立をとげようとする手段に他ならない。

しかし、恒温器（サーモスタット）の例でもわかるように、環境の温度変化にかかわらず室温が一定に保たれるためには、一方で必要なときに随時、熱が供給されねばならず、その供給源を外部に仰がざるをえない点で環境への依存が避けられない。こうして、自立を求めながらそれが環境への依存によってのみ実現されるという、自立と依存の対立する二面の統一体である点こそが、システムの基本的特性である。

さらにシステム間の関係も、例えばウサギとヤマネコのように餌－天敵の関係である場合が多く、ワニとワニドリのような互恵的な共生関係ばかりとはいえない。したがって自然界に見られる調和とは、何とか捕食されまいとする餌と何とか捕食せねばならぬ天敵の間に成り立つ調和である面が強い。システム－システム関係を含むこうしたシステム－環境関係の解明がさらにサイバネティクスには求められるが、既に明らかなことは、世界とそのなかのもろもろのシステムの存在がもはや神による創造などによっては説明されないとすれば、生命のない世界からの諸生命の出現がはたして祝福されるべきか、呪われるべきかすらも定かでないと言いうることだろう。

ましてや、人間が他の生物を支配し、人間本位に自然保護などを語る特権を与えられていると信じるわけにもいかないとすれば、システム－環境関係の中で人間の進むべき道はおよそ一義的に決められてはいない。しかし、それでも確実なことは、人間のみが判断や選択ができ、しかもそれについて責任が問われうる存在であるということだろう。この判断、選択の際に考慮されるべきことは多い。

とくに、システム－環境関係のおおもとに相互的ではなく一方的な関係があることは看過しえぬ厳粛な事実である。つまり、われわれと相互作用し合うという意味での環境は地球周辺のごく狭い圏域に限られ、そのはるか遠方の環境といえる太陽はわれわれに一方的に作用するのみである。地球の全生命は、数十億年にわたり持続的に光を注ぎ続ける太陽の作用に一方的に条件づけられ依存している。人間が判断、選択を行うにしても、それはわれわれにとって動かしがたいこの歴史的条件への敬虔な感情を前提にしてのこととなろう。　（佐藤敬三）

宇宙の環境汚染

宇宙開発は、宇宙の神秘を探る「科学的調査」と謳われ、一般市民の関心を、月の裏側や、火星の生物の有無、土星の輪などに向けさせ、また、「月の土地を買う」、「宇宙旅行」などといった「夢」も語られながら、膨大な投資のもとで進められてきた。事実、一九六九年のアメリカによる人類初の月面着陸成功は、世界中に実況放送され、一般市民の「夢」を大きく膨らませた。しかし、初期の宇宙開発の真の目的は、核兵器の運搬手段としてのロケット技術とその電子誘導技術の開発、さらに偵察衛星の開発にあった。

五七年一〇月四日にソ連が打ち上げに成功した最初の人工衛星以来、無数の人工天体が打ち上げられてきた。これまでの打上げ総数は、旧ソ連が最も多く、次いでアメリカがそれに迫っている。日本も、七〇年二月一一日に最初の人工衛星の打ち上げに成功して以来、五〇基近くを打ち上げている。

人工天体には、地球の外周軌道を回る人工衛星、月の外周軌道を回る人工孫衛星、さらに地球や月の重力圏外の軌道を回る人工惑星（惑星探査機）などがある。このうち、人工衛星が圧倒的に多く、日本が打ち上げたものも、二基の人工惑星を除いて、残りはすべて人工衛星である。

人工衛星は、通信衛星、気象衛星、放送衛星、測地衛星などとして打ち上げられたものが多く、これら人工衛星が、いまや日常生活に密着したものになっている（ただし、八〇年の通信衛星「あやめ2号」の静止失敗による二五〇億円損失のように、莫大な無駄も払っている）。このほか、スペースシャトルなど有人で地球に帰還できるものや、宇宙実験室、宇宙ステーションなど、大型の人工衛星も増えてきている。また、偵察衛星、探知衛星など、軍事用の人工衛星も多数打ち上げられており、アメリカのSDI構想も、こうした軍事用人工衛星に依拠したものである。

問題なのは、こうした人工衛星に、エネルギー源として、プルトニウム二三八を使ったプルトニウム電池や、プルトニウム二三九を核燃料とする原子炉が搭載されていることが多いことである。さらに、これら人工衛星の打ち上げに使われるロケットには、その燃料として、地表からの打ち上げ初期（重力に抗して高度を急速に上げるとき）に使われる固体や液体の化学燃料のほか、空気が希薄になってから使われる非化学燃料（プルトニウムも使われている）も搭載されており、そうしたロケットが、人工衛星と切り離されたあとも、地球の外周を回り続けているのである。また、切り離された燃料タンクや、宇宙ステーションなどの交換部品なども、宇宙のゴミとして回り続けている。

こうした人工衛星や、切り離されたロケットなどの無数の物体が、宇宙の環境汚染を招いているのである。ひとつには、これら人工の物体が、やがて高度を下げて大気圏内に突入し、空気との摩擦熱によって燃えつき、上空にプルトニウムなどをまき散らしていることである。たとえば、八六年に打ち上げられた一二五基の人工天体のうち、同年中に、二六基もが落下しているのである（一部、帰還も含む）。また、こうして落下してくる人工衛星などのなかには、大型であるため大気中で燃えつきず、地上まで落下してしまうものもある。たとえば、七八年と八三年に落下したソ連の大型人工衛星は、プルトニウム原子炉を搭載しており、世界中の人びとを恐怖に陥れ、現実にカナダで広域にわたるプルトニウム汚染を起こしたのである。

さらに、地球上では始末できない有害な物質、たとえば長寿命の放射性廃棄物を宇宙に投棄しようという計画がある。アメリカでは、ロケットで太陽に打ち込むという計画も出されたが、八七年のスペースシャトルの打ち上げ失敗により、打ち上げ時の危険が大きすぎるとして見送られた。こうした危険物の宇宙投棄は、許されてはならないのである。

（市川定夫）

無重力

宇宙の神秘を解明しようとする探索や宇宙開発が、ますます盛んに進められようとしているが、人類が宇宙空間に進出すると、無重力を経験しなければならない。生命の誕生以来、常に地球上の一定の重力のもとで進化し、適応をとげてきた生物が、未経験の無重力状態に対応できるかどうか、という問題は、宇宙開発の初期から調査されている。ソ連やアメリカの人工衛星にそれぞれイヌ（ライカ犬）やチンパンジーなどが積み込まれ、生理的影響などが調べられたが、最も具体的な情報を提供したのは、一九六六年から六七年にかけて行われたアメリカのバイオサテライト（生物衛星）実験である。

この実験に用いられた生物は、大腸菌、酵母菌、ショウジョウバエ、ネズミの培養細胞とムラサキツユクサであったが、ムラサキツユクサでは、無重力の生物学的危険性が証明された。すなわち、ムラサキツユクサの雄しべの毛は、じゅず状に一列に並んだおよそ二〇ないし三五細胞から成るが、細胞が一列に並ぶのは、常に同じ方向に細胞が分裂するからにほかならない。ところが、無重力下では、雄しべの毛の細胞が一列に並ばず、ジグザグになったり、枝分かれしたのである。このことは、無重力が細胞分裂の方向性を乱すことを証明していた。また、無重力下では、細胞分裂時の染色体の均等分割も妨げられるという重大な影響も証明されたが、このことは、突然変異や発癌などにつながりうるものであった。

アメリカでも、旧ソ連でも、宇宙飛行士に癌が多発しているという報道は、宇宙飛行士の総数がまだ少なく、統計学的にはなお不十分とはいえ、このことと関連している可能性が高い。

さらに、長期の無重力が神経や筋力にも大きな影響を及ぼすことも、ソ連の宇宙ステーションでの宇宙飛行士の長期滞在の経験から明らかになってきている。（市川定夫）

第三章

生態系の崩壊・遺伝情報の狂い

古代文明崩壊

古代文明の遺跡をたずねると、辺りは一面の砂漠で、どうしてこんな所に壮大な文明が栄えたのか不思議な思いにとらわれる。しかし、各地で行われた発掘調査によって、当時そこは豊かな農業地帯であり、そこにいくつもの都市が次々と場所をかえて興亡し、やがてすべてが砂漠のなかに呑み込まれていったことが判ってきた。

　では古代文明はなぜ崩壊し、そのあとには砂漠だけが残されたのか。それについては文明それ自体が周辺の生態系を破壊し、砂漠を作り出したとする説が有力である。

　たとえば人類最古の文明であるメソポタミアでは、もともと雨だけでは作物のとれない乾燥地帯だったが、チグリスとユーフラテスの両河の水を引いて行われた灌漑農業が繁栄の基礎となった。乾燥地帯で灌漑農業を行うと最初は非常に豊かな収穫がある。しかし、水分が蒸発するときに、水のなかにとけていた塩分を土地に残してゆくため、長く続けていると次第に塩分が蓄積して作物が穫れなくなる。記録によればBC二四〇〇年には二五二〇㍑／haだった大麦の収量は三〇〇年後のBC二一〇〇年には一三五〇㍑／haに、さらにBC一七〇〇年にはわずか九〇〇㍑／haに減ってしまったことがわかる。

　また、両河の水源地帯となっているザグロス山地やアルメニア高原は最初森林に覆われていたが、都市の建設や金属の精錬、窯業に使う木材として乱伐されたために土砂の流出がひどくなった。そのため洪水の度に灌漑水路が土砂でうまり、奴隷をつかってたえず水路を浚渫したり、新しい水路を掘らねばならなくなった。その上、上流の山地は山羊などの放牧が盛んだったために、生えてきた芽はすぐに食べ尽くされ二度と森林が復活することが出来なかった。

　このように土地の塩分の上昇、土砂の堆積、森林の伐採、過放牧などが文明の基礎となっている環境を荒廃させた。最初の頃は別な場所に都市を移転させることで危機を切り抜けていたが、それがかえって破壊を広域化させ、やがては周辺一体を砂漠化させて、文明を崩壊に追いやったのである。

（加藤　辿）

エコロジー

　エコロジーというのは本来の日本語訳では生態学のことであるが、環境問題で使われる場合には単なる生態学ということではない。ここでは自然環境に対して悪影響を与えないような配慮をするという意味に使われることが多い。

具体的には人間がむやみに自然環境に手を加えないとか、地球環境や人体に悪影響を与えるような有害物質を使わないとか、自然の生態系（「エコシステム」の項参照）に大きな変更を与えないようにするなどを指すことが多い。

しかし、エコロジー運動などにみられるエコロジーの意味は違った内容をもつ。例えば、いろいろな規制値を設定したり、国立公園を作ったりしながら、環境の悪化を防止し、環境を保全していこうとする発想は環境管理の発想につながるというのでこれに反対する。このような意味で単なる自然保護論や環境保護論とは違った視点をもつ。人間も自然の摂理にしたがって行動すべきであり、自然を支配しようとするという考えや自然を管理していこうとする考えとは真っ向から対立する。人間の側が自然に調和することが必要で、安定した生態系を維持することがまず要求され、自然界と人間との間で安定した関係を維持していこうという考えである。究極的には人間は生態系の摂理に反しない行動が必要で、人間中心主義を否定している。緑の党にはこの考えが強く反映している。現在、人間の高度の経済活動の発展により、自然環境に大きな打撃を与えている経済原理も、生態学的問題に従属させてゆくべきであると考える。

（鈴木紀雄）

エコシステム

生態学ではエコシステムは生態系と呼ばれており、その概念は人によって若干ことなっているが、多くの考えはある一定の地域において自然を構成している生物同士の関係やそれを囲む無機環境全体との関係を指す。環境の問題で使われる意味はこれとは異なる。

環境問題で使われる生態系（エコシステム）は人間の生存との関係からみた人と環境との関わりである。したがって生態系を維持するということは人間の生存を保障することのできる状態を維持するという意味である。つまりここでは一般に人間にとって好ましい状態の生態系を指している。

もともと人間は自然の一部であり、自然の出来事や関係と独立して理解することはできない。生態系のなかで一部の生物や無機環境の変化が起これば、それは連鎖的に変化を起こし、系全体の状態が変わる。その結果、人間に対してもその影響が波及する（「富栄養化」の項参照）。

生態系のなかで多様な環境が存在することによって、それぞれの環境に適応した多種多様な生物が一定の個体数で生存できる。このことによって、生態系の安定性が維持できる。そのため、突然にある特別の生物が異常に増殖して人間環境に悪影響をあたえることがない。しかし、環境の急激な改変や生息環境の変化によって、環境が単一化してくると特定の生物しか住めなくなり、生物の種類が単純化する。この結果、生態系が不安定になり、生物の世界にも予測できない事態が起こる。

また、ある生態系のなかに蓄積性の有害化学物質が取り込まれると、その物質は食物連鎖を通して生体内には何百倍、何万倍にも濃縮される。そのためこの物質による汚染で多数の生物が死亡するという例もみられる。

もともと、自然界には自然のバランスが維持されており、生物同士の相互扶助、相互依存の関係が成立している。動物は生きていくために酸素を消費し、炭酸ガスを出しているが、これは動物が生きていく上に不都合な環境を自ら作っていることになる。しかし、ちょうど動物とは逆に炭酸ガスを消費し、酸素を出す植物が存在するので、動物の生存は保障されている。こうした自然界にみられる共存のシステムは長い歴史のなかで出来たものである。

現代にみられる高度の経済活動の結果、急速に森林をはじめ河川・湖・海洋の自然環境が破壊され、大気・土壌・水の汚染をもたらして、従来の自然の仕組みが破壊された。また、大量生産・大量消費の社会は資源の枯渇や大量の処理困難な廃棄物の発生を招いている。これも自然界にもともと存在していた循環システムが崩壊したことと深い関係がある。こうした生態的な危機は同時に人間の健やかな生活環境を奪い、人間の健康被害をもたらすなど人類社会の危機の原因になっている。

（鈴木紀雄）

ヒューマン・エコロジー

一八七三年、ドイツの生物学者エルンスト・ヘッケルとアメリカ人の化学者エレン・スワローは、それぞれ独自に、生命と生命にとって最初の環境である（水の科学）を始めた。

男性のヘッケルが、この科学を「すべての人の家」と名づけたのは適切であったし、女性のスワローが、その内部構造を整えたのはさらに適切であった。そしてそれから一世紀後の現代のヒューマン・エコロジーは、まさにこの男性の仕事と女性の仕事の結合から産まれた子供である。この子供は母親似ではあるが、しかしエレン・スワローが願っていたような成熟にはまだ達していない。

彼女は環境科学に関する構想から始めたのかもしれないが、その計画は彼女が当時まだ無名であったためにベールにおおわれてしまっている。だが、おそらくそれは、彼女が環境を部分ごとに研究するということを卒業した段階で生まれた計画であった。

この化学者は、分類学や古生物学、生理学や植物学から少しずつ取り入れながら、また細菌学からいっそう多くのものを取り入れながら、生命科学に向けて少しずつ歩みを進めていった。

彼女は土壌学を導入し、それを地質学、地理学、鉱物学、冶金学、岩石学に関する自分の研究や、食物を生産するための農業のさまざまな過程、およびそれらの過程の空気や木との相互作用に関する自分の研究とを結合した。

また物理学からは、暖房、換気、加湿、その他の科学的、工学的な技術に関する知識をエコロジーのなかに導入した。

さらに、社会学、心理学、経済学、教育とともに、もろもろの社会科学をエコロジーのなかに導入しようとした。

そしてそれらをヒューマン・エコロジーと名づけた。またこの化学者は、つねに数学者でもあった。天文学は趣味としてとっておいた。だが同じ趣味で行っていた気象学は、天候、風、潮汐、降雨、植生についての理解を深めるのに役立った。つまり、エレン・スワローのヒューマン・エコロジーにおいては、科学の主要な部門のすべてが「隙間なく区画されているのではなく」、生産的な相互作用を行うよう重なりあっているのである。

このように、彼女は、たんに「家」を設計するだけで満足せず、それに家具を備え、清潔にし、備品を据えつけ、空気、食物、知識を提供したのである。そしてしかるのちに、エレン・スワローは「すべての人の科学の家」へ招いたのである。

こうして彼女は、一八七〇年代に「ヒューマン・エコロジー」を構想しており、彼女の提唱でひらかれたレイク・プラシッド会議（アメリカ家政学会の母体となった）において、家政学をヒューマン・エコロジーとしてとらえるべきであるとした。

家政学は、今日、食、住、衣などに関するきわめて技術的なアートと考えられたり、あるいは逆に、農学、工学、経済学など他の学問で研究されている科学そのものと考えられたりして、世間一般では独自の学問とは決められにくいという現実があるが、スワローによってすでに、ヒューマン・エコロジーとしての広がりをもつ家政学の先見性と独自性についての認識は確立されていたといってもよい。

アメリカで家政学の現状反省や将来展望が論じられるとき、いつも「スワローに帰ろう」、あるいは「レイク・プラシッドに帰ろう」というのが合言葉になっている。事実一九六〇年代の終りには、いくつかの大学において、ホーム・エコノミクス学部かヒューマン・エコロジー学部として改組された。

日本でも現在、家政学を「生活科学」「生活学」「人間生活学」などと名称変更して、あるいは名称はそのままながら内容を刷新して、新しい課題に取り組もうとする動きがあるが、それも多かれ少なかれ、ヒューマン・エコロジーの考え方と方法に拠っている。アメリカでも日本でも、スワローに新たな関心が寄せられようとしている。

（里深文彦）

ソーシャル・エコロジー

ソーシャル・エコロジーは、人間の「あらゆる生産的営み」と自然環境の相互関係について、哲学、人類学、女性学、社会学などの社会科学および自然生態学、動・植物学などの自然科学の分析方法を用いて、さまざまな角度から考え、さらに日常生活において、すぐにできることから実践して行こうとする思想と行動である。エコロジー思想にはいろいろな考え方があるが、ソーシャル・エコロジーの特徴としてはつぎのようなものを挙げることができる。まず今日の地球的規模の生態系の破壊や人類の危機を招いたのは、自分たち人間が作った社会の仕組みそのものと、その社会が産み出したさまざまな社会問題に根差していることを認識することにある。よって「万物の霊長」といった人間中心的な考え方は否定する。これは人間が自然を自分たちのおもうがままに破壊したり支配したりすること、また一握りの人間が社会の弱者といわれる人々への支配や差別（人種差別、女性差別、障害者差別など）を正当化することにつながるからである。またソーシャル・エコロジーは〝ヒト〟（homo sapiens）と他の生き物との間にある違いを否定するのではなく、むしろ生態系における〝ヒト〟という種のもつ特殊性を自覚することから、今日の生態系の危機の問題に取り組み、その解決の方向を見いだして行こうとするものである。中世以降、人間は西欧型の「生産至上主義」によって近代工業化社会を成立させた。その近代化の過程において産み出されたアンバランスな社会共生体を見直し、自然環境と社会環境の調和のとれた、あらたな地球規模の共生体を模索する方法としてソーシャル・エコロジーは存在し、今後も発展する学問といえる。

（Murray Bookchin らによって、一九七四年にアメリカのバーモント州ゴッダード大学にソーシャル・エコロジー研究所が設立され、エコロジーに関する様々な講座が開かれている。）

（萩原なつ子）

恐竜の絶滅

われわれ人類がこの地球上に現われるずっと前、地質時代の中生代（約二億四千五百万年前から六千五百万年前まで）に、地球上に一億八千万年ものあいだ繁栄し続けた恐竜という動物がいた。しかし、この恐竜も六千五百万年前についに滅んだ。このことは、地層と、それに含まれる化石の研究から証明される。

今日、地球上にはヒト（ホモ・サピエンス）という種が繁栄している。単位を大きくとって、人類としては四百万年、霊長目《もく》としては六千五百万年の歴史をもつが、急速に地球上に君臨したヒト。人間はその繁栄のなかで、自己の運命を、かつての王者恐竜の運命に投影してみなければならないのか。だが、自然のままに生きた恐竜と違って、人間は自らの手で自然環境を改変し、時に変革支配している。かじの取り方如何で、急速に自らの崩壊を招く場合も考えられるし、逆により長い繁栄を築くことも可能であろう。

では恐竜はなぜ絶滅したのであろうか。人間の場合と比較しながら考えてみよう。絶滅の理由を説明する仮説は数多くあるが、そのなかで主たるものは次の二つに大別される。地球環境の変化に伴い数と種類が徐々に減っていったとする漸減説と、急激な天変地異的な変化があったとする激変説である。前者の場合の環境条件の変化とは、例えばひとつは海が退き陸地が広がり、したがって離れていたアメリカ大陸とアジア大陸とが陸続きになるというようなことで、ひとつは温度が下降し海水温にして白亜紀の初めと比較して一〇度ほど降下したことである。

次の激変説の主なものは大隕石衝撃説である。白亜紀と第三紀の境界にイリジウムが濃集しており、これの由来は小山のような隕石の衝撃に求めざるを得ないという。計算によると、この時に放出されたであろうエネルギーは、現在地球上に存在する原爆・水爆の同時爆破の数倍にもなるという。次に台頭したのが彗星衝突説で、古生物学者が地質時代の絶滅率を調べて大絶滅の周期を二千六百万年としたことに端を発する。仮空の星ネメシス説や太陽系振動説、惑星X説などは、すべて彗星衝突の周期性を理由づけようとする天体物理学者による興味深い仮説である。近年はイリジウム濃集の原因を火山活動にあるという説が浮上している。なお私自身は、漸減説を主とし、それに激変的な事件が加わって大量絶滅が起きたという複数原因説を考えている。

（小畠郁生）

バイオ・イベント

生命の誕生　四六〜四五億年前に誕生した地球には、すでに磁場が存在し地磁気がバリアとなって地球を太陽風から守り、数億年後には水蒸気から海洋が形成された。紫外線など宇宙線のエネルギーは原始スープといわれるアミノ酸などの有機物に富んだ海洋水をつくり出し、やがて自己増殖力をそなえた原始生命が誕生した。当時の海水は一〇〇度以上の熱湯で、最初の生物は現在まで残存している温泉バクテリアや海底熱水バクテリアのように、CO_2と硫黄を餌にして、酸素なしで生息できる生物であろう。CO_2と水から糖を合成し酸素を出す現在の植物のような光合成が成立したのは、酸化鉄が出現してきた三〇～二五億年前と考えられる。

生物の進化と絶滅　光合成で放出される酸素は、当初、酸化鉄などに吸収されたが、やがて遊離酸素が出現した二〇億年前、酸素呼吸をする生物が現われ、代謝効率は一〇倍になった。約一二億年前にはこの酸素呼吸をつかさどるミトコンドリアを組み込み、核で増殖を制御する真核生物が現われた。また酸素を運搬供給できる呼吸システムの発達とともに多細胞生物が出現した。

三葉虫など多細胞生物の化石が産出された六億年前からを古生代と呼ぶ。古生代のイベントとして注目されるのは、動植物の陸上への進出である。光合成によって生産された酸素が大気に蓄積し、オゾン層が形成され紫外線がほぼ遮断された約四億年前に、シダ植物や昆虫類・爬虫類などが最初に海から陸に上がってきた。やがて三億五千万年前の石炭紀にはソテツやイチョウなど裸子植物の森林が繁茂し、爬虫類が出現した。

この後の温暖な中生代（二億四千万年前～六千五百万年前）には、恐竜・始祖鳥・哺乳類など様々なタイプの生物が出現した。生物の種は地域環境の変化や新種の出現によって、数％の割合で交代する。しかし中生代の末におこったイベントは、生物種の七割がほぼ同時に死滅した大絶滅であった。この恐竜絶滅の原因として隕石衝突説が登場した。直径一〇キロメートルほどの隕石が海洋に衝突し、大爆発の衝撃で大型の海洋生物・沿岸生物が死んだ。爆発の水蒸気と粉塵で太陽光が遮断され、地表気温は一次的にマイナス三〇度まで降下し、森林と草食動物が消滅した。やがて粉塵がややおさまり、太陽光が地球にとどくようになると温室効果で地球温度が上昇し、海洋プラントが激減し、海の生態系が破壊された。このようなシナリオは火山災害や大規模火災でもおこりうるものである。

氷河時代と人類の出現　隕石激突のあとに生き残ったのは、哺乳類など地中にいた小動物である。温暖な中生代と異なり、新生代は氷河時代といわれる環境変化の大きい時代であった。地球軌道と地軸の傾きの変動によって太陽日射量が周期的に変化し、ほぼ五〇万年ごとに氷河期と間氷期を繰り返した。約二万年前の最終氷期には北半球の陸地の⅓が氷床におおわれ、海面は約一〇〇㍍低下した。周氷河地域は土壌の侵食によって植生が常に更新され、広大な草原には大型草食獣が繁殖した。そのハンターとして陸上生態系の頂点に立ったのが人類である。

約三〇〇万年前に出現した人類は、寒冷化にともなう森林減少の際、新しい直立二足の歩行様式によって食物の運搬と手による道具の作成を獲得し草原に進出した。人類の歴史の大半は採集狩猟者であったが、最終氷期後の温暖化による食糧の減少を、栽培保管することで乗り切った。この約一万年以降の農耕技術の開発は、自然植生を人工植生に変えることを意味するが、耕作地は永く平野など陸地のほぼ一〇%に限られ、絶滅動物は大型肉食動物など一部にとどまった。しかし産業革命以後は化石燃料の利用が始まり、特に第二次大戦以後、大気のCO_2濃度を変えるほど、人類が生産する人工化合物の影響は甚大になった。

（小池裕子）

環境地学

陸上生態系の重要な構成の一つは表層地殻部で生物が関与できる部分、すなわち土壌にあるので、ここでは土壌を中心として、そこでの物質の動きが気圏、水圏、岩石圏とをつなぐ過程で、どのように行なわれているかを示したうえで、生態系の崩壊が地球地殻表層部分での物質転流にどのような影響を与えるかについて述べる。

土壌は陸上生態系の物質の動きに対し、さまざまな物質変化をもたらす場であるばかりでなく、物質の巨大な貯蔵場の役割を果たしている。これを炭素と窒素という代表的な生元素でみてみよう。

光合成を行う能力のある植物が、大気中の二酸化炭素から合成した有機物の大部分は植物の枯死体、草食動物、肉食動物の排泄物や死体の形で土壌に加えられる。土壌中ではこの有機物が土壌動物と土壌微生物の働きによって分解され、最終的には好気的条件下では二酸化炭素に、嫌気的条件下では二酸化炭素の他に一部メタンに変化して、気圏に戻る。大気中の二酸化炭素濃度がこれまで長い年月にわたって三〇〇ppmを保持してきたのは、このような恒常的な炭素の循環が成立していたことが大きく寄与している。

ところで、全陸上生態系の存在量は生点体：592×10^{15}㌘、土壌：2840×10^{15}㌘、一年間に土壌に加えられる有機炭素の量あるいは一年間に土壌から放出される二酸化炭素の量：62×10^{15}㌘と見積られている。一方、大気中の炭素の量は692×10^{15}㌘である。このことから、炭素の存在場所として、陸上生態系とくに土壌がきわめて大きな貯蔵場であることがわかる。したがって、森林の大量伐採、草原や泥炭地の大規模な開発によって、これまで被覆された植物をとり除き、耕地にすることは、大気中の二酸化炭素を固定する陸上生態系での能力が低下する一方、土壌中に貯蔵していた炭素を二酸化炭素として大気に大量に放出することになり、結果として大気の二酸化炭素濃度が高まることが推察される。

陸上生態系と大気との間の窒素のやりとりは、土壌微生物による窒素固定反応と脱窒反応とがおもなものである。大気中に存在している窒素の量は3.9×10^{21}㌘であるのに対し、陸上生態系に存在している窒素の量は生物：13×10^{15}㌘、土壌：300×10^{15}㌘であり、大気中の窒素量に比べて著しく少ない。このため、陸上生態系の破壊が大気中の窒素濃度に影響を及ぼす可能性はほとんどないといってよい。しかし、人間活動が窒素固定反応と脱窒反応の大きさと性格を変化させ、それによって大気の微量成分組成と水質とに影響を与えることが心配されている。人間活動によって窒素はアンモニア製造工業など非生物的に固定されるだけでなく、豆科植物を植えることによって、生物的窒素固定反応を促進しており、その固定量は年間69×10^{12}グラムと推定されている。自然の状態の下では植物の枯死体、動物の排泄物や死体に含まれていた有機態窒素化合物は土壌中で各種の生物作用を受けて、アンモニアや硝酸に変えられる。これらの無機態窒素の大部分は再び植物に栄養素として吸収され、有機態窒素化合物として合成される。このように、窒素では陸上生態系内での循環がほぼ完結していて、この生態系内で生じたわずかの窒素の過不足が脱窒と窒素固定とによって補塡されているとみることができる。陸上生態系の破壊は植物と土壌という窒素の二つの貯蔵場の間の交流を断ち切り、同時に、土壌に集積した窒素がアンモニアや硝酸という型で周辺の生態系に流出するようになる。とくに、土壌中に生成した硝酸はアンモニアに比べて土壌粒子による吸着が弱いため、地下水中に流亡しやすくなり、最終的には湖沼、河川、海洋などの窒素濃度を高め、水圏の富栄養化を促進する。水圏の窒素濃度の高まりは、水の華や赤潮の発生、メトヘモグロビン症の発病、発癌性物質の生成をもたらすと考えられている。さらに、土壌中での窒素の一部は亜酸化窒素となって大気に戻り、地球の温暖化を促進し、その温室効果は二酸化炭素に比べて百倍もの強さがあることが知られている。

（松本　聰）

残留種

同時代の同類の生物が絶滅してしまった後まで、ずっと生き残っている種を残留種または遺留種という。

一九三八年一二月二二日、南アフリカのインド洋に面した港町イーストロンドンに一匹の奇妙な魚が水揚げされた。その土地の小さな博物館長だったM・コートネー・ラティマー女史は、さっそく、この魚（体長一・五㍍）を入手した。ただの魚ではないとのひらめきが、そうさせたのである。ラティマー女史はローズ大学J・L・B・スミス教授に詳細なスケッチを送った。教授は化学者でありながら、魚類の分類に精通していたので、驚愕した。

ラティマー女史のひらめきとスミス教授の学識が、この奇妙な魚の名を世界に知らせることになった。魚は三億―四億年前に発生し、七千万年前に滅びたシーラカンスの一種だったのだ。つまり、中生代を生きた同類の魚たちは、化石だけで知られていた。シーラカンスは、まさに生きた化石であり、典型的な残留種といえよう。

教授は、この魚に *Latemeria chalumnae* と命名した。ラティマー女史の功績を後世に伝えるためである。

残留種は、ただ珍しいだけではない。シーラカンスは総鰭類の一種だが、この魚たちこそ魚類と両生類をつなぐグループなのである。だからこそ、古生物学の権威、E・H・コルバート博士は、「この魚こそ現在と過去を結ぶリンクの一つであり、重要な脊椎動物のグループを生きた状態で垣間見せてくれるのである」と述べている。

肺魚類も、魚類の残留種として無視できない。現存する肺魚は三種で、オーストラリアにいるものが、もっとも原始的だといわれる。三畳紀（一億六千万年前）の肺魚に酷似しており、水が減る乾季になると、空気呼吸して生きることができる。肺は一個のみ。南米の肺魚は一対の肺を持つ。エラから肺へという進化は、陸上生活者（両生類）の出現が近いことを暗示しているのである。

爬虫類に目を転じよう。恐竜をはじめ大小さまざまな爬虫類が中世代の覇者であったことは、よく知られている。しかし、俗にいう恐竜時代は中生代の末に終わり、その大半が絶滅してしまった。爬虫類で今日まで生きのびているのはカメ類、ワニ類、トカゲ・ヘビ類、ムカシトカゲ類だけで、分類的に四目にすぎない。これら四目の種はすべてが残留種といってもいいのだが、発生が最も古いのはムカシトカゲである。喙《かい》頭目に属するムカシトカゲは一種がニュージーランドに現存する。三畳紀の初頭から二億年以上、今日までほとんど変わらない姿のまま生きてきたもので、恐竜の全盛時代より古くからの生き残りという、きわめつけの生きた化石である。頭骨の前部に側頭窓とよばれる部分があり、これがトカゲ類との大きな相違点となっている。

（永戸豊野）

近代捕鯨

鯨類は、他の動物性資源に比べれば個体あたりの生産量が高く、粗放的な狩猟においては利点が多いため、有史以前より世界各地で捕獲あるいは漂着鯨の利用が行われていた。捕鯨は、ビスケー湾に来遊するセミクジラを漁獲していたバスク人によって、一一世紀頃に組織化されたといわれ、以後大西洋北東部海域を中心に展開された。この捕鯨を古代捕鯨、あるいはグリーンランド捕鯨と呼ぶ。古代捕鯨は、主にセミクジラとホッキョククジラを漁獲対象として発展し、一七世紀初頭にはスピッツベルゲン島近海に一大漁場が形成された。しかし、一八世紀にはいると同島近海の漁場が荒廃し、主漁場はグリーンランド近海へ移動した。しかしこの海域でも、一八世紀末には対象鯨類資源が減少したため、古代捕鯨は衰退した。

ヨーロッパの古代捕鯨に対し、アメリカでは一八世紀初頭に今日の母船式捕鯨に相当する捕鯨が興った。この捕鯨はニューイングランド地方を発祥の地とし、その後ヨーロッパ諸国にも普及したが、アメリカ合衆国において特に発展したため、アメリカ式捕鯨と呼ばれる。アメリカ式捕鯨は、四〇〇トンクラスの帆船を母船とし、これに搭載した四隻の捕鯨ボートによって捕獲を行う操業形態を採った。したがって操業範囲は外洋にまで及び、一年以上の航海もごく普通に行われていた。アメリカ式捕鯨は、マッコウクジラとセミクジラを主対象として、当初大西洋海域に展開されたが、一八世紀後半には大西洋漁場の荒廃にともないインド洋へ、さらに一九世紀初頭には太平洋へ漁場を拡大し、最盛期（一九世紀中頃）には年間一万頭以上のマッコウクジラが捕獲されるに至った。アメリカ合衆国は、捕鯨生産物の鯨油と鯨蠟の輸出によって歳入が急激に増大し、捕鯨は合衆国を後進国から一躍一等国へ押し上げた。しかし、一九世紀後半になると漁場の荒廃、石油の発見による鯨油価の低下、ゴールドラッシュによる労働力の不足などから、アメリカ式捕鯨は衰退し始め、一八九八年に事実上消滅した。

欧米の捕鯨に比べ、一九世紀までの東洋の捕鯨は極めて粗放的で、組織的漁業としては日本以外には発達しなかった。ただし日本のそれも、沿岸に接近するセミクジラなどを待ち受けて捕る消極的な捕鯨に過ぎなかった。日本の組織的捕鯨は一六世紀末に、三河湾や伊勢湾の沿岸に興り、一六七五年に紀州太地浦で網取り式捕鯨が考案されて以後、西日本各地に広まり、多くの集落に鯨組が生まれた。しかし、一九世紀末になると、日本沿岸にまで達したアメリカ式捕鯨の影響で寄り鯨が減少したため、これらの捕鯨は衰退の一途を辿り網取り式捕鯨は一九〇四年を最期に姿を消した。

古代捕鯨やアメリカ式捕鯨は、遊泳速度の遅いセミクジラなどを対象として行われていたが、これらの鯨種は一九世紀後半には既に資源状態が悪化し、旧式捕鯨は産業として成立し難い状況にあった。したがって捕鯨には新たな対象鯨種そして技術を求められつつあった。こうした気運のなかに生まれたのがノルウェー式とも呼ばれる近代捕鯨である。この漁法は、一八六三年、ノルウェーの捕鯨船船長S・フォインによって考案されたもので、高速力をそなえた汽船の船首に火薬式の捕鯨砲を設置し、尾部に綱を付けたモリによって鯨を捕獲するものであった。この漁法によって、それまで捕獲ができなかったシロナガスクジラやナガスクジラなどの高速遊泳種の捕獲が可能となり、近代捕鯨は各海域へ進出し、諸外国にもこの漁法が普及して行った。しかし、その高度に効率化された漁法により、沿岸海域では資源悪化の徴候があらわれはじめ、ノルウェーの捕鯨者は新たな漁場を求めて南大西洋へ進出し、一九〇四年、サウスジョージア島グリュットビーケンに捕鯨基地

南氷洋における鯨種別捕獲頭数の変遷

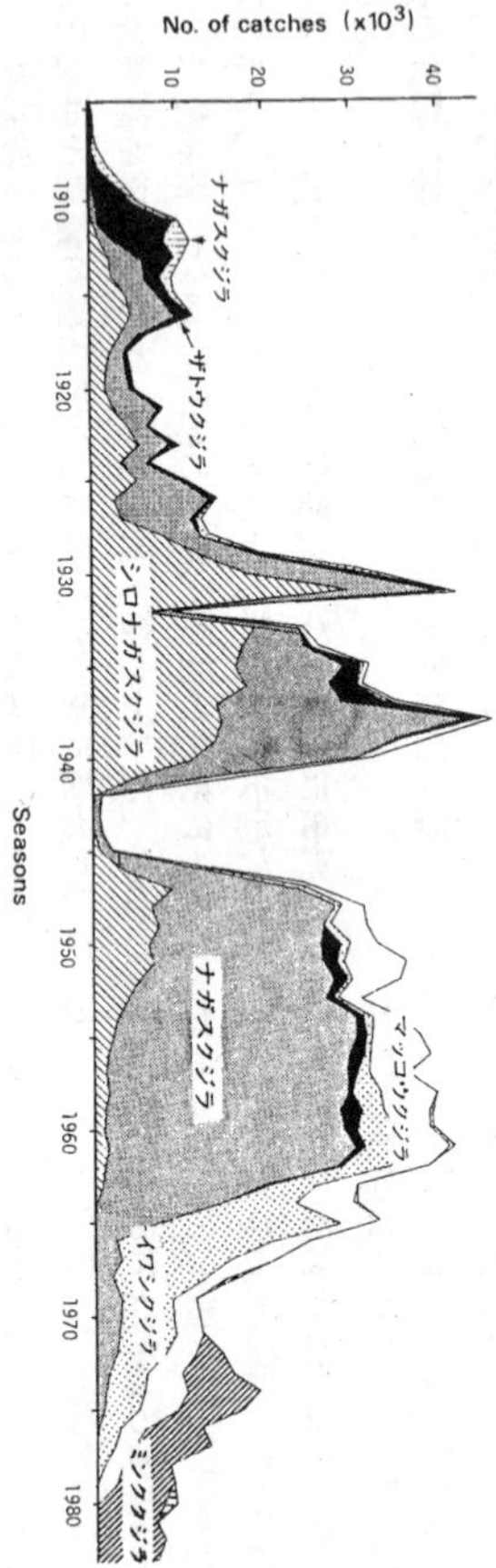

を設けた。ここに南極海捕鯨が開始され、スリップウェイを備えた捕鯨工船（母船）の導入を経て（一九二四年）、以後過去どの捕鯨にも見られなかったような目覚ましい発展を遂げた。

　南極海捕鯨は年ごとに発展を続け、一九三〇年／三一年漁期には捕鯨史上最大規模のイギリス、ノルウェーなど五ヵ国四一船団（捕鯨船二〇〇隻）が出漁し、この年シロナガスクジラ二八、三二五頭を含む、計三七、四六五頭が捕獲され、鯨油三六〇万バレルが生産された。しかし、以後、総捕獲数こそこの漁期をうわまわる年もあったが、シロナガスクジラの捕獲数はこの年をピークに減少し、一九三七／三八漁期以降の主力はナガスクジラに移行した（図参照）。日本は一九三六／三七漁期に図南丸船団を出漁させ、南極海捕鯨に参入した。南極海捕鯨は第二次世界大戦中は停滞したものの、戦後間もなく復興し、一九六〇年代初頭に再び隆盛期をむかえた。しかし、シロナガスクジラの捕獲数は減少の一途を辿り、一九六一／六二漁期には総捕獲数（三七、四八一頭）の三％を占めるのみとなった。

　鯨類資源保護に対する国際的努力は、第二次世界大戦以前より試みられ、一九三一年には二六ヵ国が署名したジュネーブ条約が、一九三七年には三七ヵ国による国際捕鯨協定が締結された。しかし、何れも内容が不十分であり、ほとんど機能しないまま大戦に突入した。一九四六年、戦前の反省点に立ち、新たな条約として国際捕鯨取締条約が主要捕鯨国一五ヵ国の参加のもとに改めて締結された。一九四八年、この条約の下に国際捕鯨委員会（IWC；International Whaling Commission）が設立され、以後鯨類資源の国際的管理を行うこととなった。この委員会は下部組織として科学小委員会を持つなど、以前のそれに比べるとかなり改善されたものの、初期には具体的管理方策を欠き、一〇年間に総枠一六、〇〇〇BWU（BWU：シロナガスクジラ換算、一BWUはシロナガスクジラは一頭、ナガスクジラは二頭、イワシクジラは六頭、ザトウクジラは二・五頭に換算する）を、わずかに一〇〇〇BWU減少させたに過ぎなかった。しかし、一九六〇年代にはオリンピック方式を廃止して国別配分方式に改め、また資源減少の著しいシロナガスクジラとザトウクジラを捕獲禁止する等徐々に効力を発揮し始めた。さらに鯨油価の暴落から欧米諸国が次々に捕鯨から撤退し、皮肉にもこの頃から管理強化の気運が高まった。一九七〇年代になると世界的に環境保護に目が向けられるようになり、一九七二年にはストックホルムで国連人間環境会議が開催され、商業捕鯨の一〇年間停止提案が勧告された。IWCはこの勧告を科学的根拠に欠けるとして、受け入れなかったが、この年BWU制を廃止して完全鯨種別規制に踏み切り、さらに管理海区別（おおよその系統群に基づく）に捕獲枠を設定し、一九七五年には資源の三分類方式による新管理方式を導入した。

以上のように、鯨類資源の管理は格段に前進したものの、資源の悪化を食い止めることは出来ず、一九七六年に戦後の南極海捕鯨を支えたナガスクジラの後継鯨種であったイワシクジラが、一九七八年にはナガスクジラが禁漁となった。一方、捕鯨国（日本、ソ連）は、捕獲枠減少の代替として、一九七〇年代初頭より小型ヒゲクジラのミンククジラの捕獲を始めており、以後、南極海捕鯨はこの鯨種を対象として、かろうじて余命を保った。幸いにも、このミンククジラは資源管理が向上されて以後に資源開発が行われ、また資源調査も強化されたこと、資源量に対する捕獲率が低いことなどにより、資源の悪化を招くことなく捕鯨が行われた。

しかし、一九八〇年代にはいると非捕鯨国の条約加盟が相次ぎ、IWCにおける捕鯨国の比率は極端に低くなり、一九八二年の総会には段階的商業捕鯨停止の提案（一九九〇年までに資源の包括的評価を行い捕獲枠を再考するとの条件付き）が採択されるに至った。日本、ソ連、ノルウェー等の捕鯨国はこの決定に対して、（条約に認められた）異議申し立てを行って商業捕鯨を継続したが、各国ともに対外関係を考慮し、一九八八年までに全海洋の商業捕鯨を停止した。IWCは現在、資源の包括的評価実施の年代に入り、科学小委員会では既に評価が終了した鯨種もあるが、捕獲再開については本委員会の合意が得られていない。なお現在商業捕鯨以外の捕鯨として、アラスカエスキモーや極東のチュコト族が、生存捕鯨として、ホッキョククジラ（三四頭）やコククジラ（二七八頭）を捕獲している。また、日本、ノルウェー、アイスランドが調査を目的としたいわゆる調査捕鯨を行い、ミンククジラ三〇〇頭、同一〇頭、及びナガスクジラ三〇頭前後を捕獲しているが、IWCでは実施再考勧告が毎年のように提出されている。

以上に、南極海捕鯨を中心として、近代捕鯨と資源管理の歴史を振り返ったが、次々と漁場を変え、また対象鯨種を変えた捕鯨の歴史はまさに乱獲の歴史でもあった。この捕鯨によって種類の現存量は大きく減少し動物相に変化をもたらしたが、これ以外にも、鯨類の大量間引きが、生態系に与えた間接的な影響も認められる。特に、オキアミを核として構成される南極海生態系ではその影響が顕著である。

南半球に生息するほとんどのナガスクジラ科鯨種は、毎年夏期になるとオキアミを求めて南極海へ索餌回遊する。シロナガスクジラの今世紀初頭における資源量は二〇万頭程度とみられるが、一九七〇年代初頭にはこの三％にまで減少した。このシロナガスクジラの減少によって生じたオキアミの余剰は、年間一億四千七百万トンに達すると考えられる。この値は七〇年間の平均の値で、資源減少の著しい一九四〇年代以降により多い余剰が生まれた。こうして生じたシロナガスクジラの生態的地位の空所には、他のオキアミ食者（生態的競争種）が進出した。具体的には、シロナガスクジラと同じ生態的地位を占めるペンギン類とミナミオットセイの経年的増加が直接的に観察された。また、シロナガスクジラと競争関係の最も強いミンククジラでは、一九四〇年代以降、性成熟年齢（性成熟にたっする年齢）が若齢化したことが判明した。ミンククジラの捕獲開始は一九七一年以降なので、性成熟年齢の若齢化はシロナガスクジラの減少によって生じた餌の余剰がミンククジラの若齢個体の成長を促進し、性成熟年齢を早めたものと考えられる（事実、年級群別に見ると成長曲線が変化したことが判明している）。この変化は自然死亡率の上昇と妊娠率の低下がなければ資源の増加に帰着するので、ミンククジラもペンギン類同様に資源が増加していた可能性が高い。以上、南極海生態系の変動例を述べたが、当然ながらこの他にも、鯨類相互間のみならず他のオキアミ食者を含めた複雑な変動が生じているものと考えられる。昨今これらの変動をシミュレーションする試みも行われているが、満足しうる成果は得られていない。今後の鯨類の資源管理には、単に捕獲量の調節だけではなく、こうした生態系への影響を含め、海洋汚染または他漁業による混獲等に十分注意を払う必要がある。

（加藤秀弘）

動物虐待

動物虐待とは、飼養動物（ペット、家畜、実験動物、動物園の動物）に対して「精神的肉体的に不当な苦しみ」を与えることをいう。しかし、屠殺や拘禁、さらにはその動物種の本来の生活様式を人為的に変容すること自体を不当とみなす人からみれば、飼養動物の存在そのものが否定の対象となるであろう。だがそこまでいかずに常識的な意味での「動物虐待」に限定してみても仏教文化の伝統をもつはずの日本は、この面で世界的に悪名高い。たとえば、イヌの首を絞めて窒息死させ副腎皮質ホルモン分泌を測定したり、ネコの脳を空気にさらして浮腫をつくってステロイド剤の影響を調べた医学論文が、「苦痛の軽減措置が不十分」として欧米の学会誌に掲載を拒否されている。動物実験については、苦痛の軽減、頭数削減、他の方法へのおきかえの3Rをすすめることが世界的な共通了解となっているのだ。

動物の保護および管理に関する法律（略称、動管法、一九七三年）にもとづいて設置された都道府県の「動物愛護センター」も、捨て犬猫の引き取りと殺処分業務に追われ、里親捜しという本来の役割は微々たるものとなっている。また、東京都は最近中止を決定したが、動物実験への払い下げも大きな問題となっている。欧米に比べて不妊去勢手術がはるかに高価であること、飼主の無責任さなどがこうしたことの背景にある。

家畜についても、欧米では「効率至上主義」で狭い場所に多数を密飼いして運動不足を強いることや、意図的な栄養不足（たとえば「上質」の仔牛肉をつくるため鉄分を与えない）などはきびしく規制される方向にある。毒性試験のＬＤ50（半数致死量テスト）やドレーズテスト（ウサギの眼粘膜で化粧品などの刺激性を調べる）は残酷であり、不必要（培養細胞試験などに代替可能）として世界的に廃止の方向にある。兵器や贅沢品の動物実験の不当性は誰にも明らかとしても、医学実験は「必要」とみなす人が多い。しかし、発癌物質のきびしい規制（原発やタバコ社会からの離脱を含む）など本来の予防医学を徹底すれば、少なくとも必要性は大幅に減るであろう。家畜の福祉への配慮から一歩進んで菜食主義を普及する動きも広がりつつある。

日本の動管法は欧米先進国とちがって動物虐待の定義さえなく、動物実験の廃止を求める会やアニマルライトセンターなどの市民団体が、国会議員の協力も得ながら、改正や運用の改善を求めているところである。

（戸田　清）

サンゴ礁

サンゴ礁とその生態系環境の危機は、一九七〇年頃より一部の地域で注目されだした。それが日本ばかりか世界各地に広がり深刻化され、近年では地球規模でこれが問題視されるまでになった。サンゴ礁は、エコシステムのなかで、最も生物学的生産性と多様性を有する海域でもあるため、地球環境問題のひとつともなっている。

サンゴ礁の危機とは、そこに生育するサンゴ群集が死滅し、その生態系の攪乱・衰退や消失を意味するもので、とくに長期にわたり回復ができないほど広域かつ大規模な場合に使われることが多い。その原因には、異常気象による水温変化や降水量などの自然的要因もあるが、年々顕著になる人間活動に伴う人為的要因が無視できない状況になってきた。

サンゴ礁は、赤道を中心に南北約三〇度の緯度内の熱帯海域に分布し、造礁サンゴを中心とした生物遺骸が潮間帯近くまで堆積してできた地形・環境である。

サンゴは、約八〇属七〇〇種にのぼり、刺胞動物門に分類され、日本では約六〇属二〇〇種以上が確認されている。この造礁サンゴ群集を中心に、魚類、貝類、甲殻類、棘皮動物、原生動物のほか、海藻類などが複雑かつ多様な生態系を有し、石灰分を分泌・沈着させて礁構造を形成している。

サンゴ礁生態系の異常や危機が、注目され出したのは、オーストラリア・グレートバリアリーフ（大堡礁）などで、異常発生したオニヒトデによってサンゴが大量に食害されはじめた一九六〇年代である。

オニヒトデ食害は、インド・太平洋の各地で七〇年代までに確認され、中部大堡礁で三分の一以上が死滅したし、グアム島でも大半が被害を受けた。日本では一九七〇年頃より沖縄本島や八重山諸島にはじまり、八五年までに、およそ九〇％以上のサンゴが食害にあったと推定される。オニヒトデは、自然的要因でも異常発生が知られているが、とくに陸から土砂流出に伴う栄養塩供給が大発生の引き金と考えられている。日本では七〇年代に始まる陸域の開発による大量の土砂が、環境汚染を引き起こし、直接サンゴを死滅させるばかりか、オニヒトデ異常発生を生起させた可能性が強い。その後一部回復したサンゴ群集に対し六〜八年周期でオニヒトデ食害が、沖縄本島で起こっており、土砂流出が続く限り、健全なサンゴ礁の復活は望めそうにない。

その他、サンゴ礁での大規模な埋め立て・浚渫・建造物設置など、直接的な破壊・消滅も顕著である。オニヒトデ食害を奇跡的にまぬがれた石垣島・白保地区は、新石垣空港建設予定地になり、サンゴ礁保全のため国内外から反対運動が展開されている。

一九八〇年代に入り、世界各地で海水の高温化による、サンゴの大量死が確認された。とくに八二〜八三年のエル・ニーニョにより太平洋東岸部で夏の海水温が三〇〜三二度を越えて、サンゴが白化現象（共生藻がとび出し、サンゴが脱色され白くなる現象）を起こした後に死滅した。これは、インドネシアや日本など西太平洋でも知られている。

地球温暖化に伴って海水温上昇も予想され、新たなサンゴの大量死滅が危惧される。また同時に海面上昇も起こり、サンゴが死滅していると、サンゴ礁の上方成長が停止されているため、サンゴ礁上の低い砂島（モルジブなどの国々）は消滅する危機が迫っている。

（目崎茂和）

マングローブ帯

熱帯・亜熱帯の海岸線を広く覆うマングローブ林は、いわば海のなかに成立する森林である。マングローブとは潮が侵入する泥地に分布する数十種の主として木本植物群の総称で、胎生種子を持つ樹種、特殊な形態の支柱根や気根を発達させる樹種などがあり、滞水条件下で生活する樹木の適応の面白さを見せてくれる。樹高が四〇㍍にも達する大型の森林も存在する。マングローブ林には陸上と海の生物相が共存しており、干潮時には地床にカニや貝類が多くみられ、満潮時には魚やエビ類などが森林に入ってくる。したがってマングローブ林という生態系では、物質循環の経路が海に開放している。樹木が生産する有機物の一部は枯死して地床に集積し、潮によって海に運ばれる。これらは海の栄養分となり、プランクトン、甲殻類、魚類、鳥類などの食物連鎖に取り込まれる。

マングローブ帯と人間との関わりは古い歴史を持っている。熱帯の沿岸地域の住民は、マングローブ材で家を建て、近海で採れた魚介類を食べ、時には植物成分をさまざまな薬品として利用していた。熱帯の沿岸には、独自の文化を持った地域社会が存在していたと思われる。このような穏和な森林利用の時代は、近年になって、人口の増加、経済の変革とともに終わりを告げた。熱帯の住民は便利な生活物資を購入するようになり、貨幣を獲得することが生活にとって重要となった。さらに交通手段と道路網の整備により商品の流通圏が拡大し、マングローブ林の利用形態は大規模かつ収奪的なものに変化した。この結果として、大型で生物相の豊かなマングローブ林はほとんど消滅し、人口密度の高い熱帯沿岸のほぼ全域が二次林化して、規模の小さな森林となってしまった。とくにマングローブ帯が製炭、エビ養殖池やスズ採鉱に利用される東南アジアでは、マングローブ林の面積消失率が一年で数％のレベルにも達している。

マングローブ帯の消失は、植物資源の消耗をもたらすと同時に、それが開放系である故に海洋の貧栄養化を招く。成熟したマングローブ林は内陸の熱帯林と比較できる規模の現存量を持っているが、それらの分布が沿岸域に限られるため植生帯としての面積は大きくない。したがって、良質の炭がとれるという利点はあるが、木材資源としての総合価値は内陸の森林ほど高くないと思われる。むしろ、漁業と関連して海洋の涵養源としての価値が高いのであるが、このような間接的な森林の効用は、急速に進展する経済状況下ではまず顧みられない。現在の二次林化したマングローブ林では、森林から流出する有機物量はすでに著しく減少したと考えられる。最近の漁業の不振はマングローブ林の減少と何らかの関係があるだろう。

森林という生態系は多くの生物種を含んでおり、それら相互間の生物過程および環境との関わりは単純ではない。とりわけマングローブ林では土壌中の地下水位が高く、根に働く海水のストレスが植物の分布を強く制限する。土壌中にはカニ類や環形動物の巣穴が高い密度で存在し、主にそれらが地下水脈のネットワークを形成している。潮汐の力でこれらの地下水脈の水位が変動する時に、植物の根は好気的な条件におかれる。樹種に固有な根の形、動物の分布、環境の三者が組合わさってマングローブ林の構造が維持されていると考えられる。このような微妙な生態系の仕組みを無視して、陸上の森林と同じ様な取り扱い方をすると、一度伐採したマングローブ林の再生は著しく困難になるだろう。

以上のように、マングローブ帯の消失は海洋を含む広域の生物的危機をもたらす恐れがある。熱帯林の適切な管理方法を構築するためには、生物学や社会経済学など熱帯研究を充実させる機会を研究者に与え、基礎研究の成果を施策に積極的に応用するシステムを作ることが必要である。基礎研究－情報処理－広報伝達－施策実行、という一連のシステムを社会が持つことが望まれる。（小見山　章）

原生林伐採

人為および自然災害などによる大規模攪乱を受けたことがない極相状態にあると見なしうる森林（原生林）が、林産物の収穫、林地の農地への転換、道路・ダム・観光施設建設などのため攪乱・破壊され、極端な場合には消失することをいう。世界の原生林の絶対量が減少し、その分布も特定地域に偏在している現在、この現象は地球汚染と環境破壊、自然保護、生物資源、南と北の経済格差、少数民族、政治的利権と社会的不公平の諸問題と関わる。

原生林は炭素の巨大な集積プールである。伐採はこのプールを破壊し、大気中に温室効果ガスとしての CO_2 を大量に放出させる。したがって伐採後の森林再生に支障が生じる場合や土地転用を目的とした開発が行われた場合には、増加した大気中温室効果ガスの吸収・集積先がなくなり、温暖化による地球汚染の一因となる。また、森林には雨を呼ぶ性質があるという考え方が正しいとすれば、森林を大規模に強度攪乱した場合には、温室効果ガスによる異常気象が生む局地的乾燥と独立に、伐採跡地で局所的砂漠化が進行することになろう。伐採が水源枯渇、洪水、侵食、山地崩壊など、直接的環境破壊の危険性を伴うことはいうまでもない。

原生林は多種の動物・植物・微生物が共存する生物進化の最高傑作であり、豊かな遺伝子資源の保存地である。それは地域を代表する生物的自然の雛型でもあり、生命維持系として土地利用、農林業、環境保全技術に基礎データを与える。伐採はこれらの遺伝子プールや生物的自然の理想モデルを劣化させる自然破壊作業に他ならず、生物界の多様性の保全と自然保護問題とに密接に関わる。

原生林は人に慰めを与えるだけでなく、地球上で最も効率が高く、かつ再生可能な太陽エネルギー固定・変換システムとして、用材、燃料、食料、医薬品などの生活必需物資を人間に供給する生物資源である。いかなる科学技術を用いても、これに比肩し得る工学システムを人工的に作ることは不可能である。伐採の必要性を訴え、かつ合理化する論拠は、原生林に備わる再生可能な生物資源としての属性に求められる。不幸なことに、現行の伐採には資源開発だけが再生の限界を越えて跛行的に発展し、明日に残されるべき資源を先取り、浪費してしまう危険性が潜んでいる。

原生林の多くは開発途上国に分布し、重要な輸出収入源として途上国の経済発展を支えている。林産物の輸入側は日本を始めとする先進国である。この国際商取引において問題なのは、林産物の値段が安すぎることである。すなわち先進国は林産物の価格を不当に安く抑え込み、途上国の経済発展と環境保全努力を阻害しながら、世界の貴重な森林資源を浪費している。したがって伐採は深刻な南北問題である。

原生林のなかには、森が生活の全てである森の民が暮している。このような人々にとって、現地で広く行われている商業伐採は自己の生活領域への不法侵入であり、生活基盤を崩壊させる攻撃行為に他ならない。したがって伐採は少数民族問題でもありうる。

原生林伐採は経済行動であり、政治的利権や伐採が生む富の不公平な分配の問題と無縁ではない。前述の途上国と先進国間の不公平な商取引や森の民の生活基盤破壊、伐採跡地で行われる粗放・無計画な農業開発による熱帯雨林の消滅などは、この問題の深刻な現われである。同じ例を現在の日本で見ることは容易である。林野庁が行ってきた原生林伐採には、国民資産の不当な価格による払い下げと映る場合もあった。また、原生林を分断する山岳道路建設の多くは、土木建設資本のみを利し、税金の無駄使いに終わっている。

諸問題への対策としては、①原生林に由来する全ての林産物の価格に森林修復費用を含ませること、②伐採を実施した事業体に、事業終了後の森林修復を義務づけること、③十分な広さの厳正保護区を設けること、④国際熱帯木材機関（ＩＴＴＯ）などを通じて森林保全の国際ガイドラインを作ること、⑤資源の浪費を慎むこと、⑥少数民族の生活圏を保証すること、⑦原生林と関わる諸機関及び事業体の情報公開制度を保証し、原生林伐採の審査制度を創設すること、などが考えられる。また、日本の措置として、林野庁の独立採算性を廃止して事業体質を改善すること、環境庁に原生林保護の専門職を創設して自然保護局などの権限を強化すると共に、林野庁管轄地を環境庁に一部移管することなども必要となろう。（山倉拓夫）

熱帯雨林の消滅

熱帯雨林の分布とその生態系　熱帯雨林とは、赤道を中心として南北に移動する赤道気団に覆われた熱帯気候のもとに成立する森林（熱帯林）を広く指していう場合が多い。しかし狭義では、年中、高温多雨という生物にとり成長ストレスの少ない環境に成立した森林を熱帯降雨林とよび、乾季の影響を受ける熱帯季節林と区別している。熱帯雨林が陸上生態系のなかではもっとも複雑で相互に依存した多種多層の構成をもつ豊かな森林である一面、いったん外部から攪乱されると森林の低質化や砂漠化を引き起こす、壊れやすい生態的特徴をもつとされるのは、この熱帯降雨林で典型的に示されるものである。

熱帯雨林は全世界で約三〇億haあり、そのうち密生状態を保つ原生林は約一二億ha、生産林としてあるのは、うち九億haとされている（ＦＡＯ・一九八〇）。

熱帯雨林の消滅論　一九八〇年にアメリカの政府が発表した「西暦二〇〇〇年の地球」によると、今世紀末までに世界の開発可能な熱帯雨林のすべてが消滅すると予測している。このような熱帯雨林の消滅が地球の環境にどのような影響をもたらすのか、実証し難い分野であるだけにさまざまな意見がみられる。その多くは仮説にとどまり、警世論として意味をもつが、反面、先進国間の国際政治における戦略に組み込まれ、また新たな南北問題となる側面をもっている。これらの代表的な論調は次のようにまとめられるであろう。

①森林中の生物体や土壌に貯えられていた炭素の放出が大気中の炭酸ガス濃度を高め、「温室効果」の一因となり地球の気温上昇をもたらす。②地球表面の太陽光線の反射

率を変え、地球の気温を上昇させる。これらの気温上昇は降水量の地域分布に変化を与え、洪水、干害などの異常気象の原因となる。③熱帯降雨林の消滅は遺伝子資源の喪失をもたらし、将来の人間社会に重大な損失を与える。

熱帯雨林消滅のメカニズム　熱帯雨林は上述のように地域によりその分布や構造を変え、また社会経済構造を異にしているため、その消滅の仕組みを一様に示すことは難しい。ここでは東南アジアの場合を例にとり、その共通点をまとめると次の通りである。

第二次大戦後、熱帯諸国の多くは欧米諸国の植民地支配から独立し、一九六〇年以降、大規模農林業開発事業に着手している。これはかつての植民地時代に作り出された輸出作目を中心とする偏った土地利用と独立以後の爆発的な人口増加・食糧需要増大との矛盾を解決し、さらに国家自立のための新たな財政収入を目指す方策でもあった。

この時期における多くの農業開発パターンはダム建設を伴う流域開発の形をとるものが多く、それは主として中枢・平坦地域における大規模灌漑を基軸とした水田・耕地の大規模造成による食糧供給力の増大を目指すものであった。

この開発事業は高生産力米麦品種の開発とあいまち、紆余曲折はあったとしても、「緑の革命」と呼ばれるほどの中枢・平坦地域を中心とした農業生産力の上昇を結果させている。しかし反面、それは農民間における土地所有と所得の格差を拡大させるものとなった。とくにこれまで地域共同体の慣行や複合的な土地利用によって相互扶助されていた「土地なし農民」を中枢・平坦地域より排出させることになった。彼らの一部は都市のスラムへ、残りは農耕適地を求めて中・下流域から上流域へ、また中枢地域からフロンティアへと移動して森林の火入れ開墾をおこない、主としてキャッサバ、トウモロコシ、サトウキビやコショウ、チョウジなど輸出市場向けの投機的農耕を拡大していった。森林の消滅はまずこのような農地転換や粗放農耕によりもたらされている。

一方、一九五〇・六〇年頃より各国政府は財政収入を目指して、その所有する森林のコンセッション（伐採権）を、国内市場や輸出市場に向けて森林の伐採・利用を行おうとする企業者に、低廉な価格で売却して開発させる大規模森林開発を本格化させた。

一九五〇年から七三年にいたる間に世界の熱帯材輸入量において日本が五四％を占めるに至ったことが示すように、我が国の高度成長経済のもたらした熱帯材市場の拡大はこのような熱帯雨林の大規模開発を支えるものとなった。

このコンセッション・システムはインドネシア・カリマンタンの場合を例にとると、伐採木を限定する択伐方式をとり、さらにコンセッション面積をブロックに分け、年間伐採量と伐採ブロックを指定する規制を行い、天然更新による森林の保続生産を目指している。しかし、実際には熱帯雨林の多種多層な森林構造が伐採企業の採算可能な樹種の出材量を低め、投資の早期回収を図る上で規制以上の伐採をもたらしがちとなった。この他、林道敷地としての森林喪失や、機械化集材による森林損傷とともに、産地国の木材工業化を維持するための二次林に対する繰り返し伐採の拡大も、熱帯雨林の低質化や消滅をもたらしている。

これらは従来、広範な熱帯雨林を対象として伝統的な焼畑を行ってきた山地民の生活場所を次第に狭め、保続生産を維持するために必要な休耕期間の短縮をもたらすことになった。

定着して地力の再生維持を可能とするほどの資本や労働力をもたない下流よりの参入農民による粗放な火入れ繰り返し農耕と、伝統的焼畑山地民の休耕短縮は、荒廃草地を拡大し、さらには砂漠化を進めることによって回復不能な熱帯雨林の消滅をもたらすことになっているのである。

熱帯雨林再生への方向　熱帯雨林消滅のメカニズムは以上のように国際的・国内的な諸関係を歴史的・空間的に凝縮したものとしてあるといえよう。それだけにこの問題の解決、とくに熱帯雨林の再生は決して容易ではない。しかし、それは何よりも、熱帯雨林を生活や産業の場所とする人々のありようと関わる問題であり、森林の回復力の限界内で森林（土地）の人口扶養力を最大限とするような人と森林および人と人との関係の創出がまず求められねばならない。具体的には土地所有・利用権の明確化や合理的な農林生産複合（アグロフォレストリー）システムの確立など、土地に対し集約的な労働力の投下を実現する条件の整備を要するであろう。それを超える人口増加は農村部における農業生産性の増大や都市産業の発展とその雇用増大によってカバーされる必要があるであろう。

熱帯雨林の保全と再生をめぐる先進国の提言や「援助」も、このような総体的な関係を実現させる方策と手段抜きには、有効性をもたないばかりか矛盾をさらに拡大しかねないと考えられる。

（森田　学）

単一樹林

ある程度、降水と暖かさに恵まれた地域では、森林が成立する。この二つの環境要因にもっとも恵まれた熱帯降雨林は、多くの樹種からなる森林である。乾燥や寒冷がすすむにつれて、森林の構成樹種は単純になる。もっとも顕著な例はシベリアのダフリカカラマツ林である。

一方、人間は自分たちにとって都合のよい樹木を生産する森林を造成してきた。熱帯のチーク、成長の速いユーカリ、日本中・南部のスギ、ヒノキ、北部のカラマツ、中国南部の広葉杉、ヨーロッパのドイツトウヒ、ヨーロッパモミなどの単一樹種林である。

都合のよい樹木を能率よく、大量に得ることが単一樹種による同齢林造成の目的であるが、いくつかの欠点、弱点がある。

まず第一に、環境条件にそぐわない樹種の植栽による生育不良林の出現である。造林不成績地といっている。林業にとってもっとも重要なのは、適地適木である。次に、その森林環境が単純になりやすい。ここでは、多樹種林のように一部の樹種のみが病虫害の被害を受けることにはならず、被害の大発生がおこることになる。日本では、ポプラの造林地が虫害で全滅した例がある。ドイツトウヒの同齢一斉林では、林床に陽光が入らなくなり、落葉落枝の分解が進まず、土壌のポドソル化による地力の低下が進む。これを防ぐために、カンバが混植されたりする。

単一樹種林だけに限るわけではないが、短伐期で伐採、植栽をくりかえすと、地力が低下するといわれている。それは、伐採、搬出に伴う養力物質の持ち出しによるだけではなく、伐採、地ごしらえの際の裸地化により、養分に富んだ表層土壌の浸食による流亡が影響するようである。

経済的に余裕のある国では、林業の経済性と環境や自然保護との調和が試み始められているが、途上国とくに熱帯地域では、まだ人工造林の経験が少なく、単一樹種による一斉同齢林の短伐期皆伐施業には、じゅうぶん注意する必要がある。

（岩坪五郎）

品種の画一化

近代育種は、日本では国家事業として、あるいはアメリカにおけるように種苗会社の営利事業を中心に進められてきたが、国による推奨品種の設定や種苗会社の宣伝活動と並行して、近年における農産物の流通域の拡大があったため、品種の銘柄化が急速に進み、品種の画一化をもたらしている。農業の機械化、工業化もまた、品種の画一化を進めた。

日本における品種の画一化の代表例は、イネのササニシキ、コシヒカリである。このほか、トマト、キュウリ、ジャガイモなどさまざまな作物や、ニワトリやウシなど家禽、家畜でも品種の画一化が進んでいる。

日本のイネを例にとると、大正時代の神力、昭和初期の旭、戦前戦後の陸羽一三二号、農林一号といった、当時の第一位の品種でも、全水田作付面積の一〇％強を占めるにすぎず、〇・一％以上栽培されていた品種の数は、百を超えていた。トマトやキュウリも、かつてはさまざまな品種のものが八百屋に並んでいたし、ニワトリも、在来品種も含めて、さまざまな品種が飼育され、色とりどりの鶏卵が見られた。

品種の画一化は、こうした貴重な遺伝的変異の著しい減少をもたらしており、遺伝的変異の新しい組合せをつくり出す交配育種による新品種育成の可能性を著しく狭めている。育種の主流であった交配育種がもはや困難になってきているのである。かつて放射線照射による突然変異を利用する放射線育種が叫ばれ、現在では、バイオテクノロジーによる新作物などの作出が強調されているのも、実はそのためなのである。

また、品種の画一化は、病虫害の広域発生の可能性を増大させ、農薬の予防的大量定期散布による農作物の農薬汚染を招いている。さらに、東北地方で続発したイネの冷害も、画一化された品種が、低温に感受性の開花期や穂ばらみ期に一様に被害を受けたものであり、画一化の典型的な弊害例である。

（市川定夫）

遺伝子資源の減少

遺伝子資源の減少は人類の生存に危機をもたらす重要な問題となっている。その発端は二つの面から提起された。一つは文明の発展につれ、地球の至るところで土地の開発が進み、遺伝子資源の供給源として重要な自然資源—野生種—の消失を招き、それはまた多くの有用形質をもつ可能性の多い栽培植物の起原に関与した祖先野生種の絶滅、すなわち遺伝子の補給源として重要な役割をもつ野生種の消滅を招く結果となった。他の一つは経済的生産の追究などから、限定された経済的品種の依存による作物の遺伝的画一化への傾向と、それに伴い各地域の在来品種を消滅へと導いて、それは遺伝的侵蝕として世界各地に現われた。しかも各作物の限定された品種による遺伝的画一化は世界的な規模で進行中である。限定された品種による依存がいかに危険な末路をたどるかということは、幾多の歴史的教訓がある。

各種作物の遺伝的画一化

	作物名	主なる品種数	それら品種の占有率
アメリカ	トウモロコシ	6	71%
	ダイズ	6	56
	ジャガイモ	4	72
	ワタ	3	53
カナダ	パンコムギ	4	76
	オオムギ	3	64
	ナタネ	4	96

（Mooney, 1979 より作製）

たとえば一八四〇年にアイルランドのジャガイモ畑を突如として襲った疫病はその生産に大凶作をもたらし、その結果、二〇〇万人にも上る餓死を見、また、それ以上の人々が故国を棄て、新天地を求めて他国へ移住することを余儀なくされた。また近年、一九七〇年にアメリカにおける雑種トウモロコシのごま葉枯病による壊滅的打撃は世界的経済恐慌を招来するなど、多くの食糧危機が訪れた。これらは、いずれも限られた系統により育成された品種に大きく依存した結果、招来された破局の典型である。病原菌に対して恒久的に抵抗性をもつ品種というものは存在しない。病原菌も長年の間には突然変異によって、新型の病原菌が新生することは自明のことで、しかもいずれの病害による大凶作も突発的に起こる特徴をもつ。北欧のジャガイモの栽培品種は一六世紀にイギリスの探索隊によってカリブ海沿岸から持ち帰った一系統より育成された品種群に依存していた。トウモロコシの場合も、交雑母本にT型細胞質という単一の雄性不稔細胞質を利用した雑種組合せを長年の間栽培してきた結果である。そのような歴史的教訓があるにもかかわらず、表に示すように、作物の限定品種による栽培の傾向はますます増大し、その結果、各種作物は遺伝的画一性の一途をたどっている。この傾向はアメリカやカナダだけの現象でなく、世界的規模で進行している。

この現象に拍車をかけてきたのは、「緑の革命」と呼ばれるもので、優良品種が農業の近代化を導くとして一九七〇年代から世界的規模で特定の品種が普及した。たとえば「緑の革命」といわれたコムギの高収性品種は、コムギの起原地であり、その変異の多様性の中心地である近東のコムギの栽培地域にも導入され、それらの地域では今世紀の終わりまでには完全に在来品種が消失されるといわれている。しかし今までは病害による全滅の危機も、その多様性の中心地─栽培植物の起原地─から新しい遺伝子資源を補給することによって、その危機を乗り越えてきた。

以上のような遺伝子資源の文明の進展に伴う消失と限定品種依存─遺伝的画一性─遺伝的侵蝕による遺伝子資源の消失の現状は人類の食の歴史において経験したことのない憂慮すべき事態といえる。

また「緑の革命」は、種子産業の世界市場への進出を助長し、一粒の種子が世界を征服するという誤った思想を産み出した。それが新品種の開発競争として現われ、〝種子戦争〟なる言葉も出現した。一方いかなる優良品種でも生態的環境条件の異なる各地域で高生産をあげるためには、多肥多農薬の実施が必須条件である。これらの実施は第三世界－開発途上国に対して、肥料・農薬などの農業資材の投入による経済的負担を大にする以外に、農薬使用による生態的攪乱によるマラリア患者の多発、機械化農業による小栽培の地域に特有な作物の消減など多くの問題が生起した。

（田中正武）

ダム建設

西暦二〇〇〇年までに、地球上の河川流量の六六％がダムで調節されるという予測がある。この背景には、世界的に巨大なダムが増えている現実がみられる。ダムの堤の高さだけを比較しても、高さ一五〇㍍以上の巨大なダムが地球上に既に一〇〇基以上数えられている。ダムの数の増加、特に巨大なダムの増加は、今や地球上の河川のみならず下流の海に対して、環境と生物相の大変革をもたらす脅威になっている。

ダムの背面に人工湖ができると、そこでは湖沼の静水環境に適応した種類の生物が増殖し、河川の流水環境に適応した種類の生物は減少する。またこの人工湖では、湖水中の栄養素の濃度と生物量が増大するという、湖沼特有の富栄養化過程が進むので、次第に水質が汚濁して、清澄な水を好む生物が減少する。さらに数多くみられる魚道のないダムでは、サケの遡上のような、種の保存に不可欠の行動が阻止されてしまうことがある。ダム建設は、このような河川環境と生物相の改変を必然的に伴っており、影響が強く出たとき種の絶滅をも招きかねない。

またダム建設は下流の大地と海の環境に影響することがある。琵琶湖の六倍の水をためる巨大なアスワン・ハイ・ダムが一九六四年に貯水を始めて以来、ナイル河が運んでくる肥料成分の豊かな土壌粒子が人工湖で沈殿してしまい、河口の三角州の面積と土壌肥沃度の減少、さらに地中海の魚獲量の減少などが生じた。なお巨大なダムには、気候変化や地震発生を招く恐れもある。

以上のようにダム建設の影響は大きい。今や人類は、地球上に多種多様の生物が共存することが生物全体の安定した生存を支えていることを念頭において、残っている自然河川をダム建設の対象から除外したり、古いダムの再生利用、ダムの小規模化、地下ダムの利用などを考える時に来ている。

（香川尚徳）

人工化合物

人類が化学的につくり出した、もともと自然界には存在しなかった化学物質を総称して人工化合物という。強力な殺虫剤としてかつて広く使われたＤＤＴやＢＨＣ、日本で豆腐や魚肉ソーセージなどに使われた強力な防腐剤ＡＦ２、ノー・カーボン紙やトランスの絶縁体などとして広く利用されたＰＣＢ、合成洗剤（合成界面活性剤）のＡＢＳ、ＬＡＳなどがその好例である。

こうした人工化合物は、石油化学、合成化学、高分子化学などの発達に伴い、これまでに数多くつくり出されており、その大部分が石油を原材料とするもので、新しい人工化合物の数は、近年、ますます増えている。

重要なことは、どんな生物も、その長い進化の過程でこうした人工化合物にかつて遭遇したことがなく、それゆえ、さまざまな深刻な問題が生じることである。

まず、生物にとって未知の物質であるから、生物は、これら人工化合物を識別して忌避する（摂取しない）とか、体内に入ってきても酵素的に分解するとか、無毒化するとか、速やかに排出するといった防御能力を予めもち合わせていない。したがって、これら人工化合物には、生体内に蓄積・濃縮されやすいものが多い。体内に入ったPCBがそのまま蓄積してカドミ油症をもたらしたのも、DDTやBHCがいまだに環境中や体内に残留しているのも、そのためである。

また、こうした人工化合物の多くが、程度の差こそあれ、変異原性や発癌性を示すことも深刻な問題である。つまり、あらゆる生命現象の設計図である遺伝子DNAの塩基配列を変えてしまうのである。DNAの特定の塩基に作用して塩基対の交代を起こしたり、塩基対の欠失・付加を選択的に起こす、DNA鎖を切断する、DNAの複製を妨げるといった、さまざまな作用をもっており、生物とは相容れないものなのである。

（市川定夫）

環境変異原

二〇世紀の後半は化学の時代であった。おびただしい数の化学物質が合成され、あらゆる分野で応用され、多くの場合、これらを利用してきた産業界に大きな利益をもたらした。当然、これら新合成化学物質のヒトに対する安全性や環境への影響が常に問題になってきた。安全性に関しては、従来、主に小動物を用いて行う急性毒性や慢性毒性などの一般毒性試験によって評価されてきた。やがて発癌性や催奇形性などの特殊毒性を示すものがあることが明らかになり、これらの毒性試験も必要欠くべからざるものとなってきた。

化学物質の新しい毒性として、一九七〇年代から世界的に注目されてきたのが変異原性である。変異原性はDNA分子に化学的な変化を与えて、細胞を突然変異に導くものである。DNAの構造や機能は微生物からヒトまでのあらゆる生物種で共通であることから、微生物に変異原性を示す化学物質は、ヒトにも遺伝的影響、つまり遺伝毒性をもつ可能性がある。変異原性を有する化学物質、すなわち変異原がさまざまな形で環境に分布していることが次第に明らかとなり、これらは総称して環境変異原と呼ばれている。

一方、環境に分布する発癌物質は現世代の健康に直接かかわるものである。癌制圧のためには、これらの発癌物質を有効に検出し、環境から排除することが最も重要である。しかし化学物質の発癌性を調べるためには、多数の動物（ラットやマウスなどそれぞれ数百匹）に約二年間も投与する必要があり、一検体当たり数千万円という経費がかかる。

変異原や発癌物質の研究過程で、この両者が高い相関を有していることが認識された。このことは発癌性チェックのための動物実験のかわりに、微生物の変異原性を調べればよいことになる。バクテリアなどの微生物を用いて変異原性を調べることは簡便で、費用も数千円で済み、結果も数日で判明するという利点があり、バクテリアを用いての変異原性試験は、環境から発癌物質をつまみ出す有力な武器となったのである。

現在、最もよく利用されているのは、一九七五年、アメリカ、カリフォルニア大学のエームス博士が開発したサルモネラ菌を用いるエームス法である。例えばＴＡ98とＴＡ100という菌株を用いるとＤＮＡの遺伝の情報にどのような変化が生じたかが分かる。変異原性試験は微生物細胞への遺伝的毒性を見ているのであるが、現在はもっぱら化学物質の発癌性スクリーニング法として評価されている。現在この方法が発癌性のチェックのため、簡便でしかも有用であることが認識され、世界中の関係諸機関で採用されている。

人間の癌に最も重要な影響を与えると考えられるのは、やはり食品関連物質、特に現代に入って多用されるようになった食品添加物や農薬である。そのため、まずこれらについて短期テストが行われた。わが国で最初に引っかかってきた大物は、ＡＦ-２であり、大きな社会的事件となった。この時、消費者は初めて変異原という言葉を知ったのである。ここではＡＦ-２を例に、環境変異原の問題点を見てみよう。

一九六五年、ＡＦ-２（化学名：フリルフラマイド）は安全で効果の高い保存剤として、食品業界の期待をになって登場した。厚生大臣によって食品添加物として認可されると、まず、ねり製品に添加され、保存性のある魚肉ハム、ソーセージが出回り、やがてトウフにも使用された。一九七三年、ヒトの細胞をＡＦ-２と一緒に培養すると、染色体異常が高頻度でみられることが発見された。さらにバクテリアや昆虫などにも強く突然変異を起こすことが確認され、ＡＦ-２が強力な変異原であることは疑いのない事実となった。このことはマスコミに報道され、変異原ＡＦ-２は連日のように新聞の社会面で主役を演じた。各地で「ＡＦ-２反対運動が巻き起こったが、厚生省は「ＡＦ-２は安全である」という趣旨の通達をだした。また変異原性だけでは、禁止などの行政の対象とはならなかった。

変異原性が発見された時点で、国立衛生試験所で発癌試験が開始され、陽性であることがわかって、一九七四年、ＡＦ－２は禁止された。発癌物質による発癌は、成人の場合一五年以上の潜伏期があることが、職業癌（発癌物質を使用している工場従業者などに高頻度で生ずる癌）の経験からわかっている。このことは、ＡＦ－２による癌は、現在、日本人集団に、襲いかかっている可能性がある。しかしそのリスクについて研究は行われていない。

ＡＦ－２は発癌性のために禁止されたが、同時に強い変異原性を有する。このことは日本人の遺伝子プールに、ある確率で損傷を与え、後世代になんらかの遺伝的影響が生ずる可能性を示している。ＡＦ－２の日本人集団への遺伝的な影響をできるだけ正確に見積ることはきわめて重要なことであるが、これについても何も行われていない。

その後、輸入柑橘類の防黴剤ＯＰＰ（オルトフェニルフェノール）、パンの原料小麦に使用される臭素酸カリウム、ゆでめんなどの漂白・殺菌剤の過酸化水素、酸化防止剤ＢＨＡなどの食品添加物に、変異原性が発見され、動物試験で発癌性も明らかになったが、ＡＦ－２を最後にこれらは禁止されてない。

発癌性や遺伝毒性などの特殊毒性は、集団に対して確率的に生ずるので、集団毒性と呼ぶこともできる。一般毒性と異なる最大の特徴は、毒性が直線的に増加し無作用量が確定できないことである。したがって許容量という概念からの使用基準を求めることが不可能なので、特殊毒性を示す物質は食品添加物のように大集団を対象とする目的に使用されるべきではない。

簡便な変異原性テストが開発されたことによって、環境のあらゆる物質がその対象となり、食品添加物以外の食品関連物質にも適用された。その結果、人工的な化学物質だけでなく、もともと自然界に存在するカビの毒（アフラトキシン）や、植物成分のフラボン化合物、アミノ酸の加熱分解生成物などのなかからも変異原があぶり出されてきた。しかし、人類が太古の昔から接してきたものと、現代に入って産業の利益のために使用される人工化学物質を同列に論じるべきではない。

数々の変異原について、その遺伝的危険度をどう評価するかは、人類の未来のためにも重要である。エームス法で単位濃度当りのサルモネラ菌の突然変異コロニー数を比較したり、自然突然変異を倍加させる濃度を比較する試みもある。しかし、環境の分布や人体内の代謝などまだ未知の要因も多く、なお人間への遺伝的危険度を論じるまでに至っていない。

一方、発癌危険度の推測は、TD_{50}（50％の小動物に腫瘍を生ずる濃度）によって比較することが行なわれている。これによれば物質の種類によって二、〇〇〇万倍もの差が認められる。この場合も、人間への危険度は物質の発癌強度だけでは決まらない。環境中の分布量、生活必要度、経常的摂取量などの因子も重要である。

変異原は、現世代への発癌だけでなく、子孫に遺伝的影響を及ぼす恐れのあるものである。二〇世紀後半の多種、大量の化学物質の乱用は、子孫に重大なつけをまわすことになったのではないだろうか。

（西岡　一）

枯葉剤

枯葉剤とは除草剤のことである。しかし「枯葉剤」というともっぱらベトナム戦争で使われた除草剤を指すようになった経過を説明することにしよう。ベトナム戦争への米国の公然の介入は一九六一年から始まり、一九七五年に終戦を迎えたが、一九六二年から七一年まで一〇年間にわたって、南部ベトナムの森林に三八〇〇万㍑もの、大量の除草剤（枯葉剤）が散布された。解放勢力の潜むジャングルの木（一部は農作物）を枯らして、攻撃しやすくするための作戦であったが、これほどの大量の農薬が戦争に使われたのは前代未聞であった。

この作戦が進行するにつれて、南ベトナム（当時のサンゴン政権）の各地の病院で、胎児の奇形化による流産、死産が激増し、無事に出産した場合でも、眼球がなかったり、心臓の奇形、手足の骨の変形など重い症状の子が多いことが報道された。

この時に主に使われていた枯葉剤は、「オレンジ剤」と呼ばれ、二・四・五-Tと二・四-Dという二つの除草剤を混合したものであった。

この間アメリカでは、二・四・五-Tのなかに含まれるダイオキシンという物質が、動物に癌や奇形を発生させることが証明され、世界中から抗議や非難が相ついだ。

この時散布された、二・四・五-Tのなかのダイオキシンの含量は、一九六五年まではなんと六五・六ppm、それ以降は一・九八ppmであった。この変化は枯葉剤のメーカーが一九六五年の時点で、ダイオキシンの発癌性や胎児毒性を知っていたことを物語っている。それにもかかわらず、「枯葉作戦」は続行された。そして当然のことながら、枯葉剤の影響は帰国後の米国の兵士にも及んでいる。

ところで、除草剤二・四・五-Tは日本でも一九六八年から一九七〇年に国有林で使用され、中止されたあとでも、廃棄の仕方がずさんで地下水を汚染したりした。

（宇根　豊）

残留農薬

農薬の残留は、その農薬の分解速度、そして残留量測定までの散布後経過時間によってその程度が異なる。

既に禁止になったＤＤＴやＢＨＣ、ドリン剤などの有機塩素剤は自然界でなかなか分解されず、長期に残留する。

農薬の残留は主に人体に摂取される時点での量が問題になるため、アメリカなどで法的に許可されている収穫後の農薬処理＝ポスト・ハーベスト処理は、多量の残留をまねく。事実、アメリカやオーストラリアの小麦から有機燐剤のマラソンやレルダン、スミチオンが多量に検出されている。また、日本国内の問題では、最近とくに多く認められてきた収穫前日までの農薬散布許可品目の増大も大きな問題である。

一般に散布された農薬は、自然の力によって分解されている。太陽の光、風など空気、水、微生物などである。ポスト・ハーベスト農薬のように暗い密閉された倉庫や船のなかでは、田畑で分解されるようには、なかなか分解されない。実際、作物の種類にもよるが、ＴＰＮなど何種類もの農薬が残留している。人体には一九七一年に禁止されたＢＨＣ、ＤＤＴが依然として残留し、残留量と子供の反射異常などの症状発現には相関関係があるとされている。またＨＣＢ、種子消毒用の有機水銀剤、エンドリンなどの農薬残留による食中毒は、イラク、イランなど世界で多発している。八五年にはアメリカのアルディカーブが残留したスイカで一五〇〇人が中毒を起こし、八人が死亡している。

米国連邦研究会議が発表した「残留農薬に関する報告書」によると、残留農薬による発癌リスクから推定した食品の発癌リスクは、アメリカ人の食生活パターンでは高いものから①トマト②牛肉③ジャガイモ④オレンジ⑤レタス⑥リンゴ⑦モモ⑧豚肉⑨小麦⑩大豆となっており、上位一五品目で、米国における全食品の発癌リスクの七八％を占めることになるという。そして一〇〇〇人中四・五人が発癌の危険性があるとしている。これを日本に置き換えると、発癌の危険性は三分の一に減少するといわれているが、リスクの順位は大きく異なり、大豆などがその摂取量から危険性大の食品になることは否定できない。また、日本で設定されていた残留農薬基準は五三農産物二六農薬で、九一年秋三四農薬が追加され、以前の農薬についても見直された。国際化の名のもとに基準は大幅に緩和されている。日本人の食生活パターンに合った基準設定の再検討が必要である。

（浅沼信治）

アフラトキシン

アフラトキシンは、**アスペルギルス・フラブス**というカビのつくる毒素であるが、このカビが寄生した飼料（トウモロコシなど）を食べて家畜が大量に死亡したことで問題になった（一九六〇）。大部分の家畜の五〇％致死量は〇・三―一・〇㎎／㎏（五〇㎏のヒトに換算すると〇・〇一五一〇・〇五g）で、フグ毒の数倍に及ぶ強い毒素である。

この毒素を死なない程度に少量ずつ食べた家畜の肝臓や乳などを通じて人間が被害をうける可能性があり、配合飼料用ピーナッツ・ミールの世界的な汚染（検出割合七五―九一％）が食品衛生上大きな問題となっている。

それは、微量のアフラトキシンを小動物に与えておくと、肝臓その他の臓器に癌が発生することが確認されており、しかもその癌原性の強さは、これまで知られている生物原性毒物のなかで最強力のものであるからである（その癌原性は、枯葉剤や除草剤などに使われている有機塩素化合物中に微量に含まれているダイオキシンは、合成化合物質に由来する最強の癌原性物質であるが、生物原性の強癌原性物質であるアフラトキシンはその双璧をなすものである）。

熱帯に多い発展途上国では、食糧そのもののアフラトキシン汚染の危険が大きく、その汚染度と肝臓癌との関係も部分的には明らかにされている。

一方、わが国では味噌、しょうゆ、酒などの醸造食品の製造にアスペルギルス属のカビを用いているものがあるが、現在のような醸造条件のもとではアフラトキシンは産生されていない。

しかし、一九六八年に輸入コムギからアフラトキシン生産菌が培養され、また一九七〇―七一年に輸入ピーナッツなどを用いた食品からアフラトキシンが検出されてから輸入検査が厳しく行われているが、外国産木の実、食糧、加工食品の輸入の増加に伴い、十分に注意する必要がある。

（高橋晄正）

食品添加物

食品添加物　戦前には食品に添加してはいけない化学物質は内務省令によって規制されていたが、その数はごく少数のものでしかなかった。

しかし、第二次大戦中の化学工業の進歩は多数の化学物質の合成を可能にし、旧来の方式ではそれらを食品に添加することの危険性を防ぎきれなくなった。

そこで、昭和二三年に諸外国にならい、食品に添加してもいい化学物質を食品衛生法によって国が指定することとなったのである。

そこでは、「添加物とは、食品の製造の過程において、または食品の加工や保存の目的で、食品に添加・混和・浸潤その他の方法によって使用するものを総称する」、「厚生大臣が、人の健康をそこなうおそれのない場合として、とくに食品衛生調査会の意見を聞いて定める場合を除いては、化学合成の食品添加物は一切、製造・販売・輸入・加工・貯蔵・陳列などをしてはならない」と規定されている。

その詳細は、『食品添加物公定書解説書』（朝倉書店）および『食品添加物の使用基準便覧』（日本食品衛生協会）によって知ることができる。

国によって指定された食品添加物の数は、昭和二三年の六三品目から漸増し、同三一年に一〇五品目となっていたところ、WHOから厳しい安全試験の勧告が出るという情報が入ったこともあって、翌三二年にはほぼ倍増の一九一品目と急増したのち三八年まで増加を続け、総数でほぼ四〇〇品目を指定している。

しかし、それまでもあったが、この前後から国は年に数ないし一〇数品目を削除しはじめたので、同三八年ごろからほぼ三五〇品目の水平線をたどっている。

一方、アメリカの添加物の数は一、〇〇〇品目を越しているが、これには〝意図した添加物〟と〝意図しない添加物〟とがあり、前者はわが国の添加物と同じ規準のものだが、後者は容器、包装などから食品に入ってくるものである。わが国では、後者に相当するものを取り上げていないので数が少ないのである。

最近、わが国では天然着色料が広く使用されているが、その安全性は検討されていない。

現在、添加物は指定された九項目のものしか表示義務がないが、近い将来において全項目が化学名で表示されることになっている。

安全試験　食品添加物の安全性は、従来は急性毒性の程度によって推定されていたが、一九五七年に世界保健機関（WHO）の委員会がおこなった勧告によって、世界的に慢性毒性を中心とするように改められた。

それは、まず数種類の哺乳動物に予備実験で決めた少量、中等量、大量投与および無投与をおこない、生涯（または二年間）飼育したのち解剖し、〝生涯無作用量〟を推定する。

これを食品添加物として使用するためには、この生涯無作用量（x mg／kg／日）に成人の平均体重を乗じた上に、安全係数として通常一〇〇分の一を掛けて〝一日摂取許容量（ADI）〟を求める。

この量を、添加される食品の一日平均摂取量を参考に食品別に使用基準が定められるのである。

安全係数の根拠は、普通の化学物質の種属差（急性毒性である点が問題だが）は過去に経験したデータから一〇倍の幅の中にあることから、まず人間が最も弱い種である場合を考えて1/10を乗ずる。

次に、人間の個体差の幅を考え、平均値の1/10以下の量だと中毒の頻度は一、〇〇〇分の一となることから、さらに1/10を乗じ、あわせて一〇〇分の一をもって安全係数とするのである。

ただし、この安全性の基準は、一、〇〇〇人に一人の中毒頻度とアレルギー体質人には適用できない。

生物実験のデータ　『食品添加物公定書解説書』のなかには、それぞれの添加物について報告されている毒性実験の

表 1 食品加工の工業化の過程（品名は代表的なもののみを示す）

食品の腐敗・変質の防止

殺菌料	次亜塩素酸ナトリウム 次亜硫酸ナトリウム
保存料	ソルビン酸，–塩 デヒドロ酢酸 パラオキシ安息香酸
防かび剤	OPP TBZ
防虫剤	ピペロニルブトキサイド メチルブロマイド （農薬）
酸化防止剤	BHA BHT

漂白料	次亜塩素酸ナトリウム
発色剤	亜硝酸ナトリウム
着色料	タール系色素その他

食品の大量生産

長期保存
長距離輸送

大量消費

消費の刺激

着香料	オイゲノールほか
化学調味料	グルタミン酸ナトリウム
酸味料	酢酸，乳酸など
甘味料	サッカリン グリチルリチン酸塩
強化剤	ビタミン類 アミノ酸類 カルシウム，鉄

加工技術を容易にする

結着剤	リン酸塩，メタリン酸塩，ピロリン酸塩，ポリリン酸塩
乳化剤	脂肪酸エステル
醗酵調整剤	硝酸ナトリウム
糊料	メチルセルローズ ポリアクリル酸塩
膨張剤	塩化アンモニウム ミョウバン
食品製造用剤	かんすい 炭酸塩
保水乳化安定剤	コンドロイチン硫酸

小麦粉改良剤	過酸化ベンゾイル 臭素酸カリウム
溶剤	グリセリン プロピレングリコール
醸造用剤	リン酸，–塩 硫酸塩
粘着防止剤	マンニット
離型剤	流動パラフィン
被膜剤	酢酸ビニル樹脂

化学物質による生存の危機

データが記載されている。その内容は次のとおりである。

①変異原性　細菌で検査。②染色体傷害性　培養細胞で検査。③胎児毒性　妊娠動物で胎児への影響。④一般毒性　急性、亜急性、慢性実験。⑤癌原性　生涯実験の状況。

このなかで、変異原性と染色体傷害性が（＋）のときには、動物で胎児毒性と癌原性を慎重に検討する必要がある。また一般毒性は十分に長い期間おこない、無作用量を推定しておく必要がある。

ただし、動物実験で安全であっても、人間でも一〇〇％安全といえないので、添加物として指定したのちも疫学的にそれをチェックしておくべきである。

こうした視点から『食品添加物公定書解説書』の毒性欄を検討してみたところ、

安全性ほぼ（＋）　三五品目（一〇％）
安全性不十分　三一二品目（九〇％）
（変異原・染色体傷害性（＋）　二〇％
慢性実験不十分　七〇％）

という結果が得られたことは、全く意外なことであった。

添加物の項目をその社会的機能との関係によって分類すると、**表1**の左上、右上のブロックは食品の腐敗・変質を防ぐものだが、それによって食品の大量生産・長期保存・長距離輸送を可能にした。その結果、マスコミを利用する宣伝で大量消費を促進することとなった。

右上のブロックは右中段のそれとともに色・香などで消

表2　無脳症出生率（人／出生10万）の年経過の分析

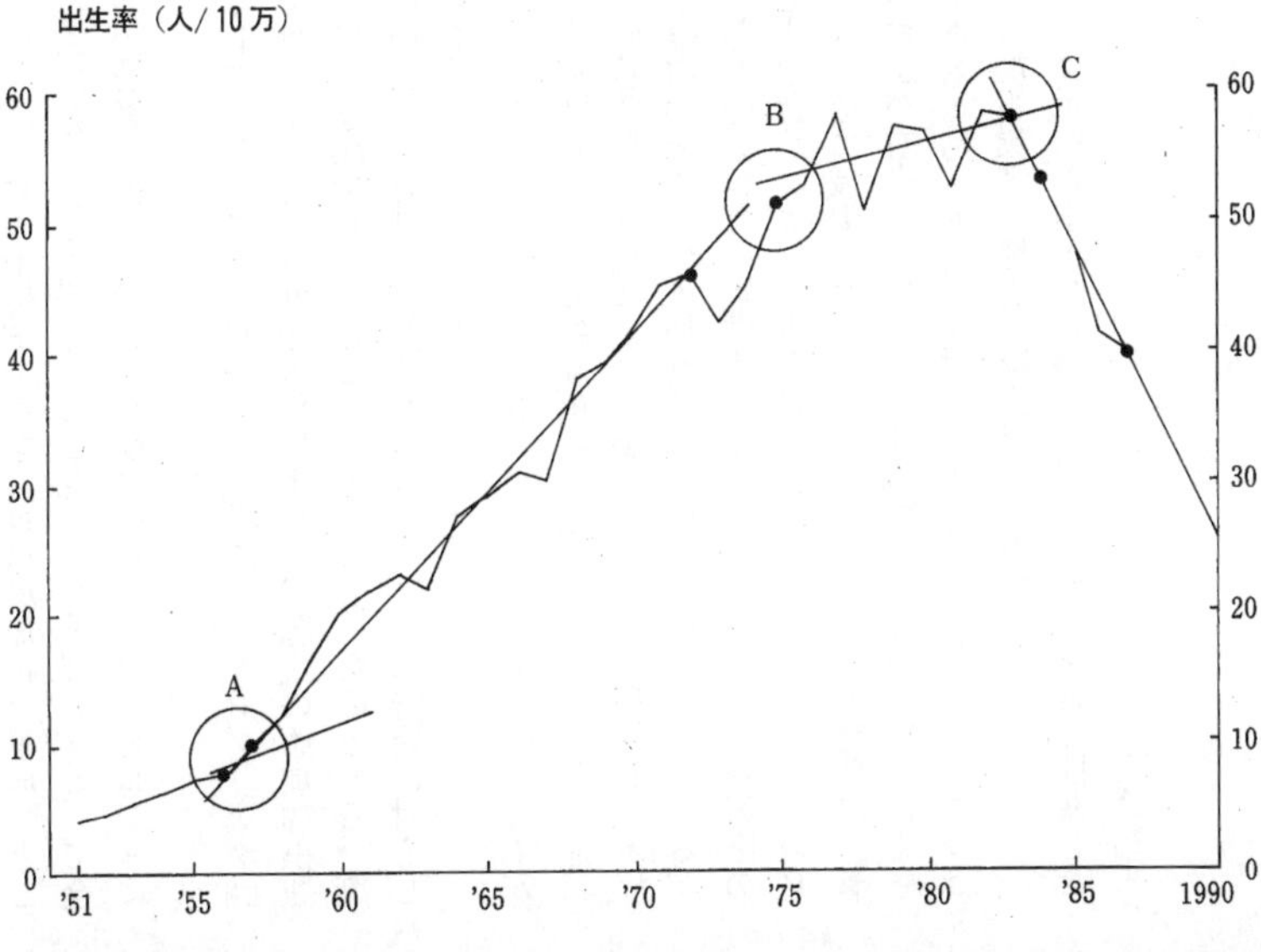

費刺激をする役割りを果たしており、さらに左下ブロック（右下につづく）は大量生産に際して加工技術を容易にする役割を果たしているものである。

これらの中で最も危険性の大きいのは左上および右上のブロックである。

人間での添加物公害　人間での添加物公害の報告は多くはない。

戦後の砂糖不足の頃に合成甘味料ズルチン入りの大福餅で岩手県および自衛隊で中毒が起こったのは急性中毒としての事件であった。

昭和四六年六月、食品研究家郡司篤孝氏が合成殺菌料トフロン（AF-2）を批判したことで業務妨害に問われたとき、証人として私が調査したデータでは、頭が身体から離れて宙に浮くという幻覚を訴えた人が数人見られた。また、学校給食のパンに添加された栄養強化剤リジンでは学童の筋力低下が見られていた。

私が国の人口動態統計のなかの出生率の戦後の経過を追跡したデータでは、食品添加物は四つの回帰直線によって示され、三つの変曲点を見ることができる（**表2**）。

第一の変曲点AはWHOの勧告を先取りして添加物の指定数が倍増した時点、第二のそれBは国が添加物の使用状況の市場調査をはじめた時点、第三のそれCはその調査報告の発表された時点（昭六三・一）である。

この時点は、私が『食品添加物公定書解説書』に記載されている添加物の毒性データを『食品添加物小事典』として雑誌に発表し（昭六三・一一）、それをパンフとして全国の消費者に配布し、大きな反響の見られたのと時を一にしている（昭六四・一）。

そして、厚生省が昭和六二年に発表したサンプリング調査では、昭五七—五九年の平均よりも、国民の添加物摂取量が二〇％減少していることが示されていたのである。無脳症の出生が急減しはじめたのはまさにこの時期に対応している。

一方、アメリカのファインゴールドは、小児の情緒不安定を主症状とする〝微細脳傷害症候群（MBDS）〟の症状は合成着色料の添加によって悪化することを報告し、本症の脳傷害がそれらの添加物による可能性を示唆している。

添加点への対応　冷凍車、スーパーの冷凍庫、各家庭の冷蔵庫の普及により、表1の左上および右上ブロックの必要性は大幅に減少した。一方、右上ブロックの発色剤、着色料および右中段のブロックは消費者の意識が変われば廃止できるものである。残った左下ブロック（右下につづく）は加工業者の努力で廃止できるものである。

表2に示した事実などからも、その全廃を強く提案したい。

（高橋晄正）

食品の保存・貯蔵

農業生産物の流通・市場機構の広域化とともに、さまざまな保存および貯蔵技術が開発され、さらに食品加工技術も発達して、食品の商品化が進み、農産物が国際的経済戦略商品とさえなっている。

休眠種子である穀物は、特別の処置をしなくても、ある程度の期間は貯蔵できるが、種子は呼吸をしているから、時間とともに品質が低下する。かつて大量の余剰米が生じて、古米、古々米などの品質低下が社会問題となったのは、そのためである。そこで、低温・低湿下で貯蔵することによって品質の低下を防止しており、二酸化炭素や窒素中（無酸素条件下）で貯蔵する方法が用いられることもある。また、収穫前に産みつけられたガ（蛾）などの昆虫の卵が孵化して発生する幼虫や、コクゾウムシなどによる害を防ぐために、クロールピクリンなどによる燻蒸処理が行われる。コムギなど、日本が大部分を輸入に頼っている穀類は、植物検疫上の理由から、輸入時にも燻蒸される。

根菜類も、冷所で比較的貯蔵しやすいが、発芽すると急速に品質が低下する。ジャガイモやタマネギなどでは、高線量の放射線処理によって発芽防止をしているが、動物実験ではさまざまな影響が認められており、その安全性が問題となっている。

一般に、果物類、果菜類、野菜類の順に貯蔵の困難さが増すが、〇ないし一度の低温保存によって、それぞれある程度の期間は鮮度を維持できる。カリフォルニアから輸入される柑橘類は、長距離輸送のため、ＯＰＰという防カビ剤で処理されているが、このＯＰＰには発癌性があり、問題である。

一方、魚類や肉類は、冷凍することによって長期間保存できる。たとえば、かつては豊漁のときには値もつかずに棄てられたり、肥料にされていたサンマ、イワシ、ニシンなども、現在では、冷凍保存によって長期にわたっていつでも供給できる体制となっている。どの漁協にも大型冷凍庫が設置されており、遠洋漁業の場合は、漁船で冷凍してしまう。こうして水産資源の無駄をなくし、漁業を助け、季節を問わずさまざまな魚を食卓に提供することができるとされているが、実は、多くの場合、冷凍保存が市場での価格維持に利用されている。肉類の冷凍保存も同様であり、とくに輸入肉は、価格調整用にも使われている。しかも、ともに冷凍保存中の電気料金が価格に上乗せされる。

牛乳の保存技術も変化してきている。従来の低温殺菌（六〇―六二度、三〇分）または高温短時間殺菌（七〇―七五度、一五秒）による牛乳は、風味があったが、低温でも長期間は保存できなかった。牛乳とは、元来、そういうものであった。ところが、その後、高温瞬間殺菌（一二〇度、二秒）が導入され、さらに超高温瞬間殺菌（一三五－一五〇度、二秒）によるロングライフ（LL）牛乳まで出現した。このLL牛乳は、常温でも半年以上保存できるとされているが、これも食品の商品化の典型的な例であり、もはや「生きた」牛乳ではなく、風味も消えた、腐らない「死んだ」牛乳なのである。

加工食品は、燻製、醱酵、缶詰、真空パック、凍結乾燥など、加工自体が保存技術であることが多い。しかし、問題なのは、その多くにさまざまな添加物が加えられていることである。防腐剤、合成保存料、酸化防止剤、発色剤、合成着色料、漂白剤、化学調味料など、実にさまざまである。一九六五年から日本で、豆腐、魚肉ソーセージ、かまぼこ、ちくわなどに広く用いられていた強力な防腐剤AF2は、強い変異原性と発癌性が発見されて、七四年にようやく使用禁止となったが、日本における胃癌の特異的な多発と関係があると考えられている。こうした食品添加物の大部分は人工化合物であり、その多くが、程度の差こそあれ、変異原性や発癌性をもっているのである。（市川定夫）

食糧の長距離輸送

農産物、畜産物、水産物の流通域が国内だけでなく、国際的にも拡大し、食糧が国際的経済戦略商品とさえなっている現在、食糧の長距離輸送がますます増えている。

太平洋、インド洋、大西洋などでの遠洋漁業で獲られた魚や、海外で買い付けられた魚介類は、冷凍状態で長距離海上輸送されている。輸入される畜肉も、船や航空機で冷凍輸送される。国内でも、長距離高速輸送する大型冷凍車が走り回っている。これら長距離輸送には、膨大な量の石油資源が消費されているのである。野菜や果菜なども、国内で保冷車で長距離輸送されている。

国内消費の八七％（一九八四年）を輸入に頼るコムギなどの穀物は、燻蒸処理されたうえ市場に回る。九六％（同）が輸入されているダイズも同じである。ニワトリや家畜の飼料となる穀類も九〇％以上が輸入されていて、やはり燻蒸処理を受ける。サトウキビ、バナナなど亜熱帯産の農産物もほぼ全量輸入されており、タマネギやジャガイモも大きく輸入に頼っていて、いずれも何らかの殺虫剤や殺菌剤で処理されている。また、タマネギやジャガイモには、発芽防止剤も使われている。

長距離輸送の典型的な弊害の例は、カリフォルニアから輸入されているレモン、オレンジ、グレープフルーツなど柑橘類に用いられている防カビ剤のOPP（オルトフェニルフェノール）である。OPPは、発癌性、変異原性があるため、アメリカでは使用禁止されているが、日米経済摩擦の結果として、柑橘類の輸入を日本に強く迫ったアメリカ側の要請で用いられているものであり、長距離輸送中にごく一部でもカビが発生すると、全体の商品価値が著しく落ちるから、それを防ごうという、まったく経済優先主義に基づくものである。

このように、食糧の長距離輸送は、石油資源を浪費し、かつ食糧を有害物に曝し、食糧に有害物を加えているのである。
（市川定夫）

抗生物質汚染

一九二九年、英国のA・フレミングは青かびからブドウ状球菌を溶解してしまう成分を抽出した。これが最初に実用化された抗生物質ペニシリンである。このペニシリンの効果は病原菌の細胞壁の生成を阻止することで菌の増殖を抑えるため、細胞壁を持たない人間の細胞には副作用が少ないとされた。しかし、東大法学部長の尾高朝雄氏が虫歯治療によるペニシリン注射でショック死し、ペニシリン・ショックの名が知られることとなった。

菌のなかにはペニシリンを分解する酵素を持つものがいて、この菌にはペニシリンが効かなかった。こうした菌を耐性菌という。初めはよく効いていたブドウ球菌にも終わりには八〇％に効き目がないという結果になった。これに対し、ペニシリンの構造の一部を変えて酵素に分解されない新しい合成ペニシリンが続々と開発された。

抗生物質というのはカビや細菌がつくり出す生物活性物質でほかの微生物の発育を阻止する物質である。現在では癌や腫瘍細胞の発育を阻止する物質も含め抗生物質としている。化学構造と適用から、ペニシリン系・セフェム系を含むβ-ラクタム系、アミノ酸系、テトラサイクリン系、クロラムフェニコール系、マクロライド系、ポリエン系、抗結核菌抗生物質、抗真菌性抗生物質、抗悪性腫瘍作用をもつ抗生物質などに分類されている。

一九八八年の医薬品生産額は五兆五九五億円で、うち、抗生物質製剤の金額は七〇二五億円（一三・九％）で全製剤のトップの金額を占めている。国産は四二一五億円（六〇・〇％）で輸入は二八〇八億円（四〇・〇％）である。ちなみに、日本から輸入した抗生物質は七三億円で総額の約一％である。

一九八九年は売り上げ高は伸びているものの（七二四五億円）、循環器官用薬にその一位の座をゆずっている。

歴史的に抗生物質の問題点をみると、一九四八年以降に使われだしたテトラサイクリンは広範囲の細菌に効果を示したが、ペニシリンと違い細菌の蛋白質合成を阻止して増殖を抑える抗生物質だったため、人間にも副作用が多くでた。また、乳幼児に飲ませるとカルシウムと結合したテトラサイクリンのために歯の色が黄色から褐色になってはえてくるなどの後遺症を持つ人がでた。欧米では子供への使用を禁じている。

ストレプトマイシンやカナマイシンはアミノ酸系抗生物質の代表である。免疫力の落ちた患者などに感染する緑膿菌などを抑える目的で使われた。副作用として「ストマイ難聴」がある。また、妊婦が飲むと子供にも聴覚障害が現われる。

クロラムフェニコールは一九四七年南米ベネズエラで発見された放線菌の仲間であるストレプトミセス・ベネズエラから取り出された。クロマイの名で知られる。副作用として再生不良性貧血がおきる。一九六五年から六七年のあいだに発生した再生不良性貧血の四四%がクロラムフェニコールによるものとして一九六八年、米国食品医薬品局は風邪などの病気に使用しないようにとの警告をだした。日本では風邪などのときに肺炎予防として処方されていたため被害者がでた。

病気にならなければ抗生物質を体内に摂り入れる心配はないという人も肉などの食品から抗生物質が摂取されていることに気がついていない。現在わが国ではクロルテトラサイクリンやタイロシンが家畜のマイコプラズマ性肺炎や萎縮性鼻炎による生産性低下防止に繁用されている。

また、畜肉の輸入が増えているので各国の抗生物質の使用状況が問題になるが、その事態はほとんど不明である。米国のG・M・クラークの調査によれば一九七三年に調べた一五九二頭中四六頭（二・九%）の牛に抗生物質が違反残留していた。また、M・K・コーデルの一九八五年の調査では一・六%と報告されている。

子牛の場合はもっと高く一八八二頭中一四七頭（七・八%）の子牛に抗生物質が違反残留していた。七四年が三・三%、七五年が七・三%、七六年が五・九%、七七年が五・八%であった。八五年は一・二%であった。また、豚は〇・八%から二・七%の間で違反残留が認められた。

日本では一九八二年三四五頭中一一頭（三・二%）に抗生物質陽性豚が認められている。

こうした抗生物質汚染による問題として耐性菌の出現で、人間が病気になった時に薬が効かなくなる。抗生物質のアレルギーを持つ人に何らかの異常が起きるのではないかといわれている。

現在、医療現場では耐性菌が大きな問題になっている。また、コンプロマイズドポストと呼ばれて、病気で抵抗力の弱った患者が本来なら病気にならないような弱い菌によって感染症が起きている。ところがこの菌が耐性菌になっていて抗生物質がきかないため、病気も治りにくく、重症化しやすいので生命にかかわってくる。これに対処するため、強力な抗生物質が次々と開発されるという悪循環に落ちこんでいる。

（里見　宏）

合成ホルモン

オリンピックでベン・ジョンソンが蛋白同化ホルモン剤を服用していたため世界新記録と資格を剝奪された事件がある。こうしたホルモン剤が治療目的以外に使われるようになったのは、一九五四年、アメリカで去勢した牛の飼料に混ぜたことに始まる。当時、雄牛の肥育用ホルモン剤として使われたのは合成女性ホルモンのジエチルスチルベストロール（以下DESと略す）であった。その後、雄肉牛に注射すると去勢したときと同じように柔らかい肉になるというので日本でも使われた。

一九七一年、A・L・ハーベストらがアメリカ東部に住む女子が思春期になると膣癌になる症例を発見した。膣癌は若い女性がかかる病気でないことから調査がおこなわれた。その結果、この子たちの母親が月経不順や切迫流産の防止薬として合成女性ホルモンのDESを飲んでいた。その後のいくつかの調査結果でDESを飲んでいた母親から生まれた子の三〇から九〇パーセントが膣癌になると報告された。また、膣癌だけでなく子宮癌や膀胱癌も多くなることや、女子だけでなく一〇歳から十九歳の男子にも前立腺や睾丸に癌ができることが報告されている。

もちろん、雄牛に使われたDESはその後、牛の体内で分解されず、肉を食べた人の体内で悪影響をおよぼすため使用されなくなった。

一九八一年イタリアで少年の胸が大きくなりだし、あわてて牛へのホルモン投与を止めた事件が報道されたが、EC（欧州共同体）では、肥育用ホルモン剤の使用と、適用動物の移動、輸入禁止を決め、一九八九年一月より実施している。しかし、肉牛輸出国の米国はその決定に反発し国際問題になっている。

ホルモン剤と癌との関係を示す報告は多い。D・C・スミスやH・K・ジイルは閉経後に女性ホルモンを投与された患者に子宮内膜癌の多いことを報告している。米国のCORONARY DRUG PROJECTで男子の心筋梗塞治療のためエストロゲン（二・五ミリグラム／日）を長期に投与したところ、エストロゲン治療群で対照群に比較して肺癌などによる死亡が多くなっていることが判り治療が中断された。

日本でホルモン剤の経口避妊薬（ピル）が認可されなかったのは安全性に疑問があったことと、また、副作用があること（吐き気、乳房の痛み、頭痛、食欲不振、長期服用で肝臓障害や血せん症など）、避妊は病気の治療とは違うため副作用のあるものは認可できないというのがその理由であった。一九六七年、片山らは妊娠中にホルモン投与を受けた母親から生れた女児の外陰部の男性化現象をきたした七例と、生後に投与を受けた女児二例に男性化があったと報告している。

一方、植物ホルモンのオーキシンの作用を基に作られたオーキシン系除草剤・成長調節剤がある。なかでも二・四-Dや、二・四・五-Tはベトナム戦争で枯葉剤として空中散布され奇形や癌の原因となったとして現在問題になっている。この原因は合成中にできる不純物の二・三・七、八テトラクロロジベンゾ-p-ダイオキシンであるとされている。

また、最近の新しい問題として成長ホルモンがある。成長ホルモンの分泌がないため背が伸びない子供（下垂体性小人症）たちは成長ホルモンを注射する以外に治療法がない。成長ホルモンは死んだ人の脳から抽出する以外に得る方法がなかったため、スウェーデンなどからの輸入に頼っていた。しかし、供給に限度があり、患者は治療を受けられずに待機するという状況であった。このため、男は一六〇㌢、女は一五〇㌢になるとホルモン注射を打ち切られて次の患者にホルモンが回された。その後、成長ホルモンの注射を受けていた子供（下垂体性小人症）にクロイツフェルト・ヤコブ病が発生することが報告された。この病気の原因はまだ突き止められていないが、感染することは確認されている。病状は脳の神経網に卵型または球型の空胞ができ、急激なボケで発病後約一年で一〇〇%が死亡する。しかし、成長ホルモンは死んだ人の脳から抽出する以外に得る方法がなかったため、この感染を防ぐことができなかった。こうした状況の中で一九八六年二月から遺伝子工学による成長ホルモンの製造が承認された。これでクロイツフェルト・ヤコブ病はなくなった。しかし、バイオテクノロジーによって大量に成長ホルモンが製造されることになり、ホルモン剤が供給過多になっている。沖縄県などで、身長の小さい子供を小学校でスクリーニングして成長ホルモンの投与が開始されている。病気でなく美容整形的ホルモン投与が新しい問題になっている。

なお、一九八八年の医薬品生産額は五兆五九五億円になっている。うち、ホルモン剤の金額は一〇七二億円（二・一%）で全製剤中一五位である。うち、国産は六〇九億円（五六・八%）で輸入は四六二億円（四三・一%）である。一九八九年に二四のホルモン剤が承認された。

（里見　宏）

化粧品添加物

化粧品はさまざまな合成化学物質で成り立っている。主成分は油脂、ロウ、エステル、高級アルコールであるが、これに添加されるのが化粧品添加物である。先ず乳化成分には、界面活性剤、湿潤剤、分散剤、希釈剤、起泡剤、消泡剤などがあり、例えば界面活性剤としてのアルキルベンゼンスルホン酸ナトリウムは、合成洗剤の原料でもある。湿潤剤としてグリセリンが、保湿剤にはポリエチレングリコールが使われる。乳化剤、分散剤として用いられるトリエタノールアミンには発癌性の報告がある。

化粧品には九〇種の合成タール色素が使われる。この内、一一種は食用でもある。別のいい方をすれば、七九種の化粧品用色素は、発癌性などの理由で食品には禁止されている。合成香料として、アルコール系、アルデヒド系などの約四〇〇〇種の化学物質が、何種類も混ぜて使用される。防腐剤、殺菌剤として、サリチル酸、フェノール、クレゾール、レゾルシンなどの誘導体が使用される。最も多用されるのが、パラベン（パラアミノ安息香酸エステル類）である。酸化防止剤としては、BHT（ブチルヒドロキシトルエン）や発癌性が知られたBHA（ブチルヒドロキシアニソール）がよく使われる。その他、ホルモンや胎盤エキス、深海ザメやオットセイの臓器、甘草やアロエなどのエキスが特殊成分として添加される。

人体に異物の化学物質が多種使用されている化粧品を、毎日のように反復して塗布しているとカブレやシミなどのスキン・トラブルが起こる。事実、多くの人が化粧品による皮膚障害で悩んでいる。昭和五二年から五六年にかけて、大阪で化粧品公害裁判が行われ、大手メーカー七社は責任を認めて、被害者一八人に計五〇〇〇万円を支払った。

（西岡　一）

重金属汚染

環境汚染で槍玉にあげられる水銀・カドミウム・ヒ素・銅・亜鉛・鉛といった重金属類は、生命が誕生してきたと考えられる海のなかには、まことにわずかしか含まれていない。銅と亜鉛は生元素のなかに加えられているものの、微量元素であって、一定濃度をこえれば有毒元素に変わってしまう。

早くから人体の健康に及ぼす重金属の影響を研究してきて、警世の書『重金属汚染』（磯野直秀訳、日本経済新聞社、一九七六年）を著わした故H・A・シュレーダー（一九〇六〜七五）は、「われわれは微量金属が人間の栄養にとって、ビタミンよりもずっと大切な因子であることが、将来明らかにされるだろうという確信を固めている。生物は、多くの種類のビタミンを製造することができるが、必要な微量金属を造り出すことや、有害となる恐れのある余分な金属を排出することは出来ない」と語っている。

重金属汚染の例としては、明治に端を発した足尾銅山の鉱毒事件がよく知られている。

ここは、いまなお周辺の村落に影響を及ぼしているほど、大規模な自然破壊であった。また、すでに休鉱山となった土呂久では、雨が降れば、亜ヒ鉱石をつみあげたズリ山や亜ヒ噴き窯跡などを浸透して土呂久川に流れ込む。その水は農業用水にも飲料水にも使われているが、この川水を分析すると、PHが三・五という強酸性で、しかもヒ素が〇・五七ppmも含まれていることがわかった。また土呂久鉱山の七〇キロほど下流の延岡市内の五ケ瀬川流域の水田の土壌からは、恐ろしいほどの大量のヒ素が検出された。しかし足尾銅山の例と同じく、鉱山所有者と行政側は、つねに被害者を切り捨ててきた。このように土呂久鉱山のように休鉱山となった鉱山《やま》が、全国に六千とか、いや七千あるといわれているが、こういう所では必ずや重金属が河川、耕地の土壌を汚しているにちがいない。

（里深文彦）

シアン化合物

水道水のなかには、いろいろな有機化合物が入っている。アメリカで、非常にくわしく水道水にまじっている物質を調査したことがある。これによると、じつに七〇〇種にもおよぶ化合物が発見された。そのうち数十種類は発癌性、催奇形性をもった物質であることがわかってきた。化学物質の使用状況からみて、日本でも同様であると考えられる。

水銀やカドミウムなどは重金属と呼ばれ、からだのなかに入ると、障害を引き起こしたり、毒性を示すものが多くある。

水銀やカドミウムは、これまで水俣病、阿賀野川水銀中毒、イタイイタイ病といった公害事件の原因となった重金属である。

一方、メッキ工場から流れ出たシアンによって、川や池の魚が死ぬ事件がよくおこる。シアンの人体に対する急性毒性は強く、これを飲むと急速に意識を失い、死ぬ。よく知られているシアンのうちでも、青酸カリはきわめて毒性が強く、いまでは自殺や犯罪によく使われる。

このため、シアンは水道水中では検出されてはならないことになっている。

まるで死の風景である（屋久島）

皆伐で無惨な姿をさらす屋久杉の原生林（屋久島）

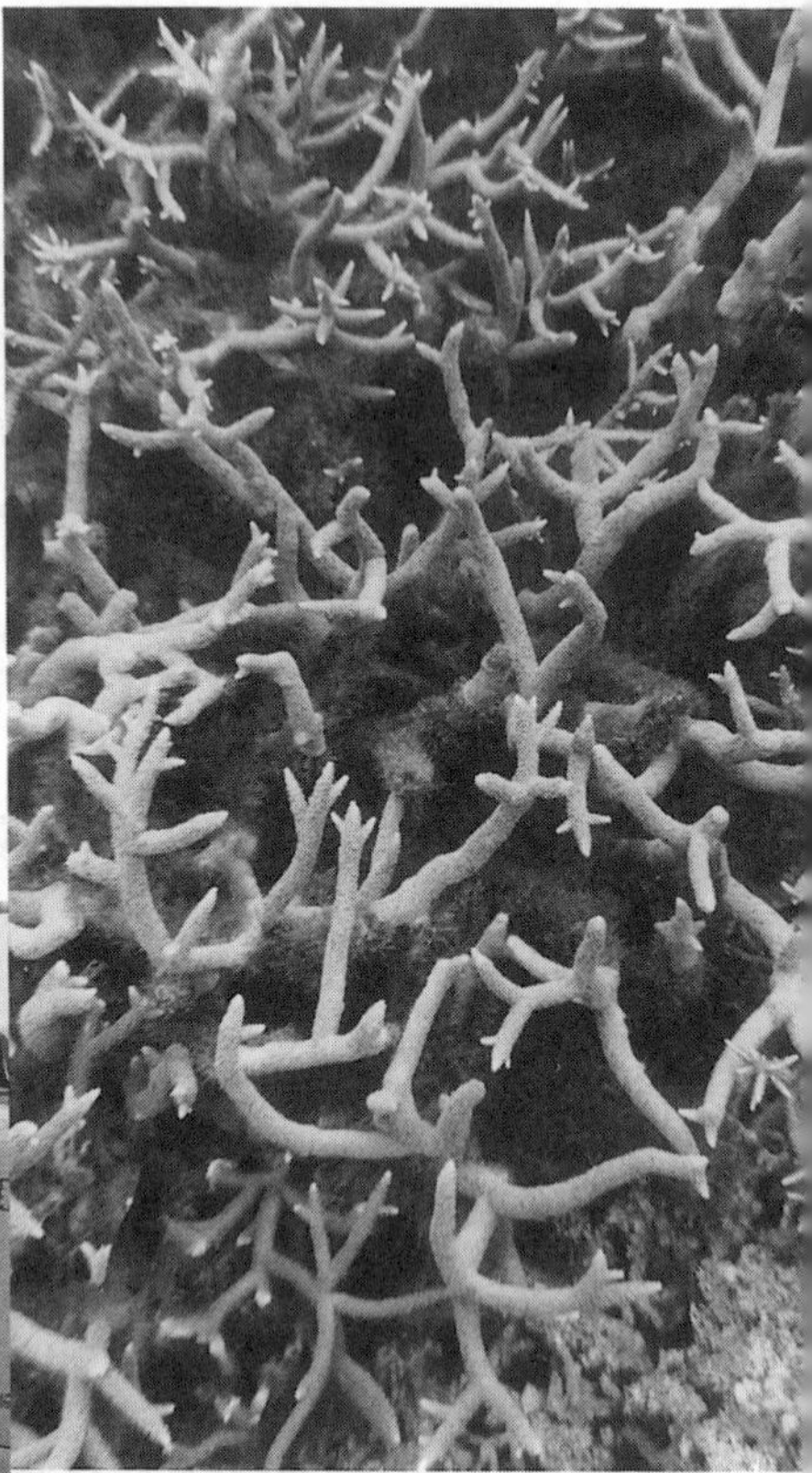

テーブルサンゴ、岩サンゴ、枝サンゴなど数十種に及ぶ貴重な海の文化財も新空港建設で危機的状況にある。(石垣島白保)

県内から集められた合成洗剤の山
(滋賀県庁)

化合的にはシアンはジシアンともいわれる。

水銀・銀・金などのシアン化合物を熱分解する（$Hg(CN)_2 \rightarrow Hg + (CN)_2$）か、硫酸銅（II）とシアン化カリウムの濃混合溶液を熱して得られる（$2CuSO_4 + 4KCN \rightarrow 2Cu(CN) + (CN)_2 + 2K_2SO_4$）。あるいはオキサミドを五酸化燐で脱酸化しても得られる。

無色特有の臭気をもつ気体で、猛毒。融点 −27℃ 沸点 −21.2℃、比重 1.806（空気=1）、紫色の炎をあげて燃える。水、アルコール、エーテルに溶け、溶解度はそれぞれ450ml/100g（20℃）、2300ml/100g（20℃）、500ml/100gとなる。

冷水に溶かすとシアン化水素とシアン酸になるが、条件によって放置すると、そのほかオキサミド、シコウ酸アンモニウム、シアン酸アンモニウム、尿素などを生ずる。

（里深文彦）

環境収容力

生態学で使われている環境収容力は生物の収容力という意味である。ある一定の気候条件や食糧の量、生活条件のもとで、一定の空間内にどれだけの生物が生態系を破壊することなく、住みうるかという最大の量、最大個体数、または種類数を意味する。しかし、後にこの言葉が経済学や工学のなかにも取り込まれて人間社会にも拡張適用されるようになった。

この概念は人によりさまざまであるが、一般には、生態系や人間の生活環境を悪化させずに、人間生活が維持できる環境を保障するための人間活動の許容量を指している場合が多い。しかし、その許容量のとりかたにもいろいろある。たとえば人間活動を環境を安定に維持し回復可能な自然環境の状態に保持できる程度のところに限界をおくという考え方である。従って、この場合には、例えばその限度を自然の浄化能力の限界までとする。この考えに従えば、これ以上汚れてはいけないという汚染の限界量すなわち環境規準を設定して、人間活動をこの範囲内におさまるよう規制する。しかし、この許容量は技術の進歩に伴って変化するので、絶対的な許容限界はないと主張する人もいる。たとえば、下水処理施設の整備拡張によって自然の浄化能力以上にまで許容量を増大させうることができるという見解である。また、せまい意味での許容限界だけでなく、資源が再生可能な状態に維持できるように資源をどう配分し、どう利用すればよいかという社会システムの規制を指す場合もある。

これらの考えは自然環境や人間環境を劣化させない範囲で人為的開発行為がどこまで許されるかとか、化学物質の排出規制をどこにおくのかといったことに使われる。また、環境アセスメント、都市計画、環境管理計画、資源やエネルギーの利用計画などに適用されることもある。

しかし、自然や人間社会における生態系の安定を保持するといっても、その内容はあいまいであり、生態系に影響を与えない限界も不明な部分が多い。例えば、自然の浄化機能ひとつとってみても、年月や場所によって常に変動するので、絶対的な許容量を一律に設定することは困難である。また、どのような変化を自然浄化と見るかなどの評価も人によりまちまちである。さらに、景観、地域文化、歴史的遺産をはじめとする自然の価値など量的に表わすことの出来ない質的なものが、軽視される危険性も多いので、一概に許容量を規定することは問題が多い。　（鈴木紀雄）

産業廃棄物

産業廃棄物を処理能力以上に収集しその処分に窮した処理業者が、無許可業者に処分を委託した。受託した無許可業者が、牧場跡地に埋めたり、廃炭鉱に投棄するという事件が福島県で起きた。不法投棄された廃棄物中には、トリクロロエチレン等の有害物質が多量に含まれていた。産業廃棄物が不法処理される原因として、企業利益の追求のみ熱心で環境保全に関する経営者の意識の低さを挙げることができる。立派な焼却炉を設置し、自社で発生する廃棄物を焼却処理している大企業でも、処理の困難な有機塩素系の廃棄物は、処理費の安い処理業者に処理を委託している。経営者にしてみれば、有機塩素化合物を完全に熱分解処理する装置は設備費が高価であり、自社で処理するより、委託処理の方が有利であるということになる。しかし、優秀な技術者をかかえている大企業でさえ処理が容易でない有害物質を、資本力も劣り技術水準も低い廃棄物処理業者に処理できるはずがないことは、誰が考えても明らかである。第二に担当者の不勉強あるいは配置転換などで、担当者が短時間で替わることなども、廃棄物が不法処理される原因になる。第三に自社の廃棄物が、処理できる業者か否かを厳密に確認せずに処理を委託していることである。現行法では前掲のように処理業者が不法行為を行っても、発生源の企業には連帯責任が問われない。また、不勉強な企業では集運搬業者と中間処理業者と最終処分業者の区別すら知らない場合もある。そのような企業では、自社の廃棄物が適正に処理され最終処分されたかを確認していない場合が多く、明らかに自社の廃棄物に対する管理に問題がある。

現在、年間約四百万ｔの産業廃棄物が海洋投棄されている。この廃棄物のなかには既に外国では有害物質に指定され、海洋投棄が禁止されているが、わが国ではまだ規制されていない有害な物質が含まれている。海洋は汚染したら、元へは戻らない。魚を多食する日本人のためにも、海洋投棄は禁止すべきである。

廃棄物といえども、それは物質であり、物質は元素から構成されている。元素は不生不滅なので元素のレベルで廃棄物処理をみると、不滅なものを処理することはできないということになる。元来、廃棄物の埋立処分は、腐敗性の有機物を土壌中の微生物によって分解してもらい、もとの土壌に戻すという、生態系の循環構造を利用した処分方法である。したがって、不滅の有害重金属や有害化学物質など、生物分解できない物質を埋立てるとその埋立地に蓄積していくことになる。後顧の憂いなく埋立処分の可能な廃棄物は、腐敗性の有機物くらいしかない。法令上では廃棄物埋立地を最終処分地として位置づけているが、有害重金属や人造化学物質は分解されないので、産業廃棄物を移動して、その場所へ隔離・保管したに過ぎず、最終処分地ではない。したがって隔離・保管上の管理が悪ければ環境汚染をひき起こす危険性は多分にある。

管理型埋立地は、廃棄物から発生する汚水により、地下水が汚染されることがないように、埋立地の底面にゴムシート等の不浸透性のシートが張ってある。埋立跡地に構築物を建設するため、基礎杭等を打ち込み、シートに穴をあけることのないように、規制をする必要がある。しかし、埋立跡地が転売されて、所有者が次つぎと替わってしまえば、そのような禁止事項のあることすら伝わらなくなってしまう。

廃棄物埋立地は潜在的な土壌汚染地帯であるため、宅地造成のためなどで掘り返されると有害物質が地表に露出し、たちまちにして埋立跡地は土壌汚染地帯に変貌する。このように有害元素を埋め立てた廃棄物埋立地は、最終処分地とはいえず、植物が有害重金属を吸収して食物連鎖による生物濃縮が起きないように永久に管理されなければならない。そのためには、不用意に掘削されたり、非汚染の土地と同様に使用されることのないように、跡地利用に関する法的な措置が必要である。

（村田徳治）

プラスチック

日本のプラスチック（合成樹脂）生産量は、一九八八年度には一一〇〇万トンに達し、アメリカに次いで世界二位である。年間生産量の約半分に相当する量がごみとして廃棄されている。そのうちの五〇％以上が食品用や雑貨類用の容器・包装材である。

従来からの素材である金属や土、石、木に比べてプラスチックは、①成形性が容易で、②電気絶縁性に優れ、③錆びにくく、腐りにくい、④軽い、という特徴がある。特に成形性に優れているので、従来の素材では考えられないような、一つの合成樹脂をフィルム状にしたり、繊維にしたり、棒や板状にすることが可能である。それ故に、あらゆる分野でプラスチックが大量に使われ始めた。

プラスチックが大量に生産され始めたのは一九六〇年代の初めである。他の素材に比べて著しく歴史が浅い。そのために、いかに生産し、使用（消費）して、廃棄すれば自然に対して負担を少なくすることができるのか、その安全性の確認が歴史的には充分なされていない。今や、これまで多量に生産・消費されたプラスチックが廃棄物として捨てられ、錆びにくく、腐りにくいという特性の故に自然界に還らず、プラスチック廃棄物は環境汚染原因の一つになった。燃やせば塩素、塩化水素、シアン化水素（青酸ガス）、ダイオキシンなどの有害物質が発生する。プラスチック廃棄物のプラスチックとしての再利用は、再成形時における加熱のために物性（品質）の著しい低下が起こり基本的には無理である。

プラスチック廃棄物問題に関連して、近時、光や微生物で分解する光分解性プラスチックや生分解性プラスチックの研究・開発が開始されたが、例えこれらのプラスチックが実用化されたとしても、自然にとっては異物であるプラスチックを現在のように大量に消費し廃棄することは環境への負担が重すぎて自然界の物質循環機構に馴染まず、新たな環境汚染を生じさせかねない。新しいプラスチックの開発に期待するのではなく、プラスチックの使用量を可能な限り減らすことが先決である。

（植村振作）

オゾン層破壊

フロンが成層圏のオゾン層を破壊する可能性については、一九七四年に米国のF・S・ローランドが指摘していた。しかし、その当時は、不明確な点があまりに多かったために、大きくは取り上げられなかった。それから一五年のあいだに、彼の指摘を裏付ける事実が次々と明らかになり、一九八九年に「モントリオール議定書」に基づくフロンの国際的な規制が始まり、一九八九年には一九八六年水準、一九九三年までにその八〇%以下、一九九八年までに五〇%以下にすることが国際的に約束された。しかし、その後の検討の結果、モントリオール議定書の規制では、オゾン層を守るためにはきわめて不十分であることが明らかになってきた。このため、二〇〇〇年までにオゾン層を破壊しやすい「特定フロン」は全廃（製造中止）することが合意され、具体的な規制方法が決定されている。また、フロンだけではなく、同じくオゾン層を破壊するハロン、四塩化炭素、メチルクロロホルム（一・一・一ートリクロロエタン）なども規制することが決定されている。なお、フロンをはじめとするオゾン層破壊物質の種類、性質、用途、回収方法などについては、「フロン」の項に記した。

太陽からの光は、波長によって赤外線（波長七〇〇ナノ㍍以上、一ナノ㍍は十億分の一㍍）、可視光線（波長四〇〇〜七〇〇ナノ㍍）および紫外線（波長四〇〇ナノ㍍以下）に分けられる。また、紫外線は波長の長い順に、Ａ波（波長三二〇〜四〇〇ナノ㍍）、Ｂ波（波長二八〇〜三二〇ナノ㍍）、Ｃ波（波長二八〇ナノ㍍以下）に分けられている。このうちで、Ｂ波とＣ波は生物にとってきわめて有害な紫外線である。

　地球の半径は、約六、四〇〇キロ㍍であるが、大気の九九・九％は高度わずか五〇キロ㍍以下のところにある。このうち、一五キロ㍍以下のところを対流圏、一五キロ㍍から五〇キロ㍍のところを成層圏という。これらは地球の皮膚ともいえるところで、地上の生物を守る重要な役割を果たしている。

　とくに、成層圏では、(1)〜(3)式のように、酸素分子O_2が太陽からの光のうちで波長二四二ナノ㍍付近のＣ波紫外線を吸収して酸素原子Oを生成し、これが酸素分子と反応してオゾンO_3をつくり、オゾン層を形成している。このオゾンは、酸素に吸収されない波長二四二〜二九〇ナノ㍍付近のＣ波紫外線とＢ波紫外線を吸収し、再び酸素原子と酸素分子に分解する。

$$O_2 \xrightarrow{\text{uv（二四二ナノメートル）}} O + O \qquad (1)$$

$$O + O_2 \longrightarrow O_3 \qquad (2)$$

北半球中緯度（N：北海道）**および南半球**（S：南極昭和基地）**における**
フロン濃度の経年変化（富永健ら）

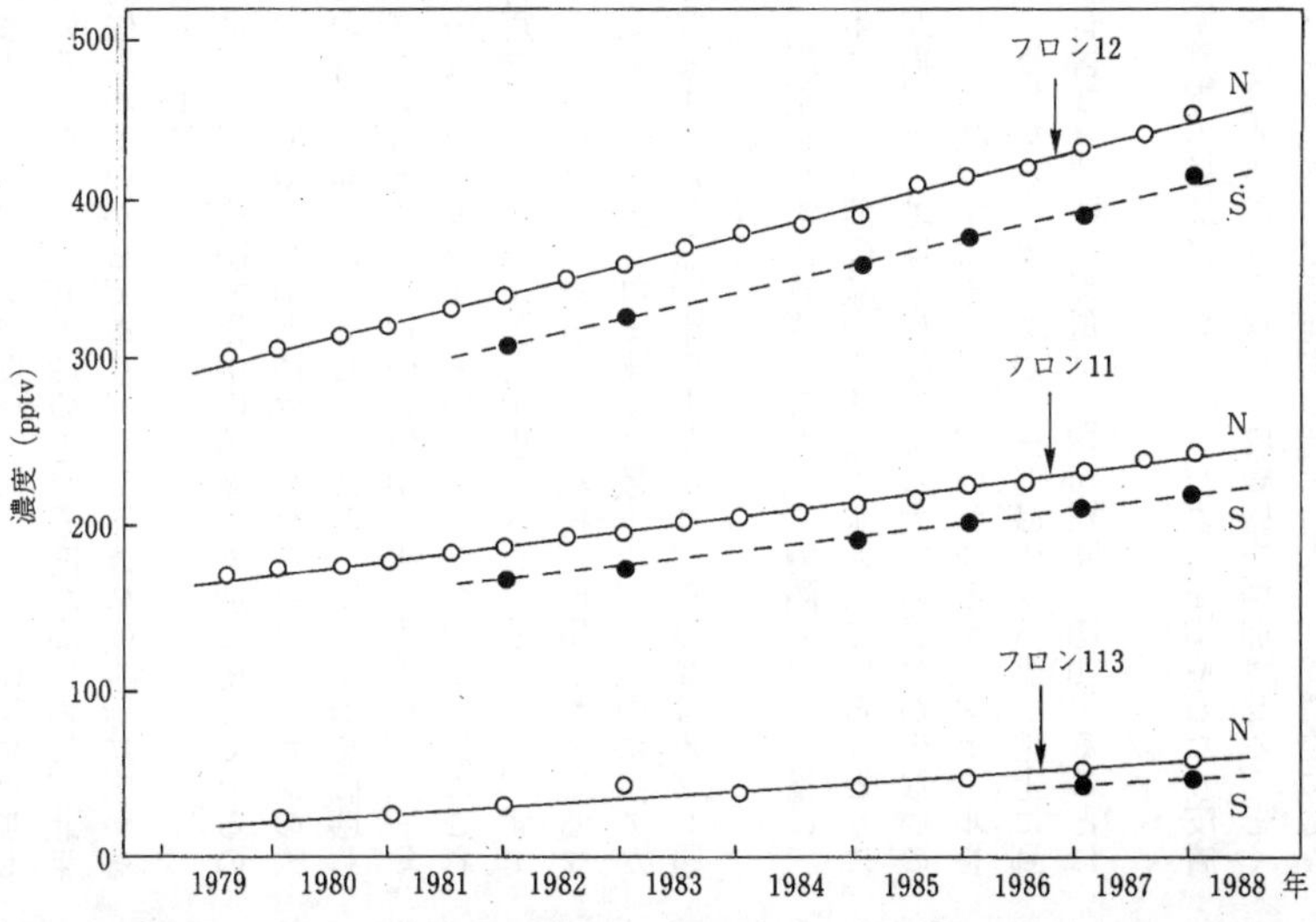

$$O_3 \xrightarrow{\text{uv（二四二—二九〇ナノメートル）}} O+O_2 \quad (3)$$

このような反応の繰り返しによって、C波紫外線の全部とB波紫外線の大部分が吸収されることによって、生物にとって有害な紫外線の地上への到達量が非常に少なくコントロールされている。言い換えれば、成層圏オゾン層は、太陽からくる有害な紫外線から地球上の生物を守るバリアの役割を果たしている。

しかし、この成層圏オゾンは、フロンからの塩素原子や窒素酸化物あるいは水酸ラジカルと反応して減少する。とくに、特定フロン（$CFCl_3$やCF_2Cl_2など）は、対流圏ではきわめて分解しにくいため、成層圏に達して(4)、(5)式のように反応して塩素原子Clを生成し、(6)、(7)式の連鎖反応を繰り返し、塩素原子1個当りおよそ一〇万個ものオゾンを次々と分解してしまう。

$$CFCl_3 \longrightarrow CFCl_2+Cl \quad (4)$$
$$CF_2Cl_2 \longrightarrow CF_2Cl+Cl \quad (5)$$
$$Cl+O_3 \longrightarrow ClO+O_2 \quad (6)$$
$$ClO+O \longrightarrow Cl+O_2 \quad (7)$$

これらの反応でオゾンが減ると、(3)式の反応が起こりにくくなり、オゾン層での紫外線の吸収量が減少し、地上に到達する有害なB紫外線量が増加することになる。成層圏のオゾン量が一％減少すると、地上に到達するB波紫外線量はおよそ二％増加するとされている。

対流圏大気中のフロン濃度は、図のように確実に増加し続けている。ここで、北半球の方が濃度が高いのは、北半球に発生源が多いからであり、約二年後に南半球に広がることが示されている。

このように、対流圏大気中の濃度が増加し続けているのは、フロンの使用量が増え続けてきたことと、フロンの大気中での寿命が非常に長いためである。オゾン層を破壊しやすいフロン11とフロン12の大気中の平均寿命は、七一年および一五〇年と推算されている。したがって、仮にこれらの特定フロンが全廃（製造中止）されたとしても、すでにクーラーや冷蔵庫、あるいは断熱材に使用されているフロンが大気中に放出されるまでに数十年、大気中に出てからなくなるまでに一〇〇年以上かかり、その間はオゾン層破壊が続くことになる。

また、規制をせずに放置すると、成層圏のオゾン量は二〇〇〇年に一三％前後減少すると予測されている。とくに、南極や北極では、地球の自転による大気の混合が少ないので、オゾンの減少が大きくなり、いわゆるオゾンホールを生じるようになる。オゾンが一三％減少すると、地上に到達する有害なB波紫外線量は二六％程度も増加することになる。

B波紫外線の増加は、シミ、ソバカスを増やしたり皮膚の老化を促進するだけでなく、皮膚癌を増加させる。とくに、メラニン色素の合成能力の低い白人は、皮膚癌になりやすく、Ｂ波紫外線が一％増えると皮膚癌がおよそ一・五％増えるとされている。したがって、オゾンが一三％減少すると、白人の皮膚癌は四〇％程度も増えることになる。

また、Ｂ波紫外線の増加は、白内障の増加、免疫機能の低下をもたらすとされている。

さらに、Ｂ波紫外線は多くの植物の葉に様々な変化をもたらし、植物の成長を阻害することが分かってきている。このため農作物の収穫量が減少すると予測されている。たとえば、オゾンが一三％減少すると、大豆や米の収穫が一五～三〇％も減少する可能性が示されている。植物のＢ波紫外線に対する感受性は種によって大きく異なり、またＢ波紫外線は殺菌力が非常に強く、土壌微生物を殺すので、植物生態系が大きく変化し、それによって動物生態系も大きく変化すると考えられている。

このようなことは、海でも起こる。Ｂ波紫外線が海中の植物プランクトンの増殖を減らすので、これを食べている水生生物が減ることになる。また、魚の幼生がＢ波紫外線で死滅することも報告されている。このため、オゾン層の破壊は、漁獲量を減らすとともに、海洋中の生態系を変化させることが予測されている。

このほか、オゾンの減少は、成層圏での紫外線の吸収エネルギーを減少させるので、上層気温の低下をもたらす。一方、対流圏のフロンは、二酸化炭素とともに、地表から宇宙へ放出される赤外線を吸収して地球の温暖化をもたらす代表的なガスである。したがって、フロンの増加は、気温分布や風に複雑な変化をもたらし、気候を大きく変える可能性があるとされている。

（浦野紘平）

フロン・ガス

フロンとは、メタンまたはエタンなどの水素のうちの一つ以上がフッ素に置き換えられた化合物の総称で、水素の全部がフッ素と塩素に置き換えられたものを「クロロフルオロカーボン、ＣＦＣ」といい、環境中での寿命が長く、成層圏のオゾン層破壊や地球温暖化を引き起こしやすいために国際的な規制対象となっている。このＣＦＣを「特定フロン」という。この他に、水素と塩素を含むものを「ハイドロクロロフルオロカーボン、ＨＣＦＣ」、水素を含み、塩素を含まないものを「ハイドロフルオロカーボン、ＨＦＣ」、塩素も水素も含まないものを「フルオロカーボン、ＦＣ」といって規制対象の特定フロンとは区別している。なお、フッ素の変わりに臭素がついた化合物をハロンといい、これの一部も規制されることになっている。

これらの化合物は、水素、炭素、塩素（または臭素）の数を示す番号がつけられている。現在多く使用されているフロンは、ＣＦＣ11（CCl_3F）、ＣＦＣ12（CCl_2F_2）、ＣＦＣ113

（CCl_2FCClF_2）の特定フロンとHCFC22（$CHClF_2$）の四種類である。

これらは、いずれも毒性が低く、燃焼、爆発性が低いだけでなく、油などを溶かすこと、金属や多くのプラスチックに作用しないこと、沸点が常温付近にあるため、容易に気化、液化することなどの優れた特徴がある。このため、精密機械部品や電子部品などの脱脂・洗浄剤、ドライクリーニング洗浄剤、ポリウレタンフォームやポリスチレンフォームなどの発泡剤、冷蔵庫やクーラーなどの冷媒および化粧品や殺虫剤などのエアゾールスプレー剤などのきわめて幅広い用途に使用されている。しかし、いずれの用途でも最終的にはほとんどが大気中に放出される。

一九八五年時点での世界の特定フロンの生産量は、約一〇六万トン、そのうち米国が三七・五万トン、西欧が四〇万トン、日本が一六・二万トン、東欧などが一二・一万トンであった。この生産量の一部は、他

表1　日本における特定フロンの用途別・種類別使用量（1986年）

用　途	用途別使用量（トン）	種類別割合（%）	
溶剤・洗浄剤	51,319	CFC-113	98
		その他	2
発泡剤	28,120	CFC-11	66
		CFC-12	31
		その他	3
冷媒	23,344	CFC-11	9
		CFC-12	86
		その他	5
エアゾール	11,910	CFC-11	37
		CFC-12	61
		その他	2
その他	2,432		
合計	117,125	CFC-11	25,878
		CFC-12	35,833
		CFC-113	52,099
		その他	3,315

表2　現在のフロンと有望な代替フロンの特性

記号	化学式	沸点(℃)	寿命(年)	ODP	GWP
CFC11	CCl_3F	24	71	1.0	1.0
CFC12	CCl_2F_2	−30	150	1.0	2.8−3.4
CFC113	CCl_2FCClF_2	48	117	0.8	1.3−1.4
HCFC22	$CHClF_2$	−41	16	0.05	0.32−0.37
HFC134a	CF_3CH_2F	−27	8	0	<0.3
HCFC123	CF_3CHCl_2	28	2	0.02	0.017−0.020
HCFC141b	CH_3CCl_2F	32	9	0.2	0.084−0.097

注）ODPはCFC 11を基準とした重量当たりの相対的オゾン破壊係数
　　GWPはCFC 11を基準とした重量当たりの相対的地球温暖化係数

の国に輸出されて使われており、一九八六年の日本での特定フロンの使用量は約一一・七万トン、用途別使用量は表1のとおりになっていた。

すなわち、溶剤や洗浄剤としてのCFC113などが約五一、〇〇〇トン（約四四％）で最も多く、次いで発泡剤としてのCFC11やCFC12などが約二八、〇〇〇トン（約二四％）、冷媒としてのCFC12などが約二三、〇〇〇トン（約二〇％）であり、よく問題にされているエアゾールスプレー剤として使われていたのは約一二、〇〇〇トン（約一〇％）に過ぎない。なお、この他に、現在は規制されていないが、規制が検討されているHCFC22が冷媒用に約二〇、〇〇〇トン使われていた。

これらのフロンは、成層圏のオゾン層を破壊する（「オゾン層破壊」の項参照）だけでなく、二酸化炭素の一万倍以上もの温暖化（温室）効果を示すために、微量でも地球温暖化の主要な原因物質とされている。

フロンを削減するための具体的な対策としては、使用機器からの漏れの防止と使用方法の適正化の他に、特定フロンの代わりの物（代替品）の開発と排ガスや廃液からのフロンの回収あるいは分解が考えられている。

特定フロンに代わるものとしては、フロン以外のものと新しいフロンとが考えられている。たとえば、洗浄用には水やアルコールの他に、HCFC141bやHCFC225a、225bなどが検討され、発泡用にも水や空気の他に、HCFC141bやHCFC123などが検討され、冷媒用にはヘリウムやアンモニウムの他に、HFC134aが検討されている。新しいフロンは、用途にあった性質をもつとともに、オゾン層破壊や地球温暖化に対する影響が小さく、毒性も低いものでなければならない。現在使われているフロンと有望視されている新しいフロンの性質を表2に比較して示す。

排ガスからのCFC113などの回収は、活性炭によって吸着する方法と冷やして液化する方法の組合せによって容易にできるので、数種類の装置が開発されてきている。また、カークーラーなどのCFC12を精製して回収する装置も開発されてきている。しかし、経済的な面や社会システムの遅れから、これらの装置の普及は必ずしも順調ではない。

フロンを含む廃液は、一部は蒸留・精製によって再利用されたり、焼却されているが、ほとんどは大気中に揮散されていると推定される。また、断熱材として使われている硬質ウレタンフォームおよび冷蔵庫やルームエアコンなどが廃棄物として出されるときのフロンの回収については、今のところ考えられていない。

なお、フロンの仲間のハレンは、1301（$CBrF_3$）や1211（$CBrClF_2$）が消火用に使われている。これらは緊急用であり、使用量も少ないので、管理を徹底する程度のことしか行われていないが、今後は回収・再利用が必要になろう。

また、四塩化炭素とメチルクロロホルム（一・一・一―トリクロロエタン）もフロンやハロンとともに成層圏のオゾン層を破壊する物質として具体的な規制方法が決定されている。日本の四塩化炭素とメチルクロロホルムの使用量は、一九八八年にそれぞれ約三七、〇〇〇トンおよび約一三九、〇〇〇トンとなっている。四塩化炭素は大部分がフロンの原料などとして使われているので大気中への放出量は少ないが、メチルクロロホルムは洗浄剤や溶剤として大量に使われ、大部分が大気中に放出されているので、有効な汚染防止対策が求められている。（浦野紘平）

エアゾール・スプレー

オゾン層を破壊し、かつ地球の温暖化の一因にもなっているなど、地球規模の環境破壊をもたらしているフロンは、半導体の洗浄剤、発泡スチロールなどの発泡剤、冷蔵庫やクーラーの冷媒などに用いられているほかに、化粧品や殺虫剤などのスプレー缶の充塡ガスとしても広く使われてきた。

こうしたスプレー缶の充塡ガス、つまりエアゾール・スプレーとして用いられるのは、常温で気体のフロン、つまりフロン・ガスである。問題なのは、こうした形で用いられているフロンには、オゾン層への影響がとくに大きいとされるフロン11とフロン12が含まれていることであり、しかも、使用されると、全量がそのまま環境中に出されてしまうことである。

このため、アメリカやヨーロッパでは、早くから環境団体などが不買運動を起こしたりして、その追放が始まっていたのである。すなわち、アメリカ政府は、こうした要求に対応して、一九七八年にはエアゾール・スプレー用のフロン・ガスの生産を禁止したし、スウェーデンも、翌年、フロン・ガスを使用したエアゾール製品の生産と輸入を禁止した。ノルウェーも、八一年にスウェーデンと同じ措置をとった。さらに、EC共同体も、間もなく三〇％削減を打ち出した。しかし、日本政府は、オゾン層破壊との因果関係がまだ不明であるとして、こうした措置をとらず、わずかに、フロン11とフロン12の生産設備の増設を凍結したのみであった。

近年のフロン追放の国際世論の高まりは、フロン追放に消極的であった諸国をも動かし始め、フロンの大量生産・消費国である日本の政府や企業も、ようやく代替品の開発などを謳うようになった。しかし、現在、店頭に並んでいるスプレー缶の大半が、すでにフロン・ガスからLPガスなどに転換されていることから明らかなように、もっと早くかつ容易に転換できたはずなのである。（市川定夫）

核の冬

大規模な核戦争が勃発すると、熱線の作用で生じた大火災に伴う煤煙が空を覆い、太陽の光線が妨げられて地上温度が急速に低下し、冬のような気候がもたらされると推定される。この核戦争後の地表大気温度の異常低下現象は、「核の冬」と呼ばれる。

大規模な核爆発が気象に与える影響については、一九五四年三月から五月にかけて行われたビキニ環礁におけるアメリカの一連の水爆実験の時期に、日本の気象学者によっていちはやく指摘されていた。同年六月〜七月の世界的な気温分布が、一九〇三年のコリマ火山（メキシコ）噴火後の気温分布に類似しているとの観察結果にもとづいて、増田善信氏らは、成層圏に舞いあげられた水爆実験由来の塵埃こそが、この気象変化の原因であると推定していた。一九五四年五月二〇日、日本気象学会は、大規模な核爆発が気象異変をもたらす恐れがあることを指摘し、水爆実験の禁止を求める声明を発した。

一九七一年一一月一三日、アメリカの宇宙船マリナー九号は火星を回る軌道に入り、激しい砂嵐を観測した。惑星大気の研究者として知られるカール・セーガン博士（コーネル大学）らは、この後、火星表面温度が広範囲にわたって低下することを観察した。同博士らは、その後、大規模な核戦争が地球大気に与える影響について解析、その研究結果は、一九八三年一〇月、ワシントンで開催された「核戦争後の地球―核戦争の長期的、世界的、生物学的影響に関する会議」で報告され、同年一二月、科学雑誌「サイエンス」に論文「核の冬―複合核爆発の地球的影響」（R・P・ターコ、C・セーガン共著）が発表された。

彼らの研究では、五〇〇〇メガトンの核兵器が使用される基準シナリオでは、核戦争勃発後三週間程度で地表気温は摂氏零下二〇度にも達し、氷点下の気温が三ヵ月以上も続くことによって、穀物などの収穫が壊滅的な打撃を受け、直接的な核戦場であるか否かにかかわらず、生存の困難がもたらされる恐れがあることが示唆された。この「核の冬」現象は、全核弾頭威力の〇・五〜一％に相当する合計一〇〇メガトンを用いた都市攻撃によって出現することが示唆された。

同趣旨の研究は、当時、西ドイツの大気科学者ポール・クルッツェン（マックス・プランク科学研究所）によって指摘され、スウェーデン王立科学アカデミーの環境問題専門誌「アンビオ」に発表されていたが、世界的に広く知られるようになったのは、セーガンらの発表以降のことである。同類の現象は、旧ソ連では「核の夜」と呼ばれていた。アレクサンドロフ（旧ソ連）らの研究では、核戦争後にいったん低下した気温が、八ヵ月後には、チベット高原・

ロッキー山脈・グリーンランドなどの高地で上昇に転じ、洪水を発生させる可能性もあることが示唆されていた。

「核の冬」研究の不確かさを調べるために、米ソを含めて多くの研究が行われた。その一つに、国際学術連合（ICSU）の環境科学委員会（SCOPE）による研究がある。一九八五年九月、「核戦争が環境に与える影響」（ENUWAR）という報告書が発表されたが、それによると、核戦争が作物の生育期である北半球の夏に起こったような場合、食糧不足によって世界中で二五億人が餓死することも予想されていた。

「核の冬」の研究は、核爆発に伴う煤煙や塵埃の発生量や地域的分布を、核戦争のシナリオにもとづいて予想し、地上に達する太陽光エネルギーがどのように変化するかをコンピューター・シミュレーションの技法を用いて予測することを基本にしている。したがって、設定する核戦争のシナリオによっても、また、個々の研究が依拠するシミュレーション技法によっても結果は異なってくるため、さまざまなモデルで評価された地表面の気温低下の程度には、当然、バラツキが認められる。しかし、核戦争被害を実験的に研究することができない以上、多くの仮定にもとづいてシミュレーションを行う手法は不可避であり、問題は、採用されている評価モデルが適切であるか否かという点にある。その点で、異なる研究者が異なる仮定を基礎としてさまざまなモデルで研究した結果が、大枠において同じ方向性を示したことは、重要な意味をもつものと言うべきである。

しかし、一方、「核の冬」研究にも問題がないわけではない。根本問題は、「核の冬」を起こさない核戦争なら是認されるわけではないという点である。時として「合計わずか百《メガトン》の都市攻撃でも『核の冬』が起こり得る」という言い方がなされるが、百《メガトン》は広島原爆の七〇〇〇倍近くにも達するものであり、ただ一発の核兵器使用も許されるべきではないという立場からは到底認めがたいことになる。また、核戦争においては、「核の冬」の到来の前に、「核の焦熱地獄」が確実に襲ってくることも忘れられてはならず、その後の全地球規模の放射能汚染や食糧・衛生環境の劣化なども忘れられてはならない。どんなに優れたコンピューターを動員しても、目の前で生きながら焼かれた家族をさえ救えなかった広島・長崎の被爆者の無念や、病気がちの彼らがいやおうなく体験させられた社会的差別や偏見といった、核戦争がもつ非人間的側面は明らかにならない。

世界保健機関（WHO）は、セーガンらがワシントン会議で「核の冬」の研究結果を発表した一九八三年、『健康と保健サービスに及ぼす核戦争の影響』と題する報告書をまとめたが、この報告書は、より包括的に核戦争の被害を扱っている。熱と爆風の相互作用で発生した大火災のため、核戦場近傍のシェルターはオーブンと化して役立たず、仮にシェルター内で生き残っても、過密、衛生水準の低下、病気の生残者との同居、死の淵にある人々の世話、死体の除去、エネルギー源・水・食糧の確保など、多くの困難に苛まれる。地表では何百万もの人間や動物の死体や、処理されずに放置された廃棄物や汚物の山が、人間よりも放射線に対する抵抗力の強いハエなどの昆虫や細菌の繁殖地となり、サルモネラ菌、細菌性やアメーバ性赤痢、感染性肝炎、マラリア、発疹チフス、連鎖状球菌やぶどう状球菌感染症、呼吸器系感染症、結核など、多様な伝染性疾患が流行する恐れがある。やがては、白血病を含む悪性腫瘍や遺伝性疾患などの放射線による影響が発現するのに加え、生産や輸送のための手段が失われる結果として、食糧供給もままならず、生残者たちに想像を絶する苦難をもたらすと推定される。こうした検討もふまえて、世界保健機関は、「核兵器が人類の健康と福祉にとって最大の直接的脅威となっているという結論は、十分な専門的根拠をもつものであり、この脅威を除去しない限り、人類の安全は保障されない」と結論して、核戦争の防止を訴えた。（安斎育郎）

核実験の被害

一九四五年七月一六日に米国が最初の核実験を行って以来、八九年末までに、世界では少なくとも一八一四回の核実験が行われた。そのうち大気圏内核実験は四九一回。現在も核実験を行っているのは、米国、ソ連、イギリス、フランス、中国の五ヵ国である。

核実験の被害は、実験時に生みだされる放射能（死の灰）とそれらが発する放射線によって生ずる。このため、核実験場と周辺の環境、人びとが被害をうける。とくに大気圏内核実験では、死の灰が拡散するために、被害範囲は広く、被害者も膨大な数にのぼる。

核実験による直接の被害者は、核実験に参加した技術者や科学者、「アトミック・ソルジャー」とよばれる兵士（主に五〇年代の核実験時にキノコ雲の下で軍事訓練をさせられた）、核実験場の風下地域に住む人びとなどである。間接的な被害者としては、死の灰の汚染地域であることを知らずに立ち入った者や、汚染地域でとれた食物とは知らずに食べた者、核実験場の除染作業を行った者などがいる。

最近、北極圏でトナカイを飼って暮らす人びと（カナダのイヌイット族やソ連のネネツ人など）にも核実験の被害が出ていることが明らかとなった。北半球で行われた大気圏内核実験の死の灰が、対流に運ばれて北極圏に集まり、降下して、トナカイのエサのコケ類を汚染、そのトナカイを主食としているために被害をうけたのである。

核実験による被害は、核実験が各国の極秘事項であることと、被害の範囲が広すぎることなどもあって、各国にそして世界にどのくらいの数の被害者がいるのかは不明であ

世界の核実験回数（1945～1989）

総核実験回数　1814回
（大気圏内核実験 491回）

	アメリカ	ソ　連	イギリス	フランス	中　国	インド
最初の核実験	1945年7月16日ニューメキシコ州のアラモゴードで	1949年8月29日カザフ共和国のセミパラチンスクで	1952年10月3日オーストラリアのモンテ・ベロ諸島で	1960年2月13日アルジェリアのサハラ砂漠で	1964年10月16日新疆ウイグル自治区のロプノールで	1974年5月18日タール砂漠で（地下核実験）
最初の実験から，1963年8月5日の部分的核実験禁止協定調印まで	大気圏内 217回	大気圏内 183回	大気圏内 21回	大気圏内 4回		
	地下 114回	地下 2回	地下 2回	地下 4回		
1963年8月6日から1988年12月31日まで				大気圏内 44回	大気圏内 22回	
	地下 579回	地下 448回	地下 18回	地下 120回	地下 9回	地下 1回
1989年						
	地下 9回	地下 11回		地下 6回		
計	919回	644回	41回	178回	31回	1回

◦「SIPRI（ストックホルム国際平和研究所）年鑑 1989」の資料より
◦ 10キロトン以下の小さい核実験は記入されていないので，実際の核実験回数はもっと多い。

る。

なお、一九六三年に部分的核実験禁止協定が結ばれて以来、核実験はすべて地下で行われており、核実験国は人間や環境への影響はないとしている。しかし地下核実験による大気への放射能漏れはたびたび起きており、核実験の被害はいまなお続いているといえる。　（豊崎博光）

照射食品

食品に数万－数十万ラドの放射線を照射することによって殺菌または発芽抑制として保存性を高める方法は、第二次大戦中にアメリカ陸軍によって始められ、戦後、これを推進しようとする原子力委員会および陸軍と、これに放射能発癌の可能性あるものとして否定的な－厚生省の食品薬品局（ＦＤＡ）とが対立していた。

一九六六年にＦＤＡは陸軍の照射殺菌ベーコンの試食実験の承認を拒否できなかったが、一九六八年の照射殺菌ハムの申請にさいして、カリフォルニア大学に依頼研究していた各種照射食品の動物実験の結果が、新生仔の減少、成長阻害、貧血、死亡率の増加および脳下垂体癌増加（疑）があるとして、陸軍の許可申請を取り下げるよう勧告した。

この事件は、アメリカにおける照射食品の推進勢力を挫折させ、原子力平和利用の一環としてこれを推進しようとしていた世界各国に大きな衝撃を与え、同計画をもっていた七六ヵ国を一気に一九ヵ国に減少させた。

またこれを機として食品照射推進の場は、アメリカからヨーロッパに本拠をもつ国連の三機関、すなわち世界保健機関（WHO）、国際原子力機関（IAEA）、食糧農業機関（FAO）の合同委員会に移ることとなった。

わが国ではこれに先立つ一九六七年に、科学技術庁が予算九億円をもって七ヵ年にわたる照射食品基本計画を決定しており、アメリカでの事件を無視して推進されてきた。

各国からの研究報告のなかで注目をあびたものに、一九七二年にソビエトで-照射ジャガイモから-照射毒素（胎児毒性）を抽出したが、照射後九〇日貯蔵したものでは検出されず、また熱に弱いというものがある。

また、同年にインドで栄養障害で入院中の子どもに一二週まで貯蔵のコムギを六週間にわたって与えて、血中リンパ球を培養してみると染色体異常の増加を見、また照射直後のコムギを与えたサルでも同じ現象が見られたが、七ヵ月後に消失したという。

一方、わが国の研究もすべてWHOに報告されているが、照射したジャガイモやタマネギを与えたラットで死亡率の増加、卵巣重量の増大後萎縮などが示されており、また照射コムギではオスで体重低下、三世代目ラットの離乳期卵巣重量の減少が見られ、さらに照射米を与えた赤毛ザルの二年間飼育で甲状腺、心臓、肺臓の重量（体重比）は減少し、睾丸は減少傾向を示し、また腫瘍の発生率が増加している。

以上の諸事実の大部分は、WHOのテクニカル・レポートに要約が収載されているが、たとえば照射コムギを与えたラットの卵巣重量の増加については、病理組織学的に異常が認められないという理由で有害性と評価していない。

一九八〇年、WHOの委員会は、「一〇〇万ラド以下の食品照射は無条件安全」と結論したが、データを吟味してみるとそれに科学的妥当性を認めることは難しい。

その直後に、中国で全食品を照射して志願者に九〇日間与え、血球の染色体異常が微増したと報告されている。

食品照射の害作用のメカニズムとしては、食品中の水分子が分解してできる過酸化水素や各種のイオンの作用と、食品成分の分子がとくに二重結合の部分で開裂してイオン化して荷電粒子（フリーラディカル）を形成したための作用とが指摘されている。照射食品の毒性が貯蔵中にしだいに減少するのは、フリーラディカルの修復が行われるためであるといわれている。

いま食品照射を行っている国は一五カ国ほどで、食品の種類は国によって大きな差があるが、本格的に実用化しているのは南アフリカ共和国で、欧米諸国は試験的である。

食品照射はわが国では北海道士幌農協でのジャガイモの発芽防止用にしか許可されていないが、輸入食品の増加に伴って日本向け食品が照射殺菌されてくる可能性を警戒する必要があるが、現在のところ照射の有無を知る方法は存在しない。

（高橋晄正）

遺伝子操作

工業や農業分野での遺伝学の応用は決っして新しいものではない。例えば工業分野で抗生物質の高生産株などの改良菌株は、変異と選択を繰り返して得られたものであるし、農業分野では自然の育種系が働いて品種改良をしてきた。上記二つの遺伝子操作は経験的に行われてきたのであるが、非常に成功を収めた。しかし産業界は、〝前史的方法〟で変異を広範に利用したが、生物品種の改良においては変異と選択の効果は、たくさんのすばらしい遺伝情報伝達機構によって補助されている、という進化の立場から遺伝子欠損を理解しようとはしなかった。例外はあるが、経験的にしか取り扱われなかった理由の一つは、この方法で非常な成功を収めたことと、もう一つは工業的に重要な生物は基礎研究がわずかしか行われていないことである。応用科学者は特殊な生物を研究の対象としているので、大腸菌のような原核生物で開発された方法や技術を直ちに糸状菌、植物や動物に適用しようとしても不可能である。また真核生物には「種間障害」があって種外の広範囲の生物種との間で性質の交換ができないようになっている。

過去二〇〜三〇年間に起こった遺伝学の急速な進歩は、主として応用的興味がまったくない生物を対象とした学術研究の結果であるが、遺伝子工学に対して、他のどの技術発展よりも強い衝撃を与えたのである。

二つの発見、細胞融合と細胞外ＤＮＡ組み換え技術が実験室技術から発展して今や工業化されようとしている。これら両技術は「種間障害」を克服して、新しい遺伝子の組み合わせを作り出しつつある。

このうち、細胞融合については別のところでとりあつかうので、ここでは、生体外ＤＮＡ組み換えについて述べる。

組み換えＤＮＡ技術とは、微生物由来の酵素（制限酵素）を利用してＤＮＡを小さな断片に切断し、他の酵素（リガーゼ）を用いて違うＤＮＡ断片（通常ベクタと呼ばれる担体ＤＮＡ分子）に接着（再結合）し、得られた組み換えＤＮＡをプロトプラストまたは細胞へ適用な方法で導入することをさしている。

このもっとも良い例はヒト成長ホルモン（ＨＧＨ）の例である。スウェーデンのカビ・ヴィトラム社は、世界最大の規模で、屍体の脳下垂体からヒト成長ホルモンを生産していた。これは一〇〇万人に一〇人の割合で発生する成長ホルモン欠損症の子どもの治療に使われていた。この生産法は供給材料に制限があるので、一九七八年九月にカビ社は、アメリカのベンチャー産業会社ジュネティック社とヒト成長ホルモンを、大腸菌にクローン化させることを二八ヶ月契約で結んだ。ところがアメリカのジェネティック社は、七ヶ月で好適な菌株を開発してしまった。次いでこの遺伝子操作によって得られた株を四五〇リットルの発酵タンクで培養すると、数回の培養で生産されるヒト成長ホルモンの量は全イギリスの需要をまかなうのに充分で、その量は六万体の屍体の脳下垂体の含有量に匹敵した。現在ヒト成長ホルモン生産のためカビ・ヴィトラム社がストックホルムの南で、一五〇〇リットルの発酵タンクを運転している。

生体外ＤＮＡ組み換え技術のもうひとつの効力は、疾病の基礎的原因の解明である。すでに癌ウィルスの研究によって腫瘍発生の基本機構が解明されかけているし、またインターフェロンが癌やウィルス病の万能薬になるかどうかはさておいても、インターフェロンを用いて耐ウィルス自然抵抗性の機構解明はできるであろう。

短期的には医学への応用が主であるが、長期的にはＤＮＡ組み換え最大の応用対象は農業である。

農業と工業とでは原始的と高度に精密化されているとの違いがある。一定の耕地面積上での作物生産量増加に対する主たる制限因子は窒素の供給である。小麦、米ととうもろこしなどの穀物生産が品種改良によって劇的に増加したのは土壌中の窒素源の、より有効な利用に向けての育種研究が進んだからである。窒素肥料の供給は人口増加にしたがって需要が増え、将来は数百のアンモニア工場の新設と数億トンの石油相当の燃料の必要増になると予想されている。

しかしこの需要増の部分は、生物窒素固定の効率を改良するだけで達成される。したがって、この分野の研究が活発に行われているのも当然である。

微生物の窒素固定遺伝子を、根瘤菌と共棲関係のない作物植物へ導入することが研究されている。窒素固定に関係する遺伝子（ｎｉｆ）の研究は主として非寄生性細菌で進められた。ｎｉｆ遺伝子領域の詳細な遺伝子地図が作成され、これを他の微生物、さらには酵母にさえも転移するのに成功している。ただし酵母の場合は転移には成功したが発現はしなかった。まだ高等植物でｎｉｆ遺伝子が発現したという報告はない。たとえｎｉｆが高等植物で発現したとしても、窒素固定のためにエネルギーが使用されるので収量が低下することは充分ありうる。これらの問題解決に向かって研究は進行中である。

現在工業的に利用されている重要な菌株についてはその増殖法、生産法、生産物抽出法、生産設備などはすでに確立されている。したがって工業的に利用されている微生物を宿主にして適当なベクター系を用いて一つまたは少数の遺伝子を転移して生産に利用するのが、組み換え遺伝子技術として最高である。

変異と選択を繰り返す菌株改良法では生産に好都合な遺

伝子が蓄積されると同時に、欠損変異も蓄積されていることがある。蓄積した欠損変異を取り除くには、在来の方法か、またはDNA組み換え法を用いて遺伝子組み換えを行うより仕方がない。工業的に重要なのは収率ではなくてそのプロセスのコストであるから、組み換えDNA技術を用いて他の生物から安価な炭素源を利用できる能力を導入する利用方法は価値がある。

工業微生物に多段階の合成反応に関与する遺伝子群を遺伝子操作によって導入するのはより難しい。しかし微生物に抗生物質を含む新規代謝生産物を作り出させるために、全ゲノムをクローン化し、そのライブラリーを利用しようとする計画がある。このような方法で作成し、選択した新規代謝産物を生じる新しい遺伝子組み合わせは、正常環境ではその生物に不利益に働き、進化のプロセスで脱落するものであった。またクローン化したDNAを使うと、あらかじめ決めておいた部分で塩基の入れ替えができる。この局部志向性の変異を含めて変異の研究発展によって、従来から使われてきた偶然の変異と選択により生物の生産性を改良する方法が、より合理的なものに変化して行くであろう。

遺伝子の局部志向の変異は遺伝子もその生産物も既知のとき、もっとも大きい効果を発揮できる。その良い例がペニシリンGアミラーゼの場合で、この酵素はペニシリンGから6-アミノペニミラン酸を生産する工業的に重要な酵素で、大腸菌から調整する。この酵素をコード化している遺伝子をクローン化し、収率と収量を増加するために、個々のヌクレオチドを変化させるべく努力が続けられた。

結論として、遺伝子はこれまでの遺伝子工学に多大の貢献をしてきたが、細胞融合や細胞外DNA組み換えの技術が加わったので、遺伝学の可能性は新しい次元にまで拡大したと表現できる。

将来は健康産業、農業、エネルギーと化学の原料生産、廃物処理などのすべての遺伝子工学の分野において、目的のプロセスを効率よく行う理想的な生物、または細胞を作り出すために、遺伝専門家と他の領域の専門家が協同することが求められている。

（里深文彦）

細胞融合

細胞融合というのは、ウィルスや化学薬品あるいは電気刺激の助けを借りて、本来なら融合しないはずの細胞同士を融合させる手法である。

(a) **動物の場合**　二種のタイプの違う体細胞が自然に融合してヘテロカリオン（一つの細胞質のなかに二つ以上の異種の核が存在する細胞）ができるのをフランスのバルスキと共同研究者が一九六〇年代に発見した。哺乳動物の組織細胞がある種のウィルスに感染すると多核になる現象は以前から知られていた。この現象を利用すると不活性化した仙台ウィルスや、ポリエチレングリコールのような化学薬品が、細胞融合を起こさせるのに使用できるようになり、最初の成功例は、一九六五年、ハリスとワトキンズがネズミとヒトの細胞間でヘテロカリオンを作成した研究である。このようなヘテロカリオンは両親由来の遺伝子を同時に発現できた。一九七五年にコーラーとミルスタインは、これを発展させて、モノクローナル抗体生産で有名な、抗体生産性のリンフォーマ細胞（特定の抗原に対して不活性化されたネズミの脾臓細胞から調整）と、悪性腫瘍のミエローマ（皮膚癌）細胞と融合した。このようなハイブリッドーミエローマ細胞またはハイブリドーユと呼ばれるものは、リンパ球固有の特定の抗体を生産する性質と、ミエローマ細胞の増殖しつづける性質をあわせもつものになる。

モノクローナル抗体はきわめて特異性が高く高純度なので、いろいろな可能性を秘めている。この発見以前は、抗生物質や医薬品に代えて、抗体と医療用に実用化できるとは思いもつかなかった。抗体は複雑すぎて化学合成で製造できないし、生物体から調整するのは少量すぎて実際的でなかったからである。したがって抗体やインターフェロンを大量生産できるようになると、疾病の予防と治療に革命をもたらすことになるだろう。

(b) 植物と微生物の場合　プロトプラスト（細胞壁を除去した細胞）融合と、融合産物に細胞壁を再生させる研究は急速に増えている。注意深く設定された人間細胞融合の最適な条件下で、広範囲の植物や微生物の細胞融合が可能である。哺乳動物細胞の場合と同じくポリエチレングリコールは、体細胞融合を誘発するのに効果的である植物および糸状菌の細胞融合の技術によって従来交配できなかった種間でハイブリッドを作成できるようになり、不許同居性を克服することができた。

二つの種間でプロトプラスト融合を起こさせると、原形質が混合しヘテロカリオン（二つの種間でのプロトプラスト融合産物）を生じる。これは新規生物であるが通常ヘテロカリオンは不安定で、再生過程またはそれに続く増殖過程で形質分離を起こす。この形質分離によって両親型のものの他に両親の遺伝子・組み換え体が生じる。

例えば抗生物質生産性のストレプトミセスの融合物は非常に組み換え頻度が高く、融合細胞五つのうち一つが遺伝子組み換えを起こしていた。したがってストレプトミセスなどで異種間融合により、新しい化学構造をもつ抗生物質を得ること、抗生物質生産性を高める遺伝子のプールを作ることが可能になった。

この技術はまた窒素固定能の伝達や、根瘤菌から非根瘤菌へ根瘤形成能遺伝子の伝達などに使えるであろう。

今後の二〇年間においては農業・園芸の分野で牧草根瘤・野菜・果物・花卉などの改良のために異種間雑種が作ら

れるだろう。この技術は改良されて、授与体のゲノムの一部だけを受納体に伝達することもでき、授与体の細胞を融合に先立ってあらかじめ放射線照射しておくと、一方向への伝達ができることが動物・植物・糸状菌・細菌で認められた。

（里深文彦）

生命操作

環境と生命の問題が語られるようになってから、ずいぶんになるが、戦後の工業社会がもたらしたこの問題は、なにも解決されないまま、残っている。そして、これを手つかずで残したまま、社会は急速に変わって行く。

いま進行しているこの変化を一言でいえば、生命がないがしろにされる社会から、生命が操作される社会への移行である。これは、生命工学に象徴される、生命操作技術がもたらした変化である。この最新の科学技術は、貪欲にエネルギーを吸いとりながら、実用技術へと猛烈な勢いで脱皮し、新しい時代に向かって社会を導いて行く。

例えば「精子銀行」がつくられるということは、生命操作の技術が普及したことを意味する。もちろん精子銀行というのは、技術からいえば、それほど目新しいというものではない。これは古くからあった人工授精に、精子の凍結保存の技術を組み合わせただけのもので、精液を液体窒素で凍結し、これを融かして使うということは、一九四〇年代に発見された方法だし、これを使った精子銀行のほうも、アメリカではすでに民間のものが幾つもできていて、毎年一万人の人工授精児が生まれているといわれる。

むしろ、私達が〝生命操作〟という言葉で注目するのは、その技術としての側面より、その目的の方である。

厄介な点は、これが生命操作の可能性を開きながら次々に新しい技術を生み出す、現代の生命科学の状況から派生した、一つの小さな現象に過ぎないというところにある。

〝精子銀行〟という、ありふれた技術でさえ、その目的のたて方や使い方によって、そのままで簡単に医療の手段から優生操作の道具にすりかわってしまうことである。

〝生命操作〟という言葉の意味するものが、もはや技術の問題ではなくて、誰かが目的をたてるかどうかの問題になっているところに、二〇世紀末の科学技術のあり方が見事にあらわれていると思う。

（里深文彦）

種の壁

生物は、その長い進化の途上で、それぞれの種を保存する機構を確立してきた。他の種とは原則として交雑しない、つまり遺伝子や染色体など、遺伝物質を異種間で交換しないという、さまざまな隔離機構を確立してきているのである。そうした隔離機構を、俗に「種の壁」と呼んでいる。

生物のさまざまな種を、他の種から隔離している機構には、大別して、地理的隔離と生殖的隔離とがある。

地理的隔離とは、海、高い山脈、砂漠などの地理的条件によって、ある種がその類縁種から隔離されている状態をいう。沖縄の西表島にのみ棲息するイリオモテヤマネコや、やはり沖縄特有のヤンバルクイナがその好例である。また、地理的隔離が長く続いた結果としての典型的な例は、オーストラリア大陸のカンガルー、コアラ、フクロモグラ、フクロモモンガ、フクロアリクイなどの有袋類や、単孔類のカモノハシで、ともに同大陸特有の哺乳動物として、特異的に進化してきたのである。

生殖的隔離には、さまざまな機構がある。生態学的な隔離（好む生息環境の差など）、行動習性の差による隔離（ショウジョウバエ雄の交尾前のダンスの差異など）、季節的または時間的な隔離（アメリカの一三年ゼミ、一七年ゼミなど）、生殖器の形態や大きさの差による隔離など、異種間で交雑が起こらないという隔離機構と、かりに交雑が起こっても、受精が妨げられて雑種ができないとか、雑種ができても、生存力や生殖能力がなく、その雑種が絶える（ウマの雌とロバの雄の間の種間雑種ラバは不妊）といった、交雑後の隔離機構とがある。こうした生殖的隔離は、近縁種が地理的にたがいに近接して生息していても、効果的な種の壁をつくり上げているのである。

ところが、人類の活動に伴う動植物や微生物の大陸間などの移動や、近年の開発による自然環境の大規模な破壊は、地理的隔離を崩したり、生態学的な生殖的隔離を崩したりしている。

さらに、遺伝子操作、細胞融合、胚操作といった最新のバイオテクノロジーは、生物が進化の過程で長大な時間をかけてつくり上げてきたこうした種の壁を超えての、遺伝子や染色体の直接的な導入や交換さえ可能としている。遺伝子操作によって、大腸菌がかつてもったことがないヒトのインシュリン合成遺伝子をもたされ、かつて菌内でつくり出したことがないインシュリンを合成したり、細胞融合によって、自然には決して交雑しない二つの種の全染色体が同じ細胞に共存するようになったり（トマトとジャガイモの間の体細胞雑種ポマトが好例）、体外受精（試験管ベビー）技術によって、異なる生物種の卵と精子が受精したりして、種の壁が破られてしまうのである。

自然がつくり出した、種の保存を保証している重要な秩序としての種の壁は、いまや人間の手によって崩されている。自然界では決して起こらない、こうした遺伝子や染色体の種間での導入や交換が起こったとき、その生物自体がどのような新しい性質をもつのか、また、有機的につながっている生態系にどのような影響を及ぼすのかは、すべて未知なのである。他種の少数の遺伝子が導入されても、その生物の特性が大きく変わるはずがないとか、これまでの実験で危険な生物は出ていないから問題ないといった楽観的な見方は、種の壁の重要性と、人工化合物や人工放射性核種による過去の公害の発生を考えるとき、あまりにも甘いというべきであろう。危険の証拠がまだないということは、決して安全を証明するものではなく、あくまでもまだ不明であるにすぎない。

忘れてはならないことは、どんな生物も、その進化の過程で遭遇したことのないものや条件に対して、まったく無防備であるということである。（市川定夫）

テクノロジー化

テクノロジーもテクニックも日本語では技術と訳される英語だが、テクニックの方は広い意味をもつ古くからの言葉であるのに対し、テクノロジーはより狭く、高度で専門化した技術を指すはるかに新しい語で、一七世紀になって文献に現われたようである。

もっとも、“A History of Technology”といった題で、石器時代以来の歴史を記した書物もあり、テクノロジーは人間の歴史と同じく古いとも言えよう。しかし、今日の文明の主役とも言うべきテクノロジーを考えるときにはやはり、近代ヨーロッパにおける際立ったテクノロジー化以降の動向に注目してよいだろう。

近代に台頭し世界制覇をなしとげたヨーロッパの特色として、キリスト教や民主主義、資本主義などがあげられようが、テクノロジーも無視できない。ヨーロッパ人は一四世紀にはアジアから伝来したとされている火薬や羅針盤を手にしてほどなく、武器の近代化を進め、遠洋航海術を開発して一五世紀末には新大陸発見や世界一周を果たし、その数十年後にインカ帝国を滅ぼした。以後、広大な非ヨーロッパ諸地域に植民地を建設して支配者となり、世界史における主役の地位についた。

これは子供の常識とも言えようが、しかし、驚かされるのはヨーロッパ人が、この世界進出を上述の技術的進歩の成果であると自負し、しかもこれで古代ギリシャ・ローマ文化を越えたという優越感を早々に抱いていたことである。つまりこの種の優越感を記したフランスの政治哲学者ボダンの著作『歴史の容易なる認識の方法』は一六世紀半ばに書かれており、そこですでに現ヨーロッパ人のアイデンティティが確立されているかに見える。

さて、このアイデンティティの確立にはテクノロジーが大きく寄与したが、科学の寄与はそれほどではないことが注目される。科学技術という言葉が示すように、科学とテクノロジーは不可分とされ、今日の状況からもそう見られようが、それはいつでも言えることではない。テクノロジーと結合したヨーロッパ人の台頭は一四、五世紀に始まり、一六世紀にはボダンのような、古代を越えたヨーロッパ技術文明への賛歌が見られるが、それは一七世紀後半のニュートンはおろか、一七世紀始めのガリレオ、ケプラー、デカルトらの科学上の成果もまだ現われぬ時期であった。

ヨーロッパ文明形成に寄与したのは科学よりも格段にテクノロジーであると同時に、テクノロジーがいかに科学に先行していたかが理解できよう。逆に、近代科学の実質をなすニュートン物理学が確立しても、それはすぐテクノロジーと結びついて応用されたわけでもなかった。さらに驚くべきことだが、一九世紀にファラデーが電気や磁気の研究をしていたとき、彼は自分の研究にどんな実用的価値があるかにはまったく無頓着であった。

このように、テクノロジーと科学には足並みの乱れが見られる。実際、効用ぬきには意味をなさぬ前者に対し、後者は真相解明を旨とするはずであり、両者の理念にははなはだ隔たりがあるので、それは当然でもある。両者が一体化しているかに見える現在でも実は、両者は同等ではなく、テクノロジーの優位は圧倒的で、それは文化を動かすと言われている。

テクノロジーの独走に待ったをかけることは宗教に期待されるが、その宗教がテクノロジーの神通力に弱いことは、一九九一年一月勃発のイラクとの戦争において、キリスト教信徒の欧米諸国も超ハイテク兵器の威力への信頼なしには考えられぬ対処を見せたことに示されている。過去にテクノロジーが動員されたのは巨大な宗教的建造物の建設であったことも考え合わせれば、テクノロジーと宗教には相性のよい面がある。解決をテクノロジーに期待し、テクノロジーが問題を生めばなおそれをテクノロジーで解決するような思想の行き先を案じることは、宗教よりも科学や哲学に期待しうるのであろうか。

（佐藤敬三）

母性破壊の輸出

「母性」という言葉にはさまざまな意味がある。社会的、歴史的な意味と同時に女性運動ないしフェミニズムの立場からは常に「母性賛美」に対する警告が発せられる。フェミニズムにとって母性とは、女性が自分の身体について自分自身で決定権をもつためのかなめなのである（子どもを産むか産まないかを決めるのは女性自身でなければならない）。ここでは母性＝再生産力と限定しておく。

母性＝再生産力と理解すると、母性破壊とはすなわち、女性に与えられた「子どもを産む力」を破壊することを意味する。近年のいわゆる生殖技術の発展は著しいものがある。アメリカでは生殖技術について、「目的はともあれ、配偶子（卵子または精子）あるいは胎児の操作によって行なわれるすべての技術、性交以外による授精から子宮の疾患の治療、厳密な規格に適った人間製造にいたる……」と定義づけられている。

一連の生殖技術は畜産分野ですでに日常的に使われているが、人間の生殖にも使われるようになってきたのである。人工授精、体外授精、胚移植、性の判別や性の生み分けに関する技法、クローニング、単性生殖、人工胎盤といった技術がすでに現実化しつつあり、日本でもすでに冷凍精卵によるベイビー誕生が報じられている。技術先行のこうした生殖への人為的介入は、母性保護ではなくむしろ母性破壊（ひいては父性の否定）であり人間の生に根本的問題をつきつけている。

他方、アジア・アフリカ・ラテンアメリカなど第三世界の国々では数十年来、「人口爆発」に対する危機感から積極的な人口抑制政策がとられ、「家族計画」の名のもとに母性の破壊が進められてきた。あらゆる費用を払って女性の受胎能力を抑え込もうと積極的政策が採用されたのである。その結果、強制的不妊手術、有害かつ危険な避妊法の普及、非合法の人工中絶の増大が、こうした地域のいたるところに見られるようになった。

さまざまな脅しやモノとの交換による不妊手術の例は枚挙にいとまがない。プエルトリコではすでに一九六八年までに出産適齢の女性の三五・三パーセントが不妊手術をほどこされた（その三分の二は三〇歳以下）。避妊法については、先進国で使用を禁止されている危険な避妊薬が発展途上国への「援助」の名の下で日本その他の製薬会社や国際機関を通じてたれ流されている。女性運動が告発して世界的に知られるようになった一例がホルモン剤のデポ・プロベラである。人口抑制が国策となっている国で性の判別、男女生み分けの先端技術が「女児殺し」に使われている例も決して少なくない。

さらにまた、食品添加物やPCB、ダイオキシン、セシウムなど母体を汚染している物質が、女性のからだから母乳経由で次世代へ受け継がれつつある。しかもその汚染はとくに貧しい地域の女性たちに集中的に襲いかかる。先進工業国が主導してきた開発＝環境破壊のツケはすでに遺伝子への影響にまで及んでいるのである。　　　　（加地永都子）

湾岸戦争と環境破壊

湾岸戦争が残した石油による二つの環境汚染―油井炎上と原油流出は、今も有効な手だてが打てないまま放置されている。

ペルシャ湾への石油流出による、史上最悪の環境破壊が懸念されている。その影響を、①大気汚染、②海洋汚染、

③生態系の損害の観点からみてみることにする。

① **大気汚染**　湾岸戦争による大気汚染への影響は、大別して地表から地上一〇〇〇㍍の上層までの範囲における影響と、地上から一五〇〇〇㍍以上の対流圏においてジェット気流によって大気が移流し広域化する場合の影響、さらに地上から一〇㌔以上の成層圏に到着した場合の影響に分けられる。

まず第一に、戦闘活動及び石油等が炎上した場合の窒素酸化物、イオウ酸化物等の排出量は膨大であり、地上では極めて高濃度の大気汚染が出現することにより人体に大きな影響をもたらす。

第二に、石油施設の炎上が長期化した結果、地域環境への影響は累積化・広域化し、より深刻なものとなる。二酸化炭素の大規模、長期にわたる排出、たとえば一年間にわたる排出は、現状維持を打ち出している日本の二酸化炭素排出量を今後一〇％程度増加させることになり、地球規模の影響として深刻なものとなる。

第三に、湾岸戦争によってエアロゾルが大規模かつ継続的に排出され、対流圏を突き抜け成層圏に達すれば、太陽がそれらのチリ、ススで遮られ広域的な気温の低下の可能性が考えられる。いわゆる「核の冬」現象である。しかし実際には、粒子が〇・〇二ミクロン前後の極めて小さなススでないと成層圏まで達しないことから、大規模炎上で果たして「核の冬」現象が生ずるのか否かは、これからの検討課題である。

② **海洋汚染**　湾岸戦争の主役は石油であり、この石油をめぐる戦争が、改めて石油が、酸性雨や煤塵、さらに海洋汚染や気象異常などの地域環境問題の元凶であることを証明してみせた。

石油流出量は、当初一一〇〇万バレルと発表されたが、最終的にはサウジアラビア政府が報告した「三〇〇万—七〇〇万バレルで、蒸発などで、五〇万—三〇〇万バレルにまで減った」とする線で落ちついた。

これだけ痛めつけられなくても、ペルシャ湾はもともと地中海やバルト海など汚染の進む問題海域のなかでも最悪であった。

例えば、国連環境計画（UNEP）は、「ペルシャ湾は、他の汚染海域に比べても四三倍も汚染が進行している」として、古くから緊急の海洋汚染防止計画を作成した経緯がある。

この湾岸への流出石油は、すでに海鳥などに影響を出しており、今後どうなるか。これは原油の種類によっても変わってくるが、クウェート石油について詳細な研究がなされている。

それによると、最初はベンゼンなどの軽い成分が蒸発して行き、最初の数日で二五％が減ったという。だが軽い成分は毒性が強く、蒸発しきれなくて海中に溶けたものはプランクトンや稚魚などに致命的な害を与えてきたのである。

蒸発しなかったものは、海水と混ざり合って洋菓子のムースのようにドロドロとなって流れ、海岸に漂着すると回収は困難で、生物への被害も大きい。時間とともに次第に細かな粒子となり、バクテリアなどに分解されて拡散していくという。そして最終的には、重い成分が廃油ボールとなって、沈下、浮上を繰り返しながら長期間漂うことになる。

そして海に溶けこんだ有毒成分で、寄形魚の発生などの被害が予想されることになる。

③生態系への被害　ペルシャ湾は、世界の海洋中、最も水深が浅く（平均三五㍍）、面積が同じ二〇万平方㌔のセントローレンス湾（カナダ）などと比較すると、体積は五分の一でしかない。しかも他の海洋とつながっているのが、ホルムズ海峡のみで、海水の入れ替わりに時間がかかる。条件的には地中海に似ていて、地中海では海水が入れ替わるのに数十年かかる。海水温は高く、塩分濃度も比較的高い。海域には豊かな植生が広がり、沿岸の泥地や海草繁茂地とともに、多くの野生生物の生息地となっている。

ペルシャ湾の沿岸は、チグリス・ユーフラテス川の河口洲の先に広がる泥地から、イラン岸のごつごつした磯、アラブ首長国連邦（UAI）の切り立った岸壁と多様である。サウジアラビアの沿岸は、比較的低地で、砂浜や平地が続く。南部地域は、クリークが多く湾や離れ小島が点在する。

サウジアラビアに広がる泥の平地（沼草地、マングローブ、藻の繁茂地などを含む）は、生態系のなかでも最も生産性の高い生息地である。泥の平地の水はけは悪く、干潮時には浅い潮だまりができるため、石油が沈澱物に混じってしまい、影響を受けやすい。なかでもマングローブは、泥を根回りにためるために、最も影響を受けやすいと考えられている。

同様に大きな影響を受けやすいと考えられているのは、海草の繁茂地である。この潮の干満の間に広がる生息地は、多くの海洋生物の主要な食料源となっていて、やはり生産性の高いところである。また、稚魚やその他の生物の若い個体の隠れ家にもなっている。

また、サウジアラビアを中心に、豊かなサンゴ礁がある。特にサンゴ礁はペルシャ湾の生態系のなかで独自にかけがえのない位置を占めている。ここは、アオウミガメやタイマイ種のアジサシ類など多くの生物の繁殖地である。

このようなペルシャ湾独自の生態系、泥の平地やマングローブ、サンゴ礁や海草の繁茂地は、ほとんど無制限に石油を吸い取り、食物連鎖全体の基礎となる部分に半永久的な被害を与える。

魚類は、こぼれた石油から、眼球異常、ヒレの障害、生殖機能障害、胚の突然変異など、ほとんど致命的な影響を受ける。特に魚の卵や稚魚は、石油に含まれる有害物質の影響を受けやすい。一九八九年のアラスカ沿岸でのエクソン・バルディーズ号の流出油の事件以来二年が経つが、生態学者の報告によれば、いまだに石油汚染の色濃く残っていることが魚に残存する化学物質の指標から示されている。

魚類、ウミガメ、そしてジュゴンやイルカなどの海洋哺乳類、鳥類、無脊椎動物などすべてが石油のついた食物を食べたり、鳥類においては石油のついた羽の身繕いをクチバシですることによって、石油を体内に取り込んでいく。鳥類にとっては、ほんの少しの量の石油が取り込まれるだけでも致命的である。無脊椎動物は水中よりもはるかに高い濃度の炭化水素を体内に蓄積する。

漁業に対する長期的、短期的な損害も予想される。イラン・イラク戦争中の一九八三年にノールズで流出した石油は、魚肉に付着したため、漁業は閉鎖された。

ドバイ（UAE）では、ペルシャ湾岸の他の国からの魚類の輸入を禁止する措置をとった。漁業にとって重要な無脊椎動物、カニやロブスターなどの肉にも、石油が混じってしまうかもしれない。

以上の点から結論づければ、「湾岸戦争は酸性雨、温暖化などの地球全体の環境破壊を加速化する自殺行為であり、再生不可能な貴重な石油をはじめとする資源、エネルギーの膨大な浪費」であるということである。

（里深文彦）

第四章
危機のエネルギー

エネルギー

エネルギーの語源は、古代ギリシァ語のエネルゲイアにあり、「活力」のような意味で使われていた。このため、今日でも、〝Aさんはたいへんエネルギッシュな人だ〟などと言うことがある。とはいえ、一八世紀から一九世紀にかけての欧州での熱学（ないし熱力学）の確立に伴い、エネルギーは、物質と並ぶ実体として、計量可能な物理量として厳密に定義されるようになった。

こうした近代物理学的な文脈でみる場合のエネルギーは、熱、仕事、化学的エネルギー等々、さまざまな形態をとりうるが、その総量は増えも減りもせず一定である。このことを熱力学の第一法則と呼んでいる。あるいはエネルギー保存則とも言う。

これに対して、人間が普通の日常生活のなかで関心を寄せているのは、何らかの目的達成にとって役に立つ、すなわち有用なエネルギーであって、エネルギー一般ではない。通産省などの官庁統計で言うエネルギーとは、燃焼、落下、その他の過程を通じて人間にとって有用と考えられるエネルギーを提供してくれる「エネルギー源」のことを指す言葉である。

こうしたエネルギー源としては、たとえば水力、石炭、原油、原油からつくられるさまざまな石油製品、天然ガス、薪《まき》、木炭などがある。エネルギーの量的な大きさを表わすには、それが熱エネルギーであるか、力学的エネルギーであるかなどの違いに応じて固有の単位がある。これに対し、人間の社会生活のなかで意味をもつ上記のようなエネルギー源については、それらの量的な大きさを、ある共通の尺度で測り、エネルギー量の足し算や引き算を可能にしておくと便利である。このための共通単位として、日本では普通キロカロリーやkW時が使われている。

水一gの温度を一度上昇させるのに必要な熱量が一カロリーであり、一キロカロリーはその一、〇〇〇倍である。一kW時は約八六〇キロカロリーである。異なるエネルギー源の量を、こうした共通単位で測ることにすれば、一つのエネルギー源を基準にして他のエネルギー源の量もそれに換算することができ、たとえば、石油換算何tという表現もよく使われる。今日の日本では、一年につき石油換算約四億tのエネルギー源が消費されている。世界全体では約八〇億t相当であるから、日本は全体の約五%を占めていることになる。

日本についても、世界全体についても、そうしたエネルギー源のうち大半は石油と石炭であり、近年、天然ガスの比重も高まりつつある。石油や石炭のように、埋蔵量が有限で、消費を続ければいつかはなくなってしまうものを涸渇性エネルギー源という。これに対し、消費割合は小さいものの、保全に注意しさえすれば、繰り返し利用可能となる水力や薪などは再生可能（ないしは更新性）エネルギー源と呼ばれる。

日本のように、原子力発電の推進を国策としている国もあるが、これは、ウランやプルトニウムが核分裂して、いわゆる「死の灰」に転化する際に副生する高温熱を利用しようとするものであり、放射能汚染の可能性を常に秘めている。それどころか、一九八六年の旧ソ連・チェルノブイリ原発事故は、それを巨大な規模で現実にしてしまった。このため、原子力を有用なエネルギー源と見なす考え方は、過去のものとなりつつある。省エネルギーと再生可能エネルギー源の再評価が、これからの大きな課題である。

いかに有用なエネルギー源であれ、その消費は、エントロピー増大法則にしたがって不要な廃熱と廃物の生産へと帰着する。不要であるどころか有害物であるような廃物もある。石炭や石油の燃焼に伴う硫黄酸化物や窒素酸化物の発生は、酸性雨などにつながっている。こうした環境問題の視点からすれば、石油等の埋蔵量が有限だから省エネが必要というよりは、廃熱や廃物が既に過剰なので省エネに向かわざるを得ないのである。

（室田　武）

エネルギー革命

先史時代のエネルギー革命の担い手は火であった。それから歴史的時代に入ると、古代では畜力、中世で水力と風力、近代では一八世紀は蒸気とその背後にある石炭、一九世紀以降は電気とこの背後にある石油がエネルギー源であった。そして現代はウランの核分裂による原子力が頭をもたげている。このように描いてみると、近代以降は石炭、石油、ウランなどといったいろんな天然資源を食いつぶしてきている。それを今度は太陽エネルギーとか地熱といった自然の恵みを科学の力を利用して効率化し、そこからたくみにエネルギーを取り出していくということになると、ある意味では中世以前のエネルギー利用のしかたに戻ることになるといえる。もちろんこの利用のしかたは現代では科学の力をフルに利用する点で大いに異なってくるが、資源をくいつぶすのではなく、天然のエネルギーをたくみに利用するという意味では中世以前のエネルギー利用のしかたに戻るといえよう。つまり物質を収奪し破壊するエネルギーではなく、物質を保存し、循環させるエネルギーに転換していくということである。

それからもう一つ、それではそういう公害をもたらした

1979年３月28日未明メルトダウンを起こしたスリーマイル島原発

一般国道を突走る核輸送トラック部隊（鳥取県根雨駅を通過する）

機動隊に守られて松江市内をゆく核燃料輸送トラック

プルトニウムを燃料とする
速増殖炉「もんじゅ」（敦賀
島白木地区）

ウラン濃縮工場は操業に入っている（下北半島六ケ所村）

ものものしい限りの防護柵のウラン濃縮工場

人っ子１人寄せつけない雰囲気をかもし出すウラン濃縮工場

核サイクル工場の１つ再処理工場の建設現場（下北半島六ケ所村）

低レベル放射性廃棄物処理工場
（下北半島六ケ所村）

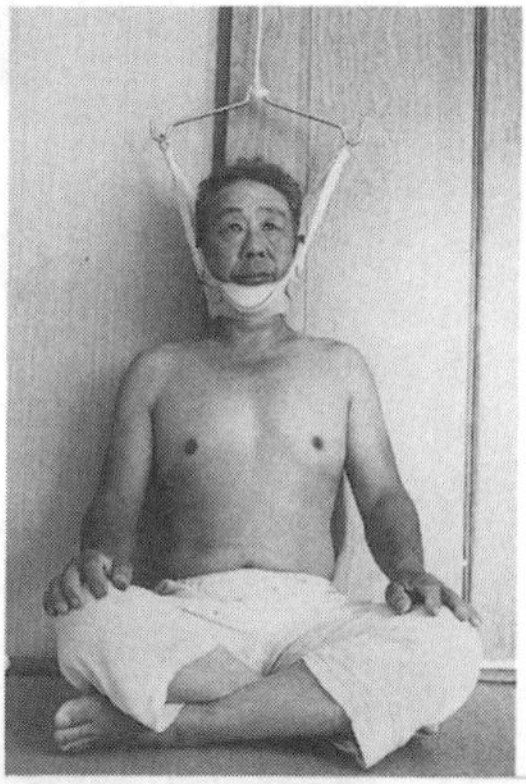

敦賀原発内で働き原発ブラブラ病となって自宅療養をしていた森川勇さん（福井県三方町）

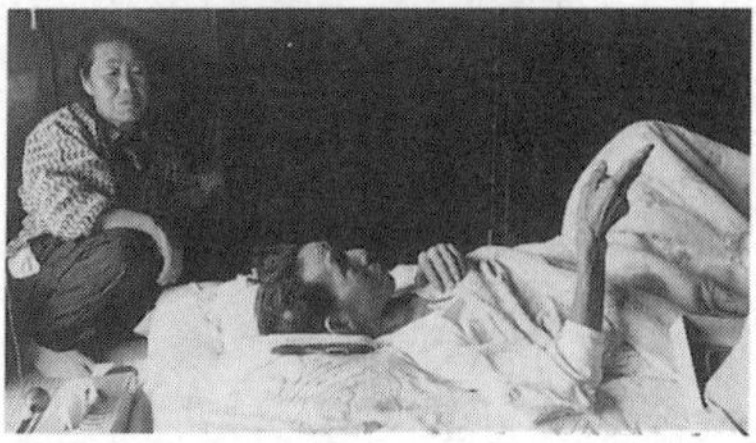

東電福島第１原発内で働きガンで死亡した故佐藤茂さん。（福島県浪江町）

原発内労働者は96%以上が下請け労働者である。(敦賀原発定検中)

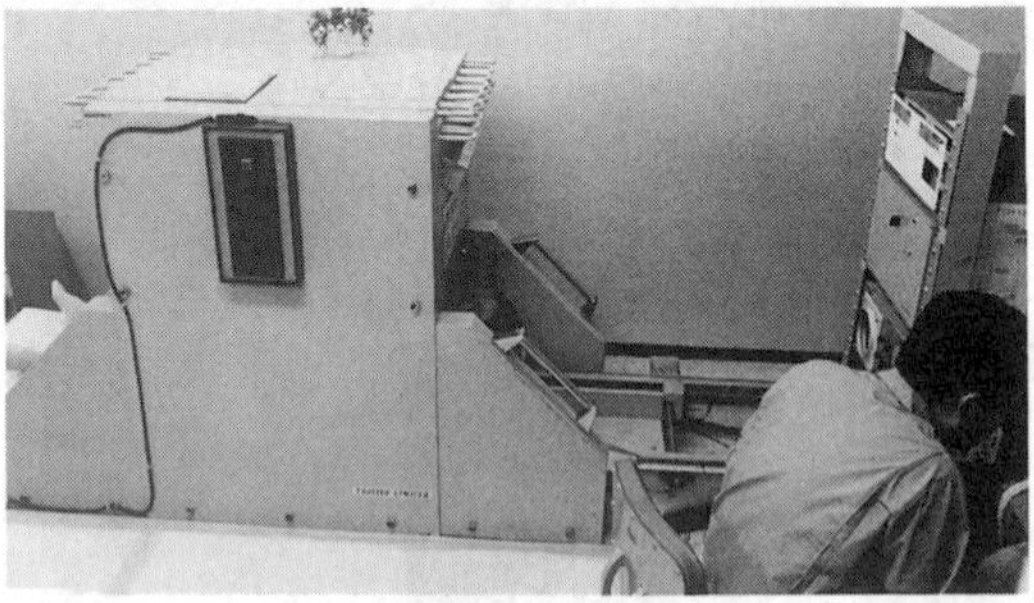

原発内労働者は放射性物質を口や鼻から吸い込むため、体内被曝はさけられない。それを計測するホールボディーカウンター。

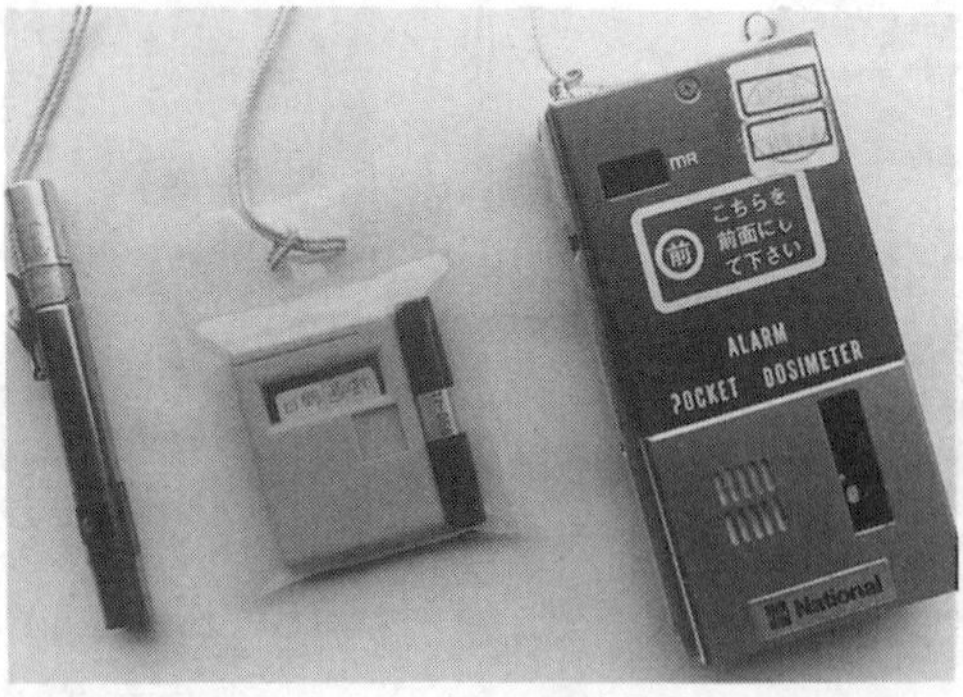

外部被曝計器。左よりポケット線量計、フィルムバッジ、TLD(熱蛍光線量計)、アラームメーター、これらの計器を労働者は4つの神器と呼ぶ。

り後遺症をもたらすようなものでないクリーンなエネルギー（ソフト・エネルギー）に移行していけるとしても、それで終わらない問題がある。つまりクリーンになってもエネルギー利用を無限にもっていくのがいいのか、ということである。

近代以後エネルギー利用は幾何級数的にふえている。そしてほとんどのエネルギー政策はこのエネルギー利用のエクスポネンシャル（指数関数的）カーブをそのまま認めた上で、何年ころにはどれくらいのエネルギー消費になるから、それまでに原子力発電をどのくらいにしなければならない、太陽エネルギーの開発をいつまでにしなければならない、というような発想でやっている。このカーブがそのままでいいかどうかを問われない、ここに大きな問題がある。（里深文彦）

原子力

一九三八年、ドイツの化学者オットー・ハーンは、ウランやプルトニウムに中性子をあてると、ふたつの原子核に分裂することを発見した。この際、大量の熱を発生するので、各国はこの反応を直ちに爆弾に利用しようとした。そのなかでも、アメリカの執念は桁違いで、わずか四年後には、原爆の原料としてのプルトニウムを生産するため原子炉を作り、七年後の一九四五年七月にはプルトニウム原爆を完成させて、ネバダで実験し、その翌月にこれを長崎に投下した。

このプルトニウムを生産する原子炉は、熱を出すので冷却しなければならないが、これを利用すれば動力源になるというので、原子力船に利用されることになった。そして、最初の原子力潜水艦ノーチラス号が一九五三年に就航した。これは、石油を燃やす通常の潜水艦に比べて、長時間水中に潜っていられるので軍事的利用価値は高い。

このプルトニウム生産用または潜水艦用の原子炉を発電に転用したのが、原子力発電である。アメリカは、一九五三年、アイゼンハウア大統領の平和利用宣言により、この軍事技術を平和目的に解放した。しかし、これには裏があった。アメリカは、当時すでに原爆を作り過ぎており、ウラン濃縮工場の操業短縮に追い込まれていたのである。そこで、この余剰の濃縮ウランを民間の発電所で消費させ、軍事工場の操業短縮という軍事上の危機を避けようとしたのであった。

また、日本は最初の原発をイギリスから導入した。東海村の原発である。これは、電力のほかに、プルトニウムを生産し、これをイギリスに売っていた。イギリスはこれで原爆を作っていたのである。

当時の日本政府も、原子力関係の学者も、マスコミもこれらの事実をよく知っていた。しかし、誰もこの米英への軍事協力の事実については知らぬ顔をし、「日本は被曝国、したがって日本こそ平和利用」と嘘の宣伝をしていたのであった。

このように、原子力発電は、原子爆弾製造の補完として登場した。したがって、技術的には見切り発車である。まず第一に放射能の後始末ができていない。そこで「いずれ科学技術が解決する」ということにしてとりあえず利用することにしたが、もしも、軍事技術でなければ、これが解決してから利用されることになったはずである。

しかし、放射能の消滅研究は結局失敗であった。放射能の消滅は原理的にできないことはないが、それにはとんでもない時間がかかる。しかも、消滅する作業で新たに発生する放射能の問題があり、この消滅操作はまったく意味がないのである。それにもかかわらず、「いずれ科学技術が…」ということにして、原子力は今も利用されているのである。

ところで、「原子力が石油の代替である」というのはとんでもない嘘であった。原子力は石油を燃やして作る。ウラン鉱石を掘り出すのも、これを精製加工して燃料にするのも、また原子力発電所を建設するのも、すべて石油を消費する。もしも、石油が枯渇したら、これらの作業はすべて不可能であるから、原子力は利用できないことになる。これがどうして石油の代替といえるのか。

それに、この原子力を作るのに必要な石油と石炭の量は膨大である。アメリカ・エネルギー開発庁がかつて計算した結果によれば、電力を一〇〇作るのに、石油などが二六必要で、エネルギー収支は四倍であった。

しかし、意味のあるエネルギー産業ではすくなくとも一〇〇倍以上は必要で、四倍程度では心もとない。この計算では、放射能の後始末に必要な石油が計算されていないなど不十分であり、これらを補正すると収支はどんどん下がり、トントンということになってしまう。まったく意味がないのである。エネルギー開発庁の計算以外はもっと杜撰であり、議論の対象にもならない。

（槌田　敦）

原子力発電所

ウラン、トリウム、プルトニウムなどの核燃料を利用し、核分裂に伴って発生するエネルギーを熱エネルギーに変換した上でタービンを回して発電を行う。火力発電のボイラーに相当するのが核燃料の置かれる原子炉の圧力容器である。核分裂を促進するために連鎖反応の割合を高める必要があり、核燃料の種類・形状・中性子の速度を低くする減速材、核燃料を冷やし熱を取り出す冷却材などの組合せによって、いろいろな型の原子力発電所が設計・建設されている。世界中で最も多い型は、低濃縮ウランを燃料とし、減速材・冷却材に普通の水（軽水）を使用する軽水炉型といわれるもので、炉内で発生させた蒸気を直接タービンへ送る沸騰水型炉と、炉内で高温・高圧の水を作り蒸気発生器で二次冷却水を蒸気にしてタービンへ送る加圧水型炉があり、正式には濃縮ウラン軽水減速沸騰水（加圧水）型炉と呼ばれる。濃縮ウラン、黒鉛、軽水の組合せの型は濃縮ウラン黒鉛減速沸騰水型炉（チェルノブイリ原発型）、天然ウラン、黒鉛、炭酸ガスの型は天然ウラン黒鉛減速炭酸ガス炉（東海一号原発型）であり、ソ連、英国が開発した原発である。天然ウラン、重水、重水の天然ウラン重水減速重水炉はCANDU炉と呼ばれカナダを中心に建設されており、構造はほとんど同じであるが、天然ウランでなく濃縮ウラン・天然ウラン・プルトニウムを使用し冷却材に軽水を使用したものが新型軽換炉（ふげん原発）である。プルトニウム、ナトリウムの組合せで二次冷却水で蒸気を発生させるのが高速増殖炉（もんじゅ原発）である。連鎖反応の制御は、中性子を吸収する薬品を減速材に入れたり、吸収材からなる制御棒を炉心に挿入したりすることによって行われる。また連鎖反応の割合は核燃料の燃え具合いや、温度、減速材や冷却材の密度、圧力、温度によっても大きく変化するので、緊急時には制御棒を挿入し（スクラムという）、連鎖反応を停止出来るように設計されている。連鎖反応が止まった後も原子炉内にある膨大な放射能による発熱（崩壊熱という）が続き、その量は連鎖反応停止一分後で運転熱出力の四％、三〇分後で二％、六時間後でも一％に相当し、電気出力一〇〇万kWの原発であれば五年経ってもまだ一〇〇〇kWもの発熱をしていることになる。高温・高圧でかつ高放射線場の苛酷な条件下で運転される原子炉のなかでも最も厳しいのは核燃料である。核燃料棒から熱をうまく取り出すために、いろいろな工夫がなされているが、一番多いのが融点の高い酸化ウランを焼き固めて直径一cm程度のペレット状にしたものを金属合金の鞘に納めたものである。核燃料の中で発生する熱の密度が大きいので強制的に熱を除去する必要があり、大型のポンプを使用して大量の冷却材を炉心へ送り込んでいる。軽水炉ではペレット中央で二五〇〇度C前後、鞘の外の温度は三〇〇度C前後に設計されている。大きな温度差に耐え、さらに放射線にさらされることによる放射線脆化を受けるという苛酷な条件下で使用されている。冷却材がなくなれば核燃料がすぐに溶け始めることとなる。また鞘によく使われるジルカロイ合金も一〇〇〇度Cを越えるとジルコニウム・水反応による発熱反応が急激に進み始め燃料棒を破損させる原因となることが知られている。燃料棒の形状をかえ冷却材温度を下げて、より安全な設計にすることは可能ではあるが、熱効率・経済性が急激に悪化する。燃料設計のみでなく、圧力容器の亀裂・再循環ポンプの破損・蒸気発生器細管の破損などに見られるように、経済性優先思想に基く大型化、安全設計の軽視が事故の誘因となって現われている。苛酷な条件下で運転される原発にとって、事故・故障は最初から予測されていることであり、現在ではいかにその発生確率を下げるかに焦点がしぼられて来ている。事故には原発における内的原因と原発に無関係な外的原因とがあり、内的原因にも構造的原因と人的原因とがある。外的原因としては、地震などの「自然災害」や「飛行機の落下」「戦争・テロ」などが挙げられている。しかし事故には多くの要因が含まれており一つの原因を特定することの困難なものが多い。内的・外的原因といえども人間にかかわるものであり、自然災害といえども避けて設置すべきであることから人的要因である。広く考えれば、原発事故は「すべて人的原因である」ということができる。

原発の本質的問題点は、一言でいって「膨大な放射能」を内在していることにある。電気出力一〇〇㎾の原発を一年間運転すると、原爆の原料であるプルトニウムが約一七〇㎏、セシウム一三七で四七〇万キュリー、ストロンチウム九〇で三九〇万キュリー、全体では実に五六億キュリーもの放射能が蓄積される。その蓄積されている放射能をすぐに取り出し均等に分け与えたとすれば、世界中の人々を実に一〇〇回も殺すことが出来るといわれている。原子力発電所は、電気を製造する装置というよりも、まさに「死の灰」「核兵器」製造機であり、余禄として「電気」を作っているのだというべきであろう。　（荻野晃也）

スリーマイル島原発事故

一九七九年三月二八日、米国ペンシルバニア州スリーマイル島（TMI）原発二号炉で大事故が発生した。この原発は、バブコック・ウィルコック（B&W）社製の熱出力二七七万㎾／電気出力九五・六万㎾の加圧水型原子炉である。当時米国にある加圧水型炉は全部で四七基あり、ウェスチングハウス（WH）社製三〇基、B&W社製九基、コンバッション・エンジニアリング（CE）社製八基であった。B&W社製原子炉は蒸気発生器が直管式であることや応答運転を積極的に行うよう設計されているといった点に特徴はあるが、WH社のものとほとんど同じである。この事故は大型商業用原発で発生した最初の大事故であるだけでなく、原発先進国の米国で発生したこともあって世界中に衝撃を与えると共に原発の安全神話を崩壊させた。

事故の原因については事故直後の四月一一日に設置された大統領特別委員会（ケメニー委員会）報告や原子力規制委員会（NRC）の依頼によるロゴビン委員会報告などを始めとして、NRCや数多くの研究所報告などによってほぼ明らかになっている。

事故は午前四時に原子炉の二次給水系の停止とそれに続

く原子炉スクラムから始まった。最初はありふれた原子炉停止だと思われたが、時間と共に事態は深刻になって行った。それ以前から二次給水系の修理が行われていたことや補助給水係のバルブが閉まったまま放置されていたこと、さらに原子炉内の圧力・水位を調整する加圧器の逃がし弁が不調であったことなど一つ一つは些細な故障であったものが積み重なることによって大事故を生み出したのである。加圧器逃がし弁の開・閉の表示が完全でなく閉の時にも一次冷却水が漏れ出していることに気付かなかったばかりに、小LOCA（冷却材喪失事故）といわれる事故となってしまった。一次冷却水がなくなることによって核燃料がむきだし状態になり炉内の温度が高くなると共に大量の泡が発生した。冷却水が不足しているにもかかわらず、泡の存在のために加圧器が一次冷却水の過剰を示しつづけた。一方原子炉内の温度計はいずれも高温であることを示して冷却水の不足と炉内の加熱状態を示していて、運転員は矛盾した情報に混乱した。類似の事故は同型のデービス・ベッシ原発で一九七七年九月に発生していて、加圧器の水位が誤表示することはすでにNRCに報告（マイケルソン報告）されていたのだが、TMIの運転員は全く知らされておらず、加圧器の表示の方を信用していた。原子炉圧力が低下したため、事故二分後には三台の高圧注入系炉心冷却装置が自動的に作動し始めたのだが、数分後には一台が停止され、それ以降も水量を絞って運転された。加圧器水位が高く水が入り過ぎているとの誤表示に気付かなかったからである。原子炉の運転で一番恐いのは、高圧で水を注入しすぎることによる一次系の破裂とスクラムの失敗である。スクラムの失敗による再臨界の可能性をも運転員は心配していたが、この事故で問題なのは圧力がかかりすぎることの方であった。泡が多量発生した事によって一次給水ポンプまでが大振動を始め、一時間四一分後にはそのポンプを停止してしまったことによって原子炉内はますます空炊き状態になって行った。多量の放射能が漏れ始めたのだが原因が分からないまま時間が経過し、ついに午前七時には「発電所内緊急宣言」が、午前七時半には最悪事態用の「非常事態宣言」が出されたのである。B&W社はもちろん、NRCの係員も駆けつけたのだが、原因がわからず事態は悪化するばかりであった。事故直後から運転室にある機器の異常を示す表示パネルが総て赤く点滅してしまい、どこが悪いのかの判断が出来にくくなっていた。また異常運転状態を運転員に知らせる警報プリンターは異常警報が多すぎるために、プリンターの打ち出しに時間がかかり糞づまり状態になってしまい全く役に立たなかった。その時間の遅れは午前七時直前では実に一〇〇分にも達していたのである。それだけでなく警報プリンターや施設器機プリンターなどが間違ったメッセージまで打ち出してきたことがさらに混乱に拍車をかけた。

TMI二号炉は建設中からもトラブル続きであったが、

税金対策上の有利さをねらって一年ほど前に無理に運転開始したのである。運転開始後も故障続きで一九七八年末までの積算稼働率は僅か一一・五％で、世界中にある一六〇基の原発のなかで稼働率順位一五五位という散々の成績であった。運転員自身にもこの原発に対して抜きがたい不信感があったことが事態の正確な把握を妨げたとも言えよう。加圧器逃し弁の誤表示を信ずる一方で、正しく働いた原子炉停止に何度も不信感を持ったり、格納容器内での水素爆発を示していた記録計の指示を信用しなかったりしたことにも見て取ることが出来る。

事故が一応静まったかに見えた二日後になってまた重大な問題が発生した。それは格納容器内に多量の水素ガスがたまっており、いつ水素爆発が起きても不思議ではないと思われたことと、原発上空で一時間に一二〇〇ミリレントゲンという異常に高い放射線量が観測されたことである。また水素ガスによって何度も水素爆発が発生していてその爆発音は運転台でも聞こえていたのであるが、運転員に水素ガスが発生しているとの認識がなかったために無視されていた。事故一〇時間後の格納容器内爆発では、実に二kg／cm²もの圧力上昇があったことが明らかになっている。TMI原発の近くには二つの空港があり、住民の希望を取り入れて格納容器が強固なものに設計されていたことが幸いして破壊を免れたのであるが、もし格納容器が破壊されることがあればすさまじい放射能の放出が予想される。NRCといえども「危険なことはない」と自信をもっていうことは出来なかったのである。ついにソーンバーグ州知事は三月三一日正午すぎに住民に対して避難命令を出したのであった。住民はパニック状態となり、この事実は世界中に報道されて原発の恐ろしさをまざまざと知らせることとなった。原子力潜水艦の父として知られるリコーバー提督の下で原潜の士官をしていたことのあるカーター大統領が自ら視察に訪れた四月一日頃から水素ガス濃度が奇跡的に減少し始め、事故の拡大の恐れもなくなって、避難命令が解除されたのは四月九日のことであった。しかしこれで全てが終わったわけではなかった。炉内に残された核燃料の除去と膨大な放射能の除染という大問題が残されていたからである。原発の所有社であるGPU社や運転管理に当たっていたメトロポリタン・エジソン社はもちろんのこと、世界中の原発推進派の希望する二号炉の運転再開めざして官民一体となっての除染作業が行なわれ始めた。外国からは日本の電力会社からの資金援助しか得られなかったが、総額一〇億ドルの予算である。除染に伴って放出される放射能に対する住民訴訟や事故による被害訴訟などが数多く提出されるなかで、除染作業が進められて行った。事故から約九年後、炉内の崩壊燃料も九〇％以上処理された段階で費用も底をつき、一九八八年八月二六日、GPU社は放射能除去が困難であるとの理由で、「原子炉を三〇年間封鎖し監視保管する」と発表せざるを得なくなったのである。

さて、事故の結果について主要な問題点を挙げることにする。まず炉内の状態はどのようになっていたのかという点である。事故当初、NRCや電力会社は核燃料の溶融はあり得ないと予測していた。もちろん日本の原子力安全委員会もそれを追認していた。しかし圧力器の蓋を開け内部の状況が明らかになると共に、予想以上の溶融の起きていることが明らかになった。一九八四年には二〇%、一九八五年には四六%と報告され、現在では実に四九%の炉心溶融が起きていたと結論されている。「もし何が起きているかを知っていたら、運転員は急いで逃げ出していただろう」とGPU社のキントナー氏が述べているほどである。事実を「知らない、知り得なかった」ことが幸いしたと言うべきであろう。溶融した燃料は圧力容器の下部にたまり圧力容器の鉄をも溶かして薄くし、圧力容器破壊の寸前であったことまで明らかになっている。溶融した核燃料が圧力容器から下へ抜け出した可能性もあるのだが、その事に関しては三〇年経たなければ明らかにされないであろう。

次に放出放射能の量についてであるが、クリプトンやキセノンなどの希ガスの放射能はほとんど放出されたと考えて良い。問題は被曝に大きな影響を与えるヨウ素の放出量である。ケメニー委員会等の推定では、放出ヨウ素は約一五キュリーと予測されている。しかしこのデータは会社側の測定値をもとに推定されたもので、事故初期のフィルターのデータなどを詳細に検討すると、一万キュリー程度の放出が考えられうるとの報告もある。TMI原発周辺におけるタンポポの葉などの巨大化や癌患者の異常多発などの事実も報告されているが、放出ヨウ素量の問題とともにこれらの事実と事故との関係は今なお論争の的である。事故中に「金属性の味がした」「オレンジ色や青白い色の雲が漂っていた」「息が出来なくて失神してしまった」「顔が日に焼けたように赤くなった」「レントゲン撮影用のフィルムが感光していた」「犬の目が白くなってしまった」「小鳥の死骸が沢山あった」「犬・猫の子がすぐに死んでしまった」「木の葉が枯れてしまった」といった、周辺住民の気づいた異変に対しての報告も無視されたままである。炉心のなかで異常な藻などが発生していたという驚くべき報道もあったが、それについての科学的調査も全く行われておらず、事故の影響は今なお闇につつまれている。

この事故の日本への影響であるが、当初はNRCの指示を参考にして、通産省も日本の加圧水型炉を停止点検させたりしたが、そのうちに「日本の加圧水型炉とタイプが異なる」「ヒューマン・エラーである」などの理由で、わずかな見直し指令をするだけでこの事故の教訓を無視してしまっているのが現状である。「炉心溶融はおきていない」との当初の立場も変更しておらず、事故当初から「炉心溶融の可能性がある」との伊方原発訴訟の原告（住民）側主張ときわだった相違を示したままである。「二次給水系からの事故」「小LOCAによる炉心溶融」「水素ガスによる爆発」「蒸気発生器まで損傷した」「単一事故ではなく共倒れ事故であった」といった、原告側の主張の正しさが、事故後十数年たった現在ますます明らかになって来ている。

（荻野晃也）

炉心溶融

一九四二年一二月二日、米国シカゴ大学フットボール球場に作られた小型原子炉（シカゴ・パイル）で、イタリアの亡命科学者エンリコ・フェルミを中心に連鎖反応の実験が行われていた。天然ウランと黒鉛とを積み重ねた裸の原子炉からは制御棒が引き上げられつつあった。フェルミの計算によれば、連鎖反応が持続する状態（臨界状態）になるはずであったが、場合によれば暴走する可能性もあった。計算の基礎となる実験データに曖昧さが多かったからでもあるが、暴走（超臨界状態となる反応度事故）すれば、球場がふっとびかねない。マンハッタン計画の重要な実験であり、この実験に成功すればプルトニウムが容易に製造でき、原爆の完成が可能になる。暴走し始めた場合は、まっさきに緊急制御棒を落下させたり、バケツに入った中性子吸収材をばらまく予定になっていた。緊急制御棒は上部に縄でぶら下げられており、一人の研究者が縄を切るために斧を振りかざしていた。制御棒はゆっくりと引き抜かれつつあった。突然フェルミが実験の停止を命じた。全員が余りにも緊張しすぎていることに懸念を感じたからであった。ヒューマン・エラーを恐れたのである。しばらく休憩した後、実験は続行され、ついに臨界に達し、核エネルギーが人類の手で初めて解放・制御されたのである。安全用制御棒斧男（ＳＣＲＡＭ《スクラム》と呼ばれた）は縄を切らないですんだが、もし原子炉が暴走すれば、爆発とともに多数の研究者が死亡し、制御不能の炉心は高温となり炉心に残ったウラン燃料が溶融し始めたかもしれなかった。原子炉開発の初期において、数多くの事故があったが、そのなかで最も恐れられたのがこの暴走事故による炉心崩壊と炉心溶融であった。一九四五年には米国のプルトニウム製造用原子炉で早くも二件の炉心溶融事故があり、死者を出している。原子炉の研究が進むにつれて炉心溶融事故の数は減少したが、それでも一九六〇年までに世界中で明らかになったものだけで（たぶんソ連の事故は秘密にされている）一〇件もの事故が報告されていて、その多くは暴走事故であった。

パール・ハーバーから一二年後の一九五三年一二月八日、アイゼンハウアー大統領は国連で有名な「平和のための原子力」演説を行い、濃縮ウランや原子力技術の提供を約束した。それ以来、世界中で原子力発電所の建設が進められることとなり、それとともに設計するためには、どんな事故まで考えるべきかがいろいろと議論されたのである。事故で最も危険なのは原子炉のなかの放射能が大量に放出されることである。原子炉中の放射能が全部放出された場合の被害は国家予算を越えるような災害となり人的被害も甚大なものとなる。その原因としてまず考えられたのが暴走事故と冷却材喪失事故であった。暴走事故は急激に進行し、そのような事故が起きてしまえば防ぐ対策はないに等しい。いわば爆発した後でその爆発を止めようとするようなものだからである。そこで暴走しそうな兆候があれば原子炉をとめる（「スクラムする」という）ように二重三重の制御を行うことによって、暴走事故は起こらない（つまり想定不適当な）事故であることにし、冷却材喪失事故のみを考えれば十分であるとしたのであった。原子炉が大型化すればするほど原子炉炉心にある核燃料は多くなり、そこで発熱するエネルギーも巨大なものになるし、冷却材（軽水炉であれば水）の量も多量となる。もし配管が破断してその冷却材がなくなれば核燃料は高温になって溶け出すことはまちがいない。そこでスクラムをかけて連鎖反応を停止し（原子炉の発熱を停止させるのではない）、熱出力を大幅に低下させる。それでも放射能が多量に残っていることによる発熱や燃料棒周辺の金属との反応熱の増加（軽水炉ではジルカロイ・水反応）などによって燃料棒が溶け出すことになるので、そうなる以前に緊急用炉心冷却装置（ＥＣＣＳ）から冷却材を入れ炉心の溶融を避けるように設計したのである。もちろんＥＣＣＳが実際の場合にうまく働くかどうかは、実際原子炉で実験されたわけではない。それどころか電気ヒーターを使った大がかりな模擬実験（米国のＬＯＦＴ実験）では、うまく冷却されないということが一九七一年に明らかになり、世界中で大問題となった。その後推進派は冷却効果があるといってはいるが、実炉で実験を行ったわけではなく、建前として「うまくいくはず」と信じているにすぎない。本当に確信があれば、実炉で堂々と証明出来るはずだからである。冷却に失敗して炉心溶融が起きれば「溶けた燃料は圧力容器を溶かし、さらに建物基礎のコンクリートをも貫通し、最後には地球の裏側の中国にまで達する」といったブラック・ユーモアから、このような事故の事を「チャイニーズ・シンドローム」といい、暴走による爆発事故の方は「アポロン・シンドローム」と言われているが、いずれの場合も炉心は崩壊・溶融し、多量の放射能をまき散らすこととなる。

一九七九年に起きた米国スリーマイル島原発事故では核燃料の五〇％が溶融し圧力容器の内面が溶けて薄くなり、一部は圧力容器から溶け落ちたとも言われている。一九八六年の旧ソ連チェルノブイリ原発事故では溶けた核燃料やコンクリートなどが巨大な鍾乳洞のツララのようにたれさがり（「象の足」とよばれている）炉心の下に固まっているし、炉心は今なお冷却されつづけているのである。

（荻野晃也）

チェルノブイリ事故

一九八六年四月二六日未明、ソ連（当時）のウクライナ共和国の首都キエフ（人口約二五〇万）の北方約一三〇キロにあるチェルノブイリ原発の四号炉（電気出力一〇〇万kW黒鉛チャンネル沸騰水型炉）で、過去最大級の原発事故が発生した。この事故によって環境中に放出された放射性核種の総量は、ソ連当局の発表で三七〇〇兆ベクレルの一〇〇〇倍（一億《キュリー》）にも達した（五月六日時点での値）。事故当日に換算すると、一一一〇兆ベクレルの一万倍（三億《キュリー》）もの放射性核種が放出されたのである。ソ連によれば、放射性希ガスと他の核種が半々であった。

このソ連の発表数値に対して、国際原子力機関（IAEA）の専門家や、西ドイツ（当時）やスウェーデンの科学者は、三七〇〇兆ベクレルの一万倍（一〇億《キュリー》）またはそれに近い放射能放出があったと推定している。いずれにせよ、この事故による放出放射能量は、七九年三月のスリーマイル島原発事故の数十倍であり、過去のあらゆる大気圏内核実験により放出された放射能の総量と匹敵するか、あるいはそれに近いものであった。

この事故は、原子炉が緊急停止したときに、余熱でもってどれだけ発電できるかという試験を、炉の出力を極端に落として行っていたときに発生した。どんな型の原子炉でも、出力を下げるほど不安定になるが、同炉でも不安定な状態になり、冷却水が急激に沸騰して、出力が突発的に（四秒間で一〇〇倍にも）急上昇した核反応度（暴走）事故であった。

まず、急激に発生した水蒸気による高圧で圧力管が破裂し、火の玉状の核燃料や生成放射能が原子炉建屋内に噴出した。同時に、高温高圧の水蒸気が核燃料被覆管金属と反応して水素が大量に発生し、水素爆発が起こって、一〇〇〇《トン》もの炉の上蓋を吹き飛ばした。数秒後、二度目の大爆発が起こり、灼熱の核燃料や炉の破片が破壊された建屋から噴出されるとともに、放射性のガスと粒子状物質の混合物が一二〇〇mを超える高さまで吹き上げられた。そのうえ、建屋火災とともに、黒鉛火災が発生し、炉心破壊を拡大しながら、大量の放射能放出が続いた。この黒鉛火災は、ヘリコプターからの砂、セメント、鉛、ホウ素などの決死の投下によって、一〇日後の五月六日にようやく鎮火された。

この間、最大の放射能放出があったのは事故当日で、二番目に多かったのは五月五日であった。半径三〇キロ以内を無人化する措置がとられ、約一三万人が退避したが、退避が始まったのは四月二八日であり、完了したのが五月三日であったから、これらの人びとは、大きな被曝を受けてしまった。

　事故当日、風は北ないし北北西方向に吹いており、放射能雲は、同日中に白ロシア（現在のベラルーシ）、バルト三国およびフィンランド南部に広がった。風はやがて北西方向へと変わり、翌二七日深夜から二八日にかけて、放射能雲は、スウェーデン、ノルウェーにも達した。三〇日までに、現地の風が南ないし東方向へと変わり、ウクライナ、ロシア西部、トルコに放射能を運ぶようになったが、最初の放射能雲は、ノルウェーから西ドイツ南部、スイス、イタリア北部まで、広範囲に広がっていた。五月二日から三日にかけて、風向きが南西方向へと転じ、ルーマニア、ブルガリア、ユーゴスラビア、ギリシア、イタリアへと放射能が運ばれ、最初の汚染気団は、イギリスまで達していた。放出量が二番目に多かった五日には、風向きが再び北西方向へと変わり、主な汚染気団がスウェーデン南部からイタリアまで広がり、最初の汚染気団は、大西洋に拡散した。また、この間に放出された放射能の一部は、偏西風に乗って東に運ばれ、北半球全体に放射能を降らせたのである。

　ヨーロッパ各国で検出された降下放射性核種は、ストロンチウム九〇、ジルコニウム九五、ニオブ九五、モリブデン九九、ルテニウム一〇三、同一〇六、ヨウ素一三一、同一三二、テルル一三二、セシウム一三四、同一三七、バリウム一四〇、ランタン一四〇、セリウム一四一、同一四四、プルトニウム二三八、同二三九、同二四〇、アメリシウム二四一などであったが、このうち人体に最も大きな体内および体外被曝を与えた核種は、ヨウ素一三一とセシウム一三七、同一三四であった。チェルノブイリ原発の周辺では、放射能雲中のクリプトン八五、キセノン一三三など放射性希ガスも大きな体外被曝を与えた。

　事故の直後は、ヨウ素一三一による汚染が顕著であった。その放出量が多く（希ガスを除くと最も多い）、しかも生体内に急速に濃縮されるからである。たとえば、五月初めには、スウェーデンや西ドイツ南部で、野菜や牧草から、一キロ㌘当たり四〇〇〇ないし八〇〇〇ベクレル（一一万ないし二二万ピコ㌒）程度のヨウ素一三一が検出されていたが、五月末から六月初めには、その値が二万五〇〇〇ないし四万ベクレル（六八万ないし一〇八万ピコ㌒）程度と、数倍にも増大したのである。これは、この核種の放射能半減期が約八日と短いものの、ヨウ素が急速に濃縮されたからであった。

　なお、ポーランドでは、五月初めの段階でも、野菜一kg当たり六万六〇〇〇ベクレル（一七八万ピコ㌒）ものヨウ素一三一が検出されており、東ヨーロッパでの値が非常に高かったことを示している。事実、ウクライナ、白ロシア、バルト三国など旧ソ連の各国はむろん、東ヨーロッパ諸国やフィンランドなどで、子供たちに甲状腺障害の多発が見られている。

　八〇〇〇キロも離れた日本でも、五月上旬に、福井のヨモギから、一キログラム当たり五九二ベクレル（一万六〇〇〇ピコキュリー）ものヨウ素一三一が検出されており、北半球全体に広がった汚染を明示していた。ただし、問題なのは、濃縮によって、その後数値が高まることが予測されていたのに、科技庁が各都道府県での測定を五月二二日で打ち切らせてしまったことである。

半減期が短いヨウ素一三一による著しい汚染が低減したあと、セシウム一三七（半減期約三〇年）と同一三四（同約二・一年）による汚染が進行した。これらセシウム核種の放出量は、ヨウ素一三一の数％であったが、風に運ばれ、広範囲に降下した。土壌に沈着したセシウムは、どんどん植物体に取り込まれ、代謝によってその大部分が排出されるものの、時間とともに植物体に蓄積した。そして、それが食物連鎖によって動物体に移行したのである。また、時間の経過とともに、寿命の長いセシウム一三七が主役となった。

チェルノブイリ原発周辺の土壌のセシウム一三七汚染を見ると、一平方キロ当たり一兆四八〇〇億ベクレル（四〇キュリー）を超える汚染が、北へ約一二〇キロ、西へも約七〇キロ広がっていて、無人化された半径三〇キロの範囲を大きく超えている。同三七〇億ベクレル（一キュリー）を超える汚染は、実に西に約三〇〇キロ、北に約二七〇キロも広がっているのである。

こうした旧ソ連の穀物地帯の強度のセシウム汚染は、同国の食糧事情に深刻な影響を与えているが、それは、東ヨーロッパ諸国も同様である。西ヨーロッパ諸国やトルコでもかなりのセシウム汚染が起こり、日本では、ヨーロッパやトルコからの輸入食品の汚染限度として一キログラム当たり三七〇ベクレル（一万ピコキュリー）を設定し、それ以上に汚染された食品の輸入を禁じているが、これまでに八〇〇〇ベクレル（二二万ピコキュリー）を超えるものも検出されているのである。

なお、事故直後の消火作業に当たった消防士など、多数の人が急性障害により死亡し、その後の除汚作業に六〇万人もの兵士たちが投入されたこと、さらに前記の汚染地域に、いまなお二六〇万人もの人たちが住んでいることを忘れてはならない。

（市川定夫）

放射能雲

放射性ガスや放射能微粒子が風に乗って流されている場合、俗にこれを放射能雲と呼んでいる。雲といっても、普通の雲や煙突からの煙のように目で見えるわけではない。目に見えないために、事故原発の風下では、知らない間に放射能雲に巻き込まれ、大量の被曝をしてしまうという深刻な問題がある。被曝の様式としては、通過する放射能雲からの直接被曝、放射能雲通過後の汚染地面からの直接被曝、放射能雲内で呼吸することによって体内に取り込んだ放射能からの体内被曝、汚染地域でとれた農作物を食べることによって取り込んだ放射能からの体内被曝、等がある。

過去の大事故を挙げてみよう。

(1)ウィンズケール原子炉（イギリス）。一九五七年一〇月一〇日の事故により、稀ガス約三三万《キュリー》、ヨウ素約二万《キュリー》、その他の微粒子状の放射能数千《キュリー》からなる放射能雲が風に運ばれ、イギリス各地で放射能が観測されたほか、ベルギー、ノルウェイ、遠く西ドイツのフランクフルトにまで達したことが知られている。

(2)スリーマイル島二号炉（アメリカ）。一九七九年三月二八日、炉心熔融事故により、稀ガス約三千万《キュリー》、ヨウ素数万《キュリー》（当局発表では稀ガス数百万《キュリー》、ヨウ素一〇《キュリー》前後となっている）が放出された。幸いにもほとんどがガス性の放射能のため、地面沈着量が少なかったとされている。

(3)チェルノブイリ四号炉（旧ソ連）。一九八六年四月二六日、暴走事故による爆発と、引き続く数日間の炉心火災によって、大量の放射能が環境に放出された。爆発、火災という特異な条件のため、放射能のかなりの部分が上空高く吹き上げられ、強風に乗って短期間でスカンジナビア半島に達した。その後放射能雲の一部は南西に折り返し、蛇行西進して、ほぼヨーロッパ全域に高濃度の汚染をもたらした。残りの部分は東に進んでシベリアを縦断し、八千km離れた日本にも達した。放出放射能は実量にして五億《キュリー》程度と見積っている。

（瀬尾　健）

食品の放射能汚染

ソ連（当時）のウクライナ共和国で一九八六年四月に起こったチェルノブイリ原発事故は、膨大な量の放射性核種を環境中に放出し、食品の強度の放射能汚染をもたらした。食品の放射能汚染は、過去の核実験や、原子力施設での事故などによっても起こったが、チェルノブイリ事故によるものは、そうした過去の例をはるかに上回るものであった。

同事故の直後には、ヨウ素一三一による汚染が著しかった。それは、ヨウ素が大量に放出され、しかも生体内に急速に濃縮されるからであった。八〇〇〇kmも離れた日本ですら、一kg当たり三七〇ベクレル（一万ピコ《キュリー》）を大幅に超えるヨウ素一三一が野菜などから検出されたのである。ソ連を除く東ヨーロッパ諸国では、日本の約七〇倍ないし一三〇倍ものヨウ素汚染が報告され、西ヨーロッパ諸国でも、日本の約一五倍ないし七〇倍のヨウ素一三一濃度が検出された。

放射能半減期の短い（約八日）ヨウ素一三一による著しい汚染が収まったあと、セシウム一三七と同一三四による食品汚染が進行した。セシウムは、代謝が行われるため、ヨウ素ほどには急速に濃縮せず、むしろ時間の経過とともに蓄積されてゆくという特性をもっている。動物体では主に筋肉と生殖腺に蓄積し、植物体では活発に成長している部位を中心に蓄積しやすい。事故後、日数を経るにつれ、半減期が約三〇年と長いセシウム一三七による汚染が目立つようになった（セシウム一三四の半減期は約二・一年）。

日本では、ヨーロッパやトルコ産の食品一八品目について、一kg当たり三七〇ベクレルを超えるセシウムが検出されると、輸入を禁止するという措置を不十分ながらとっているが、これまでに最大八〇〇〇ベクレルを超える値すら検出されている。ヨーロッパにおけるセシウム汚染は深刻であり、長寿命のセシウム一三七による食品汚染は、今後も長年にわたって続くのである。（市川定夫）

放射性降下物

核兵器の実戦使用や核爆発実験、原子力発電所の事故などによって環境中に放出された放射性物質が、大気中から地表面に降下したもので、フォールアウトとも呼ばれる。

核爆発時の放射性降下物は、ウラン二三五やプルトニウム二三九などの原子核分裂反応によって生じた放射性核分裂生成物（いわゆる「死の灰」）や未分裂の核物質が、大気中に巻き上げられた土砂やサンゴ礁などの微粉末に付着して降下したもので、雨や雪などに含まれて降下するものは、とくに、レインアウトと呼ばれる。

爆発後まもなく比較的近傍の地域に降下する局地的なフォールアウト、対流圏に拡散して数週間以内に降下する対流圏フォールアウト、成層圏に舞い上がって数ヵ月から数年もかかって全地球規模で降下する成層圏フォールアウトがある。成層圏フォールアウトでは、とりわけセシウム一三七やストロンチウム九〇のような長寿命核種が問題となる。

人類史上最初の核兵器実戦使用例である広島原爆の場合、投下後数十分～数時間にかけて激しい降雨（「黒い雨」）があり、多量の放射性物質が降下した。長崎の西山地域では、現在でも、一般地域よりも相対的に高いプルトニウム二三九の土中濃度が認められる。

一九五四年三月一日にビキニ環礁で行われたアメリカの水爆実験（ブラボー爆発）では、核分裂―核接合―核分裂爆弾（三F爆弾）と呼ばれるTNT火薬換算一八〇〇万t相当（第二次大戦の砲爆弾総量の約六倍）の水爆が使われ、太平洋全域を含む地球的な放射能汚染をもたらした。

フォールアウトは原子力発電所の事故によっても生じる。一九八六年のチェルノブイリ原発事故では、事故後一週間以内に日本各地にもヨウ素一三一が降下するなど、全地球的な放射能汚染をもたらした。また、セシウム一三七などの汚染に起因する長期の被曝によって、今後半世紀程度の間に、癌を中心とする晩発性障害によって幾万もの命が奪われることが懸念されている。（安斎育郎）

アイソトープ

物質を構成する基本要素を元素と呼んでいる。現在、元素は約一〇〇種類が知られている。元素は原子からできていて、各元素は元素記号で示される。原子は原子核と電子で構成され、原子核は陽子と中性子で構成されている。陽子の数を原子番号と呼び、それは元素によって決まっている。原子核の陽子と中性子の和を原子の質量数と呼び、原子番号が化学的性質を表わしているのに対し、原子の質量数は物理的性質を表わしている。原子番号が同じ物を同位体、同位元素、アイソトープと呼ぶ。自然界では元素の同位体の割合はほぼ決まっている。たとえば水素元素は陽子一、中性子〇、質量一の水素原子九九・九八五％と陽子一、中性子一、質量二の水素原子（重水素と呼んでいる）〇・〇一五％で構成されている。

自然界のアイソトープは例外を除いて放射線を放出しないものであり、安定同位体と呼んでいる。しかし、同じ元素の原子でも中性子の数が違う原子では、陽子と中性子の数のバランスが悪いため不安定となり、時間とともに変化し放射線を放出しながら崩壊する。これを放射性同位元素、ラジオアイソトープと呼ぶ。ラジオアイソトープは自然界でもわずかにカリやウランなどに存在するが、ほとんどは装置による原子核反応によってつくられる。これらは自然のものと区別して人工ラジオアイソトープと呼ばれる。放出される放射線はアルファ線、ベータ線、ガンマ線などである。原発はウランを分裂させ、多種類、大量なラジオアイソトープをつくり、その時放出された放射線による核反応でもラジオアイソトープをつくる。事故によるラジオアイソトープの放出や処分できない放射性廃棄物による環境汚染と被曝が大きな問題である。（小泉好延）

ヨウ素

チェルノブイリ原発事故の直後に、ヨーロッパ諸国はもちろん、北半球全体で放射性ヨウ素を主な対象とする測定が続けられた。これは、ウランの核分裂の結果として、放射性ヨウ素が大量に生成され、しかも、事故時に気体状で放出されやすいうえ、生体内に急速に濃縮されるからにほかならない。

　原子炉内で生じる放射性ヨウ素には、ヨウ素一二六（放射能半減期一三・三日）、同一二九（同一七〇〇万年）、同一三一（同八・〇五日）、同一三二（同二・二六時間）、同一三三（同二〇・八時間）、同一三五（同六・六八時間）などがある。このうち、平常運転時、事故時を問わず、放出量の圧倒的大部分を占めるのは、ヨウ素一三一である。

　ヨウ素は、生物体内に取り込まれるのが極めて速い元素であり、しかも著しく濃縮される。たとえば、一九五九年にアメリカのサバンナ・リバー核工場で起こった放射性ヨウ素大量放出事故の際には、ヨウ素が空気中から植物体内に二〇〇万ないし一〇〇〇万倍にも濃縮され、空気中から牛乳へも六二万倍に濃縮されたと報告されている。日本の原子力委員会も、七六年に、安全審査資料に用いるべき値として、空気中から葉菜類への濃縮係数を二六〇万倍、空気中から牛乳への濃縮係数を六二万倍と設定している。

　ヨウ素が人体内に入ると、甲状腺に選択的に濃縮される。他の哺乳動物も同様である。甲状腺にヨウ素が集まる速さは、年齢が若いほど速い。それは、成人で二〇g前後の小さな甲状腺で、ヨウ素を含む甲状腺ホルモンがつくられ、それが成長や代謝を促進しており、成長と代謝がともに盛んな若い子供ほどヨウ素を必要とするからである。また、妊娠中の女性の場合は、ヨウ素が胎盤を通じて胎児に選択的に集まり、授乳中の女性の場合も、ヨウ素が乳腺に選択的に吸収され、母乳に入って、乳児に移行する。牛乳に放射性ヨウ素が濃縮されるのも、このためである。

　ヨウ素は、海中には豊富に存在するが、陸上には極めて乏しい。陸上の動植物がヨウ素を高濃縮する能力をもつのは、その進化の過程で、長大な時間をかけて築き上げてきた適応なのである。こうしたヨウ素濃縮能は、天然のヨウ素（一〇〇％が放射能のないヨウ素一二七）に対しては、貴重で優れた適応でこそあれ、何の危険もなかった。しかし、人類が原子力によって放射性ヨウ素をつくり出すと、この貴重な適応があざむかれ、たちまち悲しい宿命となって、危険な放射性ヨウ素を高濃縮してしまうのである。

　チェルノブイリ事故では、一兆ベクレルの二〇〇〇万倍（五四〇〇万キュリーに相当）もの放射性ヨウ素が放出され、ヨーロッパを中心に、北半球全体で食品などのヨウ素一三一汚染が起こった。五七年に起こったイギリスのウィンズケール（現在名セラフィールド）再処理工場での火災事故では、七四〇兆ベクレル（二万キュリー）のヨウ素一三一が放出され、同国を中心に広域の汚染をもたらした。アメリカのネバダ核実験場の風下地域でも、牛乳などの広域ヨウ素汚染が起こった。

　チェルノブイリ事故のあと、一二〇〇㎞も離れたデンマークも含むヨーロッパ諸国で、子供たちにヨウ素剤が投与された。これは、甲状腺へのヨウ素濃縮が速い子供たちに、天然の非放射性のヨウ素をいち早く与え、甲状腺を天然のヨウ素で満たして、放射性ヨウ素が取り込まれるのを防ぐという手段であった。ただし、こうしたヨウ素剤投与は、事故直後でなければ効果が薄い。実際には、ヨウ素が降下し始めた数日後に投与された場合が多く、事実、甲状腺障害が多発している。日本でも、原発から一〇km以内の市町村にはヨウ素剤が用意されているが、範囲があまりにも限られており、その効果は期待できない。

なお、放出量は極めて少ないものの、超長寿命をもつヨウ素一二九による汚染も進行しており、東海村の砂でも証明されている。

（市川定夫）

セシウム

セシウムは元素の名称で元素記号 Cs で表わす。セシウムの原子番号は五五、放射線を放出しない安定同位体の質量数は一三三である。放射性同位元素（ラジオアイソトープ）には質量数一三七と一三四の $^{137}_{55}Cs$、$^{134}_{55}Cs$ などがある。化学的にはアルカリ金属元素に属しカリ元素やルビジウム元素の仲間である。単体では融点、二八度C、沸点、摂氏六七〇度Cと温度に変化しやすく、原発事故では気体状になりやすい。環境や生体内での振る舞いはカリ元素に類似して、人体内に入った場合、八〇％が筋肉部分、八％程度が骨に移行すると言われている。生体内で元素がとどまる期間を示す生体半減期（「体内被曝」参照）は五〇日から二〇〇日程度である。$^{137}_{55}Cs$ は原発のウラン燃料や核兵器の核分裂で大量につくられ、物理的半減期は三〇年と寿命は長い。$^{134}_{55}Cs$ は原発の原子炉内の核反応でもつくられ、物理的半減期は二年である。両者ともベータ線、ガンマ線を放出する人工放射性同位元素である。$^{137}_{55}Cs$ は一九五〇年代からの核兵器の実験とイギリス、米国の核処理施設からの放出で、世界の環境や施設周辺を汚染し続けた。大気核実験が減少した現在でも、世界の土壌、水、大気、動植物は汚染されている。大気核実験が盛んに行なわれた一九六四年が最大の汚染レベルであったが、一九八六年のチェルノブイリ原発事故によって、周辺の地域、国々は高いレベルとなった。環境と食品の汚染により体内に $^{137}_{55}Cs$ が蓄積され、日本では一九六四年が最高値五〇〇ベクレルとなった。北欧の人は苔、トナカイの食物連鎖のために一〇〇〇キロベクレルもの $^{137}_{55}Cs$ を蓄積している。一九八〇年頃の日本の食品では一kg当たり、きのこ五九、さつまいも〇・九、ほうれん草〇・一、お茶一ベクレルが検出されている。一九八六年のソ連、チェルノブイリ原発事故では $^{137}_{55}Cs$ と $^{134}_{55}Cs$ が大量に放出され、北半球の全域を汚染した。八〇〇〇km離れた日本でも環境、農産物を汚染し、お茶では一〇〇ベクレルが検出された。今日、環境と食品の放射能汚染による被曝が心配されている。

（小泉好延）

ストロンチウム

ストロンチウムは元素の名称で元素記号 Sr で表わす。原子番号三八、放射線を放出しない安定同位体の質量数八八、八七、八六、八四など四種類がある。放射性同位元素は質量九〇、八九、八五の $^{90}_{38}Sr$、$^{89}_{38}Sr$、$^{85}_{38}Sr$ などがある。化学的にはアルカリ土類金属元素に属し、カルシウムやバリウム元素の仲間である。融点、七六九度C、沸点、一三六六度Cと高く高温状態に強い。核実験ではセシウムと同様に放出されるが原発事故ではセシウムより放出率が少ないと言われている。しかし、原発の運転により核分裂から大量につくられているので、高温状態の事故や爆発事故では大量に放出される。環境や生体内での振る舞いはカルシウム元素に類似して、体内に入った場合、大部分は骨に蓄積される。生体内にとどまる期間を示す生体半減期は骨で約五〇年、放射線を放出する物理的半減期は ^{90}Sr、二八・八年、^{89}Sr、五三日である。前者はベータ線のみ、後者はベータ線、ガンマ線を放出する。ともにウランの核分裂でつくられるが ^{89}Sr は放射線による核反応でもつくられる。

^{90}Sr は体内にはいり骨に蓄積する。造血機能を持つ骨髄に被曝を与える。生体での半減期が長く、放射線を放出する物理的半減期も長いため、^{137}Cs よりも被曝による危険性は遥かに高く、骨では約三〇倍、全身でも二・七倍である。^{137}Cs と同様、一九五〇年代からの核実験で今日までに環境中に大量に放出された。一九八〇年頃の日本の汚染レベルは一kg当たり、さつまいも〇・三、お茶二・五、ほうれん草〇・八ベクレルが検出されている。人体内の骨にも蓄積されている。チェルノブイリの原発事故で ^{89}Sr、^{90}Sr が放出された。^{90}Sr はベータ線しか放出しないので、環境や食品での汚染検査が困難である上、被曝による危険性が高く、廃棄物や環境汚染、食品汚染による被曝が問題である。

（小泉好延）

アクチニド

アクチニウム、トリウム、ウラン、ネプツニウム、プルトニウム、アメリシウム、キュリウムなどの元素をアクチニド系列という。原子番号（原子核中の陽子の数）が大きく、元素周期律表の最下段の別枠中に並べられている元素群である。このうち、ネプツニウム以降は、原子炉内などで人為的につくられる超ウラン元素である。

アクチニド系列の自然放射性核種は、トリウム二三二（放射能半減期一四一億年）、ウラン二三五（同七億一〇〇〇万年）、同二三八（同四五億一〇〇〇万年）など、超長寿命をもっている。だからこそ、地球の誕生後、ずっと残存してきたのである。一方、この系列の人工放射性核種は、これほどではないが、やはり長寿命のものが多い。ネプツニウム二三七（同二一四万年）、プルトニウム二三八（同八六・四年）、同二三九（同二万四四〇〇年）、同二四〇（同六五八〇年）、アメリシウム二四一（同四五八年）、同二四三（同七九五〇年）などがその例である。

これらアクチニド核種は、強力なアルファ線放出核種で（ガンマ線も出す）、極めて大きい生物効果を示す。たとえば、プルトニウムは、わずか一〇〇万分の一gで、ネズミに一〇〇％肺癌を誘発するほどである。アルファ線の飛程距離が極めて短い（プルトニウムで四〇ミクロン）ため、これら核種が体内に入って沈着した局所に、集中的なアルファ線被曝を与えるからである。

また、とくに人工核種の場合、その生体内での挙動がまだよくわかっていない。プルトニウムやアメリシウムは、これまで天然のラジウムと同じ挙動をするものと想定され、たとえば、骨組織内に均一に入ると仮定して、それに基づいてリスクが評価されてきた。しかし、最近、これらアクチニドが骨の内側に沈着しやすいことが示され、ラジウムの場合よりも、骨髄の被曝線量がはるかに大きくなることがわかっている。

（市川定夫）

核燃料サイクル

原子力発電に関わって、ウランやプルトニウムなど核物質の移動する流れを、核燃料サイクルと呼ぶ。原子力発電というと、発電所（原発）のみを想起しがちだが、実際にはウランの採鉱から始まって放射性廃棄物の処理処分に至る長い核燃料サイクルの流れが必要であり、それは時間的にも空間的にも社会的にも、かつて人類が経験したことのないような深く、広い問題を提起している。

図におよその流れを示すが、核燃料サイクルは、まずウランの採鉱、製錬に始まり、濃縮（核分裂性ウラン235の含有比を高める作業。「濃縮ウラン」参照）とそれに伴う化学形転換を経て、燃料加工によって原発燃料の形に至る。これまでが核燃料サイクルの上流（アッパーストリーム）で、従来、比較的〝きれいな〟部分とみられてきたが、実際はウラン鉱山労働に伴う肺癌やその残土、鉱滓などの生み出す環境汚染によって、歴史的にも大きな被害を生み出している。

原発でウラン燃料が燃えると、サイクルは〝下流〟に入り、放射能量は飛躍的に増大する。今日一般的な百万kW級原発一基は一年で約三〇tの使用済み燃料を排出するが、

核燃料サイクルとその問題点

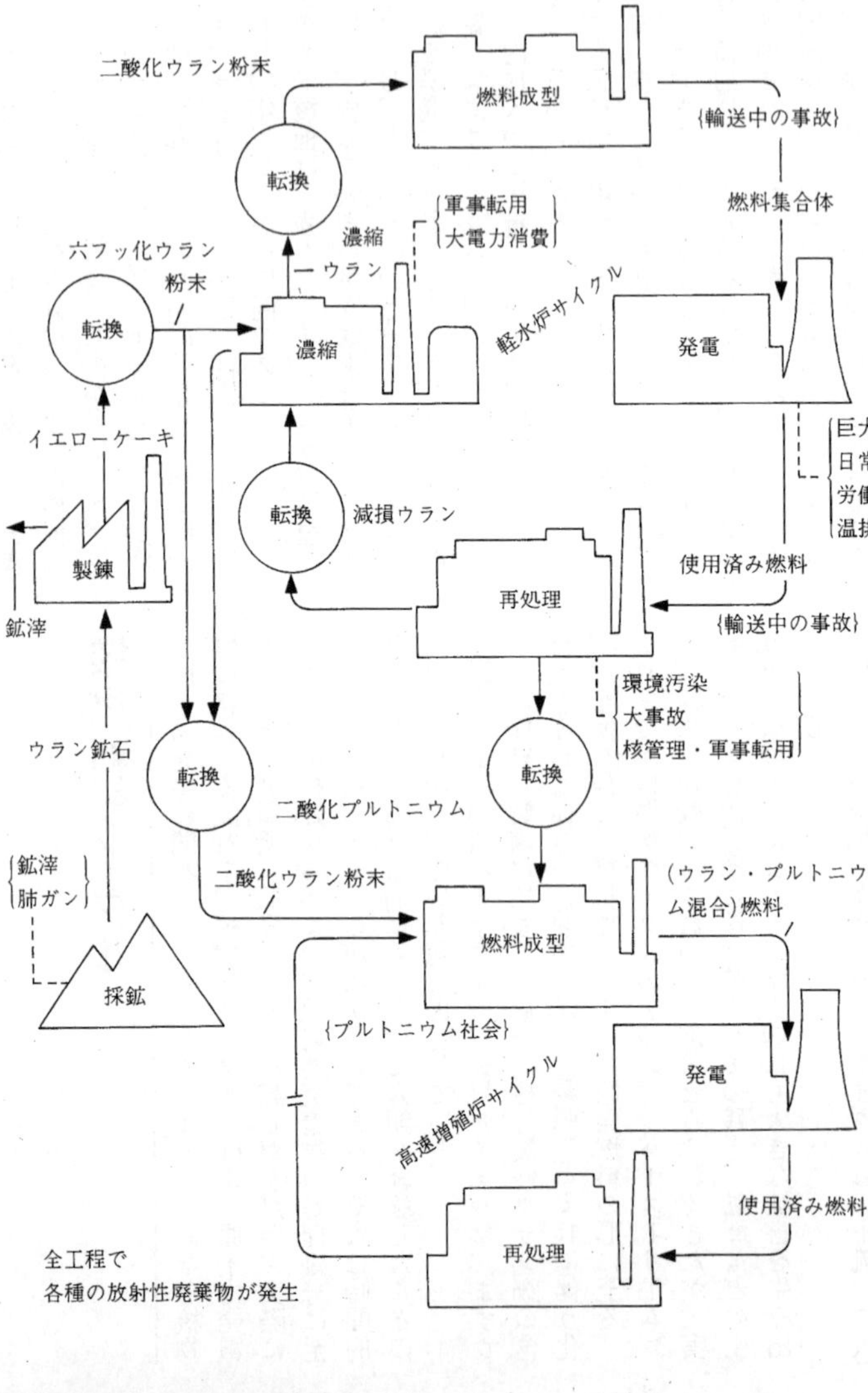

そこに含まれる放射能（いわゆる〝死の灰〟）の量は、数千京ベクレル（人間が摂取した場合の癌致死量にして数千億人分）にも相当する。核燃料サイクルのひとつの選択肢は、ウランそのものを使い捨て（ワンス・スルー）にするもので、その場合には膨大な死の灰を含んだ使用済み燃料自体が、高レベル廃棄物として貯蔵・処分の対象となる。アメリカ・スウェーデンなどはこの方式を選択しており、今後これに追随する国も多いとみられる。

これに対し現在、日本・フランスなどが選択しているのは、使用済み燃料に再処理（「核燃料再処理」参照）といわれる化学処理を施し、燃え残りのウランと発生するプルトニウム（「プルトニウム」参照）を抽出し、再利用する核燃料サイクルである。この場合には、使用済み燃料中の死の灰のほとんどは、工程廃液中に残り、それをガラスなどに固化して貯蔵・処分することが考えられているが、処分までを実施した国は未だ存在しない。

プルトニウムを核燃料として再利用する場合には、さらにその燃料加工のための工場、燃焼のための原子炉、使用済み燃料の再処理施設などが新たに加わる。

核燃料サイクルは、なによりもまず、膨大な放射能の流れのサイクルであり、その流れに従って、サイクルの各ポイントで労働者の被曝や放射能の放出、事故そして残存廃棄物の問題が生じる。同時に核燃料サイクルは文字通り核物質の流れであり、その各ポイントでは常に潜在的に核兵器への転用の可能性がある。核物質の核兵器材料への転用や、他の邪悪な目的の悪用を純技術的な手段で妨げる努力はさまざまに行われているが限界があり、結局は、「核物質防護」の中心は、情報の制限や関係者の監視といった管理強化にならざるを得ず、核燃料サイクルの社会的浸透は、核管理社会の強化と裏腹の関係にある。

核燃料サイクルは空間的にも広いひろがりをもっている。日本の原発の核燃料サイクルに絞っても、ウランは、カナダ、南アフリカ、ナミビア、オーストラリア、ニジェールなどで採掘され、濃縮はアメリカやフランスで行われ、再処理の大半は、イギリス、フランスの再処理工場で行われる。廃棄物の海外での処分の可能性もある。この空間的広がりは、大量の放射能、核物質の輸送（海上・陸上、時には空路）を必然化するが、その輸送には常に事故の危険性が伴う。これから、核燃料サイクルの活発化に伴って、放射性物質・核物質の輸送は、大きな社会問題化するであろう。

核燃料サイクルの空間的広がりは、同時に重層的な社会的差別の構造を露呈させる。これまでの歴史をみれば、ウラン採掘地のほとんどは、インディアン、アボリジニといった先住民の居住地であり、ウラン開発は一方において彼らの土地を汚染し、他方において彼らをその労働者として放射線被曝の犠牲者としてきた。また使用済み燃料の再処理の海外委託は、「汚染工場の海外押しつけ」非難を免がれ得ないし、放射性廃棄物が海洋投棄や海外処分されることになれば、「ゴミの押しつけ」の構造は一層明確化する。

そのまったく同じ差別の構造が日本国内においても顕在化しつつある。一九八四年七月、電気事業連合会は青森県の下北半島にある六ケ所村に「核燃料サイクル基地」の建設の要請を行い、翌年四月、青森県はこの計画を了承して受け入れた。「ウラン濃縮工場」「低レベル廃棄物貯蔵センター」「再処理工場」の三点セットといわれるが、実態は全国の原発の放射性廃棄物の集約的な貯蔵・処理・処分センターで、本州の北の果て、石油コンビナート構想の挫折した過疎の村に、核燃料サイクルの最も汚い部分が押しつけられた感を否定できない。北海道の北端に近い幌延町にも、高レベル廃棄物貯蔵施設が計画されていることも、同じような地域差別思想の延長上にあるといえよう。

核燃料サイクルは、さらに時間的にも、我々の想像を絶する遠方にまでひろがっている。核燃料のなかに生成するプルトニウム二三九の半減期は二万四千年、ネプツニウム二三七のそれは二百十万年、少なくともこういう時間の広がりのなかで、生物的環境からの放射能の〝絶対的隔離〟が、核燃料サイクルの完結、すなわち高レベル放射性廃棄物の最終処分の要件とされる。しかし、その閉じこめのための容器の健全性にせよ、地層の安定性にせよ、また異常の有無を監視し続ける側の社会の安定性にせよ、要請される期間の長さは、かつての人間の歴史の経験をはるかに越え、また現代の社会制度と科学が保証しうるところを大きく上まわっている。

核燃料サイクルは、その全面的な展開を目前にひかえる一方で、右のような厳しい現実に直面して、見直し論・慎重論も原発推進論者のなかにさえ多くみられるようになった。また、各国の廃棄物処分計画が、住民の反対で行き詰まり、日本でも青森や北海道で計画反対の声が日増しに強まっているように、市民、住民の反対も無視しえない存在となった。その一方で、世界の四二〇を超える原発は、日毎に核燃料を消費し、放射性廃棄物を蓄積させている。未来の世代に私たちがいかなる環境を残せるか、最善の選択のために残された時間は多くないといえよう。

（高木仁三郎）

ウラン

原子番号九二で、通常の意味では天然に存在する最も原子番号の大きい元素。主な鉱石としては、ピッチブレンド、カルノー石、燐灰ウラン石、燐銅ウラン石など。天然ウランの同位体組成は、ウラン二三八（九九・二七五％）、ウラン二三五（〇・七一五％）、ウラン二三四（〇・〇〇五八％）。すべて長寿命のアルファ放射体で、その半減期は、それぞれ四五億年、七億年、二五万年である。一七八九年にクラプロートが発見、当時発見され話題となっていた天王星（ウラヌス）にちなんで、ウランと名づけられた。

ウランをウランたらしめたのは、もちろんウラン二三五の核分裂現象が一九三八年末に発見され、アメリカによって核分裂爆弾（原爆）に組み込まれ、一九四五年八月六日に広島に投下され、恐るべき破壊力を示したことにある。また、ウラン二三八の中性子吸収によって生じるプルトニウム二三九（長崎原爆の材料物質）も核分裂性であることを考えれば、核の時代は、ウランの核分裂現象の発見とともに始まったと言ってよい。

その後、一九五〇年代後半から、ウランは原子力発電燃料としても広く用いられるようになり、ウラン鉱石の採掘量も増大した。主な産出国は、カナダ、オーストラリア、アメリカ、南アフリカ、ナミビア、ニジェールなどである。ウラン採掘にともなっては大量の鉱滓、残土が残り、それらがラジウム、ラドン、ポロニウムなどの放射能を含むため、採掘地ではどこでも、深刻な環境汚染や労働者の肺癌などの問題が生じている（「核燃料サイクル」参照）。特に大国による、軍事・商業利用のためのウラン大規模開発が、インディアン、アボリジニなどの先住民の権利と生命を奪ってきた問題は見逃せない。天然ウラン自体も、一gで約二五〇〇〇ベクレルの放射能を有し、約五五ミリgが職業人の年摂取限度にあたる放射能毒性（発癌性など）をもち、また腎臓・神経を侵す化学毒性（酸化ウランでマウスの半致死量は六ミリg／kg）を有する。

（高木仁三郎）

濃縮ウラン

天然ウランの同位体組成は、ウラン二三八が九九・二七五％、ウラン二三五が〇・七一五％、ウラン二三四が〇・〇〇五八％と、核分裂性のウラン二三五は含有量が非常に小さい。そのままでも、原子炉の設計によっては核燃料とすることができるが、現在世界の主流を占める軽水炉では、ウラン二三五の濃度が二～四％でなくてはならない。また、原爆材料としては九〇％以上のウラン二三五濃度が必要となる。このウラン二三五濃度を高めたウランを濃縮ウランという。

ウラン濃縮の主な方法としては、ガス拡散法と遠心分離法、ノズル法などがある。ガス拡散法は、歴史的に最初に開発され、アメリカの原爆開発＝マンハッタン計画に適用され、広島原爆を生み出した。気体になりやすい唯一の化合物である六フッ化ウランを気体化させ、多孔質の隔膜を何段にも通過させて、ウラン二三八と二三五の間の透過率のわずかな差を利用して、両者を分離する。電力の消費量が大きい（原発燃料の場合、その燃料の生産する電力の五〜六%を必要とする）難点があるが、コスト安で現在でもこの方法は世界の主力である。アメリカ、フランス主体のユーロディフ社（イタリア、スペイン、ベルギーが参加）、ソ連はこの方法によって、世界市場の大半を制している。

遠心分離法は六フッ化ウランを回転胴中で高速回転させた場合の遠心力の差を利用するもので、ウレンコ社（イギリス、旧西ドイツ、オランダ）と日本で採用されている。その他、ノズル法、化学交換（イオン交換）法なども検討・計画されているが、将来的には技術の方向は、レーザー法に向かうことは確実である。現在まだ開発段階であるが、ウラン金属蒸気にレーザー光をあてる原子法と六フッ化ウラン分子の化学変化を利用する分子法とが並行的に開発されている。分離性能の原理的優越性は立証されているが、未だ大量生産技術に難がある。

ウラン濃縮技術の一番の問題点は、いずれの方法に依存するにせよ、軍事利用と平和（商業）利用の間に境界を敷きにくいことである。通常、原発の燃料とされる二〜四%濃縮用の濃縮工場を用いても、濃縮設備を繰り返し利用することで、原爆（水爆の引き金）に必要な九〇%以上高濃縮ウランを生産することが可能である。ウラン濃縮工場は、最も軍事転用に敏感な工場といわれる。そのため、工場内の設備については秘密にされている面が多く、これは施設の安全、環境上の検討という面からも、問題である。ウラン濃縮工場で主として用いられる六フッ化ウランは、外気中や水中に放出されると、水と激しく反応し、フッ化水素とフッ化ウランに分解するが、前者は猛毒性の酸であり、日常操業・事故時ともに最大の環境・健康問題となる。また、濃縮ウランは、水・炭素のような減速機の存在下で一ケ所に集中的に存在すると、臨界事故（核分裂の連鎖反応が始まってしまう事故）を起こす可能性があるので、工場の設計・取扱上、厳重な注意が必要となる。

日本は、アメリカのエネルギー省、ユーロディフと濃縮役務提供の契約を結んでいて、世界的に原子力発電の停滞で濃縮ウランがダブつき傾向にある現在、日本の原発に必要な十分な量の濃縮ウランは確保されている。しかし、独自開発の追求の立場から、動力炉核燃料開発事業団によって、合計二五〇トンSWUの試験・実証プラントが岡山県人形峠に建設され、さらに青森県六ケ所村の核燃料サイクル基地計画の一環として、第一期六〇〇トンSWU、最終規模一五〇〇トンSWUの工場が計画されている（SWUは分離作業単位と呼ばれ、一〇〇万kW級原発一基の一年分の炉心燃料の製造には約一二〇トンSWUを必要とする）。六ケ所工場（日本原燃産業）は、すでに完成し操業が始まっているが、遠心分離法がコスト高であり、濃縮ウラン需要がダブつくなかでの操業に疑問も出され、環境面からも懸念されている。

（高木仁三郎）

プルトニウム

原子番号九四番で、〝通常の意味では自然界に存在しない元素。一九四〇年末にカリフォルニア大学のシーボルグらによって、加速器を用いてウランから人工的に合成、発見された。それ以後、その中心的同位体であるプルトニウム二三九（半減期二万四千年）が、核分裂性をもつことが発見され、原爆に利用できると考えられるようになってからにわかに大きな注目を集めた。プルトニウムという命名は、ウラン（「ウラン」参照）より、一つ原子番号が大きいことから、冥王星（プルートー）にちなんで行われたもので、いわば冥土の王の元素にあたるが、それが実際にプルトニウム爆弾として、五年後には長崎に地獄を実現したのは、歴史の皮肉ともいうべきことであった。

アメリカはマンハッタン計画のなかで、原子炉内のウラン二三八に中性子があたるとプルトニウム二三九が生成することに注目して開発を進め、一九四五年七月一六日に、ニューメキシコ州アラモゴードでプルトニウム二三九を用いて、世界最初の核爆発を実現させ、核時代の扉を開いた。

プルトニウム二三九をはじめ、プルトニウムの各種の同位体は原子力発電の副産物として生成する。一〇〇万kW級原子力発電所を一年間通常の仕方で運転した場合に約二〇〇～二五〇キロのプルトニウムが生成し、うち核分裂性のプルトニウムは、プルトニウム二三九と二四一で、合わせて六五～七五％となる。このような組成の、使用済み燃料から取り出したプルトニウムは、〝原子炉級〟と言われ、高純度プルトニウム二三九に比べると核兵器物質としての性能は落ちるが、「いかなる原子炉級のプルトニウムも粗製の原爆となりうる」とされる。そのため、原子力発電の世界的ひろがりは、核兵器の世界的拡散を促すおそれが強く、大きな問題となる。

プルトニウムのもうひとつの問題は、どの同位体も寿命が長く、しかも毒性がきわめて強いことである。主な同位体は、プルトニウム二三八（半減期八八年）、二三九（同二万四一〇〇年）、二四〇（同六五七〇年）、二四一（同一四・四年）、二四二（三七万六〇〇〇年）で、β放射体であるプルトニウム二四一以外はα放射体のために、特に体内にあって強い放射能毒性（発癌性や遺伝障害）を長期にわたって発揮する。たとえば、ふつうのプルトニウムの主成分であるプルトニウム二三九は、職業人に対する年摂取限度が、最も厳しい非酸化物の吸入に対して二二〇ベクレルである。法令に定められた年線量当量限度（いわゆる許容量＝職業人に対して五〇ミリシーベルト、公衆に対して一ミリシーベルト）にしたがって、一般人のプルトニウムの年摂取限度を職業人の五〇分の一と考えれば、一般人の年摂取限度はわずかに四・四ベクレル（重量にして十億分の一・九g）となる。「茶さじ一杯で数千人が殺せる」などといわれるゆえんである。

このようなプルトニウムの強い毒性は、α放射体であることと、その化学的特性から体内に長く滞留することにある。とくに、空気中の塵などに含まれるプルトニウムを吸入する場合は肺癌の原因となり、食べ物と共に経口摂取されたプルトニウムは、主として腸壁から吸収されて血液によって運ばれ、骨髄腫や骨腫瘍の原因となる。

このように毒性も強く核拡散上も問題の多いプルトニウムであるが、核分裂性であるところから、原子炉燃料としての利用への期待が原子力開発の当初からあった。利用計画の中心は高速増殖炉（「高速増殖炉」参照）で、「燃えない」ウラン二三八に中性子吸収をさせて核分裂性のプルトニウムを「増殖」するので、その名がある。しかし、技術的・経済的困難が大きく、実用化の目途が立っていない。日本では、独自に開発された新型転換炉（福井県敦賀市で、原型炉「ふげん」が稼働中）での、プルトニウム・ウランの混焼が開発途上にあるが、大きな将来性は期待されない。現在では原発の使用済み燃料から抽出される大量のプルトニウムをもう一度原発（軽水炉）の燃料（ウランとの混合酸化物＝MOXと呼ばれる）としてリサイクルする計画が立てられ、すでに一部で試験が始まっている。

しかし、このMOX燃料計画（プルサーマルとも呼ばれる）の将来性についても、経済性が期待できず、プルトニウム利用に伴う大きな社会的問題と環境、健康上のリスクと合わせて、批判的な見方が強い。

プルトニウムにエネルギーを大きく依存する社会は、プルトニウム・エコノミーないしプルトニウム社会と呼ばれるが、右のように数多くの問題を抱え、むしろその選択を放棄したり放棄する方向で動いている国の方が、世界的には主流になっている（アメリカ、イギリス、ドイツ、スウェーデン、イタリアなど）。プルトニウム利用にこれまで最も積極的であったフランスでも、最近は見直し論が強くなっている。

そんななかで、日本がプルトニウムについてどのような選択をするかは、現在、世界の注目の的となっている。

日本は現在までのところ、使用済み燃料を再処理し、プルトニウムを抽出して再利用する方向で、各種の計画が立てられているが、世界的にその見直しが進むなかで、日本の今後も微妙である。とくに今世界的に大きな問題となっている事柄に、海外返還プルトニウムの問題がある。これは、日本がイギリス、フランスに再処理委託した計五六〇〇tの使用済み燃料（軽水炉分）から得られるプルトニウム約五〇tを、一九九二年以降十数年の間に日本に返還する問題である。この輸送には、当初警備上の理由から空輸が考えられたが、アメリカをはじめ航空路の下にあたる国々に事故への懸念から反対が強く、日本政府は一九八九年末に海上輸送の方針を決定、輸送船の警備用に二百億円の予算をかけて海上保安庁が専用の武装巡視艦を建造中である。プルトニウムの大きな毒性を考えると、この輸送は大きな地球的規模の危険性をもつが、なお、返還後の国内での利用、それに伴う輸送も含めた取扱上の危険性も大きく、果たしてプルトニウム利用が、経済的にも安全上もいかなる得失をもたらすのか、日本でも本格的な論議がなされるべき時に来ていよう。アメリカの核管理研究所（NCI）、イギリスのヨーロッパ核拡散情報センター（EPIC）などから、このプルトニウム輸送については国際的な懸念が表明されているが、その理由は輸送事故の危険だけでなく、日本が明白な利用計画のないままに、大量のプルトニウムを保有することへの核拡散の面からの懸念も大きい。国内的にも、強い反対の起こっている青森県六ケ所村の再処理工場建設計画の是非も、プルトニウム利用の得失の面からも再検討されるべきだろう。

なお、半減期八八年の同位体プルトニウム二三八は、その発するα線が一部で熱源として利用されている。とくに、この熱を利用した原子力電池は、一部の人工衛星などに利用されている。一九六四年には、この太陽電池を塔載したアメリカのSNAPの衛星が、インド洋上空で炎上し、それによる全地球的な汚染が核実験による汚染と合わせて観測されている。また、一九六六年一月にはスペインのパロマレス上空で水爆四発を積載した米軍機が給油機と衝突し、周辺にプルトニウム汚染をもたらした。ついで、六八年一月にもグリーンランドのツーレ基地で米軍機の火災から、労働者と土地のプルトニウム汚染が生じた。両事故とも、その後周辺地での白血病などの増加が住民によって訴えられており、とくに、後者の事故では、デンマーク政府保健局の予備的調査によると、事故処理にあたったデンマーク人労働者九八人が死亡したとされる。チェルノブイリでも、事故炉周辺地区では、プルトニウム汚染が認められる。

生誕（発見）から五〇年、プルトニウムは今、人類と果たして共存できるのかどうか、鋭く問われている。

（高木仁三郎）

高速増殖炉

高速増殖炉の危険性は、目下世界の原子力発電所のほとんどを占める軽水炉とは質的に異なり、より広範かつ重大な問題を孕んでいる。開発のスタートが軽水炉より先行していながら、いまだ実現に到らないのも、それが一因となっている。日本では、実験炉「常陽《じょうよう》」（熱出力のみ、一〇万kW）での研究を経て、現在原型炉「文珠《もんじゅ》」（電気出力二八万kW）を福井県敦賀市に建設中の段階である。

高速増殖炉も軽水炉と同様、中性子とプルトニウム（軽水炉ではウラン）の衝突による核分裂反応を熱源にしている。この熱は、水に伝えられる前にまず液体ナトリウムに伝えられ、中間熱交換器で二次冷却材ナトリウムに伝えられたのち、蒸気発生器によって三次冷却材である水に伝えられる。その結果発生した蒸気が電気を起こすという複雑なプラント構成になっている。核分裂反応は、核分裂ごとに再生産される中性子によって連鎖的に持続されるが、軽水炉とは異なり中性子は減速されないまま用いられる。「高速」の名称はそこに由来する。核分裂反応の効率は中性子の速度が遅いほど高いので、通常の原発では減速材をもうけて（軽水炉では水）遅くするが、高速増殖炉では、それを犠牲にしてまで高速中性子により連鎖反応させる理由は、燃料（プルトニウム二三九）の増殖を重視するからである。一次冷却材にナトリウムを用いるのも、中性子の速度をなるべく落とさないためである。原子炉のなかに、プルトニウムだけでなく劣化ウラン（燃えないウラン二三八の割合が、天然ウランより高いウラン）を大量に挿入し、炉内の余った中性子をウラン二三八に当てて、消費した量以上のプルトニウム二三九を増殖することが目標とされる。

高速増殖炉の危険性はおよそ四つの問題にまとめられるが、軽水炉と対比させてみるとわかりやすい。

まず、暴走しやすい性質を持っていることである。軽水炉の事故が、主として、一次系内の高圧による冷却水喪失に根ざす熱水力的な形をとる（空炊き→炉心溶融）のに対し、高速増殖炉の事故は、核分裂連鎖反応の反応性自体に起因する反応度事故（暴走）の形をとることが特徴である。高速増殖炉が暴走しやすいのは、炉心の組み方や燃料棒の作り方が、軽水炉とちがって核分裂の効率向上を優先させていないので、燃料棒が曲がったり、移動したり、溶融したりすると、核分裂反応の効率がむしろ向上する（反応度が上がる）ことが多いためである。さらに重要な点は、反応度の異常な上昇によって出力が上り、炉心がオーバーヒートして冷却材のナトリウムが沸騰すると、チェルノブイリ原発と同じように暴走をさらに加速することである。しかも、いったん暴走を始めると、軽水炉やチェルノブイリ炉の数百倍というスピードで進行し、炉心や原子炉の破壊に到るまで停まらない。最悪の場合、広島原爆の数分の一程度の核爆発が発生すると予測する専門家もいる。このような事態は、安全保護装置が働かなかったり、働いても反応度上昇量が大きいため間に合わない場合におこる。設置にともなう安全審査でも、国は、このような事態になったとき放出される爆発エネルギーや被害程度を審査しており、そのような事故が起こり得ることを暗に認めている。

第二の問題は、冷却材にナトリウムを使用する点である。もし、蒸気発生器の伝熱管（細管）に穴があくと、ナトリウムは水と接触して爆発的に反応し、熱と水素ガスと腐食性の物質を作る。そのため軽水炉の蒸気発生器伝熱管破損事故とちがって、一本の破損が短時間のうちに次々と他の伝熱管を破損させ、場合によっては一次系にも被害を及ぼす。イギリスの高速増殖原型炉ＰＦＲ（「文珠」に相当）の事故では、一本の伝熱管破裂が、僅か二〇秒程の間に四〇本の破裂に伝染する大事故に拡大した。蒸気発生器伝熱管の破損は、今日、軽水炉の例で見るようにどの原発にも頻発しており、最も現実性のある危険として憂慮される。

三番目の問題は、燃料にプルトニウムを用いる点である。プルトニウムの強い毒性の問題、再処理工場（軽水炉では不要）による環境汚染や経済的、社会的犠牲の問題、原爆の材料であることから軍事転用の問題、その防止措置を契機とする管理社会化、警察権力強大化の問題など広範囲に及ぶが、詳しくは「プルトニウム」の項に譲る。

第四の問題は、地震に対して弱いということである。高速増殖炉の冷却系は一次、二次とも、運転中五〇〇度C以上の高温である。したがって、停止中との大きな温度差による熱応力や、原子炉が緊急停止した時の熱衝撃が非常に大きい。冷却材のナトリウムは、軽水炉より比熱が小さく熱伝導率が約百倍も大きいため、条件はさらに厳しくなる。構造物の破損を防ぐためには、配管や機器の肉厚をできるだけ薄くし、配管は曲げながら長大にはわせるなどして応力集中や衝撃力緩和をはからねばならない。その結果、地震など外からの力に弱くなる。構造設計の上で、のっぴきならないジレンマを抱えているのである。結局、頻度の少ない地震の方は目をつぶり、熱対策を優先した設計が採用されている。

高速増殖炉の安全上の利点として、原子炉容器を含む一次系内の圧力が低く、配管が破れてもナトリウムの流出速度が遅いことが、よく引き合いに出される。高速増殖炉には、軽水炉のような緊急に冷却材を炉心に注入する設備もない。しかし軽水炉で最も恐れられている炉心溶融事故も、低圧である高速増殖炉でその危険が小さいとは言い難い。具体的には燃料棒間の隙間が軽水炉の半分以下しかなく、燃料棒が運転中に曲ることは高速増殖炉では常識であって、運転中の燃料棒のふくれも軽水炉より大きいため、燃料棒同士がくっついたり、異物が挟まったりしやすく、冷却材の通路が塞がれやすいこと、運転中の燃料棒温度が軽水炉より約五〇〇度C高く、より融点に近いこと、出力密度が軽水炉の三倍以上であること、以上の条件を考えると、高速増殖炉の方がむしろ、炉心溶融事故の危険が大きいと思われる。特に、地震に会うと配管は破れやすいし、緊急注入装置もないので、事態はより深刻なものになるだろう。

経済性に関しては不確定な要素が多いが、通産省の試算でも、発電単価が軽水炉の三倍以上となっている。世界でただ一国、実証炉を持って開発の先端を行くフランスでは、経済上の理由から「増殖」の看板を降ろす決定を行った。これは、「高速炉」の意義喪失を意味する。アメリカは一九八五年に高速増殖炉開発を放棄し、イギリスも撤退を決めた。ドイツは原型炉を完成させながら、一度も運転しないまま一九九一年三月運転断念を決めた。美しい理想（増殖）も、現実（経済性）と犠牲（危険性）の前に色褪せ、世界はようやく幻想から覚めつつある。

（小林圭二）

新型転換炉

新型転換炉は、もともと天然ウラン、微濃縮ウラン、劣化ウラン（ウラン濃縮後のかすのウラン）など低品質の核燃料や、使用済燃料からのプルトニウムを利用することによって、核燃料資源の有効利用を目ざすというものであった。しかし今日、ウランは市場にだぶつき、当初の目的は色褪せてしまった。一方、日本では原水爆の材料にもなるプルトニウムが大量にたまり、核兵器への転用を心配する外国の批難の的になっている。新型転換炉は、そのプルトニウム焼却炉に新しい活路を見出そうとしているが、プルサーマル（在来の軽水炉によるプルトニウム利用）との競合となり、勝ち目はない。それどころか、新型転換炉のように重水や黒鉛を減速材とする原子炉は、減速材による中性子の無駄は消費が少ないので燃料内のウラン一二三八の中性子吸収がすすみむしろプルトニウム生産炉という性格が強い。原発推進側科学者が、チェルノブイリ原発を核兵器用プルトニウム生産炉だ、と当初言っていたのも、減速材に黒鉛を用いていることからきている。

安全面で最大の問題点は、ボイド係数が正であることだ。これはチェルノブイリ原発の核暴走事故を大きくしたのと同じ特性である。日本の新型転換炉は、現在、敦賀市に原型炉「ふげん」（一六・五万kW）が稼動中であり、さらに青森県大間に実証炉（六〇・六万kW）が計画されている。それらの構造は、減速材が重水であることを除けば、チェルノブイリ原発に酷似している。軽水が燃料棒の間を流れていく間に加熱されて沸騰するしくみになっているが、何らかの原因で温度が上がり蒸気（ボイド）が増えると、ボイド係数が正であれば、自然に出力が上昇し続ける。その程度がひどければ、どんな安全装置も暴走を停められない。「ふげん」も、当初、正のボイド係数が予想されていながら国の安全審査に合格した。翌年、経済的な理由もあって設計変更され、プルトニウムを大量に装荷することにしてボイド係数はほぼ「0」になった、とされている。しかし、これは計算上の話で、実際に測定されたわけではない。特に厳しい場所で局所的にボイドが増えると、ボイド係数が正になることは十分考えられる。さらに重大なことは、計画中の実証炉ではボイド係数がより大きな正になり、実用規模に近づくほど危険になることである。この問題を技術的にのりきるには、使用できる燃料の種類を限定しなければならない。これは広範囲な低品質核燃料が使用できるという新型転換炉の利点を失い、存在理由がなくなることを意味する。それでなくとも高価な重水を大量に使い、何百本という漏れてはいけない管の錯綜する複雑な構造、プルトニウムという猛毒物質の使用、再処理工場を不可欠とするなど、安全上および経済上、多くの問題を抱えている。原子力船「むつ」の二の舞にならぬためにも、早く見切りをつけることが大切である。

（小林圭二）

核燃料輸送

原子力発電所で燃やされる核燃料の輸送のことだが、核燃料の原料となるウランや、燃やされた後の使用済み燃料などの輸送もふくめて核燃料輸送と総称される。

日本の原子力発電所では、イギリスから海上輸送される東海原発（茨城県東海村）のガス冷却炉の燃料のほかは、多くの場合、濃縮ウランの輸入から核燃料輸送がはじまる。アメリカやフランスから六フッ化ウランや二酸化ウランの形で濃縮ウランが海上輸送されるのである。六フッ化ウランの形で輸入された場合は、これを二酸化ウランに転換する工場に、まず陸上輸送される。そして、このあと（二酸化ウランの形で輸入されたものは直接）核燃料に成型する工場に陸上輸送される。できあがった核燃料は、陸上輸送または海上輸送で各原子力発電所に運ばれる。そこで燃やされた後の使用済み燃料は、茨城県東海村の再処理工場、あるいはイギリスやフランスの再処理工場に海上輸送されるというのが、一般的な核燃料輸送の流れである。

一九九一年末に青森県六ケ所村の濃縮工場が動き出したことにより、今後は濃縮前のウラン（天然ウラン）の輸入からスタートするものも増えてくる。

そのほかに研究炉用の高濃縮ウラン燃料などが輸送されており、最近では、高速増殖炉や新型転換炉用のプルトニウム・ウラン混合燃料の輸送も始まっている。プルトニウムは、かつて少量が航空機で輸送されていたが、いまは海上輸送でイギリスやフランスから送られてきて、東海村の燃料成型施設に陸上輸送されている。今後は放射性廃棄物の輸送が大きな問題となるだろう。

輸送の回数は、一九九〇（平成二）年の実績で、六フッ化ウランが四三回、二酸化ウラン等が八〇回、核燃料が五六回、使用済み燃料が四五回と、科学技術庁より発表されている。交通の要所では、かなりの頻度で核燃料などが往き来していることになる。

核燃料輸送物は、放射能の少ない方からL型、A型、BM型、BU型の四段階に輸送容器が区分され、また、輸送物が臨界に達する危険性の小さい方から第一種核分裂性、第二種核分裂性、第三種核分裂性の三段階に区分される。新燃料は、通常、A型第一種または第二種核分裂性輸送物として運ばれ、使用済み燃料はBM型第二種核分裂性、プルトニウム・ウラン混合燃料はBU型第二種核分裂性輸送物となる。

BM型およびBU型輸送物の容器については、事故時を想定した試験として強度試験（輸送車同士が相互に数十キロの時速で正面衝突した場合を想定）、耐火試験（揮発性可燃物輸送車との衝突を想定、八〇〇度C、三〇分）、浸透試験（港湾荷役中の落下を想定。水深一五メートル、八時間）が行われることになっているが、大規模なトンネル火災事故にまきこまれた場合や深海に沈んだ場合などは考えられていない。しかも、右の試験は、縮小模型による試験または計算で済ますことができることになっている。

A型輸送物の容器に至っては、事故時を想定した試験は不要とされ、一時間、五〇ミリの雨を想定した水の吹きつけ試験、取り扱い中の落下や輸送中の衝撃を想定した自由落下試験などのみでよいとする甘い安全基準である（ただし、核分裂性の輸送物については、臨界の安全性の確認のために、事故時想定試験を実施している）。A型に分類される核燃料でも、大きな火災事故などに会えば、気化したウランが飛散して人に吸入され深刻な体内被曝を与える事態は十分に考えられる。

こうした核燃料輸送に対し、各地で監視行動などが取り組まれているが、「核ジャック」対策を口実に警察による規制や弾圧も強まっている。プルトニウムの輸送では、八四年一一月のフランスからの海上輸送の場合、同国の領海内は仏海軍、公海上は米海軍、日本の領海内は海上保安庁、陸上は警察が護衛についた。今後本格化する輸送に備えて、海上保安庁では武装護衛船を建造している。自衛隊の派遣論も盛んに取り沙汰されており、海上派兵への露払いをつとめる懸念も否定できない。

（西尾　漠）

使用済み核燃料

原子炉で燃やされた後の核燃料のことで、通常は単に「使用済み燃料」と呼ばれる。原子力発電所では、三年ほど燃やした後に核燃料を取り出す（三年に一度新しい燃料と交換するのではなく、毎年三分の一くらいずつ交換）。核燃料の大部分はウラン二三八で、これに二〜四％のウラン二三五が含まれているが、原子炉で燃やすと、ウラン二三五の一部が核分裂をして核分裂生成物、いわゆる死の灰に変わる。一方、ウラン二三八の一部はプルトニウム二三九、二四〇、二四一などに生まれ変わる。そこで使用済み燃料には、燃え残りのウラン、プルトニウム、死の灰などが含まれていることになる。

このウランとプルトニウムと死の灰とをそれぞれに分けて取り出し、ウランとプルトニウムは再利用しようというのが、使用済み燃料再処理の考えだ。一方、再処理はしないで使用済み燃料をそのまま、高レベルの放射性廃棄物として処分してしまう考えもある。いずれにせよ欧米では、「使用済み燃料」という言い方はせず、「放射性廃棄物」と表現することが一般的である。

使用済み燃料では、むろん核反応は起きていないが、多量の放射能の崩壊熱がある。放置すれば燃料が溶け出し放射能が放出されるために、原子炉から取り出した後も、長期間にわたって冷却を続ける必要がある。まず原子炉建屋内の使用済み燃料プールに水中を運んで冷却、その後、再処理をする場合には、冷却能力を持つ輸送容器に入れて再処理工場に運ぶ。再処理工場でも付属のプールで冷却し、それから再処理工程にまわされることになる。再処理をしない場合は、プールでの冷却の後、冷却能力を持つ容器に入れて貯蔵、最終処分を待つ。ただし、使用済み燃料の最終処分（地下深くに埋めて処分することが考えられている）は、世界のどの国でも、未だ実施されていない。

（西尾　漠）

核燃料再処理

使用済み核燃料を化学処理し、燃え残りのウランとプルトニウムと死の灰とに分けて取り出すこと。取り出されたウランとプルトニウムは再利用され、死の灰は高レベルの放射性廃棄物として処理処分されることになるが、ウラン、プルトニウムの再利用は世界的に停滞し、死の灰の処分は未だ実施されるに至っていない。

再処理の方式としては、溶液を用いて行う湿式と溶液を用いない乾式の二種類があり、それぞれにまた、さまざまな方式がある。このうち主流となっているのは、湿式再処理の溶媒抽出法の一つで、ピューレックス法と呼ばれるもの。日本の東海再処理工場も、この方式を採用している。

ピューレックス法再処理では、使用済み燃料プールで冷却された燃料を、まず剪断機でぶつ切りにし、溶解槽で加熱した硝酸に溶かし出す（燃料の被覆管は高レベル固体廃棄物として取り出される）。次にこの溶液を有機溶媒に接触させると、ウランやプルトニウムは有機相中に抽出され、死の灰は溶液中に残される。抽出されたウラン、プルトニウム混合溶液からプルトニウムを還元抽出しウランと分離、それぞれ精製して製品化する。

処理される使用済み燃料としては、ガス冷却炉燃料、軽水炉燃料、高速増殖炉燃料などがある。ガス冷却炉燃料の再処理工場としては、イギリスのセラフィールド工場、フランスのマルクール工場、ラ・アーグ工場があり、ラ・アーグ工場では施設を追加して軽水炉燃料の再処理も行っている。近く軽水炉燃料専用とするべく工事中。そのほかに軽水炉燃料専用の新しい施設もつくられた。セラフィールド工場でも軽水炉燃料用の施設を建設している。日本の東海再処理工場および計画中の六ケ所再処理工場も軽水炉燃料用。高速増殖炉の燃料用にはイギリスのドンレイ、フランスのマルクールに施設があるが、実験段階の域は出ていない。

再処理工場は、「原発一年分の放射能を一日で出す」といわれる。使用済み燃料のなかに封じ込められていた死の灰を解放してやる施設なのだから、それも当然だろう。クリプトンやトリチウム、ヨウ素など気体状の放射能は燃料の剪断工程から飛び出し、煙突を通じて大気中に放出される。また、トリチウム、ストロンチウム、ジルコニウム、ニオブ、ルテニウム、セシウム、セリウム、ヨウ素といった放射能が「低レベル」廃液として放水管から海中に放出される。プルトニウムの一部も廃液に含まれ、放出されることになる。

放射能放出の規制が甘く、大量の放射能をたれ流してきたイギリスのセラフィールド再処理工場やドンレイの再処理施設の周辺では、住民の子どもたちに白血病が多発している。イギリス政府の調査委員会が一九八八（昭和六三）年にまとめた「コマリ報告」は、これら白血病の多発と再処理施設の操業との間に明確な因果関係は立証できなかったとしながらも、「因果関係を指し示す傾向が認められる」と述べた。

九〇年にはサザンプトン大のM・ガードナー教授らが保健省の委託による研究結果を医学誌に発表。そこでは「小児白血病の原因は再処理工場労働者である父親の被曝による精子の突然変異」としている。この報告を受けて、セラフィールド再処理工場の労働組合は、白血病にかかっている労働者の子どもへの賠償と安全対策の強化を工場に要求し、また、患者や家族らが賠償を求める訴えを起こした。

再処理工場の事故として懸念されるのは、装置の故障や火災などによる放射能の放出のほか、冷却能力喪失事故、臨界事故、化学爆発などである。冷却能力喪失事故は、使用済み燃料プールや高レベル廃液の貯蔵タンクで起こる。大量の放射能が発する熱を冷まし続けるのに失敗すると、燃料が溶け出したり廃液が沸騰したりして死の灰の大放出となるおそれがあるのだ。旧西ドイツの原子炉安全研究所が同国内務省の依託を受けて七六年にまとめた報告書では、最悪の場合「一〇〇km の遠方に住む人でも風下では致死量の一〇倍から二〇〇倍にのぼる放射線被曝を受け、風向きによっては死者は三〇〇〇万人にも達するだろう」という。

ラ・アーグ再処理工場では八〇年四月、その一歩手前の事故が起きている。変圧器で火災が発生、工場が全面的に停電して冷却系も能力を喪失、高レベル廃液のタンクが沸騰しはじめたというもの。このときはシェルブールの海軍から予備電源を運び込み、ようやく難を逃れた。

商業用の再処理工場ではないが、現実に大事故が起こってしまった例としては、五七年九月のソ連チェリヤビンスク軍事施設の事故（「ウラルの核惨事」として知られる）が挙げられよう。高レベル廃液の冷却能力喪失から起きたものだが、化学爆発の一例でもある。九八年六月になってようやくソ連当局が明らかにしたところによれば、廃液貯蔵タンクの冷却用パイプで水漏れが起き、廃液の温度が上昇したのが発端。爆発性の高い硝酸塩と酢酸塩が表面にできたところに制御装置のスパークがあって、引火・爆発したという。

その結果、吹き上げられた七四〇〇〇〇兆ベクレル（チェルノブイリ原発事故の放出放射能より一ケタ低い程度）の放射性物質は一五〇〇〇平方kmの地域にひろがり、一年半のあいだに一万人以上が避難した。約三〇の村が地図から消え、いまなお二〇〇平方km以上の土地が閉鎖されたままとなっている。

臨界事故とは、臨界量以上の核物質（プルトニウム二三九やウラン二三五など）が誤まって集まり核分裂の連鎖反応が自発的に進行するもので、小さな核爆発と言ってよい。また化学爆発は、再処理の過程で大量に使用される硝酸や有機溶媒の化学反応で起こる。

小規模な臨界事故や化学爆発はこれまでもしばしば起きており、労働者の死傷や高線量被曝が報告されている。仮に大規模な事故が発生すれば、大量の放射能放出により周辺住民にも深刻な被害を与えることは言うまでもない。

再処理工場では、配管の詰まりや材料の腐食による機器の穴あきが頻発し、労働者の被曝を増大させている。これらのトラブルのため、設備利用率もきわめて低い。東海再処理工場の年間処理能力は二一〇t（使用済み燃料のウラン重量）と言われていたが、本格運転を開始した八一年度から九〇年度までの平均処理実績は五三tである。そこで処理能力のほうを一四〇t、九〇tと下げてきている。

再処理は燃え残りのウランとプルトニウムを使用済み燃料から取り出して再利用することが目的だが、回収されたウランは強い放射能のために使い難く、高いコストをかけて利用するメリットはない。またプルトニウムも、有効利用に欠かせない高速増殖炉の開発の目途がたたないことから、核拡散や放射能災害の危険をおかしてまで利用する意味はないとの気運が、世界的にひろがってきた。

このため、再処理を放棄し、使用済み燃料はそのまま処分する考えを採用する国が増えてきている。

アメリカは、七〇年代に早々と再処理を放棄した。スウェーデンは、フランスに再処理を委託していたが、八四年に九〇年以降の契約を破棄している。八九年には西ドイツがバッカースドルフ再処理工場の建設を中止、フランスに再処理を委託しているベルギーやオランダも、委託契約はしたものの、再処理は待ってほしいと、ラ・アーグ新工場の運転延期を申し入れた。

イギリスやフランスにしても、自国の原発からの使用済み燃料は、初期のガス冷却炉燃料（早く処理をしないと燃料のサヤが腐食する）以外は、再処理をせずに長期貯蔵をしている。多くの国が数十年～一〇〇年の長期貯蔵の方針を打ち出しており、そのまま処分するための技術開発をすすめている。

そうした動向のなかで、新たに再処理工場を建設しようとしている例外的な国が日本である。青森県六ケ所村に再処理工場を建設するための事業許可を八九年、日本原燃サービスが国に申請し、九二年二月現在、国の安全審査が行われている。年間処理能力八〇〇tという大工場で、九三年度から使用済み燃料の受け入れを開始し、九九年度に再処理をはじめる計画である。

ただし、青森県内での反対の声は日増しに高まっており、計画が中断される可能性は小さくない。電力業界のなかからも長期貯蔵に方針を転換したほうがよいとする考えが、水面下から表面に浮上しはじめている。（西尾　漠）

ラ・アーグ

正式には、ラ・アーグ再処理工場。フランスの北海に面した、シェルブール近郊のラ・アーグ岬にある使用済み核燃料再処理工場。フランスは使用済み核燃料を海外から委託を受けて行うなど、再処理事業に最も積極的な国であるが、ラ・アーグはその主力工場である。UP2とUP2－四〇〇及びUP3の三つの施設からなる。UP2とUP2－四〇〇はともに年間ウラン処理能力四〇〇トン規模の施設で、これらは一九九三年以降、UP2－八〇〇として統合される予定である。そのうえ、UP3－八〇〇（年間処理能力八〇〇トン）が一九八九年に一応完成し、部分稼働を始めたが、溶解槽のトラブルで全面操業には至っていない。

いずれにせよ、世界最大の再処理センターであり、一九九一年現在、軽水炉からの使用済み燃料を商業規模で扱う世界唯一の再処理工場である。

再処理工場がどこでもそうであるように、事故や日常的な汚染の事例に事欠かないが、所有・運転するフランス燃料公社（COGEMA）の強い秘密主義によって、不明な点も多い。よく知られた大きな事故としては、①一九八〇年四月の、変圧器火災に発した全面停電事故。非常電源も働かず、放射能（使用済み燃料や再処理廃液）の冷却系、工場の換気系や制御系統も全面停止し、大きな危機を迎えた。近くのシェルブールの軍事施設から移動電源車を急きょ運びこんで、冷却系などを復活させ、大量の外部への放射能放出は防がれたが、工場内部の汚染は進み〝あわや〟の事故であった。②一九八一年一月六日には、ガス冷却炉からのマグノックス燃料を貯蔵してあった倉庫で火災が起こり、放射能漏れが生じた。午前四時頃から空気中の放射能濃度の上昇が観測され、正午にはセシウムなどによって、敷地内の一部で、許容濃度の三八倍の空気汚染が観測された。COGEMA側は外部への放射能漏れはないと語ったが、工場から二キロ離れた農場の牛乳は、一リットルあたり一〇〇〇ベクレルに近く汚染（現在の日本の輸入制限値は一リットルあたり三七〇ベクレル）されていることが認められた。労働者の被曝事故も多く伝えられており、一九八二年には、一人の労働者が全身五〇〇ミリシーベルト、手に二・五シーベルト（現行の年線量限度は全身五〇ミリ、手で五〇〇ミリ）、一九八六年五月には、五人が被曝し、最高は手に二・七二シーベルトだった。

住民の健康被害についての噂は少なくないが、多くの調査はない。ある調査によると、周辺海域の海水汚染は許容濃度の二〇倍に達し、また別の調査では、ラ・アーグ周辺地域の癌死亡率は他より五〇％上昇しているという指摘もある。

ラ・アーグ再処理工場は、世界各国と契約を結び、日本、ドイツ、スイス、スペインなどの使用済み燃料の再処理を引き受け、新鋭工場UP3に期待して、再処理を商行為として成立させようとしている。しかし、UP3は技術的困難をかかえて順調に稼働しておらず、最近はフランス国内でも再処理の経済性、再処理によって得られるプルトニウム利用（高速増殖炉、軽水炉でのウランとの混合酸化物燃料の燃焼など）の実用性について批判的・否定的な意見が強くなり、ラ・アーグ再処理工場の将来にも暗雲がたれこめているといえよう。

ラ・アーグ再処理工場は、基本的にSGN社（Société Generale pour les Techniques Nouvelles）の設計になるが、日本の東海再処理工場、六ヶ所村再処理工場も同社の基本設計に依拠しており、その技術的困難が日本にも与える影響が注目される。また現在、日本の各電力会社は、二〇〇三年までに合計二五〇〇tの使用済み燃料再処理委託契約を結んでいる。

（高木仁三郎）

東海

一九五五年、財界ベースで発起人会が開かれてからわずか二ヶ月の短期間で原子力研究所が設立された。神奈川、茨城、群馬県などの敷地候補を二転三転しながら、茨城県の海岸にある水戸米軍射爆場の予定をさらに変えて、次の年、燐接した東海村の海岸一帯の国有林を特殊法人原子力研究所（原研）の敷地とした。東海村の原研には研究用原子炉が次々と設置され、日本の原子力研究の中心となっていった。しかし、敷地の視察を行った財界人であり当時の原子力委員長である正力氏が「ここなら発電炉も置ける」と発言したように、基礎研究から原子力発電（原発）へと原発の初期試験などへと役割を変えていった。原研の敷地周辺には九電力の合資になる原子力発電株式会社のイギリスから購入したガス冷却型原発（出力一六・六万kW）、米国から導入した沸騰水型巨大原発（BWR型、一一〇万kW）の建設がなされ、動力炉核燃料事業団の使用済み核燃料の再処理工場など続々と核施設が建設されていった。今日、実に自治体の一二％を占有する原子力施設がひしめいてる。

これらの施設の特徴はすべての核施設があるといって過言ではないほどに多種類であること、その大部分が実験、試験施設であることであろう。これらは施設の大小を問わず他の電力会社などの試験用としてデータや経験を得ることも目的なのである。したがって、それらの危険性は他の施設よりも高いといえよう。次々と原発と関連核施設がつくられ、国家や巨大企業によって「植民地として囲い込まれてしまった」と言った住民は東海二号炉の設置に対して国を相手に裁判に訴えた。一〇年近い裁判の結果、水戸地裁での第一審判決は原告の危険性の主張を大部分認めながらも住民に敗訴を言い渡した。現在、東京高裁で二審の審議が行われている。再処理工場は運転開始早々、タンクの穴開きなど相次ぐ事故で満足な操業ができない危険な事態が続いている。

（小泉好延）

下北半島

下北半島は六ケ所村に建設されようとしている核燃料サイクル施設で良く知られている。この施設は俗に三点セットと呼ばれ、ウラン濃縮工場、使用済み核燃料の再処理工場、低レベル放射性廃棄物貯蔵施設を指すとされているが、これらに付随する使用済み核燃料貯蔵施設、高レベル廃液貯蔵施設、ガラス固化施設、プルトニウム貯蔵施設、核燃料転換工場、それに海外からの返還廃棄物貯蔵施設なども建設される。いずれも核燃料サイクルの中心である原子力発電の準備と後仕末をするための施設である。これらの施設は大量の放射性物質を扱うので世界に類例をみない放射性物質が集中することになり、その結果当然のこととして、悲劇的な放射能汚染を伴ういろいろな事故の起きることが予想される。再処理工場も事故時には絶望的な放射能汚染を引き起こすが、常時、原発が重大事故でも起こさない限り漏出しないだろう大量の放射能を大気、海水中に放出しないと運転出来ない。他の施設も再処理工場ほどではないが、放射能汚染を起こす。したがって六ケ所村民、青森県民の健康はもちろんのこと、青森県の主力産業である農業、漁業、酪農、畜産業及びこれらに従事する人々を顧客とする中小企業に計り知れない打撃を与えることになる。

使用済み核燃料貯蔵施設、高レベル廃棄物を含む返還廃棄物貯蔵施設及び低レベル放射性廃棄物貯蔵施設は核廃棄物における三点セットとも呼べる施設で、安全な貯蔵管理の術のない放射能（死の灰）を大量に生み出す原子力発電所のいわばトイレの役を演ずるものである。このように考えると、一部企業やネオンきらめく都会での贅沢な生活に必要とする電力を、水力、火力発電の出力をおさえ、原発により供給するため、理不尽にも、建設で利益を得る一部を除いた青森県全体を犠牲にして、自然及び社会上の立地条件最悪の下北半島・六ケ所村に原発のトイレを建設しているといえる。

（児玉睦夫）

放射性廃棄物

放射性物質をふくむ廃棄物の総称。その形状から、気体、液体、固体に分類される。また放射能のレベルにより、高レベル、中レベル、低レベル、極低レベルなどと呼ばれたりもするが、日本における法規制上は、こうしたレベル分けはされていない。実務的には、原子炉のなかで核燃料が燃えて（核分裂して）生まれた核分裂生成物、すなわち〝死の灰〟を高レベルとし、そのほかはなべて低レベルと呼ばれている。

原子力発電では三〇tほどのウランで一〇〇万kW級の発電所を一年間動かすことができる、と言われる。しかし、その三〇tのウランを燃料につくり上げるのにも、燃料を燃やすのにも、また、あと始末にも、大量の廃棄物が伴う。三〇tのウランを取り出すには、七万tのウラン鉱石が必要となる（標準的ケース、以下同様）。それだけ大量の放射能のゴミが、あとに残る勘定である。

七万tの鉱石から一四〇tの天然ウランを取り出す。ここで発生する鉱石くずには、まだかなりの量のウランと、ウランから生まれたラジウムやラドンなどの放射能がふくまれているが、管理らしい管理は、ほとんどなされていない。さらに何の対策もなく放置されているのは、七万tの鉱石を採掘したあとに残る七〇万tの残土である。残土といっても、やはりウランとその子孫の放射能をふくんでいる。

これらの残土や鉱石かすによって、ウラン採掘地の周辺では、水も空気も放射能に汚染され、肺癌が多発している。一四〇tの天然ウランから核燃料用の三〇tの濃縮ウランがつくられ、核燃料に加工される過程では、ウランをふくむ廃棄物がドラム缶詰めにされて貯め込まれている。容量二〇〇リットルのドラム缶で数十本のドラム缶が発生するが、もし残土や鉱石かすも同様にドラム缶詰めとするなら、その数は二〇〇〇万本に達するだろう。

原子力発電所では、ドラム缶詰めにされた廃棄物が、数百本発生する。気体廃棄物（排気）はフィルターで濾化して放射能をある程度除いた上で煙突から大気中に捨てられ、洗浄水や機器から漏れる水などの液体廃棄物は濾化もしくは蒸留をして排水口から海に捨てられるが、廃フィルターや蒸留による濃縮廃液があとに残る。これをセメントやアスファルトなどでドラム缶に固め込むのである。

ほかにも、放射能で汚れた紙や布の類を燃やした灰や金属のような不燃物をドラム缶に固め込んだものが、固体廃棄物として発生する。

原子力発電所で燃やされたあとの使用済み燃料は再処理工場に運ばれ、燃え残りのウランとプルトニウムと高レベル廃棄物とに分離される。高レベル廃棄物は、さまざまな〝死の灰〟や超ウラン元素（ウランより重たい元素で、TRUと略される。寿命が長く放射能毒性の強いものが多い）が硝酸に溶けた状態でタンクに貯蔵され、のちにホウケイ酸ガラスと一緒にしてステンレスの容器に固め込まれることになる。このガラス固化は、日本ではこれから実験施設が動き出す段階で、世界的にも未だ確立された技術ではないが、もし計画通りにガラス固化が行われるとすると、三〇本の固化体となる。

再処理工場でも、一〇〇〇本のドラム缶詰めの廃棄物が発生する。これは低レベルとはいえ、超ウラン元素を含むために処分が難しい。前述のウラン廃棄物も同様である。

放射能のゴミは、まだまだある。寿命が尽きたあとの原子力発電所そのものが、そっくり放射性廃棄物となる。炉心部の高レベル廃棄物が一〇〇t、低レベル廃棄物は六〇万tを超えよう。発電所だけでなく、核燃料の成型までの各工場や再処理工場も、寿命が尽きたあとは放射性廃棄物となる。

なお、原子力発電にかかわるもののほか、医療用や工業用、研究用のラジオアイソトープ利用に伴って発生する放射性廃棄物もある。

次に、これらの廃棄物の日本における管理状況と処分計画を見るとしよう。日本では商業規模のウラン採掘は行われていない。ただし、国内にウラン鉱をさがす試掘が実施されたことにより、岡山県上斎原村の人形峠周辺などに大量の残土が野ざらし状態で残されている。二〇〇リットルドラム缶換算で一〇〇万本に達する残土の存在が明らかにされたのは、二〇年以上も放置された後の一九八八年のことである。

ウランの濃縮工場は人形峠に小規模なものがあるが、廃棄物の量は公表されていない。核燃料の加工工場には、九一年三月末現在（以下同様）二万七四〇〇本のウラン廃棄物が貯まっている。これらウラン廃棄物の処分方法は、未だ方針が立てられずにいる。

原子力発電所には、四七万一八〇〇本。一時は太平洋の海底に投棄する計画もあったが、現在は、青森県六ケ所村に埋め捨てる計画に変わり、日本原燃産業が八八年、国に事業許可の申請を行った。ただし、地元の合意を得やすくするために、埋めた当初は捨てたことにしない。施設の名称も「低レベル放射性廃棄物貯蔵センター」である。地下につくったコンクリート施設のなかにドラム缶を積み、放射能漏れを監視して漏れがあれば修復する。そうして貯蔵していくうちに放射能のレベルは除々に下がるからで、それに応じて段階的に管理をゆるめていけばよい、という。

埋めてから一〇～一五年後には、漏れがあっても修復はしなくてよいことにする。一般公衆が立ち入らなければ実害はない、との考えである。その後三〇年もすれば、立ち入りは自由となり、沢水の利用などが禁止されるのみ。何の規制もなくなるのは、埋設後三一〇～三一五年後というのが、許可申請に盛られた段階的管理のあり方だ。

捨てるに捨てられず貯め込んできたドラム缶を、貯蔵の名のもとに捨ててしまおうと考え出された方策であることは、明らかである。

この「貯蔵センター」には九二年末からドラム缶を搬入しはじめ、二〇一〇年時点で一〇〇万本、最終的には三〇〇万本を埋め捨てにする計画とされている。地下水の汚染はむろんのこと、アスファルトで固めたドラム缶の火災事故による放射能放出などの可能性も否定できない危険な計画である。低レベルと呼ばれていても、一〇〇万本ものドラム缶の中には何億人かの人の致死量に相当する放射能が詰まっているのである。

茨城県東海村の再処理工場には、四二八m³の高レベル廃液と三万九五〇〇本のドラム缶などが貯まっている。高レベル廃液はタンクのなかで、かきまぜて冷却をしながら保管されているが、将来はガラス固化をして三〇～五〇年の間、冷却をしつつ中間貯蔵。その後、地中深く埋めて処分をする方針とされる。

中間貯蔵は北海道幌延町で行い、合わせて地中処分のための試験施設とドラム缶の貯蔵施設もつくる計画が、東海再処理工場の所有者である動力炉・核燃料開発事業団によりすすめられている。しかし、北海道知事は反対の姿勢を変えず、道議会も九〇年には反対決議を行うなど、計画の撤回は時間の問題となってきた。

高レベル廃棄物の最終処分地は白紙とされるなか、噂の立った各地で強い反対運動が起こり、岡山県の哲多町では八七年、哲西町では八八年、また広島県口和町では九〇年に、町議会が廃棄物持ち込み拒否宣言を採択している。九一年には岡山県湯原町で、持ち込み拒否条例案が可決された。

高レベル廃棄物の中間貯蔵計画は、もうひとつある。青森県六ケ所村に日本原燃サービスが計画しているもので、フランスやイギリスの再処理工場から送り返されてくる「返還廃棄物」のための計画である。八九年に事業許可の申請が出され、九五年から貯蔵をはじめたいとしているが、青森県内での反対運動（この施設に対してというより、再処理工場など関連施設の全計画に対して）が高まりを示すなかで計画は遅れそうだ。

高レベル廃棄物の中間貯蔵や処分には、地下水の汚染のほか、地震や火災などによる放射能放出の危険性が指摘されている。

ラジオアイソトープ利用に伴う放射性廃棄物は六万二一〇〇本。これと、寿命の尽きた原子力発電所の解体により発生する廃棄物の大部分を、放射性廃棄物としての規制対象から外してしまおうという準備が、放射線審議会と原子力安全委員会によってすすめられている。俗に「スソ切り」と呼ばれるもので、あるレベル以下の放射性廃棄物は一般の廃棄物と同じように捨てたり再利用したりできるようにする考えである。

寿命の尽きた原子力発電所の廃止措置について総合エネルギー調査会の原子力部会が八五年にまとめた報告書では、解体で発生する廃棄物の九八％は放射性物質として取り扱う必要のないゴミとしている。

この考えが実施に移されれば、莫大な量の放射能のゴミが、私たちのすぐ身の回りで捨てられるかもしれないし、金属製品などとして再利用されるかもしれない。ベータ線しか出さないニッケル-六三（半減期一〇〇年）やトリチウム（同一二年）など、測定のできないものについては計算値で代用されることになるが、その信頼度はきわめて低い。ひとたび野放しにされたら、回収は不可能である。

スソ切りの考えが出てくるひとつの背景として、気体や液体の廃棄物は現に捨てられているということがある。しかしこれは、捨てなければ原子力発電所の運転が不可能なために、大気や海水で薄まってくれるだろうとして強引に捨てているものである。気体や液体の放射性廃棄物の放出によって、地域の放射能汚染は年々深刻化していることを強調しておきたい。

（西尾　漠）

人工放射性核種

核実験や原子炉内でのウラン二三五などの核分裂や、加速器によって、人為的に産み出されている自然界にはかつて存在しなかった放射性核種を人工放射性核種という。核分裂によって生じる核種を、総称して核分裂生成物という。クリプトン八五（放射能半減期一〇・三年）、ストロンチウム九〇（同二七・七年）、ヨウ素一三一（同八・〇五日）、キセノン一三三（同五・二七日）、セシウム一三七（同三〇・一年）などがその例であり、これらは、いずれも人工放射性核種である。また、核実験や原子炉内で、爆弾や原子炉の構造材の原子核に中性子が吸収されて生じるものもあり、これを誘導放射性核種（俗には誘導放射能）という。マンガン五四（同三〇三日）、コバルト六〇（同五・二六年）などがその好例で、これらも人工放射性核種である。加速器内でも、さまざまな人工放射性核種がつくられている。

さらに、核燃料中のウラン二三八に中性子が吸収されると、ウラン二三九、ネプツニウム二三九を経て、プルトニウム二三九（同二万四四〇〇年）という超長寿命の人工放射性核種が生じる。このプルトニウムは、核分裂をする核種で、核兵器や高速増殖炉の核燃料として用いられると、さまざまな核分裂生成物と誘導放射性核種を産み出す。また、ウラン二三八に中性子を衝突させると、中性子の放出反応が起こって、ウラン二三七を経て、ネプツニウム二三七（同二一四万年）という、さらに超長寿命の人工放射性核種が生じる。このネプツニウムは、天然のトリウムやウランのように、崩壊しながら次々と放射性の娘核種を産み出す。ネプツニウムやプルトニウムは、アクチニド系列の人工の元素、超ウラン元素である。

こうした人工放射性核種は、当初、自然放射性核種と基本的に同様なものと考えられていた。核種から放出される放射線だけが注目され、放出放射線が同様であれば、生物学的影響も同じであると考えられていたのである。ところが、人工放射性核種には、自然放射性核種には見られない、著しい生体内濃縮を示すものが多いということが、のちに判明したのである。とくに、自然放射性核種がまったく存在しなかった元素に、人工放射性核種をつくり出したときに、それが顕著に見られたのであった。また、人工的につくり出された超ウラン元素もまた、天然に存在するラジウムなどとは異なる挙動を生体内で示すことが、やがて知られるに至った。

たとえば、天然のヨウ素は、一〇〇％が非放射性のヨウ素一二七であり、陸上に生息する生物は、陸上には乏しいヨウ素を効率的に高濃縮する性質をもっている。高等植物は、空気中から体内に何百万倍にも濃縮するし、ヒトなど哺乳動物も、ヨウ素を効率的に甲状腺に濃縮する。こうした性質は、天然の非放射性のヨウ素に適応したものであるが、人類が自然界になかったヨウ素一三一などの放射性ヨウ素をつくり出すと、その適応が悲しい宿命となって、放射性ヨウ素を高濃縮して、大きな体内被曝を受けることになる。

ストロンチウムは、化学的性質がカルシウムと類似し、骨組織に沈着するが、天然の非放射性のストロンチウムなら問題ないのに、ストロンチウム九〇などの人工放射性核種をつくり出すと、それが骨組織に沈着して、ベータ線の集中被曝を与えることになる。

マンガン五四は、魚介類に最大一〇〇〇〇倍、コバルト六〇も、イカ、タコなどに最大五〇〇〇〇倍も濃縮される。セシウムの人工放射性核種は、代謝があるため、急速な濃縮はしないが、時間とともに蓄積される。ヨーロッパで起こっている深刻な食品のセシウム汚染がその好例で、人体では筋肉や生殖腺に蓄積される。

　人工超ウラン元素であるプルトニウムやアメリシウムも、骨組織内での分布が、天然のラジウムとは違って、骨髄にはるかに大きな被曝を与えることがわかってきている。


（市川定夫）

自然放射性核種

　地球上には、地球が誕生したときから存在した放射性核種と、地球上で常に自然現象として生成されている放射性核種とがある。これらを総称して自然放射性核種という。俗にいう自然放射能である。

　地球の誕生時から存在した核種としては、カリウム四〇（放射能半減期一二億五〇〇〇万年）、ルビジウム八七（同四八〇億年）、トリウム二三二（同一四一億年）、ウラン二三五（同七億一〇〇〇万年）、同二三八（同四五億一〇〇〇万年）などがあり、いずれも超長寿命をもつ。トリウムと、ウランの二核種は、それぞれトリウム系列、アクチニウム系列、ウラン系列と呼ばれる崩壊を続け、次々とトリウム、ラジウム、ラドンなどの放射性の娘核種に変換し続け、いずれも最後は鉛となって安定する。こうした崩壊過程で生じるものも、むろん自然放射性核種である。

　地球上で常に生成されている核種には、水素三（別名トリチウム、同一二・三年）と炭素一四（同五七三〇年）がある。水素三は、強力な宇宙線による原子核破砕反応や、窒素原子と中性子の反応から生じている。炭素一四は、もっぱら大気中の窒素原子と宇宙からの中性子の反応によって生じている。自然界では、それぞれ生成量と半減期が均衡していて、常に一定量が存在している。半減期が長い炭素一四が、化石や古代の遺物の年代測定に用いられるのも、そのためである。

　これら自然放射性核種のうち、人体に最大の被曝を与えているのは、カリウム四〇である。カリウムの全量の約一万分の一がこの核種で、自然放射線の体内被曝のほとんど全量と、普通の地域での体外被曝の大部分をもたらしている。ただし、カリウムの体内での濃度は、常に一定に保たれていて、カリウム四〇が体内に蓄積されることはない。

　なお、コンクリートやアルミサッシの使用で密閉性が高くなった家屋では、ラドン・ガスによる被曝も大きくなる。


（市川定夫）

自然放射線

地球上には、宇宙から宇宙線が飛来しており、地殻のなかにもカリウム四〇などの自然放射性核種が存在するので、環境中には、常にある程度の自然放射線がある。

自然放射線の量は、地域によって異なり、高度が高いほど宇宙線が多く、トリウムなどが多量に存在している地域では、地殻からの放射線が多い。自然放射線量がとくに高い地域としては、インドのケララ州南部の一部海岸地帯や、ブラジルのミナス・ジェライス州のモロ・ド・フェロやグアラパリなどがよく知られているが、人が定住しているところでは、年間一〇ミリシーベルト（一レム）までである。

世界の一般的な自然放射線量は、年間一ミリシーベルト（一〇〇ミリレム）前後とされているが、平均的な線量は、年間〇・八五ミリシーベルト（八五ミリレム）である。その内訳は、宇宙線と地殻からの放射線が、それぞれほぼ〇・三ミリシーベルトずつ（以上が体外被曝で、ほぼ〇・六ミリシーベルト）、食物などを通じて体内に入った自然放射性核種からの被曝がほぼ〇・二五ミリシーベルト（体内被曝）である。

日本では、東日本で年間〇・五ないし〇・九、西日本で同〇・六ないし一・一ミリシーベルトが通常で、一般に、西日本のほうが、自然放射線量が高いとされている。ただし、そのうちの体内被曝分は、食物が国際的にも広く流通しているため、全国的にほぼ均一である。

よく、「自然放射線量に地域差があるのに、その影響が見られない」などと、自然放射線が無害であるかのような説明がなされることがあるが、それは、他の多くの要因の影響もあって、解析が困難であるにすぎない。動植物では、自然放射線量の差による影響が明白に認められており、自然放射線量の著しく高い地域では、人体に対する影響も認められているのである。

（市川定夫）

原発の出力調整運転

原発の出力調整運転というのは元来「負荷追従運転」といっていたものである。というのは、それこそ超電導による電力の貯蔵が実用にならない限り、電力は生産即消費といわれるように、原理的には時々刻々消費される量（負荷）に合わせて生産する必要がある。年間の負荷が夏期と冬期で異なるだけではなく、一週間の負荷もウィークデイと土日では異なるし、一日間でも、ピークはボトムの二・五倍ぐらいになる。これら電力の使われ方に追従して発電するのを負荷追従運転といったり、それを発電機の方から見て「出力調整運転」*といったりする。以下では一日間の負荷追従（夜には出力を下げる）運転だけを論ずる。

元来この出力調整は水力や火力でやっていたのだが、原発のシェアが大きくなって来ると、夜間でも原発だけで電気が余って来ることになる。あの伊方の出力調整実験（一九八八年二月一二日）はこの原発過剰時代を先取りして実施されたものである。

日本の原発は沸騰水型軽水炉（ＢＷＲ）と加圧水型軽水炉（ＰＷＲ）で大部分を占めるが、同じ軽水炉でも出力調整の方法が次のように異なっている。ＢＷＲでは定格の六〇％をになう再循環ポンプの流量を絞り込むことによって調整する。例えば二基ある同ポンプの流量を半分にすれば、定格の七〇％の出力になる。そこで短時間に元の出力に戻そうとすれば、炉内の泡（ボイド）がつぶされる事象が生起することになるが、この時、減速材たる水の密度が大きくなり、中性子の減速効果が上る（反応度が正になる）ので、核が暴走する危険性がある。

他方、ＰＷＲは過渡的には制御棒で調整するが、定常的には一次冷却材中のホウ酸（ボロン）の濃度で出力を調整する。ホウ素は炉内で飛び交っている中性子を吸収するのでボロンの濃度を上げれば出力が下がる。この状態で出力を短時間で元に戻そうとすれば、死の灰のなかにあるゼノン一三五も中性子を食うのでヤッカイなことになる。即ちゼノンの毒がよく効いていると思ってホウ酸の濃度を薄めすぎたり（制御棒を抜き過ぎたり）すると正の反応度に転ずることがある。いずれのタイプにしても、出力を急激に変化させる負荷追従運転は核の暴走につながる恐れがある。

注　＊　定検後などの原発の起動時も「調整運転」と称する。

（平井孝治）

むつ

日本初にして唯一の原子力船。日本原子力船開発事業団が一九六八年一一月に起工、七〇年七月に船体部が完成、七二年八月には原子炉が据えつけられた。原子炉の熱出力は三万六千kW、最大出力一万馬力、総トン数八二一四ｔ。

七四年八月。母港である青森県むつ市大湊港を、漁民の反対を押しきって実験航海に出たが、原子炉が初臨界を迎えた直後の九月、放射線漏れ事故を起こして原子炉は停止された。靴下とごはんつぶで漏れを防ぐ応急処理をした話は有名。強行出港した母港に一ヵ月半のあいだ帰ることができず、洋上漂流を余儀なくされた。なお、この事故をきっかけに原子力行政への不信感がわき起こり、原子力安全委員会の設置など開発・規制体制の見直しが行われている。

原子炉の運転が再開されたのは、一六年ぶりの九〇年三月。七月からの実験航海の後、九二年一月に解役、原子炉を取り出して地元で展示するという。この実験航海と解役のために、むつ市の太平洋側の関根浜に新しい母港がつくられ、経費は大きくふくらんだ。当初は一五〇億円でスタートした計画が一二〇〇億円余にもなるという金食い虫ぶりである。原子力船の開発は、潜水艦や砕氷艦のほかは見込みがないとして、世界各国とも客船・貨物船の開発を打ち切っている。将来性は見限られ、実験の成果は期待されていないのに、予算だけはつけられるため、「面子力船」とか「政治力船」とか呼ばれる。

日本原子力船開発事業団は、もともと一〇年間の時限組織として六三年八月に設立されたものだが、七一年、七七年と期限を延長、八〇年には、いまさらのように「研究」を目的に加えて日本原子力船研究開発事業団に衣がえをした後、八五年三月、日本原子力研究所に吸収された。「むつ」の用途も、当初の海洋観測船から核燃料運搬の特殊貨物船、そして実験船へと二転三転している。原子炉を取り出したあとの船体は、海洋観測船に改造される計画である。

（西尾　漠）

トリウム廃棄物

地球が誕生したときから存在した超長寿命の自然放射性核種の一つであるトリウム二三二（放射能半減期一四一億年）は、インド、マレーシアなどで産するモナザイト（モナズ石）などの鉱石に多く含まれている。

トリウム二三二は、核分裂をする核種で、ウランや人工のプルトニウムとともに、核原料物質、核燃料物質として、国際的にも、日本の法律（原子炉等規制法）上も、厳しい規制のもとで厳重に管理されるべきものとなっている。また、このトリウムは、アルファ線を放出して、トリウム系列と呼ばれる崩壊を続け、ラジウム二二八（半減期六・七年）、トリウム二二八（同一・九年）、ラジウム二二四（同三・六日）、ラドン二二〇（別名トロン、同五二秒）などに次々と変換して、最後は鉛二〇八となって安定する。

このようなトリウムを含むモナザイトには、イットリウムなどの希土類金属もまた多く含まれている。希土類金属は、カラーテレビの発色など電子関係や、光学関係に欠かせないものとして、希少価値が高いものである。

マレーシア北西部のペラ州の州都イポー市の南郊外ブキメラーにある、エイシアン・レア・アース（ARE）社工場は、同国やオーストラリア産のモナザイトから、希土類金属を抽出している。同社は、三菱化成が出資している日系の合弁会社で、技術的にも経営上も、三菱化成が主導権を握っている。問題なのは、同社が原材料としているモナザイトには、トリウムが約七％（重量比）含まれており、同社の工程からは、トリウムを約一四％（同）も含む廃棄物が出ることである。

ところが、同社は、一九八二年七月の操業開始以来、厳重に管理されるべきそのトリウム廃棄物を、柵も標識もなしに、工場裏の野外に投棄していたのである。この野外投棄が問題となって、依頼を受けた私が八四年一二月に行った調査では、投棄場の外周で、通常の五〇倍近い放射線レベルが測定されたほか、周辺の農家、農場、製材所などでも高い値が得られ、ブキ・メラー村や近くの新興住宅地でも、通常の二倍前後の値が測定された。

この測定結果に基づき、周辺住民たちが訴訟を起こし、イポー高裁は、八五年一〇月、ARE社に対して操業停止とトリウム廃棄物の安全管理を命じる仮執行命令を出した。同社は、この高裁命令に従うのではなく、新しく出された、マレーシア初の原子力認可令に基づき、同令に定める原子力認可局に改めて認可申請するとして、同年一一月、操業を「自主的に」停止した。しかし、この時点で、すでに五〇〇トンを超えるトリウム廃棄物が野外投棄されていたのである。

同社は、投棄されていたトリウム廃棄物をドラム缶に詰め、その跡を整地して、そこに暫定貯蔵倉庫を建て、その倉庫内に廃棄物入りのドラム缶を積み上げて保管するという方式をとった。倉庫の周囲は、厚いレンガ塀で二重に囲まれ、放射能標識も付けられた。こうした改善を行った同社は、八六年九月、原子力認可局に操業再開の申請を行った。

しかし、翌一〇月、再度の調査依頼を受けた私が行った調査により、放射線レベルがまだ高いことが判明し、とくに敷地内に降った雨水を排水するため新設された排水管の直下では、通常の一四〇倍もの値が検出された。このことは、暫定貯蔵所の敷地内の地中には、トリウム廃棄物がまだ相当量残存しており、それが雨水とともに流出していたことを示していたのである。また、他の場所への不法投棄も新たに発見された。

ARE社がさらに廃棄物の除去を行ったあと、原子力認可局は、八七年二月、同社に操業再開の暫定許可を出した。しかし、その後、周辺での小児白血病の多発などが見られるようになり、同年九月、同社に対する本訴訟がイポー高裁で開始された。この典型的な公害輸出に対する同高裁の判決は、結審した九〇年中に出されるものと期待されたが、政治的圧力によってまだ出されていない。

（市川定夫）

ウラン採掘による被曝

核兵器製造も原子力発電も、ウラン鉱石の採掘から始まる。すなわち、採掘、精錬、転換後、濃縮工程で鉱石中のウランを二〜四％に濃縮したものが商業用原子炉の核燃料となり、九五％以上に濃縮したものが核兵器（ウラン爆弾）となるのである。

しかし、ウラン鉱石は、有害な放射線を出し、肺癌を引きおこすラドン二二二（ガス）、骨癌を引きおこすラジウム二二六、腎臓に影響を与える鉛二一〇などの危険な壊変物質を含むために「死の物質」ともよばれる。このため、鉱夫と鉱山、精錬所周辺に被害がでる。とくに鉱山周辺の残土（ウラン含有量の少ないもの）と精錬後の鉱滓は膨大な量で、周辺の人びとと環境に多大な影響を与える。

被害が顕著な所は、一九四七年から七一年まで採掘と精錬が行われた米国のフォー・コーナー地域（ユタ、アリゾナ、コロラド、ニューメキシコ四州が接する地域）で、被害者は地元のナバホ族インディアンである。同地域のシップロック地区では、元ウラン鉱夫五〇〇人のうち約三〇〇人が肺癌で死亡している。さらに、同地域の四つの地区に約八九七万tの残土と鉱滓が野ざらしにされているため、周辺に住むナバホ族の一五歳以下の子供たちには骨癌や生殖器癌などが、また小頭症や水頭症、ダウン症などの出産障害が多くみられている。

現在、西側最大のウラン産出国はカナダで、第二位が米国、以下南アフリカ、オーストラリア、ナミビアの順で、東側の産出国は旧ソ連、東ドイツなどである。いずれの国でも肺癌や骨癌などの多発が報告されている。

日本では、一九五〇年代中期に岡山県人形峠周辺でウラン鉱石の試・採掘がされたが、六七年に停止した。周辺には約二〇万立方メートルの残土が残されており、周辺環境を蝕んでいる。現在日本は、ウランをカナダ、オーストラリア、南ア、米国などから全て輸入しており、核加害国になっているといえる。

（豊崎博光）

労働者被曝

原発、再処理工場など原子力施設で働く労働者の放射線被曝は、原子力を推進してきたどの国でも、年とともに急増してきた。日本の場合も、通産省資源エネルギー庁が発表する原発分だけに限っても、年間総被曝線量は、発電用軽水炉の運転が始まった一九七〇年度の五・六一人・シーベルト（五六一人・レム）から、七八年度の一三二・〇一人・シーベルト（一万三二〇一人・レム）まで、まさにうなぎ登りに増加した。七九年度以降は、年間ほぼ九〇から一四〇人・シーベルトの間の値となっているが、八九年度までの原発労働者の総被曝線量は、ほぼ一七〇〇人・シーベルトに達している。これに加えて、科技庁管轄の東海再処理工場、開発中の新型転換炉や高速増殖炉、他の開発研究施設での被曝もあり、近年では、原発での被曝の一〇％前後である。

人・シーベルトという単位（従来の単位は人・レム）は、被曝を受けた集団中の各人の被曝線量（厳密には、線量当量と呼ばれる評価値で、実測値そのものではない）の総和を表すときに用いられる。一シーベルトは、一〇〇レムに当たるから、一人・シーベルトが一〇〇人・レムに当たる。

また、八九年度までに、原発で被曝した労働者の総数は、延べ約六七万人を超えている。重要なのは、そのほぼ九〇％以上が下請労働者であり、総被曝線量で見ると、九五％以上が下請労働者の被曝であるという事実である。電力会社の社員の被曝は、全体のごく一部を占めるにすぎず、下請労働者への被曝のしわ寄せが顕著なのである。

九〇年六月、国際放射線防護委員会（ＩＣＲＰ）は、放射線作業者の線量当量限度（従来の許容線量）を、従来の年間五〇ミリシーベルト（五レム）から、年間平均二〇ミリシーベルト（二レム）（正確には、五年間一〇〇ミリシーベルト）に低減することを決議した。もし、年間二〇ミリシーベルトを限度とすると、日本の八九年度の実績（資源エネルギー庁および科技庁発表）では、原発労働者で一四六人、科技庁管轄分で一四人もが、新しい限度を超えることになる。しかも、その全員が下請労働者で、大部分が福島第二原発三号炉で起こった再循環ポンプの水中軸受けリングの破損事故に伴う、炉心からの金属片の回収作業と、東海での実験炉の解体作業に集中している。

こうした原発などの労働者の被曝線量というのは、フィルムバッジ、熱蛍光線量計（ＴＬＤ）、ポケット線量計などによる測定に基づくものであり、これらを着用した部位（ふつう胸部）に外部から到達したガンマ線の線量、つまりガンマ線の体外被曝線量を指している。放射能汚染された現場での作業によって、必然的に体内に取り込まれる放射性核種による体内被曝線量は、こうした数値には含まれていないのである。体内被曝は、放射性核種が入った部位では、体外被曝よりもはるかに大きくなる。

しかるに、体内被曝を正確に測定する方法は、まだ確立されていない。かなりの体内汚染が起こったと思われる原発労働者が受ける、ホールボディーカウンター（全身計測器）による検査では、ガンマ線を放出する核種しか対象とならず、体内ではずっと大きな効果をもつベータ線やアルファ線は検出できない。また、尿中の放射性核種を測定するバイオアッセイと呼ばれる方法でも、尿とともに体外に出やすい、したがって影響が比較的小さい核種は測定できても、体内に蓄積される、したがって影響の大きい核種は測定できないのである。

　したがって、原発労働者の被曝記録がかりに線量限度以下であったとしても、それは体内被曝を除いての話であり、体内被曝を加えると、法定基準を超える場合が多いはずである。不明（体内被曝）は常にゼロとみなされているのである。

（市川定夫）

体外被曝

　生物体外あるいは人体外に存在する放射性核種から飛来する放射線や、エックス線発生機などで発生させる放射線の被曝を、体外被曝または外部被曝という。

　体外被曝の場合に、最も大きな影響を与えるのは、放射性核種のガンマ線と、機械的に発生させるエックス線（ともに極めて短波長の電磁波で、物理的性質は同じ）、それに、宇宙から飛来したり、核分裂によって生じる中性子線（非荷電粒子）であり、いずれも透過力が大きい。それに対して、放射性核種から放出されるアルファ線やベータ線（ともに荷電粒子）は、生物組織内での透過力が、前者で〇・一㎜以内、後者で一㎝までと、ともに小さく、体外被曝ではあまり大きな効果を示さない。

　ガンマ線やエックス線の場合、被曝線量は、放射線源（放射性核種や放射線発生装置）からの距離の二乗に反比例する。つまり、線源からの距離が一〇倍になれば、線量が一〇〇分の一になり、距離が一〇分の一になれば、線量が一〇〇倍になる。したがって、線源からの距離が十分に長いときには、体外被曝線量が全身でほぼ均一となり、そのような場合、体外被曝線量と全身被曝線量がほぼ一致する。しかし、線源からの距離がごく短いときは、全身の被曝線量の分布が著しく不均一となり、局部的な被曝が大きくなる。

　自然放射線の場合は、通常、その被曝線量の七〇％程度が体外被曝であり、かつ、全身被曝線量とほぼ一致する。

　一方、原発やＲＩ（放射性同位元素）使用施設などでの被曝は、フィルムバッジなどで測定されているが、その測定値は、それを着用した部位（ふつう胸部）での体外被曝線量を表す。しかし、放射能汚染された現場では、ごく近くに線源が存在する場合が多く、身体の各部位の体外被曝線量がそうした測定値と一致せず、それを大きく上回る場合が多いことに注意しなければならない。

（市川定夫）

体内被曝

生物体内あるいは人体内に入った放射性核種から受ける放射線被曝を、体内被曝または内部被曝という。

体内被曝の場合には、飛程距離が長い（透過力が大きい）ガンマ線よりも、飛程距離が短い（透過力が小さい）アルファ線やベータ線のほうが、ずっと大きな影響を与える。アルファ線の生物組織内での飛程距離は、〇・一mm以内であり、ベータ線の場合も、一cm以内であるため、そのエネルギーが放射性核種が入った位置の周辺のごく小さな部位にのみ集中的に吸収され、その部位の吸収線量が著しく大きくなって、大きな効果を及ぼすからである。その特性は、とくにアルファ線の場合に著しい。

体内被曝のもう一つの特徴は、放射性核種によって、その影響が大きく異なることである。それは、核種によって体内での挙動がさまざまで、かつ放出する放射線とそのエネルギーが異なり、さらに放射能半減期もさまざまであるからである。

たとえば、ヨウ素一三一は、甲状腺に急速に濃縮され、ベータ線とガンマ線を放出するが、半減期は約八日と短い。それゆえ、甲状線の吸収線量がとくに大きくなり、その大部分がベータ線によるものである。身体の他の部分では、吸収線量がずっと小さいが、ほとんどがガンマ線の被曝による。ただし、半減期が短いため、こうした体内被曝線量が低減するのは、比較的早い。

ストロンチウム九〇は、骨組織に濃縮され、ベータ線のみを放出し、半減期は約二八年と長い。それゆえ、骨組織と骨髄およびそのごく周辺にのみベータ線被曝を与え、離れた部位の被曝はほとんどない。ただし、半減期が長いうえ、沈着して代謝が遅い（生物学的半減期が長い）ため、長期間にわたって被曝を与え続ける。

セシウム一三七は、筋肉と生殖腺に多く取り込まれ、ベータ線とガンマ線を放出し、半減期は三〇年と長い。筋肉は全身に分布するから、全身的な被曝を与えるほか、生殖腺の被曝も大きくなる。全身的にはベータ線とガンマ線がともに影響を与え、生殖腺ではベータ線が主役である。セシウムは、代謝がかなり速いが、連続的に摂取すると蓄積が進み、半減期が長いために集積線量が大きくなる。

プルトニウム二三九は、呼吸によって肺内に微粒子として沈着したり、摂取によって体内に入ると、骨の内側の表面に沈着しやすく、沈着した部位の微細な局所にのみ集中的なアルファ線被曝を与える。しかも、超長寿命をもつうえ、代謝が遅いから、局所的な集積線量が著しく大きくなる。

これら人工放射性核種と対比して、天然に存在するカリウム四〇（カリウム全量の一万分の一強）は、超長寿命をもつが、どんな生物も、適応の結果として、体内のカリウム濃度を常に一定に保つ機能をもっている（代謝が速い）ため、この核種による体内被曝は、人体で年間〇・二五ミリシーベルト（二五ミリレム）程度と、ほぼ一定に保たれている。

以上のように、人工放射性核種には、核種によって特定の組織や器官に濃縮または蓄積されやすく、自然放射性核種に比べて、とくに体内被曝が大きくなるものが多い。こうした濃縮・蓄積以外にも、線源からの距離、前述のアルファ線やベータ線の効果、それに継時性の問題が、体内被曝を大きくしている。放射線量は、線源からの距離の二乗に反比例するから、同じ量の放射能でも、体内に入って距離がたとえば一〇〇分の一になると、線量が一万倍にもなってしまう。また、アルファ線やベータ線は、体内に入った場合にのみ大きな効果を示す。さらに、体内に核種が沈着することにより、照射時間が長くなって、集積線量が大きくなる。

人工放射性核種の場合、体内被曝線量は、測定されている空間線量（体外被曝線量に相当）よりも、ずっと大きくなるのである。

（市川定夫）

平常運転時の影響

原発は、平常運転時でも、環境中に放射性核種を放出している。その量は、よく「微量である」と言われているが、決して微量なものではなく、生物学的影響も見られている。

原発の運転によって生じる放射性物質のうち、気体状のものは、『原子炉の設置、運転等に関する規則』第一四条第一の三号に「気体状の放射性廃棄物は、排気施設によって廃棄する」と規定されているように、その大部分が放射性気体廃棄物として環境中に放出されている。気体状の放射性核種のうち、一部は活性炭フィルターで捕捉されるが、残りは貯溜タンクで最大限四五日間減衰させたあと、排気筒から放出されているのである。その際、周辺監視区域の外の空気中の濃度が定められた濃度以下になる（と評価される）よう、排気筒で排出濃度を監視しながら放出することになっている。

環境中に廃棄される放射性気体のほとんど全量を占めるのは、放射性の希ガスであり、右のような放出方法がとられているので、そのまたほとんど全量が、放射能半減期が一〇・三年と長いクリプトン八五である。原発の安全審査資料によれば、電気出力一一〇万kWの沸騰水型炉（ＢＷＲ）

からは、こうした放射性希ガスが、実に年間約一五〇〇兆ベクレル（約四万キュリー）も放出されるのである。現在行われている濃度規制では、これほど膨大な量の放射性核種の放出を許してしまうことを示している。なお、希ガスは、不活性気体とも呼ばれるように、化学結合しないため体内には蓄積しないが、ガンマ線の体外被曝のほとんど全量をもたらしている。

希ガス以外には、ヨウ素一三一が、希ガスの全量の一万分の一程度放出されている。この核種の生成量は非常に多いが、半減期が約八日と短いため、炉内でも常に減衰しているうえ、そのほとんどが活性炭フィルターで捕捉されるため、放出量はこの程度ですんでいるのである。しかし、ヨウ素は、たとえば空気中から植物体内に二〇〇万ないし一〇〇〇万倍も濃縮されるように、著しく生体濃縮されるため、大きな体内被曝をもたらす。

このほか、マンガン五四やコバルト六〇なども、気体に混じって放出されるが、その量は、ヨウ素よりもさらに少ない。また、排水口から液体廃棄物として大量に放出される水素三（トリチウム）の一部は、蒸発して、雨、雪、霧となって陸上に戻ってくる。とくに積雪すると、環境中に長く留まりやすい。

このように、原発の平常運転時にも、とうてい微量とはいえない放射性核種が環境中に放出されているのである。

原発の平常運転時の生物学的影響を調べる、ムラサキツユクサを用いた実験が、浜岡、島根、高浜、大飯、東海の各原発（東海では再処理工場も）の周辺で行われている。用いられたムラサキツユクサは、花色について遺伝子型がヘテロ（青色にする優性遺伝子とピンク色にする劣性遺伝子を一つずつもつ）のもので、その雄しべの毛（二〇ないし三五細胞が数珠状に並んでいて、通常は青色）現れるピンク色突然変異細胞の頻度が調べられた。合計一二〇〇万本もの雄しべの毛（細胞数では約三億）が観察され、いずれの実験でも、平常運転時に、卓越風の風下を中心に、突然変異頻度の統計学的に有意な上昇が認められたのである。同様な結果は、アメリカのトロージャン原発や西ドイツのウンターベッセル原発の周辺でも得られている。

これらの実験は、原発から放出されたヨウ素一三一など人工放射性核種の体内濃縮によって、大きな体内被曝が起こることを示したのである。原発の周辺で測定されている環境放射線レベル（空間線量）は、原発の運転によって年間五ミリレントゲン以下しか上昇していないとされているが、それは、放射性希ガスからのガンマ線の体外被曝に当たる分でしかなく、はるかに大きくなる体内被曝は含まれていないのである。

（市川定夫）

許容線量

　原子力発電所などの原子力・放射線施設の運転を必要と認めたうえで、放射線をあびて働く原発労働者をはじめとする放射線作業従事者、あるいは一般公衆に対して、それらの被曝を受忍することをもとめるために政府が法令で定めた放射線被曝防護の基準をさし、狭くはそれらの線量限度を意味する。日本の現行の値は、放射線作業従事者は年間五〇ミリシーベルト（五レム）、公衆は年間一ミリシーベルト（〇・一レム）。

　放射線被曝防護の歴史に許容線量が登場するのは、国際的には一九五〇年の国際放射線防護委員会（ＩＣＲＰ）勧告が最初である。それまでは、耐用線量という考えが採用されていた。耐用線量は、ある線量以下の被曝なら放射性急性障害を防止することができる、すなわち安全線量が存在するという考えに立つものであった。しかし放射線による突然変異が被曝線量に比例して発生することが一九二七年に発見され、一九四五年に広島と長崎に原爆が投下された後、放射線に被曝すれば人類全体としては遺伝的影響は避けがたいのであるから耐用線量というものは存在しない、という批判が強くなり、耐用線量は実質上崩壊してしまった。このためＩＣＲＰは、アメリカの放射線防護委員会が採用していた考えに基づき、許容線量という基準を導入した。一九五〇年に導入された許容線量基準は、「被曝を可能な最低レベルまで引き下げる」という基本的な考えの下に、週あたり〇・三レムまでの被曝が許容された。

　その許容線量基準の下で核兵器の開発が行われたが、大気圏内核実験に伴う死の灰による汚染が、一九五〇年代前半に世界的に発展しはじめた核兵器・核実験反対運動によって問題にされた。許容線量以下の被曝の安全性問題は、アメリカが一九五四年にビキニ環礁でおこなった水爆実験の死の灰による被害が世界的に知られるに及んで、一大社会問題となった。このためアメリカの「原子放射線の生物学的影響に関する委員会」（ＢＥＡＲ委員会）は、原子力委員会や放射線防護委員会などとの連携のもとに、従来の職業人に対する許容線量を3分の1に引き下げ年間五レムとし、その10分の1の線量、〇・五レムを公衆に対する許容線量として新たに導入するという新基準を提案した。ＢＥＡＲ委員会は、核兵器の開発および新たにはじめられた原子力発電の開発を進めるためには、ある程度の被曝はやむを得ないとする考えに立って、放射線による遺伝的影響を倍加させると当時推定された線量を基礎にして、それらの許容線量値を設定した。

　この考えはＩＣＲＰの一九五八年の勧告に全面的に採用され、被曝防護の基本的考えは「実行可能な限り低く」と改められた。ICRPがこのとき設定した線量値は、職業人には生涯での集積線量として〔五レム×(年齢―一八歳)〕、また一般人には年間〇・五レムであった。

ICRPの一九五八年勧告は、日本を含む多くの国々の被曝防護の法令の基礎に採用された。しかし許容線量に対する批判は、急増を続けた大気圏内核実験による放射能汚染とともに、また核実験反対運動の世界的広がりとともに高まった。アメリカ原子力委員会をはじめとする核開発を推進する側は、許容線量をあたかも安全線量であるかのように主張し続けたが、核兵器と核実験に反対する側は、遺伝的影響のみならず癌・白血病にも安全線量はない、と批判した。このような運動の高まりから、一九六三年には大気圏内核実験停止条約が締結されるに至った。

商業用原発は、一九六〇年代に入ってまずアメリカついでイギリスで急増しはじめ、やがて世界的に広がった。それとともに反原発運動も、アメリカをはじめとして世界的に発展した。そのなかで許容線量基準に対する批判も活発化し、放射線被曝に安全線量は存在せず、したがって許容線量という考えは生物・医学的な根拠がない、という批判が高まった。

一九六〇年代末から一九七〇年代初めには、原発の建設に反対する運動がアメリカで大きく発展し、これが最大の要因となって原発の建設コストが急増しはじめた。ヨーロッパ、日本でも同様の傾向が現れ始めた一九七〇年代の前半に、商業用原発が直面しつつある経済的問題に対処するために、ICRPは許容線量体系の全面的な手直しに着手した。ICRPは、当時アメリカで原子力委員会などが原発のコスト削減のためにすでに導入していたコスト・ベネフィット解析の手法を全面的に取り入れ、一九七七年勧告としてまとめた。

ICRPの一九七七年勧告は、放射線被曝の⑴正当化、⑵最適化、⑶線量限度を三位一体の体系とする放射線被曝防護基準で、その特徴は次のようなところにある。放射線被曝防護の根本的な考えでは、「すべての被曝は、経済的および社会的な要因を考慮に入れながら、合理的に達成される限り低く」と、経済的・社会的要因が重視されて、被曝線量に最低限度が設定される。それが「合理的」かどうかは、「最適化」という経済的損得勘定で判定される。そこでは、労働者の生命の値段を設定し、それをもとに被曝量すなわち健康上の損害が貨幣価値に換算される。そのうえで被曝量の削減に要するコストと、その被曝量に相当する人の健康上の損害とが天秤にかけられる。このようにして資本の利益が最大となるように、被曝線量の最低値が決められるのである。

従来の許容線量は放棄され、被曝線量の上限値は線量当量限度と呼ばれることになった。その値は、職業人に対して年間五〇ミリシーベルト（五レム）で従来と変わらなかったが、その根拠が変えられた。〝安全〟な他の職業での年平均死亡率とされる一万分の一に相当する被曝量であるがゆえに受容すべきであるとされた。また一般人の線量当量限度は、職業人より一桁低い年五ミリシーベルト（〇・五レム）とされたが、その後一九八五年に、生涯平均で年一ミリシーベルトに改められた。

このような経済的損得勘定を行うために、被曝量はそれを可能とする実効線量当量として算定される。この実効線量当量の導入により、原発内外での放射能濃度の限度が従来よりも大幅に緩和されるなど、ALARA原則を謳ったICRPのこの勧告は、原子力開発の経済性を追求するために被曝防護の基準を緩和した。

一九七九年にアメリカでスリーマイル島原発事故が、また一九八六年にはソ連でチェルノブイリ原発事故が起き、世界的に反原発運動が高揚した。その結果、原発の建設は困難になり、原発の経済性は一層悪化したため、チェルノブイリ事故後原発推進国は次々とICRP一九七七年勧告を導入した。日本は、一九八九年四月にその主な部分を採り入れた。

チェルノブイリ事故後にはまた、低線量放射線被曝の危険性に対する認識の深まりを反映して、広島・長崎の被曝者の原爆線量と癌・白血病死の危険率（リスク）の見直しが避けられなくなった。原爆線量の見直しと、被曝者の間での近年の癌死の増加を考慮すると、放射線被曝によるリスクは、従来ICRPなどが採用してきた値をおよそ一〇倍高く見直さなければならないことが明らかになってきた。したがって、ICRPの線量当量限度もおよそ1/10に引き下げることが、科学的には妥当となる。

しかし一九九〇年のICRP新勧告は、原子力産業等の経済的・社会的利益を重視する姿勢を崩さず、リスクの見直しを小幅なものにとどめた。線量限度は、職業人に対して五年間一〇〇ミリシーベルトの集積線量をつけ加えて見かけ上の引き下げはなかったが、職業人年五〇、一般人年一ミリシーベルトの従来値を残し、事故時等の値は逆に引き上げた。

（中川保雄）

原爆線量の見直し

広島と長崎の原爆から放出された放射線の線量の推定は、放射線被曝がもたらす種々の影響を知る上で重要な意味を持っている。爆心地からの距離に応じた放射線の線量は、アメリカ原子力委員会による核実験や原子炉を用いた実験などをもとにして推定され、T65Dと呼ばれる暫定線量値がアメリカと日本の関係者によって一九六五年に確定された。

その後アメリカは「限定核戦略構想」の下に中性子爆弾の開発を一九七四年に開始したが、その殺傷能力を確証する過程で、広島・長崎の原爆から放出された中性子やガンマ線の線量の推定値に間違いがあることを見いだした。

軍事機密に覆われたこの問題を、あたかも科学的な議論によって改訂したという形をとるために、アメリカと日本の関係者による「日米ワークショップ」が組織され、その結果見直された原爆線量が、一九八六年に確定され、翌年DS86として公表された。

その結果、広島と長崎の被爆者が実際にあびた放射線量は、従来考えられていたよりも大幅に少ないことが明らかになった。たとえば広島の爆心地から二km地点の屋内で被爆した人の線量は、ガンマ線がほとんど変わらずに、中性子線が10分の1以下に低下した。長崎では、同じ状況で、中性子線がほとんど変わらずに、ガンマ線が3分の1に減少した。

実際の被爆線量が従来考えられていたよりも少なくなったため、放射線被曝による癌・白血病死の危険性（リスク）の推定値が過小に評価されていたことが明らかになった。原爆線量の見直しのみによっても、放射線のリスクの見直しは従来の二倍になることが分かった。このことも大きな要因となって、その後、国際放射線防護委員会などによる放射線被曝のリスクと被曝防護基準の見直しが避けられなくなった。

（中川保雄）

水力

高所の水が低い所へ流れ落ちる際に失われる位置エネルギーを、放置せず、何らかの装置を介して人間にとって有用な動力へ転化するとき、その動力を水力という。そうした装置の作動原理は、(1)添水《そうず》（唐臼《からうす》ともいう）に代表されるシーソー型の往復運動、(2)竪《たて》軸、横軸、ないしは斜軸の水車による回転運動、(3)空気の圧縮作用を利用した衝撃ポンプによる揚水、(4)水力ケーブルカーに代表される斜面の上下往復運動、の四つに大別される。これらのうち、世界全体としても日本に限ってみても、水力利用の大半は(2)の水車によるものであり、以下ではこれについて述べる。

一九世紀の欧米において電磁気現象が解明され、今世紀にかけて水力発電が普及しはじめる以前の水車は、その本体の大きさに比べて、得られる動力は相対的に小さく、回転はゆっくりしていた。その多くは、川にごく低い堰を設けて、流量の一部分のみを用水路に導いて水車を回し、製粉をはじめ種々様々な仕事の動力源とするものであった。田畑の灌漑《かんがい》に使った（あるいは今も使われている）揚水水車も国内外に多い。水力が再生可能エネルギー源といえるのはこういう使い方の場合である。これに対して、現代社会が要求する発電のためには、大量の落水と高度回転が必要であり、在来型に比べて相対的に半径の小さい水車（ペルトン水車、フランシス・タービンなど）が開発された。導水の仕方は、水路式（流れ込み式）とダム式とに大別される。前者の場合、在来型水車の場合と似て、河川環境への負担はさほど大きくない。他方、ダム式は川の本流全体を堰止めて人造湖をつくり、そこに貯めた水を人間社会の都合のみに合わせて落下させて水車を回わす。このため、魚が川を遡上することができなくなるなど、河川生態系は著しく破壊される。さらに、大型ダムは、一つあるいは複数の村を湖底に沈めるなどの深刻な社会問題をひきおこし、巨大な水圧が地殻に作用して地震をおこすことさえある。日本の場合、急速な土砂堆積も問題視されている。

（室田　武）

石炭

地球規模でみる場合、地下に埋蔵されていて、しかも人為により採取可能なエネルギー源として最も量の大きいのが石炭であり、鉄鉱石と並ぶ究極の地下資源である。硫黄などの不純物が多く含まれており、環境汚染をひきおこしやすいが、現在では脱硫技術なども確立しており、濫用せず、しかも公害対策を十分に施す限りにおいて有用度は高い。

近代以前の鉄鉱石の還元剤は、ほぼ木炭に限定されていたが、今日では、石炭乾留で得られるコークスで用に足りるなど、化学原料としても石炭の用途は広い。

石炭の起源は、古生代石炭紀から新生代第三紀に至る時期に、現代とは比較にならない規模で植物が繁茂し、それらが倒れるなどして、未分解のうちに土砂におおわれ、堆積作用で地中深くへ埋没されたことにある。それが、地圧や地熱を受けて炭素分を増し、固結したのが石炭である。一般的には生成年代が古い石炭ほど良質である。主に第三紀に生成された日本の石炭は、大陸縁辺特有のしかも火山の多い地質構造がもたらす強い圧力を受け、地熱の作用も強かったため、若いのに比較的良質である。

日本炭は、江戸時代中期頃から、瀬戸内地方の製塩用の燃料などとして、ある程度まとまった量が消費されるようになったが、本格的な利用は、アメリカのペリーが率いて、風力と石炭の両方で走るいわゆる「黒船」の浦賀来航以来のことで、工業用のみならず、家庭や学校のストーブ燃料としても大量に使われた。太平洋戦争敗戦後の日本では、急速な経済復興をめざして、政府は傾斜生産方式を採り、国内の石炭生産を促したが、一九五〇年代後半には、輸入原油を優先する「燃料革命」路線へ転じた。このため、九州北部を中心に炭鉱労働者の大量失業が発生した。地の底をはう炭鉱労働の厳しさについては、上野英信などの筆に詳しいが、他方で、エネルギー源の国内自給を否定する現代日本が、「油上楼閣」に過ぎないことも事実である。

（室田　武）

石油

一九九一年一月〜二月の湾岸戦争は、ハイテクを駆使した戦闘の状況が、ほとんどリアルタイムで全世界のテレビの画面に映る形の最初の戦争であった。そのなかでも特に大きな感銘を多くの人々に与えたのが、破壊された海底油田から噴き出した原油がペルシア湾岸に漂い、その原油の波にのまれて飛びたてなくなった海鳥の姿であった。今日の日本経済、そして世界経済も大量の原油消費の上にはじめて成り立っているのであるが、一般の人々が原油そのものを眼にする機会はめったにない。湾岸戦争は、はからずもその原油が海上を漂うさまをテレビの画面いっぱいに映し出す結果となり、改めて原油という戦略的な地下資源の存在の重みを人々に感じさせた。

ところで、石油という場合、これは多義的な言葉である。人為が加わる以前に地下にある物質の一つとして原油があり、それを人間が何らかの方法で採取して加工すると、種々の石油製品が得られる。また、原油が自然に地表近くまで浸出し、揮発成分を失った重質部分が人目につくことがあり、これを天然アスファルトと言う。石油とは、原油、種々の石油製品、天然アスファルトの総称であると考えてよかろう。ただし、「石油ストーブ」という言葉もあり、この場合の「石油」とは、石油製品の一つである灯油のことであるから、そうした特殊な用語例には、そのつど注意する必要がある。原油を指して石油と言うこともある。

原油そのものは、黒かっ色の、粘性の高い液体で、比重はわずかに一より小さい。組成的には、各種の炭化水素を主成分とし、少量の硫黄、窒素、種々の元素の酸化化合物も混じっている。原油の起源については、大別して無機成因説と有機成因説があり、決定的にこれが正しいとされる学説はないが、最近では有機成因説（すなわち生物起源説）が有力である。その理由としては、原油中に微量のポリフィリン類が含まれているが、これは植物の葉緑素ないし動物のヘミンからの誘導物と考えないと説明がつかないこと、大部分の原油が海成の堆積岩中に埋蔵されているが、地質時代的に見て比較的現在に近い海底堆積物中にも原油によく似た物質が存在することなどが挙げられている。

仮に有機成因説が正しいとした場合、原油の母体として重要だったのは海の植物プランクトンであったと考えられる。それが大繁殖した時代に、それを含む有機物が土砂と共に酸素の少ない海底に沈澱し、やがて堆積作用によって地下深くへ埋没させられ、地熱・地圧の作用、粘土系の鉱物の触媒作用などを受け、原油へと変化した可能性が高いと指摘されている。原油を含むことになった岩石を石油母岩といい、これに高い地圧が作用すると、原油と水が内部から押し出され、浸透性の大きい岩石中を移動するが、途中で浸透性のない岩石に阻まれると、そこに油層を形成する。上下を不浸透性の岩石ではさまれた原油の集積場所には、多くの場合、上から順に天然ガス、原油、塩水が見られる。

換言すれば、天井をキャップ・ロック（帽岩）がおおうこうしたトラップ（捕捉）構造があってはじめて原油や天然ガスが貯留され、人間による採取も可能になるのであって、油田探査は、地質学や地球科学の知見なしには失敗に終わらざるを得ない。海岸か、かつてそうであったかする地域の地下の岩石に大量の原油成分が浸潤していることと、それが人間の技術によって容易に採取可能な油田を形成していることは、次元の異なる問題である。

原油と人間のかかわりは古くからあり、『旧約聖書』のノアの方舟伝承では、防水・防腐効果をもつ天然アスファルトを船体の内外に塗るよう、神はノアに示唆している。『日本書紀』では八（天智七）年に、越の国（今日の新潟県）から燃える土（天然アスファルト？）と燃える水（原油？）が献上されたという。とはいえ、世界的に原油が本格的に注目されはじめたのは一九世紀後半になってからである。

アメリカでは、灯火用燃料として植物油以上に鯨油が多用された時期があり、鯨の消滅が憂慮されるに至り、原油の加熱によって分離抽出される灯油への需要が高まった。これに応えるには地上に浸出している原油の採取のみでは不十分であり、ペンシルバニア州のオイル・クリークにて、一八五四年、ドレークが塩水井技術の応用により、地下からの採取に成功した。以後、ロックフェラーが石油事業にのり出し、巨万の富を築くこととなる。他方、一九世紀の欧州で開発された内燃機関の燃料は、当初は主として石炭ガスであったが、ドイツのダイムラー、ベンツ、ディーゼルらは、灯油と共に原油から得られるガソリンで作動する内燃機関を製作し、その延長上に二〇世紀後半の世界をおおう自動車文明の基礎を築いた。

また、石炭化学の延長上に、今世紀に入ると石油化学の展開も活発となった。原油を常圧（一気圧）、あるいは最近のようにより低圧で加熱すると、沸点の低い順に石油ガス、揮発油、灯油、軽油、重油、潤滑油が得られ、最後にアスファルトが残る。これらすべてに各々の用途があることがわかると、石油需要は急速に伸び、日本では一九六〇年頃、世界全体では、一九六二年頃、石油が石炭を追いぬき、石油文明が誕生した。その背後には、一九五〇年代の西アジア諸国（サウジアラビア、イラン等）でかつてない大規模な陸上油田が発見されたことがある。

石油製品の便利さはその濫用を招き、その力による環境改変は、改変にとどまらない破壊を招き、石油文明の異名である自動車文明、プラスチック文明の隆盛は、今世紀末を暗いものにしている。石油枯渇に備えて原子力開発とも言われるが、原子力も石油製品に支えられて成り立つ技術である。エネルギー多消費を前提としつつ石油代替エネルギーに期待するより、省エネルギーそのものを進めることこそ、地球環境の改善に資するはずである。

なお、あと何年で石油が枯渇するという議論がよくなされるが、これは確認埋蔵量を当該年の生産量で割り算した「可採年数」が何年か、という話であることに注意が必要である。ある時点での石油の確認埋蔵量とは、その時点で利用可能な採掘技術と経済的採算性の下で採取できる量と定義される。したがって、将来において技術が高度化したり、現状より高い費用を支払っても石油が必要である、という状況が生じれば、そうした将来時点での確認埋蔵量は増えるわけである。この場合、年々の生産量水準があまり上昇しないとすれば、可採年数は増えることになる。

一〇〇年くらい昔から「あと三〇年で石油は枯渇する」と言われ続けながら、二〇世紀末に至ってもいっこうに石油は枯渇しそうにないが、それは昔と今とでは採掘技術が大幅に違うためである。北海油田の開発などは、一〇〇年前の技術では不可能であった。

一九九〇年の世界の原油生産量は、一九〇〇年のそれが約二千万klであったのに対して、約三四億kl程度で、そのうち日本は約二億klを原油のまま輸入し、石油製品の形になったものを約八千万kl輸入している。これに比べて原油の国産量は七〇万kl程度とごくわずかである。

油田には、既述のように原油と天然ガスが共存している場合が多い。このため天然ガスは基本的には原油と同じ成因をもつという説もあるが、他方で、すべてではないとしても一部の天然ガスは化石燃料ではなく、地球深層で無機的に生成されているという説もある。いずれにせよ、同一の発熱量に対して発生する炭酸ガスの量は、天然ガスの方がずっと少ないため、地球温暖化問題などとの関連において、天然ガスの生産量が伸びるものと予想される。

（室田　武）

石油備蓄

一般的に言えば、どんな国の石油業界（あるいは政府等の機関）も、需要にすぐ応じられるよう石油（原油ないし石油製品）の供給準備をしておくものである。しかし石油備蓄という場合、それは単なる一時貯蔵のことではなく、政策的な裏づけの下に、当面は消費予定のない石油を陸上、地下、洋上等に貯蔵しておくことを指す。

その初期の契機となったのは、一九五六年のスエズ動乱に際して欧州向けの中東原油の供給が中断した事件であり、OECD（経済協力開発機構）の前身であるOEECが、翌年の理事会で加盟国の純消費量の四週間分の特別備蓄を勧告した。他方、日本の場合、当時の輸入石油依存度は小さく、また国際石油資本（メジャーズ）からいくらでも購入できるという考えが支配的だったため、備蓄はほとんど問題にならなかった。だが、六七年に第三次中東戦争が発生し、対欧州禁輸が断行されると、日本でも備蓄の必要性が認識され、通産省は、翌年四月から備蓄タンク建設に対する日本開発銀行からの低利融資などの政策の具体化に入った。さらに、第四次中東戦争に伴い、七三年秋にオイルショックが発生すると、OECDは、OPEC（石油輸出国機関）に対抗する機関の性格を持つ国際エネルギー機構（IEA）を翌年設立した。これは、緊急時の加盟国間での石油の融通や、個々の国ばらばらではなく協調しての備蓄などを目的とした機関であり、六四年以降OPECに加盟している日本もその参加国となった。そして日本の場合、七五年に「石油備蓄法」が制定され、同年一二月の総合エネルギー対策閣僚会議は九〇日備蓄増強計画を承認し、この目標は八〇年度末に達成された。

その頃から、九〇日分を超える備蓄の必要性も議論されるようになり、民間の負担軽減のため、国家石油備蓄基地の建設も始められ、現状では青森県のむつ小川原などの国家基地で上記の量を備蓄している一方、民間業界については七〇日分へと目標が切り下げられている。（室田　武）

排煙

石炭、石油、天然ガスなど化石燃料を燃焼する火力発電や各種工場は、大量の排煙により集中的な大気汚染をもたらしている。

かつての石炭火力発電は、やはり石炭を燃やしていた他の工場や蒸気機関車とともに、その煤煙が最も嫌われていた。排煙中の煤《すす》が周辺の洗濯物や家屋などを真黒にしたりして、問題となっていたのである。しかし、そうした煤害よりもはるかに深刻であったのは、主に亜硫酸ガス（二酸化硫黄）による大気汚染であった。石炭は、石油と比べて、通常、数倍の硫黄を含むからである。

一九六〇年ごろから、火力発電の主力が次第に石炭から石油へと代わったが、石炭火力と石油火力が共存していた五〇年代後半から六〇年代にかけての、主として亜硫酸ガスによる大気汚染は、たとえば四日市喘息公害などをもたらした。四日市の場合、六〇年代初期には、亜硫酸ガスによる酸性雨も深刻で、pH値（水素イオン濃度指数）が二という極めて強い酸性雨すら観測されていたのである。亜硫酸ガス濃度の常時観測が始まったあとのデータを見ても、四日市磯津では、六七年でも、年間平均で〇・〇八一ppmもの亜硫酸ガスが検出されており、近年の同地での年間平均値（〇・〇〇九ppm）よりも九倍も高かったのである。

火力発電の大部分が石油によるものとなったあとも、火力発電の規模が急速に拡大したため、亜硫酸ガスの排出量はかえって増えた。しかも、石油の燃焼によって新たに窒素酸化物（一酸化窒素および二酸化窒素）の産出量が大幅に増大し、事態はますます悪化したのであった。また、窒素酸化物などが光エネルギーと反応してオキシダントが大量に生成され、よく晴れた日に、たびたび光化学スモッグが発生するようになった。七二年五月、東京都練馬区で初の顕著な光化学スモッグ被害が発生し、七四年七月には、埼玉、群馬、栃木各県にわたる広域の光化学スモッグ被害も発生するに至った。そして、七〇年代中ごろから、火力発電所などに脱硫装置の設置が順次義務づけられ、少なくとも亜硫酸ガスの低減がはかられるようになった。

しかし、事態は、なかなか改善されなかった。八一年六月二六日午後、関東一円に厚い雲が低くたれこめていたとき、京浜工業地帯の風下となっていた埼玉、群馬両県で強い酸性雨が降り、前橋市でpH二・八六、本庄市で同三・〇一、川越市で同三・一〇、熊谷市で同三・二八などの値が観測された。その後も、類似の気象条件が存在したときに、京浜および京葉工業地帯の風下方向の山沿い地帯で、これに近い強い酸性雨がたびたび降ったのである。これら工業地帯の高煙突群からの大量の排煙が、低い雲に遮られて上空に拡散せず、また、関東平野を取り巻く山並みを越えられなかったからである。

排煙には、このほか浮遊粒子状物質が含まれており、これら物質中には、まざまざな変異原や癌誘発原が含まれているのである。

窒素酸化物は、火力発電所や他の工場だけではなく、自動車の使用によっても大量に排出されている。自動車の排出ガス規制は、七〇年代に入ってから始められ、ガソリン車一台当たりの排出量が大幅に規制されたが、自動車使用の急増によって、二酸化窒素の排出量は、むしろ漸増したのである。すなわち、自動車による一酸化窒素の総排出量は、規制前のほぼ七〇％（〇・〇七二ppm）に低減されているが、二酸化窒素の総排出量は、七八年までにほぼ一二％増加し、その後減少して、八五年には規制前のレベルに戻ったが、再び増加に転じて、七八年のピーク時に匹敵する値（〇・〇四二ppm）になっている。これは、自動車全体の台数の急増だけでなく、ディーゼル車に対する規制がないため、トラックやバスがますます大型化したこと、燃費が安いとしてディーゼル乗用車がとくに急増したことによるものなのである。

（市川定夫）

発電コスト

一キロワット時の電力をつくるのに要する費用。通産省・資源エネルギー庁の一九八九年度（平成元年）の試算によれば、水力が一三円、石油火力が一一円、石炭および天然ガス火力が一〇円、原子力が九円という。原子力コストには放射性廃棄物の処分に要する費用が含まれていないが、これを含めても一〇円以下というのが、資源エネルギー庁の説明である。原子力が安いというより、高くはないと主張する根拠として、右の試算値は発表されている。そして「高くはない」とすら言えなくなって、九〇年以降は試算値の発表そのものが行われなくなった。

実際の発電コストは、もちろん、各発電機ごとに算出される。それも、火力発電所の場合なら、どんな燃料を使うか、公害防止機器を動かすかどうか、出力の何%で運転するか、停止していたものを動かすならどれくらいの間停止していたか、といった条件ごとに発電コストは変わってくる。そうした実際のコストにしても不確定な要素は多分にあるのだが、資源エネルギー庁発表の試算値となると、その妥当性はきわめて疑わしい。

疑問の第一は、試算の前提条件の恣意性にある。水力は設備の規模が一～四万キロワットとされているのに対し、火力は二四〇万kW（六〇万kW級×四基）、原子力は四四〇万kW（一一〇万kW級×四基）である。設備利用率は水力が四五%、ほかは七〇%だ。設備の耐用年数は水力が四〇年、火力が一五年、原子力が一六年とされている。この条件では、水力が高く、原子力が安くなることは、計算をする前から決まっている。

第二は、試算条件の信頼性の乏しさ。コストに占める燃料費の比率の高い火力発電では、燃料価格と為替レートをどう想定するかで簡単に発電コストは倍増してしまう。ちなみに八九年度の試算では、石油はバレル当たり一七ドルから年に三・五～五%上昇、天然ガスは同じく一九ドルから二・五～四%上昇、石炭はt当たり四九ドルから一～一・五%上昇、核燃料は耐用年数を通じて一kW時当たり三円のままとされている。為替レートは、一ドル＝一四四円の想定である。

原子力発電のコスト計算では、放射性廃棄物の処分のように国内外でまったく未経験なものは、前述のように試算から除かれている。そればかりでなく、試算にふくまれている再処理や廃炉解体の費用などにしても、ほんとうのところいくらかかるかをはじき出すには、未経験ないし経験不足だと言えよう。この点でも、試算条件は信頼性に乏しい。

第三の疑問は、原子力発電を安いものにしているさまざまなコストが考慮されていない点にある。たとえば、毎年つぎ込まれている四〇〇〇億円もの原子力予算。そのすべてが原子力発電のコストにふくまれるべきものというわけではないが、決して軽視できない額だ。仮に半額を算入したとしても、一kW時当たり一円を超えてしまう。

安全確保のためのコストを切りつめていること。それこそが、原子力を安いものとする最たるものだろう。一つの端的な例として、労働者の被曝規制のゆるさが挙げられる。被曝線量限度を高く設定することによって、ようやく原子力発電の経済性の神話は成り立ってきた。

また、ウランの採掘コストの低さがアフリカや北米・オーストラリアの先住民の犠牲の上のものであることも、忘れてはならない。

さらに、資源エネルギー庁の試算値にはふくまれていない〝影のコスト〟がある。原子力発電所が電力の大消費地とは離れたところに建設されることに伴う送・変電施設、出力の調整が難しく小回りがきかないことから必要となる調整用の火力・水力発電所や揚水発電所、事故を起こした時に備えて供給力を用意しておくための火力・水力発電所などの費用である。

原子力はやはり、最も不経済な発電方法だ。（西尾　漠）

エントロピー

地球規模での環境汚染が著しい今日であるが、こうした汚染の背後に伏在しているのがエントロピー増大法則である。生物に危害を及ぼす汚染についてだけでなく、生物が生きてさまざまな活動を行うということ自体も、エントロピー増大過程である。

そこでエントロピーとは何かということになるが、これは、一八六五年にドイツの物理学者ルドルフ・クラウジウスが造った言葉で、熱エネルギーに関して、その熱量をその熱の絶対温度で割り算して得られる商として定義される（おおまかには、絶対温度とは摂氏温度プラス二七三と考えておけばよい）。これは、直観的に言えば、「汚れ」に近い概念である。通常想定しうる最低温は絶対温度〇度（摂氏マイナス二七三度）であり、ある温度下の物質のエントロピーは、それが当初絶対〇度であるとして、少しずつ熱を吸収して当該温度に至るまでの微小なエントロピー量の総計として与えられる。こうして、熱についても物質についてもエントロピーを計測することができる。熱を伴わない力学的エネルギーのエントロピーはゼロである。

ところで、熱は、特別の仕掛けを設けない限り、高温物体から低温物体の方向にのみ移動し、その逆方向はありえない。つまり、やかんに水を入れて放置しておいたら、その半分が熱湯に、残りが氷になっていたなどということはあり得ない。これを公理として認めたのが熱力学第二法則であり、このことをエントロピーを用いて表現するとエントロピー増大法則となる。

生命体は、その活動に伴って増えるエントロピーを蒸散、発汗、排泄などを通じて体外にうまく捨てることによって生きている。これに失敗すると、システムの死が訪れる。地球は、水の循環と対流を通じて廃熱を宇宙空間に捨てており、その意味で地球自身も「生きている」天体であったのだが、その仕組みの変調による地球環境問題が近年憂慮されている。より地域的にみれば、ゴミの捨て場不足が、経済活動を制約することにもなる。

（室田　武）

代替エネルギー

日本における発電の主力は、かつて水力と石炭火力であった。しかし、三池炭鉱の労働争議に代表されるように、まず、一九五〇年代後半に、経済・産業上の理由から石炭が切り捨てられ、次いで、季節によって変動する水力も重視されなくなり、六〇年ごろから、石油火力が次第に発電の主力となった。その当時、石油の国際価格は、極めて安かったのである。しかし、石油の場合、そのほとんど全量を輸入に頼っていたため、輸送問題と、それにかかわる供給不安定の暗影が常につきまとっていた。「マラッカ海峡の危機」が叫ばれたのがその好例である。そして、原子力発電が重視されるようになった。

しかも、その後、火力発電が公害をまき散らすにつれ、原子力は、「クリーンで安全なエネルギー」と強調されるようになり、さらに、いわゆる「石油危機」を契機に石油価格の上昇が始まると、今度は「安価なエネルギー」として、「資源の多様化」キャンペーンとともに、原子力への転換がますます進められた。さらに、原子力が産み出すプルトニウムを「準国産エネルギー」と叫ぶ「エネルギー安全保障論」と叫ばれたのである。

しかし、こうした原子力の数々の「バラ色の夢」は、次々と潰えた。まず、七〇年代初めのアメリカでのECCS（緊急炉心冷却装置）論争を発端に、原発に対する疑念が高まり、さまざまな重大な故障、事故を経験したあと、七九年にスリーマイル島事故が、さらに八六年にチェルノブイリ事故が現実に起こって、原子力の「安全神話」が崩壊した。また、石油価格の安定とウラン価格の高騰、原発建設費の急上昇、さらに核燃料再処理、廃棄物処理、廃炉に要する莫大な費用などから、「安価神話」も崩れた。プルトニウム利用にも、核拡散や技術的困難性がつきまとい、「準国産論」も色あせた。

石油にせよ、ウランにせよ、エネルギー資源は有限であり、かつその利用には公害や危険性が伴うことから、代替エネルギーを求める動きは、七〇年代初めからあった。七六年にスウェーデンやオランダで原発モラトリアムが実現して、それが顕著になり、スリーマイル島事故がそれを加速させた。そして、チェルノブイリ事故のあと、ヨーロッパを中心として脱原発への動きが大きな潮流となり、また、地球の温暖化や酸性雨など地球規模の環境問題もクローズアップされ、より安全でクリーンな、かつリサイクル可能な代替エネルギーを求める声がますます大きくなった。

代替エネルギーとしてまず考えられるのは、地球上に常にふり注いでいる無尽蔵の太陽光である。石油やウランは、地理的に偏って存在し、しかも有限で、それゆえ企業や国家にとって独占しやすく、現に、かつて石油はむろんウランも独占して価格をつり上げていたのは、石油資本であった。それに対して、太陽光は、緯度による差はあるものの、はるかに平等で、独占不能なエネルギー源であり、しかも利用によって減少することもない。その太陽光の利用には、直接的なものと間接的なものとがある。

太陽光の直接的な利用は、ソーラー・エネルギーとも呼ばれ、その熱を直接的に利用したり、太陽光を直接電気に換えて利用するものである。前者の例としては、よく普及している太陽熱温水器があり、後者の例としては、人工衛星や卓上計算器などで利用されている太陽電池がある。とくに太陽熱の直接利用は、七〇年代後半から、各地でビルの冷暖房に効果を発揮している。

太陽熱による大型発電も試みられており、多数の大型凹面鏡から成るソーラー・コレクター（太陽熱集熱器）で太陽熱を集めて湯を沸かし、水蒸気を発生させて発電タービンを回すというものである。アメリカのカリフォルニア州のモハベ砂漠には、この型の一万kWの太陽熱発電所があり、日本では、香川県坂出市で同様な発電が試験的に行われた。しかし、この方式による発電は、熱効率が悪いうえ、広大な面積を必要とする。

太陽電池方式による太陽光発電も試みられており、松下電池浜名湖工場で八四年から稼働中の一〇〇kWの発電施設や、八六年から愛媛県西条市で実証運転されている一〇〇〇kWの初期プラントがその例である。この方式のほうが将来性があるとされているが、半導体を利用しているという問題点がある。なお、現在の太陽電池は、アモルファスシリコン太陽電池であり、生産コストが高いという欠点があるが、開発中の薄膜太陽電池が軌道に乗れば、量産が可能となり、コスト・ダウンが期待されている。

いずれにせよ、太陽光の直接利用は、原子力や石油火力のような巨大化・集中化された発電ではなく、発電、非発電利用とも、たとえば各家庭、各工場ごとといった小規模利用に向いている（比較すべきは、とくに原発の場合、その危険性のため遠隔地に建設される巨大化・集中化発電であり、たとえば福島第一原発から東京まで送電する間に、年平均で二七%もが熱となって逃げており、巨大化、集中化がエネルギー資源の浪費も招いているという事実である)。

ただし、大気圏外で、大気に遮られる前の強い太陽光によって発電し、それを電波に換えて地上に送るという、太陽発電衛星の構想も出されている。

太陽光の間接的な利用には、さまざまなものがある。風力発電や波力発電は、太陽熱の吸収によって起こる自然現象のエネルギーを、間接的に利用しようとするものである。風力発電は、小規模の発電に向いており、オランダなど古くから風車を利用していた地域で実用されているほか、日本でも、微風でも働く、かなり効率の高い風力発電システムが開発されている。波力発電も、日本で研究が進んでおり、その潜在発電量が莫大なものであることが示されている。

スウェーデンなどで普及している、年中温度がほぼ一定の地下水を利用する冷暖房(地下と屋内にパイプを配管し、温度差で自然に循環させるもので、ポンプは不要)も、太陽エネルギーの間接的な利用である。

植物による光合成能は、太陽光のエネルギーを高い効率で化学エネルギーに変換する機能で、これを利用するバイオマスもまた、太陽光の間接的利用の一つである。植物に糖類を合成させ、これをアルコールに変えて自動車などの燃料にする方法は、すでにブラジルなどで実用化されており、窒素酸化物や亜硫酸などが発生しないところから、今後も利用が増えると考えられるが、食糧生産との兼ね合いが問題である。

また、海洋上で、太陽光発電や波力発電による電気を使って、海水を電気分解して水素を発生させ、その水素をエネルギー源として利用する方法も研究されている。

太陽光以外では、永く核融合が語られている。しかし、現状では、高温プラズマ状態を一秒にも満たない瞬時保つのが精一杯で、技術的には実用化にほど遠いのである。また、常温核融合の存否がホットな論争となっており、これが確認されると、実用化が早まるとされているが、これも未知数である。なお、核融合の場合、トリチウム(水素三)という放射性核種の大量生産を前提としていることを忘れてはならない。

最大の代替エネルギーは、省エネルギーである。現在のエネルギー消費は、まさに浪費というべきもので、電気による冷暖房や調理など、極めて熱効率の悪い利用(石油換算で九〇%前後を捨てている)や、アルミ(大量の電気を使って生産される「電気の缶詰」)の多用など、無駄なエネルギー消費が多いのである。発電の際に熱の七〇%が逃げているのであり、電気による必要がないエネルギー消費を他の形に変えるだけで、現在のエネルギー消費を三〇%

以上削減できるのである。

（市川定夫）

ソフト・エネルギー・パス

一九七六年一〇月、アメリカの外交戦略誌「フォーリン・アフェアーズ」にアメリカ生まれの物理学者エイモリー・B・ロビンスは「エネルギー戦略――ゆかざりし道」という論文を書いた。ロビンスはそのなかで、ロバート・フロストの詩を引用して、われわれはエネルギー戦略の大きな岐路に直面しているいまここで、選択を誤ったら取り返しのつかないことになる。自然環境への影響が少なく、人々の自由で多様な参加を可能にするエネルギー政策が現実に存在すると主張した。

ロバート・フロストの詩 "The Road not to be taken" は、旅人が森のなかで二つにわかれた道のどちらと選ぶかと迷って、結局、人がまだ踏んでいない魅力的な道へと歩を進めた様子を印象的に表わしたものである。

この論文のなかで、ロビンスは「ハード・エネルギー・パス」と「ソフト・エネルギー・パス」と呼ぶ相容れざる二つのエネルギー路線の特性を問題にした。以下その内容と含意を整理してみよう。

ハード・パスの問題点　エネルギーの分野では、これまで需要の増大を前提として、それに供給をいかにして合わせるかが問題であると考えられてきた。この観点に立つと、石油が近い将来逼迫するならば、それにかわるべき供給源として、石炭や原子力の開発を進めなければならないということになる。

この考え方の背後にあるのは、次のような認識である。①エネルギー使用量と生活水準とは比例する。それ故エネルギー需要が伸びるのはよいことである。②将来は過去の延長上にある。これまで通りのやり方と考え方に沿ってエネルギー戦略をたてていけばよい。

ロビンスは、これを、ハード・エネルギー・パスと名付け、そこには以下のような政治的、技術的、経済的問題があるとした。

①ハード・エネルギー・パスは大陸棚の開発、石炭の露天掘、プルトニウム経済の受け入等を必要とする。②ハード・エネルギー・パスは未経験で、そのうえ失敗の許されない技術の急速な拡大を必要とする。③ハード・エネルギー・パスは資本集約度が高く、リスクの大きな供給源の開発に依存せざるを得ない。

このように、ハード・エネルギー・パスの継続に問題があるので、その代替策の可能性として、ロビンスは、ソフト・エネルギー・パスを提案している。

それは、①エネルギー供給の中心を化石燃料や原子力ではなく、太陽熱、風力などの再生可能エネルギーに置く。

②エネルギーの需給ギャップを閉じるため、供給増ではなく、需要減（省エネルギー）に主として依存する。③ソフト・エネルギー・パスはハード・エネルギー・パスにくらべて環境破壊が少なく、核拡散の危険性も少ない。集中管理よりも分散管理志向型となる。またエネルギー消費全体を節約することに重点がおかれる。

次にソフト・エネルギー・パスのメリットとしては次の点をあげている。

①小規模で単純な供給システムと簡単な管理システムに依存するため、開発、建設期間が短くてすみ、かつ管理費用も安い。②多様な技術に依存しているため、技術的リスク（失敗や故障の可能性）が小さい。③独創性を発揮しうる。ロビンスの言葉を借りれば、「ハード技術はあまりに大きいので、それと遊ぶことができず、興味と創造性をかきたてない」ということである。④ソフト・エネルギー・パスは自給率を向上させ、また分散型であるから、外からの攻撃に強い、したがって安全保障に役立つ。⑤技術移転の可能性。先進国が開発したソフト技術の幾つかは、途上国にとっても有用なものとなりうる。

またロビンスは、ソフト・エネルギー・パスとハード・エネルギー・パスとの関係については、「両者は補完的ではなく、代替的である」としている。つまり、「この二つの選択肢は、（技術的には両立しうるが）、文化的・制度的に相容れない」ということである。たとえばソフト・エネルギー・パスを支える価値観は、倹約・素朴・近隣の重視・職人気質といったものであり、これはハード・エネルギー・パスのそれとはかなり異なる。

次に、ハードからソフトへの過渡期のシナリオについて彼は次のようにいう。

「ハードとソフトが相容れないものなら、そしてハードに比べてソフトが望ましいと考えるなら、ハードからソフトへの転換が必要になってくる」。ロビンスはアメリカの場合、二〇二五年ごろにソフト・エネルギー・パスに入ることを想定しており、それまでの過渡期を支えるものとして石炭の使用を考える。特に石炭の液化技術が期待されている。

最後に、このソフト・エネルギー・パス推進のための政策について、特に彼が強調しているのが、制度的障害の克服と市場メカニズムの活用である。すなわち、①節約と再生可能エネルギーの導入を妨げている制度的な障害の除去。②在来型燃料ならびに電力産業への補助金の廃止、反トラスト法の厳格な適用。③枯渇しつつある低廉な燃料に代替する代替エネルギーの長期コストに、エネルギー価格を対応させること等である。

冒頭に述べたように、ロビンスがソフト・パスなる概念を明らかにすると、これはたちまち大反響を呼び、一九七七年、それが集大成され一冊の本（『ソフト・エネルギー・パス』、フレンド・オブ・ジ・アース刊）になるに及んで、各所に大議論がまき起こった。電力関係の業界誌「エレクトリック・パークスペクティブズ」は、ソフト・エネルギー・パス批判特集号を出したし、一九七六年一二月には、米国上院合同委員会は、ロビンスを参考人として呼び、ソフト・エネルギー・パスについての説明を求めた。さらにカーター大統領をはじめとする、各国の政治指導者との会見も相次いだ。またロビンスは、日本に八〇年四月来日し、各所での講演はさまざまな反響を呼んだ。

また、この本は、政府の正統的なエネルギー専門家にも大きな影響を与えた。たとえば全米科学協会（NAS）が、米国政府の委託によって行ったアメリカの二〇一〇年までのエネルギー戦略に関する報告書（CONAES）の需要部門は大幅な省エネルギーの導入による、エネルギー低成長の可能性を示している。またアメリカの有名な資源問題研究機関であるREF（Resoures for the Future）の出したエネルギー問題に関する報告の中でも、一章をさいてハードとソフトの対立が、価値観の相違に帰着するものであることが示されている。

最後に、日本にとってのソフト・エネルギー・パスの意義とは何かをまとめると、次のようになる。

①エコロジー派の技術体系の可能性について。エコロジー派の技術体系にとっての特色が、非更新熱源の最小限の使用、環境への最小限の干渉、自給自足、分散的、弾力的であること、一般市民が接近もしくは理解可能であることと等であることを考えると、エコロジー派の技術体系を、エネルギー面で応用したのが、ソフト・エネルギー・パスといえる。②地域主義が活性化する条件。ソフト・エネルギー・パスの提唱する地域の特性に合ったエネルギーを、現地で作り、それを地元で消費するという姿は、地域共同体が形成される契約となる。

いずれにせよ、ソフト・エネルギー・パスは工業化社会のエネルギー戦略というより、それを超えた段階でのエネルギー戦略であり、それ自身「より深い社会的条件に合致している」といえよう。

（里深文彦）

バイオマス

元来は生態学の術語で生物現存量、生物量などと訳されている。ある特定の面積にどれだけの生物が存在するか（植物、動物、死骸、排泄物、微生物等）を乾燥量で表したものである。

最近バイオマスは資源利用技術の用語としても使われる。この場合はある量的規模の有機物の集積（化石燃料を除く）、例えば農業、畜産、林産廃棄物、都市ごみ、下水処理汚泥等をいう。

植物バイオマスは、植物の光合成（太陽エネルギー）によって作られた有機物で、セルロース、ヘミセルロース、リグニンが主な成分である。燃焼させると再び CO_2 と H_2O を生成し、その際に熱を生じる。太古から人類は薪として慣れ親しんできたエネルギーである。化石燃料は燃焼によって地下の炭素成分が CO_2 として大気へと放出されるので環境的に問題となるが、バイオマスの場合は光合成によって固定された CO_2（年間生産量範囲）が循環するので大気中の増加はない。

太陽エネルギーの利用技術の多くは太陽光熱、風力、水力などを電気や熱エネルギーに変換する。しかし貯蔵が困難。バイオマスは蓄えられた化学エネルギーを気体、液体、固体の燃料に変換して適宜に利用することが出来る。しかし重量当たりの発熱量が少なく、容積がかさばり大量に長距離を輸送することが難しい。

全地球でのバイオマスの年間生産量は 164×10^5 t でエネルギー量に換算すると 7.2×10^{20} cal、現在全人類が年間消費する化石燃料の一〇倍に相当する。そのすべてが利用できるわけではない。わが国の場合、山林、草地、農耕地などでの年間生産量は一億三〇〇〇万tあるが、そのうち利用可能量は七〇〇〇万t、また有機廃棄物は三〇〇〇万tあり、合計一億tのバイオマスが一年間に資源とし活用できる計算になる。これらを燃焼させて得られるエネルギー量は、国内エネルギー総需要量のおよそ一〇％に当たる。

直接燃焼法はもっともエネルギー化の効率は高い。最近では大規模な施設でのごみ発電、熱供給などが行われている。熱分解法はバイオマスを酸素の無い状態で高温に加熱して分解する方法で、高温ではガス、中温では重質油の成分が得られる。下水処理汚泥、厨芥、し尿など水分の多いバイオマスは嫌気条件下でのメタン醱酵によって気体燃料（バイオガス）になる。木質バイオマス、紙などの成分はセルロースが多いので酸、酵素などでグルコースに分解し、醱酵によってエタノールが得られる。

ブラジルでは一九七五年以来、国家アルコール計画を展開し、サトウキビの糖液、マンジョカの澱粉からエタノールを生成して自動車の燃料としている。

（須之部淑男）

核融合

水素原子核には、陽子だけの普通の水素のほか、中性子数の多い重水素と三重水素がある。この三重水素に加速器を使って重水素を衝突させると、いわゆる核融合反応がおこって、エネルギーが発生する。これを用いれば人類は永遠のエネルギーを得ると期待された。

しかし、加速器を運転するのに莫大なエネルギーを必要とする。したがって、加速器で核融合をおこさせても得にならない。もうひとつの方法は、重水素と三重水素の混合物を一億度という高い温度に加熱することである。熱核反応という。この温度は、太陽の中心の温度よりもずっと高く、超新星の爆発温度であって、地上では得られないと考えられた。ところが、一九五四年の原爆の成功によって、一億度という温度が得られることになり、この熱核反応は地上でも可能になった。

原爆のまわりをこの混合物で包む爆弾が作られた。これが最初の水爆で、一九五二年、爆発に成功した。原爆からわずか七年しかたっていない。当時、多くの物理学者は「そもそも水爆はできる訳がない」と反対していた。それが成功したのである。この成功に気をよくした政治家やマスコミは「爆弾だけでなく、エネルギー資源として利用できるようにしてくれ」と物理学者に要請したのである。

これに対し、物理学者の多くは「水爆は爆発だからできるので、装置のなかでは難しい」と答えたけれども、誰も信用しなかった（水爆の責任者エドワード・テラー）。物理学者は必ず難しいといって否定する性癖があると考えられたからである。こうして、莫大な研究費が提供されることになった。巨額の研究費が出ることになれば、研究者は集まる。一九五九年には、日本でも核融合研究は始まった。この時、湯川秀樹委員長は、この研究を二〇年と約束した。しかし、二〇年はすぐにたってしまった。いまだに核融合も十分には起こすことができず、その前段階のプラズマ研究を続けている。

難しい点は、装置のなかで一億度という温度を作りこれを維持することである。当然のことながら、すぐに冷めてしまう。それに、磁場で荷電粒子を閉じ込めることにしているが、磁場は「ざる」のようなものだから、荷電粒子は逃げだしてしまう。現在、多くの核融合研究者は成功するのは五〇年後と言っている。これは、自分の生きている間には成功しないが、研究費はいただきますという意味である。

しびれを切らした一部の研究者は、発想を転換して、一億度にこだわらないといい始めた。パラジウムに重水素を吸蔵させて、これに電流を流すと、核融合反応が起こるというのである。常温核融合という。だが、電流を流すというような通常の化学反応で、核反応が始まる訳がない。

これは化学反応と核反応を区別することによって成り立つ物理学の実績を否定するものである。このような不毛な研究がまことしやかに提案されること自体、核融合研究が意味をもたなくなったことの証拠でもある。

したがって、これ以上核融合について述べる必要はないが、いまだに核融合の幻想が語られているので、その幻想を砕いておく。

幻想の第一は「核融合発電の資源は無尽蔵」である。たしかに重水素は無尽蔵である。しかし、反応の相手としての三重水素は、リチウムから作るが、これは世界に少ししかなく、すぐに枯渇してしまう。このような嘘にだまされていたのである。

幻想の第二は「発生する放射能が少ない」である。たしかに核分裂物質のセシウムなどは生じない。しかし、反応で生ずる中性子は量的にも質的にも核融合の方が厄介で、その結果としての放射能は原発とほとんど変わらないのである。放射性三重水素も問題である。これはこれまでたいしたことのない放射能と考えられてきた。しかし、遺伝子を構成する水素と置き換わるので、遺伝子そのものが変質することにより、また遺伝子のなかで放射線が発生することになるので、危険が大きいことがわかってきた。放射能の危険は原発よりも大きい可能性もある。

（槌田　敦）

省エネルギー

人間が何らかの目的を実現するのに必要とされるエネルギー源の消費量を節約することを省エネルギー（略して省エネ）という。たとえば、資源エネルギー庁監修『省エネルギー便覧　昭和六三年度版』によると、国産自動車の石油製品消費量一リットル当たりの走行距離は、一九八四年に一二・八kmであったのに対して、八五年度一二・四km、八六年度一二・〇kmとなっており、クルマで一km走るのに燃料が当該期間中に減っているので、それも一つの省エネである。

寒い季節に暖をとるのに必要な薪の量をできるだけ減らそう、というような意味での広義の省エネは、人類が太古より追求してきた事柄の一つであろうが、一九七三年のォイルショック以降の日本では、特に石油製品節約に焦点をあてつつ省エネが語られている。ところで、省エネそれ自身に異を唱える人は少ないであろうが、これには重大な陥し穴がある。つまり、個々のクルマの燃費が向上すると、そんなに便利なものなら、これまで一家庭で一台だったものを二台に増やそうといった誘惑にかられる人々が出現する。

このため、一台のクルマで一km走るのに要するガソリンが、旧来の六割で済む省エネ技術が開発されたとしても、一台が二台になれば、ガソリンの総消費量は減るどころか一・二倍に増えてしまう。省エネという美名の下に、実はエネルギー源の濫用をひきおこそうというのが、今日の日本の省エネ政策の真の狙いである。

省エネの主軸を省石油とすることにより、石油代替エネルギーとされる原子力発電を推進する根拠が得られたと考える人々も少なくないので要注意である。また、太陽電池の普及を省エネと考える傾向についても、その製造工程全段階を見れば、それは地下資源の乱費につながっている。地球環境問題の解決に向けて省エネすることは結構だが、それが原発や太陽電池促進をめざす方向であるとすれば、省エネがすべて望ましいものとは考えられない。

（室田　武）

資源のリサイクル

ある人にとって不要になった物でも、他の人にとっては有用であることがある。そうした物がそれを必要とする人の手に渡れば、その行為は資源の再利用である。また、誰にとってもそのままではもう使い途がないが、修理、再加工などを施せば、以前と同じ用途に、あるいは別の用途に役立つことがある。これは資源の再生利用である。社会的文脈をぬきにして、言葉だけとってみれば、こうした再利用や再生利用の総称が資源のリサイクルである。

古来、いかなる人間社会も、多かれ少なかれリサイクルを行ってきた。とはいえ、物を大切にする社会と、大量生産・大量消費それ自身を美徳とする社会とでは、リサイクルのもつ意味も異なる。兄の体が大きくなって着られなくなった服を弟が着るとか、祖母の着物が母を経て、やがて孫娘の着物になるといったことは、生物としての人間の世代交代に伴う自然な社会的行為という側面を強く持つ。これに対して、使い捨てそのものを美徳として奨励してきた社会において、その必然的帰結として処理・処分が容易でないほど大量のゴミが発生している状況においては、リサイクルの概念それ自身が、強迫観念として人々の精神にのしかかって来ざるをえない。たとえば、台所の生ゴミを庭の土や農地にすきこむ限り、それは土を豊かにすることはあっても、社会問題としてのゴミ問題になることはない。これに対して、高層マンションの最上階の住民が生ゴミを土に還することは滅多にないから、それは市町村の清掃行政の責任において処理されねばならなくなる。

今日の日本の行政用語としては、適切に自家処理されることのないゴミは、(1)放射性廃棄物、(2)産業廃棄物、(3)一般廃棄物の三種類に大別される。これらのうち(1)は、主として医療用のラジオアイソトープ（ＲＩ）廃品と原子力発電に伴う核廃物であり、それらの物理的性質そのものからしてリサイクル不可能である。(2)については、その処理はおのおのの企業の責任に属することである。水俣病は、チッソ水俣工場がその責任をとらず、有機水銀入りの廃液を不知火海にタレ流したこと、そして監督責任を負う国がその責任を放棄していたことからとり返しのつかない規模になった。他方、紙・パルプ産業の一部では、クラフト・パルプ製造工程の廃物としての黒液が、自家発電用の燃料として活用されている。そうした例では、再生利用という形でのリサイクルがなされていると言える。

多くの人々が注目するリサイクルは(3)に関してのものである。(3)を平たく言えば家庭ゴミ事業ゴミの混合物であり、日本の現状では、人口一人一日当たり約一kg発生している。一九八七年度の官庁総計では、その処理方法別比率は、焼却七二・六％、埋立二三・四％、コンポスト（堆肥）化〇・一％、その他（資源回収等）三・九％であり、全体のわずか四％が有効利用（リサイクル）されているに過ぎない。残る九六％のゴミのなかにも、再利用ないし再生利用可能なものもあるはずで、近年、住民運動、市民運動、地方自治体行政、国政などすべてのレベルで資源のリサイクルが重視されている。とはいえ、大量生産・大量消費を前提とする石油・原子力文明を容認する限り、どのみちゴミは発生する。つまり、リサイクルは危機への対応の一形態ではあっても、その解決策ではない。リサイクルの議論で特に欠けているのが人間の排泄物（し尿）の活用であり、これぬきのリサイクル論には警戒を要する。いずれにせよ良質な物質の少量生産・少量消費、すなわち経済のマイナス成長をめざす方が、よほど健全であって、資源のリサイクルは、そうした目標に向かっての一里塚として位置づけられよう。（室田　武）

高温超伝導体

超伝導体とはその電気抵抗がゼロで、かつ、磁場のなかにおかれると超伝導体内部の磁力線を外部にはじきだす性質（完全反磁性）を有するものを言う。超伝導現象は一九一一年オンネスにより水銀を極低温に冷やす実験で発見された。水銀を冷やしていくと電気抵抗は、はじめゆっくりと減るがマイナス二六九度Cに至ると急激にゼロになる。この異常な現象は「超伝導」と名付けられ、メカニズムの理論的解明が試みられた（BCS理論）。一方、超伝導を起こす物質もいろいろ調べられた。しかし、その努力にもかかわらず超伝導を起こす温度（臨界温度）はマイナス二五〇度Cにとどまっていた。ところが一九八六年ベドノルツとミューラーはセラミックスの一種であるランタン（およびバリウム）と銅の酸化物の電気抵抗値がマイナス約二三八度Cという高温でゼロになることを見いだした。この発見は田中東大教授（当時）により追試され正式に超伝導体として確認され、今世紀最後の大発見と言われる高温超伝導体の研究の幕が切って落とされた。この発見によりベドノルツとミューラーは、翌一九八七年にノーベル賞を受賞した。現在では液体窒素温度（マイナス一九六度C）で超伝導となる高温超伝導体も誕生し、さらに高温の臨界温度を有する超伝導体がいくつか発見されている。現在（一九九〇年一一月）最も高い臨界温度を示す高温超伝導体は、$Tl_2Ba_2Cu_2O_{10}$と書かれるもので、その臨界温度はマイナス一四八度Cである。

電気抵抗がゼロである性質や完全反磁性という性質など

利用すると、①発電・送電の効率を飛躍的に高めるため電力エネルギーが非常に安くなる、②リニアモーターカーなどの車体を磁力によって浮かせる方式の交通手段の実用化を画期的に促進し、流通のスピードを画期的に速めるなどという社会に及ぼす影響のみならず、③核融合発電や夢のコンピュータ素子といわれるジョセフソン素子の研究を大きく進展させる。高温超伝導体の実用的利用への過程はかなり問題が残っているが、純科学的発見が社会の仕組みを一変させ、ある面で危機的要素になりうるという例の代表的なものである。

（脇田久伸）

アルミニウム

地殻中の存在度が約八・二％ときわめて大きく、酸素、珪素に次いで第三位である。金属としてはマグネシウムに次いで軽い一方で、耐食性に優れ、展伸性に富み、電気の良導体である等々の便利な特性をもつため、現代世界では種々様々な目的で多用されている。世界全体の年産量は、一九八〇年に一五〇〇万トンに達して、銅を抜き鉄に次いで二番目に多く生産される金属素材となった。

以前は特に毒性があるとは考えられておらず、このためどこにでもある身近な金属となった面があるが、近年、体内に摂取されるとアルツハイマー性老人痴呆症の原因になるのではないかという説が提出され、新たに注目されているが、詳細については未解明である。

元素記号 Al のアルミニウムは、高純度では軟らかい銀白色の金属であり、単体として使われることはあまりないが、銅、マグネシウム、珪素、亜鉛、マンガン、ニッケルなどを加えた合金としては強度が大きい。これを多く含む鉱物としては、長石、雲母、氷晶石、ボーキサイトなどがある。宝石のサファイアやルビーも、その本体は天然のアルミナ（Al_2O_3）の結晶である。

工業的な大量生産の原料はボーキサイトである。これはアルミナを五〇～六〇％程度含み、他に水分、酸化鉄、シリカなどを含む土塊で、熱帯、亜熱帯地方に多く産する他、フランス、ハンガリー、ギリシアなどにも少なくない。金属アルミを得るには、まずこれより高純度アルミナを製造し、次にそれを電解還元する。この工程はきわめて電力集約的で、一トンのアルミ生産のために約一万三〇〇〇kW時の電力を要する。このため「電力の缶詰」とも呼ばれ、その多用は、現代のエネルギー濫用文明の象徴の一つである。日本では、一九七三年のオイルショック以降、ほとんど生産されず、輸入とリサイクルに依っている。リサイクルにより必要電力は大幅に節減できる。なお酸性雨により土壌中のアルミニウムが溶け出すと植物の成長を阻害することも知られている。

（室田　武）

「朝シャン」

「朝シャン」、つまり、毎朝、シャンプーを使って洗髪するという風習が、一九八七年ごろから、日本で、若者を中心に急速に流行し始めた。それは、物資やエネルギーの供給の潤沢化という背景のもとで、一方では個人主義が顕著になり、情報化社会のなかで、洗剤や化粧品のメーカーなどによる商品のPR活動が若者の清潔志向をくすぐり、「シャンプーする」、「朝シャンする」といった新造語とともに流行したものである。当初は、若い女性に見られたものであったが、間もなく若い男性にも広まり、「朝シャン」専用の洗髪台すら売り出されるに至っている。

この「朝シャン」という風習は、まさに現代の環境、資源、エネルギーの諸問題を象徴するものである。まず、「朝シャン」に使われるシャンプーは、環境や健康に問題の多い合成洗剤（合成界面活性剤）であり、メタンを発生させて、下流の水道水に発癌物質であるトリハロメタンを混入させ、かつ毛髪を傷めている（そして、傷んだ毛髪をとり繕うための商品すら売り出されていて、ますます洗剤や化粧品メーカーの虜になる）。

また、大量に使われる湯は、ガスの燃焼や電気の消費によって、直接的または間接的に二酸化炭素、硫黄酸化物、窒素酸化物、エチレン、人工放射性核種などを産み出し、地球の温暖化や酸性雨など、地球規模の環境破壊をもたらすとともに、突然変異や癌を起こすもの（窒素酸化物、放射能など）を増やし、同時に貴重なエネルギー資源と水資源を浪費している。「朝シャン」による水の浪費は、マイカーの洗車とともに、近年の水道水使用量急増の主因となっているのである。

このように、「朝シャン」の風習は、一般市民が、企業のPRに乗ってその商品を買わされて使い、需要（浪費）を呼ぶため過剰に供給されるエネルギーを「豊かな生活」と信じて浪費し、自ら加害者になっているという構図なのである。

（市川定夫）

第五章

日本の環境問題

日本の公害史

近世に入り、一六世紀末に西欧の技術が導入され、鉱山が大規模に操業するようになると、そこから生ずる水や大気の汚染は、鉱毒という言葉で農民や漁民の間に知られ、その反対で鉱山操業が中止されたり、開業できなかった例は各地にある。一方、ヨーロッパの都市では大問題であった人間の排泄物や廃棄物による都市公害は、江戸のような近世日本の大都市には存在しなかった。これらはすべて農村で肥料として利用され、循環型の社会が成立していたから、一八世紀までに百万の人口をもつ大都市が成立した。

一九世紀末の日本の工業化の開始は、直ちに公害の発生をもたらした。水や大気の汚染など、公共の利益を損なう行為として、公害という行政用語がすでにこの時期に作られている。明治一〇年代には、東京深川のセメント工場の粉塵が問題になり、四〇年代半ばに工場の川崎移転でようやく解決する。移転できない鉱山の場合には、足尾鉱毒事件をはじめ各地で深刻な公害を起こした。特に足尾鉱山は、被害の規模が大きく、東京にも近かったために、明治の二大社会問題の一つとされ、地元選出代議士田中正造の献身的な活動によって全国に知れわたった。足尾では被害者農民は敗れたが、その反省は別子、日立、小坂等、他の鉱山において相当の対策の進歩をもたらした。大正デモクラシーの反映もあった。

この進歩は一五年戦争の過程で弾圧され、戦後も生かされず、戦後復興の段階で公害は多発した。公害の無視が高度成長を準備したといってよい。一九五五年に発生した森永ヒ素ミルク事件は、食品添加物と大量生産が誘因であったが、政府と企業は協力して被害を過小評価し、問題を消してしまった。水俣病やイタイイタイ病はすでにこのころ発生していたが、発見後の政府の対応はヒ素ミルク事件と同様だった。公害の原因研究には政治的な圧力さえ加えられた。

一九六四年の三島・沼津コンビナート反対運動の成功は、この流れを変え、被害者住民が立ち上がることの重要性を教えた。六五年第二水俣病が新潟に発生すると、すでに迷宮入りしたと思われていた第一の水俣病の因果関係も明らかになり、あきらめかけていた被害者の運動が再開される。なかでも新潟水俣病の被害者たちは、因果関係を否定する企業、昭和電工を民事訴訟で公開論争に引き出すことを考え、実行した。これが四大公害訴訟と呼ばれる第一歩になった。相次いでイタイイタイ病、四日市喘息、水俣病の被害者も提訴にふみ切る。公害の損害賠償が法廷で争われたことは過去にもあったが、被害者が敗れるか、不利な条件で取り下げるのがほとんどであった。四大公害訴訟の場合には、世論の支持と、弁護士や研究者がそれなりの勉強をしたという差があり、少なくとも五分の勝負にはなるだろうとの見通しを立てた。しかし実際に裁判を進めてみると、学界を代表するような大権威を相手にまわして、困難な立証過程を経験しなければならなかった。

被害者の立ち上がりが全国に報道されることは、それまで忘れられていた問題を掘り起こす効果をもたらした。六九年、一四年にわたって後遺症は全くないと公式に発表されていた森永ヒ素ミルク事件の被害者に、重い後遺症があることが判明し、あらためて全国的な連絡組織が再編成された。また六八年には、西日本で集団発生した米ぬか油の中毒が、ＰＣＢという新しい物質によって起こったことが判明した。全国各地で、水や大気の汚染が共通の被害を与える公害であることが気づかれはじめた。また公害を出す企業の進出に対して、地元の住民が反対の意思を表明する、予防型の運動も起こるようになった。大分県臼杵市の大阪セメント事件はその例である。

一九七〇年は、幾つもの象徴的な事件によって、公害に対する世論が爆発した年であった。三月、東京国際シンポジウムが開かれ、世界第一線の社会科学者が日本の実情に眼をみはった。五月、牛込柳町自動車排ガス鉛中毒の発見、七月、杉並を中心に光化学スモッグ発生と、相次いで大都市住民の身近な問題となり、マスメディアの報道も激増した。佐藤内閣もついにこの圧力を認め、年末に特別国会を開いて、規制法の新設や改正を行い、環境庁を設置することを決めた。

七一年には、長い間公害を出しつづけ、交渉に応じない工場の排水口を生コンで封鎖した、高知パルプ生コン事件が起こり、また長期のヒ素汚染中毒例として宮崎県土呂久鉱山の事例が発見された。どちらの事件も、粘り強い調査によって始めて共通の被害が認識された点で象徴的であった。七三年には、全国各地で広く水銀とＰＣＢによる沿岸魚の汚染が発見され、漁業にパニックを生じた。しかし七三年冬の石油ショックは、世論の流れを変え、景気か公害かという不毛な二者択一の議論に巻きこまれ、景気優先の空気が強まった。

七〇年代は、世論に押されて技術的対策が前進し、一定の効果を上げたことも事実である。地方条例が国の法律よりもきびしい基準を適用したことで河川の水質は若干回復し、企業の使用する水の合理化も進んだ。きびしい世論に押されて、自動車エンジンが改良され、燃料消費も向上した。一方で、公害や自然破壊の原因が、私企業の設備投資から公共事業に比重が次第に移って来た。これは運動側としては、それまでにくらべてやりにくい条件の一つである。私企業ならば、利益が上らないとか、企業イメージが損われるなどの状況があれば、計画をすぐに変える。公共投資の場合には、明らかな不合理があっても、官僚や政治家の面子などで強引に押し通すことが多い。といって政治状況を全面的に変えるほどの力は、すぐには運動の側にはない。

八〇年代に入ると、数の上で急増した問題は、産業廃棄物の埋立地であった。過去の埋立処分の管理、監視が不十分であり、回復不可能な汚染をひきおこしている事例が知られて来たこと、大都市周辺の埋立地が満杯になり、遠いところに所きらわず持ち込まれることなどで、反対運動がほとんど自治体ごとにあると言ってもよい。もう一つは、最近のリゾート法とも関連して、ゴルフ場のように大規模な地形の変更を伴う観光施設が問題となる。ひどい場合は両方が組み合わされることすらある。どちらも巨額の利権を生む事業なので、地元の有力者などに現金や会員権などがバラまかれ、気がついた時には取り返しがつかない状態になっていることが多い。

国際的には、七〇年の東京国際シンポジウムも一つの契機になって、七二年にストックホルム国連環境会議が開かれ、国連環境本部（UNEP）が設置された。この時の国際世論の形成に、日本の水俣病とカネミ油症の患者が参加した衝撃が大きかった。日本の実態はそれまで外からはほとんど見えなかったので、環境問題では世界の実験場であり、日本人は実験動物であるとも言われた。しかし日本の後を追って類似の問題が世界中で起こり、被害者の経験はある程度役に立った。このころから公害企業の第三世界への進出、いわゆる公害輸出が目立ち、日本の公害は国際化した。八〇年代後半には、地球規模の環境問題が国際世論の焦点になり、各国の保守政党までが強い関心を示すようになった。地球の温暖化、オゾン層の消失、熱帯樹林の減少、海洋汚染などがその主なものである。しかしそのなかで、日本の経済活動が占めている割合は相当大きく、いわば日本の地球化とでも言うべき局面もある。批判を受けても行動を変えようとしない日本に対しては、今や環境モルモットから環境テロリストへと評価が変わりつつある。実際は日本のなかの状況が外から見えるよりははるかに複雑で、公害を食い止めて来たのは政府ではなく、運動であることもほとんど知られないままに、批判の眼が向けられることも多い。失敗を含めての日本の経験を国際的に共有するための努力が、今私たちの任務である。

（宇井　純）

新しい型の公害

公害と呼ばれる現象は、近年、その様相を大きく変えてきている。かつての公害では、環境汚染を起こし、被害を生じさせた加害者と、その被害を受けた被害者とが、対置されるものとして、明確に区別できた。有機水銀による水俣病、カドミウム汚染によるイタイイタイ病、PCBが混入した食用油によるカネミ油症、ヒ素入りミルク事件、サリドマイド禍、大気汚染による四日市や川崎の喘息など、これらすべてがそうであった。そして、これらは、「公害」と呼ばれたものの、企業がその利潤追求の過程で起こした、いわば「私害」と呼ぶべきものであった。

そうした公害が、近年になるほど、もっと複雑なものになってきている。その理由の一つは、加害者としての企業が、直接あるいは間接的に環境中に出しているものが、すぐに現われる急性の障害は起こさないが、何年も経ってから癌をひき起こす発癌物質であったり、世代を経て初めて現われる変異原物質であったりすることである。このような場合、影響が認められるまでに長年月がかかり、因果関係の証明が困難であるばかりか、影響が認められたときには、すでに無数の人びとがそれに曝されてしまっていて、長蛇の「被害予約者」が産み出されているという、深刻な事態を招くのである。さまざまな人工化合物や、原子力による人工放射性核種がその例である。とくに、チェルノブイリ原発事故は、かつてない規模の「被害予約者」を出してしまった。

もう一つの理由は、一般市民の加害者化である。自動車の使用による大気汚染、農薬の散布による食品や環境の汚染、合成洗剤の使用による水質汚染、使い捨てのプラスチック類の焼却によるダイオキシンの発生、スプレー中のフロンによるオゾン層の破壊、割箸の使い捨てによる熱帯雨林の破壊など、一般市民が加害者であり、かつ被害者であるという構造が、現在の大量消費社会のなかで、ますます構築されてきているのである。さらに、電気の浪費によって、間接的に地球の温暖化や酸性雨をもたらし、あるいは人工放射性核種を産み出しているといった、もっと間接的なものもある。近年、若者に流行している「朝シャン」などは、その典型なのである。これらは、その裏には、より排気量の大きい自動車をどんどん買わせたり、農薬の大量予防散布を推奨したり、莫大な宣伝費用をかけて合成洗剤を売り出したり、電気容量の大きい電化製品を買わせるといった、企業の利潤追求が必ずからんでいるのであるが、真の加害者をぼかしてしまうだけでなく、公害の追放をますます困難にしているのである。

このように変貌してきた新しい型の公害と、その空間的・時間的広がりは、これまでの公害に対する対応とは抜本的に異なる、より根源的でかつ総合的な新たな対応が必要であることを示している。とくに、人工化合物や人工放射性核種といった、これまで地球上には存在せず、したがって生物がかつて遭遇したことがないものに対しては、生物の進化と適応の過程をも考慮に入れた対応が必要なのである。たとえば、新しく導入される化学物質の場合は、急性・慢性の毒性検査だけではなく、変異原性、発癌性および催奇性の検査が必要であり、それも、これまでのように、開発した企業にまかせるのではなく、国の機関が検査すべきである。また、すでに導入されている化学物質について、その危険性を示唆する徴候が見られたときには、その完全な証明が出揃うまで待つのではなく、速やかにその生産や使用を禁じたり、規制基準を強化すべきである。

さらに、地球規模の環境破壊を防止するには、自国の経済成長を優先する従来の立場を放棄し、国際的な協調に基づいて、利便性と大量消費による豊かさを追求する方向から、資源と環境の保全を優先する方向へと転換しなければならないであろう。

（市川定夫）

水俣病

毒物は自然界で稀釈すれば無毒化するとも、あるいは分解して無毒化すると長いこと信じられていた。しかし、環境汚染の結末は食物連鎖の頂点に立つ人類に集約されることを水俣病は見事に示してくれた。しかも、それが工場廃水による史上最大の、しかも初めてのものであったことから、人間と自然との関係、科学技術のあり方などに大きな思想的衝撃を与えたといえる。

一九五六（昭和三一）年五月一日、新日本窒素水俣工場（のちのチッソ）付属病院の細川一《はじめ》院長が「原因不明の中枢神経疾患が多発している」と水俣保健所に報告したことによって水俣病は正式に発見された。

水俣湾周辺の漁村のあちこちで、漁民やその家族で言葉がもつれ、手指のしびれ、動作拙劣、歩行不安定なり、聴力障害をきたすものがみられ、ついには寝たきりになり、全身の痙攣を伴い、流涎（よだれ）、犬吠様の呻き声をあげて死亡していった。人々は、最初、伝染病と恐れ、患者や家族は村八分にされてしまった。

早速、熊本大学医学部に水俣病研究班が組織され研究がはじまったが、原因究明は決して容易ではなかった。医学者は工場内部や生産過程に無知であり、工場は企業秘密を理由に内部のことを教えなかったのである。

このような環境汚染はある日突然に起こるものではないから当然であるが、人の発病以前に自然界ではすでに異変がみられていた。すなわち、一九五〇年頃からこの水俣湾周辺では大量の魚貝類が斃死し、海鳥が空から落ち、ネコが痙攣して狂死するなど奇妙な現象がみられていた。

研究班によって何らかの中毒性疾患であること、魚が何か毒物によって汚染されていること、それを食べたネコ、人に発病していることなどはすぐ明らかになった。しかし、原因物質が明らかでないという理由でチッソは責任をとろうとしなかったし、行政も何ら有効な手をうたなかった。

水俣病は主として四肢末端の感覚障害、運動失調、視野狭窄、言語障害、難聴、振戦（ふるえ）などが共通にみられており、比較的特徴的な症状を示すことが臨床的研究で明らかになった。病理学的研究でも臨床症状に対応して特徴のある所見が確認された。そこで、このような特徴をもつ既知の疾患は何かということで、世界中の症例報告を検討した結果、一九四〇年にイギリスの有機水銀農薬工場でおこった中毒例と臨床症状も病理所見も一致したのである。この報告者の名にちなんで、この症状群を〝ハンター・ラッセル症状群〟と呼んで有機水銀中毒の特徴症状とした。これによって、原因は水銀にしぼられ、患者や水俣病ネコの血液、毛髪、臓器から、また、魚貝類や水俣湾の底の泥土などから高濃度の水銀が検出され原因究明は一挙に進展した。その後も動物実験がくり返されて有機水銀中毒であることが確認され、さらに、魚貝類から有機（メチル）水銀の抽出結晶化に成功することによって原因は確定した。それをうけて、厚生省食品衛生調査会水俣食中毒部会（熊大研究班をまるごとかかえこんで一九五九年一月発足した）は、一九五九年一一月、〝水俣病は魚貝類に含まれる有機水銀中毒である〟と正式に結論づけた。さらに、その後、アセトアルデヒド工程で触媒に用いた水銀が有機化して廃水とともに流されたことも明らかになった。

原因が明らかになると補償問題が表面化してきた。同年一二月、厚生省は水俣病患者診査協議会（のちの認定審査会）を発足させ、患者の認定に介入し一定の枠をはめた。そして一二月三〇日、チッソは患者家族互助会（当時の患者七九名）との間に見舞金契約を締結して、成人年五万円、小児三万円を支払うことになった。後に、この見舞金契約は裁判所をして、「患者の無知につけこんだもので公序良俗に違反するので無効」といわしめるほどのものであった。しかし、これで〝水俣病は終わった（解決した）〟とされたために、〝患者の発生は終わった〟〝もう魚は安全だ〟などの誤った既成事実がつくられていった。

水俣病の研究が始まって間もなく、多発地区に生まれながらの脳障害児が多数生まれていることが気づかれた。当時、母親の胎盤は毒物を通さないと一般に信じられていたし、母親の症状は患児に比べると軽微であったことなどから原因不明のまま放置されていた。しかし、その後、二人が死亡し解剖されたことと、臨床的、疫学的研究の積み重ねによって、一九六二年一一月、〝母親の胎盤を経由したメチル水銀中毒、胎児性水俣病〟との最終結論に達した（現在、四〇名が確認）。

環境を汚染することは子宮を汚染し胎児に重篤な傷害を与えることが明らかになった世界で初めての例となった。その後、PCB胎児症、サリドマイド児、ダイオキシン奇型児や放射線による胎児障害などが明らかになり、今や胎児は重大な危機にさらされており、その先がけであった。

一九六五年六月、新潟市阿賀野川流域で第二水俣病が発見された。汚染源は上流六〇㎞にある昭和電工鹿瀬工場の同じくアセトアルデヒド工場であった。患者の発見や原因究明には新潟大学医学部があたった。一九九二年四月現在、認定患者数は六九〇名（死亡二五九名）である。第二水俣病の発生は水俣の教訓が生かされなかったことであるが、

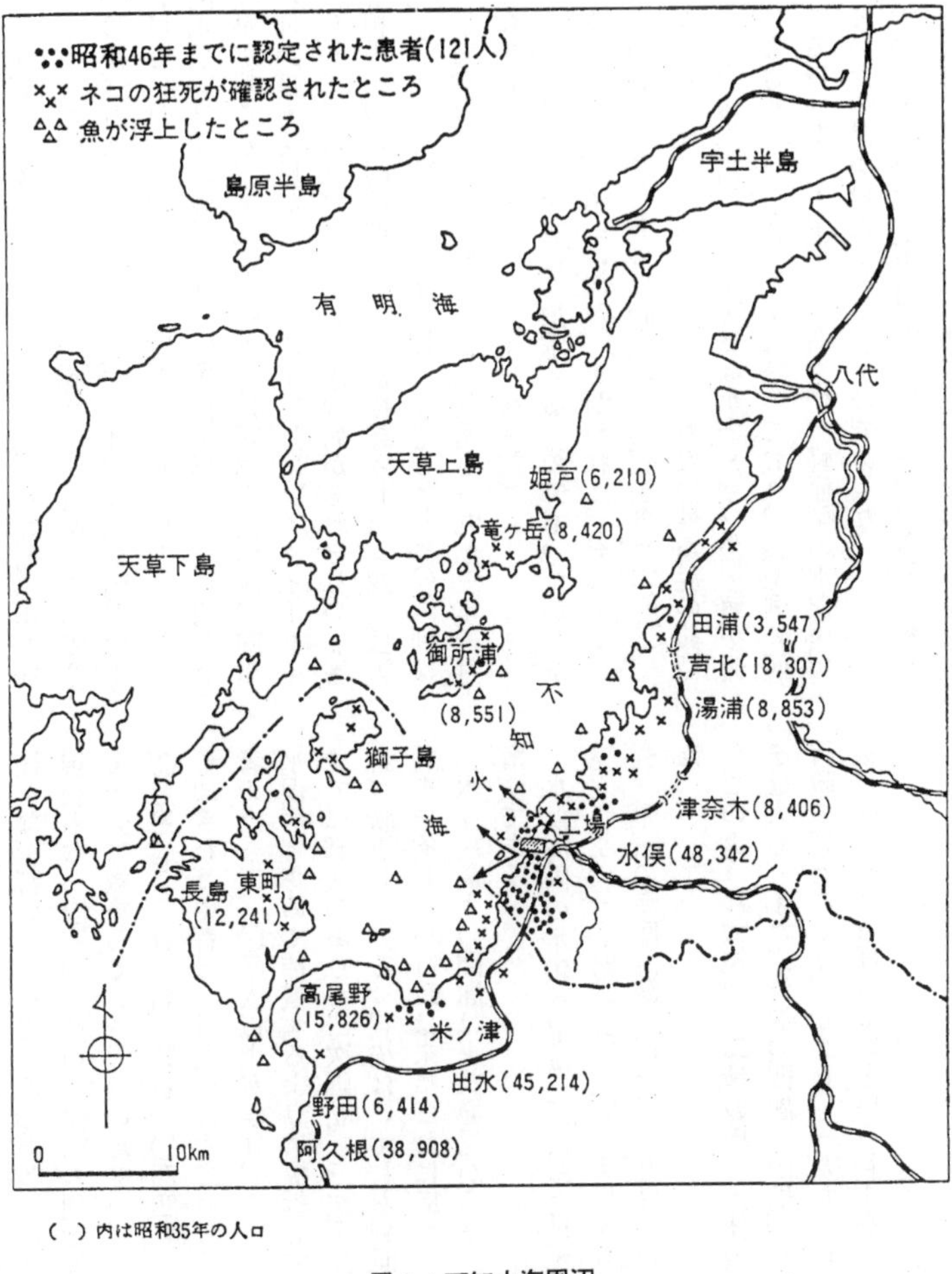

( ) 内は昭和35年の人口

図1　不知火海周辺

同時に第一水俣病を再び見直す契機となった。

新潟の例やその後発生したイラクの例（一九七〇年）などから、毛髪水銀値五〇㏙、魚貝類で〇・五㏙などの安全基準が設定された。しかし、現在、慢性水俣病や胎児性水俣病に関しては、この基準に疑問がもたれている。

新潟水俣病発見以後、一九六〇年代後半には全国的な反公害運動が起こり、一九六七年六月に新潟水俣病が、同年九月には四日市喘息が、一九六八年三月にはイタイイタイ病が、そして、一九六九年六月に水俣病がそれぞれの加害企業を相手に損害賠償請求の訴訟が提起された（四大公害裁判）。そして、一九七〇年にはいるとこれらの裁判は次々と患者側の勝利で終わった。水俣病も一九七三年三月二〇日に患者勝訴で終わった（第一次訴訟）。

これらの裁判は企業責任を追求するものであったが、水俣では改めて〝水俣病とは何か〟が問われた。それまで、水俣病といわれてきたものは胎児性水俣病を含めて一二一名でしかなかった。これらはごく限られた急性重症の典型例であって、氷山の一角にすぎなかった。〝水俣病が終わった〟とされて一〇年、汚染は続いており、典型例の何十倍もある慢性型、不全型、非典型型、軽症型の水俣病が発生していたのだが無視されてきたのであった。

一九六〇年当時、不知火海沿岸には二〇万人をこえる人々が海と深く係わり合って生きていた。そのころネコの狂死が確認された地区に限っても一〇万人の人々がいて同じ汚染魚を多食した。これらの人々に程度の差があれ、様々な影響がみられることは当然のことであった。しかし、現在もなお固定的な狭い水俣病の判断条件でこれらの患者を十分に救済しているとはいえない。一九九二年四月現在、認定患者二二五二名（死者一〇四四名）であるのに対し、棄却された患者は一万人をこえている。この棄却された患者のうち二一〇〇人以上が現在、チッソ・国・県を相手に水俣病と認めて補償するように提訴している。このうち、すでに判決のおりた二次訴訟、三次訴訟の一陣はすべて患者が勝訴している。判決はいずれも判断条件の不合理、矛盾を指摘したが行政は未だこれに応えていない。救済という水俣病最大の問題は正式発見から三〇余年ののち未だ未解決である。

水俣湾内の水銀ヘドロについては総事業費四八五億円（チッソ六三・五％）で一〇年かけて五八万㎡の埋立と一五一万㎡の海底浚渫を行い、一九九〇年三月、一応終了した。

このような大規模な環境破壊と人体破壊をおこし、被害を拡大し、未だ未解決の問題を山積させている主な原因は行政の姿勢による。しかし、一九九二年二月七日、東京地裁は国・県に責任はないという判決を下した。（原田正純）

カネミ油症事件

カネミ油症事件は一九六八年に北九州を中心に起きた日本最大の食品公害事件である。

ポリ塩化ビフェニール（ＰＣＢ）が混入した食用油を摂取したことで、認定患者だけでも一八五七人にのぼる被害者を生んだ。患者は西日本全域にひろがった。

事件は六八年の二月から三月にかけて、西日本一帯で四〇万羽ものニワトリが急死したことに始まる。原因はカネミ倉庫（北九州市）製のダーク油を使った飼料にあると判明したが、調査にあたった国（農林省）が、そこで食用油も作られ出荷されているにもかかわらず、その点検を行わなかったことで悲劇を拡大することになってしまった。同じ年の八月から一〇月にかけて、各地で人体被害が顕在化する。

カネミの食用油で天ぷらなどを揚げて食べた家庭で、全身に吹出物が出る、手足のしびれや顔が黒ずむなどの症状が出はじめたのである。

原因をつきとめたのは九州大学の油症研究班であった。朝日新聞記者らが研究室に持ちこんだ食用油からＰＣＢ（Polychlorinated Biphenyl）が検出される。一一月にはカネミ倉庫に立ち入り調査を行って米ぬか食用油へのＰＣＢ混入を確認し、それが油症の原因であることをつきとめた。脱臭工程で熱媒体として使っていた鐘渕化学工業製のＰＣＢ（カネクロール四〇〇）がパイプの穿孔から漏れて食用油に混ざっていたものであった。

吐き気、無気力、皮膚への色素沈着、クロルアクネ（塩素痤瘡）など、有機塩素系毒物が体内に入って生ずる独得の症状を訴える患者は、当時届け出のあっただけでも一万四千人余りに達した。しかし厳しいふるいでカネミ油症の認定は症状の顕著な一八五七人だけとされた。胎児にも影響が及び死者さえ出るなかで犠牲者救済の手はうたれず、被害者自らが立っての法廷闘争がはじまる。

一九六九年二月、カネミと鐘渕化学工業を相手に福岡在住の患者が福岡地裁へと訴えを起こしたのを皮切りに、八六年一月までに七グループの原告団が国をも被告の座にすえて最高裁に到る訴えを続けた。八七年三月二〇日には、最高裁の勧告に基いて被害者原告団と鐘渕化学工業との和解が成立、法廷における責任追及は一段落を記した。解決金二〇億円を含む総額一〇六億円を鐘化は原告に支払った。

しかし「命あるいま救済を」と叫びながら二〇年近くに及んでしまった被害者たちの肉体的精神的苦痛を償うには、それは充分とは言えなかった。和解当日に発表されたカネミ油症事件統一原告団と弁護団の声明にもその苦しさはにじみ出た。

「……本和解の成立は、鐘化の合成化学物質製造企業としての責任を事実上認めたものにほかならない。……しかしながら本和解の成立によってカネミ油症被害の全面的救済がおこなわれたものでないことも明白である。被害の全面救済のためには、治療法の確立、治療費の保障、そして国との訴訟関係の処理など、未だ残された課題も切実である。国はこれまでカネミ油症被害の救済の必要性緊急性を繰り返し認めながらも極めて不充分な対応に終始している。……」

いっぽうで、その前年一九八六年に出された福岡高裁判決が、下級審の原告勝訴をくつがえして国と鐘化を免責するという不当な逆転判決であったことをふまえると、和解は被害者と支援運動が手を携えてきたことの一定の成果であったとも評価された。

カネミ油症事件が示した教訓は、単に被害者と被告企業の間のやりとりということにあるのではない。数知れぬ危険な化学物質が、食品の加工、生産の過程で様々に利用されている今日、誰もがいつ食品公害の犠牲にされるか判らない、という構造のなかに住んでいるという危険を白日のもとにさらしたという点にあるのである。

法の適用ということで見れば、過失はどこにあったのかのみを問う結果「作業員の工事ミス」で問題は生じたことになり、危険物を食品産業に売りこんで使わせていた鐘化も、調査と救済を怠った行政も、共に責任がないという解釈（福岡高裁）さえ成り立ちうるという危うさも知らされることとなった。こうした考え方に立てば、たとえいかに激甚な被害が生じても企業と行政の側はおおむね免罪され、被害者ばかりが泣き寝入りするしかないこととなる。アメリカのスーパーファンド法（総合的環境対処補償責任法）などに貫かれている、企業に対する無過失責任主義、つまり汚染をひきおこした場合は法的過失が全くなかったにしても当然連帯賠償責任を負う、といった原則とは雲泥の開きを示すのである。

しかも他の公害事件と同じように、ハンディのある被害者の側が身体にムチ打ちつつコッコッと資料をあつめ、企業の側の不法性を立証せねばならないという日本の法制度の後進性も、事態の悲惨さに拍車をかける。さらに一〇年二〇年といった長期審理が患者の側の精神と肉体の限界をおびやかしもする。そのうえ加害企業が零細であった場合には、被害者は補償さえも手にできぬことがあり得るのである。

油症事件は企業の側にも教訓を残した。どう言い逃れようと、鐘渕化学も結局は一〇〇億余円の補償をせざるを得なかったように、無責任な姿勢は高くつくということを教えている。化学工業界は、自社が製造した化学製品の安全性について問われつづけるのである。

和解は、司法の限界につき当たった被害者の、残された一筋の選択肢であったのかも知れない。しかし健康を奪われ、生命までも奪われた結果として、一人あたり三百万円という見舞（解決）金ではあまりに低い。そのうえすでに支払われていた仮執行金なども被害者は返還しなければならなかった。治療費は、従業員一〇〇人というカネミ倉庫が年に一億三千万円を負担している。だが経営不振は支払いの滞りにつながり、患者の自己負担を強いたりもしている。

行政の動きが常に後向きであったのもカネミ油症事件の特徴である。ＰＣＢの販売・使用禁止が打ち出されたのは事件から四年も経ち、世界最高といわれるＰＣＢ環境汚染が進んでしまった七二年のことであった。七三年になって厚生省は「『食品事故による健康被害者の救済制度に関する研究会』を発足させたが企業の負担金制度の公平化が難しい、などとして放置されたまま」（「朝日」八七・三・二一）となった。

カネミ油症、すなわちＰＣＢ（及び関連物質による）中毒症の治療法も未確立なのに、そのための治療研究費に国は六五〇〇万円という僅かな予算を組むだけである。体内に蓄積されてしまったＰＣＢを排出させる方法はまだない。だが油症患者の体脂肪中に残留したＰＣＢ、ＰＣＱ（Polychlorinated Quaterphenyl）に加えて、肝臓にＰＣＤＦ（Polychlorinated Dibenzo Furan）の蓄積があることも確認されている（「ファルマシア」№6　一九八一）。ＰＣＢの熱反応などで生ずるＰＣＱは残留性が高く、ＰＣＤＦは広義のダイオキシン類に属する極めて毒性の強い物質である。さらには、毒性においてダイオキシン並みとされるコープラナ（coplanar）ＰＣＢの混入も重大である。一九七九年には台湾・台中県でも類似の油症事件が発生し、やはりＰＣＢ・ＰＣＱ・ＰＣＤＦが一〇〇〇人をこえる患者の血液中から検出されている。今やカネミ油症は「ＭＩＮＡＭＡＴＡ」と同じように、「ＹＵＳＨＯ」として国際用語にさえなってしまっている。

カネミ油症患者は今日でも全身の倦怠感や内臓疾患に苦しむ。とりわけ疫学的にみて肝臓癌の多発が認められるという報告は深刻である。

まさに日本の政治の貧しさが患者をここまでに追い込んできた。被害者への恒久的救済策にとどまらず、製造物責任、汚染者責任の立場に立つ救済制度の確立が急がれなくてはならない。それなくしては、第二の油症事件の発生を、またもや悲劇として記録しなければならないかも知れない構造があるからである。

（中村梧郎）

イタイイタイ病

富山市の南南西には婦中町を中心とする広大な水田地帯が広がっているが、その中心を流れる神通川は富山市の西側を通って日本海にそそいでいる。

この水田地帯には、大正年代から中年過ぎの農家の主婦がかかるイタイイタイ病という風土病のあることが知られていた。大腿部、腰部に感じる痛みが数年ないし一〇年ほどのうちに全身に広がり、アヒル様の歩き方をするようになり、やがてほんのわずかなことで骨折を起こし、そのために骨格も変形、身長も短縮して歩けなくなり、わずかの体動でも激痛におそわれ、〝痛い、痛い〟と泣き叫びながら死んでいくというのであった。

長いあいだ原因不明とされていたが婦中町で父の遺業を継いで開業していた荻野昇氏は、父および自分の診療録から患者の発生が神通川の流域に限定されていること、上流にある神岡鉱山の鉱害でアユが浮いたりしたことがあることなどから鉱毒原因論を考えるようになり、昭和三二年に富山県医学会でこれを発表した。

その後、岡山大小林純氏の協力分析により、その川水が亜鉛、鉛、ヒ素およびカドミウムを含むことを知り、また本症の臨床症状が慢性カドミウム中毒の記載とよく一致し、さらに本症で死亡した患者の骨がカドミウム、亜鉛、その他の重金属を大量に含むことを確かめることができた（昭三六）。

また、同地域の飲料水・農産物・川魚などからも高濃度のカドミウムが検出され、被害者数百名は同四三年から会社に対して訴訟を提起し、ついに勝訴した。

カドミウムは、腎臓を傷害してカルシウムを失わせ、カドミウムは骨に沈着し、それを脆くし、折れやすくするのであると考えられているが、動物で再現するためには銅の関与が必要であるという説もある。

カドミウムで汚染された農地は、表層土を入れ替えないかぎり耕作できない。

（高橋晄正）

四日市喘息

三重県の四日市市は、伊勢湾に面した白砂青松の美しい浜辺であったが、昭和三〇年に国がそこにあった海軍燃料廠跡地を昭和石油シェル資本に払い下げたことによってその地域は大きな石油コンビナートへと発展し、環境は一変した。

同三四年ごろからこの地域に喘息症状で苦しむ人がふえはじめ、四日市喘息といわれるようになったが、それは夏冬の季節風が二つのコンビナートの煙突の排気が重複する居住地区に多発していた。

同四二年九月、被害住民たちは六社を相手に訴訟を起こし、四年一一ヵ月に及ぶ裁判がつづいた。

三重県立大医学部の調査によって磯津地区の大気中のイオウ酸化物（不良重油の燃焼によって発生する）の濃度は、

風下となる一一月―四月の冬季にとくに増大し、その平均濃度は環境基準値の二―三倍に及ぶことが明らかにされ、四日市喘息はそのために呼吸器粘膜などが傷害され、閉塞性呼吸器疾患となったものと推定された。

一般市民にとっては当然のことと思われるのに、会社側はどの会社がどれだけ加害に関係したかが明らかでない上に、各社がお互いに被害発生を認め合っていた事実がないとして、共同不法行為であることを認めようとせず、これが法廷での最大の論点となった。

また、汚染大気が閉塞性呼吸器疾患をおこすメカニズムが解明されていないなどとして四日市喘息が大気汚染によるという因果関係を認めようとしなかったが、判決では「疫学的相関関係がはっきりしていれば細かいメカニズムについての科学論争は必要ない」として、患者側勝訴となった。

会社はボイラーに脱硫装置をつけたり、工場周辺に植樹をしたりして大気汚染の防止に努力し、患者の発生は著しく減少した。

（高橋晄正）

森永ヒ素ミルク事件

昭和三〇年五―八月ごろ、西日本を中心に乳児に高熱、下痢、貧血、吐き気、頭痛、黄だん、知覚障害、腹痛、肝臓肥大などを訴える奇病が多発した。のちに国が行った調査で、その数はほぼ一二〇〇〇名、死者一〇〇名と発表されているが、未確認の者の数は数万に及ぶと推定されている。

岡山県は最多発地区であったが、大学病院などでは医局員や看護婦のなかで、森永ミルクが疑わしいと囁かれていた。岡山大小児科の浜本英次教授は森永乳業からの抗議を受けて医局員に口止めしたといわれているが、この時点で早急に患児、非患児の飲んでいたミルクの銘柄調査を行うべきであった。

やがて入院直後に死亡した患児の解剖が行われ、医局員の指摘でそれが「ヒ素沈着症」の記載と符合することを知り、法医学教室でその子の飲んでいた森永ミルクMFを分析したところヒ素が検出されたのである（八月三〇日）。

そこで県衛生部、岡大小児科、森永乳業の三者で善後策を協議することとなり、森永から送られてきた一三種類の添加物を法医学教室で分析したが、どれからもヒ素は検出されなかった（あとで判ることだが、肝腎の第二リン酸ソーダは送られて来ていなかった）。

ところが数日後、森永はとつぜん岡大に送付していない第二リン酸塩からヒ素が検出されたことを新聞発表するという異様なことをした。

森永の被害補償について第三者機関（五人委員会）がつ

くられたが、急性中毒事故として取り扱い、後遺症を考慮しなかったことがのちに問題になる。

それから一四年後、大阪大学公衆衛生学の丸山博教授が養護の先生たちとともに養護施設を訪れ、ヒ素ミルク中毒児たちが知能や身体障害などのために入所していることを明らかにして、大きな社会問題となった。

（高橋晄正）

サリドマイド禍

一九五七年ごろから西ドイツの各地で、あざらしのような手足をした子どもの誕生が相次いだ。学会でも問題となり、学者たちはその発生状況から西ドイツで生産されている何らかの毒物によるものだろうと推定したが、それが何であるか判らなかった。

一九六一年、妹の出産に衝撃を受けた一市民が同じような子を生んだ知人たちを訪ね歩き、ついにみんなが妊娠中に睡眠薬コンテルガンを服用していることをつきとめ、ハンブルグ大学小児科のW・レンツ氏（講師）に確認を依頼した。

彼はあざらし状四肢異常児を生んだ母親二〇人のなかで一八人が妊娠初期にそれを飲んでいることの証明があるのに、健康な子を生んだ母親一九人中にそれを飲んでいるのは一人しかいないことを知った。

レンツ氏はこのことを学会で報告するとともに、コンテルガンを製造販売していたグリューネンタール社に販売を中止するよう申し入れたが会社は応じなかった。

ウェストファール州政府は市の公会堂で両者を対決させ、会社が世界各国から回収をしないなら州政府がそれを行うと言い渡し、会社はそれに応ずることとなった。

連絡をうけた大部分の国では年内に販売を中止したが、わが国の厚生省は動物実験で確認されていないなどの理由で中止の必要なしと大日本製薬に通知した。

ブラジルは翌年一月に中止し、大日本製薬は世界の動向を見て五月に問屋への出荷停止をしたが、小売店には何らの指示もしなかったために、それを飲んで被害を受けた例もある。国としては現在にいたるまで何の規制もしていない。

その発生数は西ドイツ五、〇〇〇人、イギリス九〇〇人、スウェーデン一〇〇人などで、日本は一、〇〇〇人といわれているが、薬剤の生産量から推定すると、四、〇〇〇人となる（日本では足に傷害のある子がほとんど見られない）。

アメリカではFDA（食品薬品局）のケルシー女史が西ドイツから末梢神経炎の報告があり、その原因が明らかにされていないとして許可しなかったために、のちにケネディ大統領から勲章を与えられた。

わが国でも都立築地産院で各妊娠月ごとに一〇名ずつに投与し、妊娠初期に投薬された三名で出生していることが、レンツ報告の六ヵ月前に明らかにされているが、公にされるに至らなかった。

いくつかの地域でサリドマイド剤の導入量のカーブとあざらし型障害児の出産数のそれが九ヵ月のずれをもって一致することが明らかにされ、動物でも薬の量と妊娠日数の種差を考えて適当な初期に与えることによって再現することができた。

西ドイツの検察当局は会社の幹部九名の責任を刑事事件として厳しく追求したが、会社の幹部たちが週三回、計二〇〇回という審理の厳しさに耐えかねてぞくぞく死亡し、会社の存続が危うくなった時点で訴訟を打ち切り、政府、会社、福祉団体の三者が各一億マルクを拠出して被害児の救済に当たることにした。

西ドイツ政府は、それまで薬剤販売についてその責任を製薬会社の自主性に委ねていた旧薬事法の欠陥を認め、数年にわたる調査の上で英・米法に国の規制を強化する形とした。

わが国では、京都で大日本製薬を業務上過失傷害罪で告発した親がいたが、地検はこれを不起訴とした。東京での国と会社を相手とする民事事件は和解によって決着した。結局、国は一銭の金も出さなかったのである。

これまで障害をもって生まれるのは遺伝によるものと考えてきた人類にとって、薬物性の胎児傷害ということがありうることを示したサリドマイド禍は大きな驚きであり、世界各国の薬事行政は胎児毒性をチェックするという新しい課題をこの時点から担うこととなった。

（高橋晄正）

スモン病

昭和三〇年ごろ、三重県、山形県に腹部症状で始まり、しびれ、痛み、脱力などが下半身から次第に上行していく神経病が発生し、その後全国各地にも発生し、しばらくすると消えていくこともあった。

この奇病は次第に学会でも大きな問題となり、同三九年の内科学会で新潟大椿春雄教授の提案によりスモン（亜急性視神経脊髄神経症の英文の頭文字をとったもの）と呼ばれるようになった。

地域的発生と消褪の見られることや家族内発生のあることから感染症が疑われ、病原体を発見したという報告が相次いだが、京都大学ウィルス研究所井上幸重氏らのウィルス説は朝日新聞のスクープによってスモンの患者に絶望感と差別をもたらし、多くの自殺者を出した。

しかし、腸内殺菌剤キノホルムを開発したスイスのチバ・ガイギー社の社内報にはスモン様の神経症状発生例が多数記載されていた。それとの関係は不明だが、東大神経内科豊倉康夫氏らはスモンの緑舌や尿中の緑色結晶に注目し、東大薬学部田村善義氏に分析を依頼し、それがキノホルムと鉄がキレト結合したものであることを明らかにした。

多数のスモン患者について高率にキノホルムが処方されていることを明らかにした椿氏の報告をもとに、国は同四五年九月二日にキノホルムの販売停止を指示し、それとともに患者の発生は急速に消褪した。

この間に、スモンの発生数は公称一万一、〇〇〇名（実際はその二倍と推定される）、死亡者も多数に及び、全国一七地域で国と会社（武田、田辺など）に対する訴訟が起こされ（六八、四七六人）、判決で両者の責任が認められる一方、大部分は和解勧告に応じた。

スモン多発の原因は、国の薬事行政の怠慢、製薬会社の非倫理性、営利追求型の医療制度のほかに、わが国の医学者の研究能力の低さ、研究体制の作り方のまずさなどが関係していると考えられる。（高橋晄正）

薬品公害

科学的な医学の誕生を目前にした一六世紀の初めごろ、スイス生まれの医師パラケルズス（一四九三―一五四一）は、ガレノスの体液医学を否定し、錬金術はよい薬をつくるべきだと主張し、「医療化学」を提唱したことで有名だが、〝薬は本質的に毒である〟という名言を残したのも彼である。

食べものは、毒草、毒魚、毒きのこなどの混存する自然界のなかから手痛い中毒事故の経験を繰り返しながらほぼ安全と思われる食の体系を選び出してきたのである。

病気の場合には、たとえば肺炎になって自然回復できないときに抗生物質を飲むと、肝臓から心臓を経由して肺に達して肺炎菌を弱らせる（主作用）が、さらに目標外の骨髄、腎臓、神経などの機能に好ましくない影響（副作用）が現われる可能性がある。

こうした薬の副作用は、十分に注意しておれば重大な事故にならずに済むのであるが、薬の効果に目を奪われる余り、その陰に重大な副作用が潜んでいる場合でも、その開発・流通の関係者は因果関係の追究に熱心でなく、そのために多数の被害者によって社会問題化されることがある。

このような場合、〝薬品公害〟という言葉が使われるが、これは多発した副作用の発生予防について、その薬を開発した製薬会社、その製造販売を許可した国、処方した医師が職務を十分に果たしていないことが原因と考えられることによるものである。

国際的な薬品公害で最初に問題となったのは、一八八四年に強力な解熱・鎮痛剤としてドイツ医学が誇りをもって世界の医学界に提供した、アミノピリンによる白血球減少症（高率な死）であった。それはアメリカの学者の研究によって確定され、一九三五年のドイツ内科学会は世界の学者の総攻撃の場となった。

戦後、再び国際的な大型の薬品公害が西ドイツを中心に起こった。サリドマイド禍（別項参照）である。これは、それまで先天異常は専ら遺伝によるものと考えてきた世界各国の薬事行政に大きなショックを与え、その後医薬品の製造許可に当たって胎児毒性を重要視するきっかけとなった。

いま一つは、わが国を中心に多発した腸内殺菌剤キノホルム（スイスのチバ・ガイギー社）による神経障害スモン（別項参照）であるが、これも健康保健制度に原因のある薬乱用の体質、原因究明の立ち遅れに見られる研究体制の不備、井上ウィルス説にみられる研究能力のゆがみなどを際立たせたものである。

さらに、これもわが国に多発した注射による筋短縮症がある。これはまだ訴訟進行中であるが、重要な部分を占めている抗生物質の筋注については、開発国であるアメリカやイギリスの能書ではほとんどが重症で経口不能のときと指定しているのに、わが国で国に申請されたときにはそれが取り払われ、かぜなどの軽症の病気にも使えるように改変されていた事実が明らかにされている。

また、アメリカ、カナダ、イギリスなどでは臨床で筋注に使うものは動物でも筋注し、注射局所の組織傷害の程度を調べることとなっているのに、わが国ではそのことを明確に規定していないことも明らかにされてきたなどのことがあるので、今後の判決で国の責任が問われるかどうかが注目されている。

インフルエンザ・ワクチンを幼稚園児から高校生まで義務接種まがいに全面接種してきたのはわが国だけだが、いま調べてみると、最初から理論的にも疫学的にも有効の証明がないままに国によって推進されてきたものであった。

それにもかかわらず、ショック死、接種後脳脊髄炎による重症身体障害を毎年少なくとも数名は発生させてきた、まさに産・官・学共同の薬品公害であった。

薬品公害は、大きな犠牲を払って人類にその本質を理解させてきたが、これからも絶えずみんなで気をつけていかなければならない人類の課題である。

（高橋晄正）

AF 2

AF2は、2－(2－フリル)－3－(5－ニトロ－2－フリル)－アクリル酸アミドという長い化学名をもつニトロフラン系の化合物で、上野製薬が開発し、トフロンという名称で、一九六五年に食品への添加が厚生省によって認められた合成防腐剤（殺菌料）である。その殺菌効果は極めて強力で、同年から、使用が禁止になった七四年までの九年間にわたって、豆腐や、魚肉ソーセージ、かまぼこ、ちくわなど魚肉の練物、さらにハム、ソーセージなどに広く使われていた。

ところが、七〇年代に入って間もなく、ニトロフラン系化合物には強い変異原性があることがアメリカなどで発見され、ＡＦ２の安全性にも疑問がもたれ始めた。七一年、食品添加物評論家の郡司篤孝氏がその著書のなかで、上野製薬の社長が公衆衛生に寄与したとして紫綬褒章を受けたことに関連して、「国民に毒を食べさせて勲章が貰えるのは、日本ぐらいのものだろう」と書いたところ、同社から業務防害として東京地検に告訴され、同氏は起訴された。この事件は、日本でのみ使用されていたＡＦ２の安全性について、広範な議論を呼ぶ契機となった。

日本の遺伝学者たちが、大腸菌、ヒト培養細胞などを用いて変異原性テストを行ったところ、ＡＦ２が高頻度で突然変異を誘発する、実に強力な変異原であることが次々と証明されたのである。これらの実験結果は、日本遺伝学会発行の「遺伝学雑誌」第四十八巻第四号（七三年）にまとめて掲載された。変異原性を示すものは、高い確率で発癌性を示すことが判っていたため、遺伝学者たちは、ＡＦ２の使用を直ちに禁止するよう求めたが、厚生省は、発癌のデータがまだないとして、禁止措置をとろうとしなかった。

この間、日本消費者連盟、婦人民主クラブ、遺伝毒性を考える会などの消費者団体や市民団体も、ＡＦ２追放運動を全国的に展開するに至った。しかし、厚生省は、これら団体に対しても、「発癌の証拠がない」と回答するばかりで、使用禁止措置をとることを拒み続けた。厚生省がようやくＡＦ２の使用禁止措置をとったのは、同省の国立衛生試験所でのラットを用いた実験により、胃癌の発生が確認された七四年九月であった。

一方、郡司氏の記述をめぐる裁判の過程で、厚生省がＡＦ２の使用を許可した際に判断材料とした、阪大医学部病理学教室の宮地徹教授が行ったとされるラットを用いた毒性試験とその結果が明らかになり、試験そのものが極めてずさんなものであったことが露呈した。すなわち、試験は、宮地教授が行ったものではなく、上野製薬によるものであり、同社が資金を出していた「フラン化学研究会」の会員で、かつ同社から研究費を受けていた同教授が名前を貸していたのである。また、試験の内容も、ＡＦ２投与区と対照区に、それぞれわずか一〇匹と六匹のラットを用いただけで、しかも、投与区に用いたラットが、対照区のものより、初めから体重の重いものであったという、まったく試験に値しないものであった。そのうえ、肝臓肥大や睾丸の萎縮などの影響を隠す、意図的なデータ処理もなされていたのである。なお、郡司氏は無罪となり、検察側は控訴しなかった。

厚生省は、申請者自身によるずさんな試験結果に基づいて危険なＡＦ2の使用を許可してしまった。同省が自ら試験することができなかったとしても、提出された試験結果を慎重に検討すれば、疑問が出て、少なくとも再試験を指示できたはずである。また、変異原性が明白に証明されたあとも、発癌性試験にこだわり、使用禁止措置をとるのが大幅に遅れた。この間、九年間にわたって、高感受性の年少者を含む日本人がＡＦ2を摂取させられたことを考えると、同省の責任は極めて重いといわなければならない。この防腐剤が日本における過去の特異的な胃癌の多発の一因となったことは、間違いないのである。

（市川定夫）

伊豆大島火山噴火

一九八六年一一月一五日、伊豆大島は三原山から比較的穏かなストロンボリ式噴火を開始した。ところが、一一月二一日一六時一五分、カルデラ底で割れ目火口が開いた。割れ目噴火は見る見る拡大、激しさを増し、火口は一kmもの長さとなり、溶岩噴泉は高さ一五〇〇mを越えるほどになった。同時にカルデラ内に溶岩流が広がり、東方には洋上までスコリア（黒色の火山礫）が激しく降った。二時間半後には割れ目噴火は外輪山斜面に波及し、溶岩噴泉を吹き上げると共に、溶岩流を大島最大の町、元町に向けて流下させ始めた。伊豆大島は激しい噴火と、断続する火山性地震で波間に翻弄される小船のようだった。裏山からは一〇〇〇度を越す灼熱の溶岩流が襲ってくる。島の南東部で亀裂が発見され、水蒸気爆発が心配された。大島町の反応は速かった。二二時五〇分には全島避難命令が出され、島民や旅行者を乗せた約二〇隻の避難船が次々と東京や下田、伊東などに向け出港し、約一万人の島民の大移動は翌朝六時迄に完了した。

この噴火の特徴は、八〇〇〇万ｔにも及ぶマグマが地下から地表に噴出した規模以上に、割れ目噴火を伴い、その割れ目火口がカルデラの外、人口密集地のすぐ近くまで波及した点にある。大避難のきっかけの一つとなった外輪山での割れ目噴火の規模は一〇〇〇万ｔに過ぎない。伊豆大島は過去四〇年間に約一〇回の噴火を繰り返したが、いずれも三原山からの小噴火で、カルデラの外には影響を与えなかった。しかし過去一〇〇〇～一五〇〇年間の噴火史をひもとくと、ほぼ一〇〇年に一回の割で、一億ｔのオーダーの噴火が繰り返され、山腹での割れ目噴火や今回も心配されたマグマ水蒸気爆発が頻繁に生じてきた。最後の大噴火は約二〇〇年前の安永の噴火（一七七七―一七九二）で、カルデラ底からも大量の溶岩流を噴出した。

伊豆大島に限らず、過去の噴火履歴を学んでおくことは、火山国日本に住む我々にとって最小限必要なことであろう。

（遠藤邦彦）

地附山の地すべり

一九八五年七月二六日午後五時三五分ころ、長野市上松の地附山（標高七三三ｍ）の南東斜面に起こった地すべりで、滑落した土塊の量は約五〇〇万㎥に達し、長野県企業局造成の湯谷団地の五五戸と特別養護老人ホーム・松寿荘の約三分の二とを一呑みにし、松寿荘の入居者二六名の生命を一瞬のうちに奪った。

　この地すべりの原因については、この年の梅雨期の記録的大雨によるとする天災説（長野県当局側）と、バードライン（戸隠有料道路。長野県企業局建設）の建設に際して山肌の削り土で谷が埋められ、山の内部から南東斜面にむかって流下する地下水脈が遮断されたために、山の内部に地下水が蓄積され、地山《じやま》の性質が地すべりを引き起こしやすいように弱体化したことなどによるとする人災説（被害者側）とが鋭く対立している。

　しかし、この地すべりは、バードライン沿いの地点で最初に始まり、ついでその上方の山体に及んだものと認められること、また、天災説の根拠とされた一九八五年の梅雨期の大雨は、長野地方気象台としては観測史上二番目のもので、最大を記録した一九六三年には、地附山にはなんらの地盤災害も発生しなかったことなどから、人災説のほうが正しいと考えられる。すなわち、この地すべりの誘因は、この年の梅雨期の大雨であったにせよ、素因は、バードラインの建設による地山の性質の弱体化ということにあるわけなのである。

　なお、被害を受けた湯谷団地は、過去の地すべりによる土塊が堆積して生成された土地の上に造成されたため、そうした地質上の弱点が大規模な災害につながったと考えられる。

　ちなみに、長野県は、地すべり地帯が多い県で、地すべり等防止法による地すべり指定地域が多く存在するが、地附山は、災害発生後に、ようやく指定地域の仲間入りをした。すなわち、災害発生前までは、とくに地すべり危険地帯とは認定されていなかったのである。

（生越　忠）

琵琶湖問題

琵琶湖は日本では最大の湖であるが、同時にバイカル湖、タンガニーカ湖、カスピ海（塩湖）につぐ世界でも有数の古い湖である。そのために琵琶湖にしかいない固有種も多い。琵琶湖に住む四三種の淡水産の貝のなかでその約半数をしめる二〇種の貝は固有種であるが、これを含めて全部で五〇種類以上の固有種がいる。

全国のアユ種苗の七割をしめる琵琶湖産アユをはじめとして、淡水真珠の養殖に使うイケチョウガイ、味噌汁に使われるセタシジミ、ふなずしの原料になるニゴロブナ、釣り人にも親しまれているゲンゴロウブナやホンモロコ、冷水性の魚であるイサザやビワマスなど、琵琶湖漁業で重要な位置をしめる水産生物はアユを除いてみな琵琶湖の固有種である。

また、琵琶湖は京阪神一四〇〇万人以上の水道水の水源となっているが、このように多数の人々が一つの水源に依存している湖も世界でそう多くない。琵琶湖はこうした多様な価値を持ち、多く人々に多大の恩恵を与えている。

ところで、かつては風景明媚で美しい湖面をたたえていた琵琶湖の水質や自然環境は、最近、急速に悪化した。

一九六〇年頃から琵琶湖はすでに植物プランクトンが増えはじめていた。このころには植物プランクトンが多くなったため、浄水場では濾過障害が起こっている。現在は植物プランクトンを薬品で凝集沈澱した後、砂濾過をする急速濾過法に変わっているので、濾過障害の方はあまり問題になっていない。

しかし、それにかわって一九六九年からは京都・大阪・滋賀などで水道水にかび臭が発生するようになった。これは水が汚くなると増えてくるホルミディウムやアナベナ、オッシラトリアなどの藍藻類が増えたためである（「富栄養化」の項参照）。

その後、一九七七年には、琵琶湖西岸など一帯にウログレナ・アメリカーナというプランクトンによって、淡水赤潮が大規模に発生した。ウログレの毒性により琵琶湖の水を使っている養殖魚が大量に斃死した事件もある。

この赤潮がきっかけとなって、滋賀県では燐を含む合成洗剤を販売・使用・贈ることを禁止する「琵琶湖の富栄養化の防止に関する条例」が制定された。しかし、この条例は無燐の合成洗剤を規制していないので、無燐の合成洗剤が普及した現在、ほとんど意味をなさず、幻の条例となっている。また、琵琶湖の水環境悪化は合成洗剤だけが原因ではないので、これだけでは琵琶湖の水環境の改善には結びつかない。当然の結果として、琵琶湖はその後も悪化の方向をたどった。そして、ついに一九八七年以後には、毎年夏になると毒性物質を含むミクロキステス（「富栄養化」の項参照）が発生してアオコが長期間にわたって続くようになった。

琵琶湖大橋から南側にあたる南湖は、特に汚れが目立つが、わずか二億m³の水量をもつ南湖に比べて、水量が一三六倍もある北湖は比較的きれいに見える。しかし、ここでは夏になると、七〇m以深は、年によって変動があるものの次第に溶存酸素が減少している。この状態がこのまま続けば、あと約一八年の二〇一〇年には湖底は無酸素状態になると予想される。この時には、湖底から植物プランクトンの増殖を促進する物質が溶け出し(「富栄養化」の項参照)、突然に北湖でも植物プランクトンが大増殖するようになる。いままで南湖は比較的きれいな北湖の水で助けられていたのが、逆に北湖から汚れた水が注ぎ込まれてくるようになれば、南湖はさらに加速度的に汚れることになる。今でも南湖はアオコが出ている状態であるから、一八年後は予想もできないほどの環境悪化を招く。しかも、琵琶湖は二七五億tという膨大な水量を持つだけにその回復は絶望的となる。そんなことですでに琵琶湖は危機的な状態になっているといえる。

一方、琵琶湖でも有害物質による汚染の問題が起こっている。古くは一九二七年に東洋レイヨン・旭ベンベルグ人絹工場からの廃水で、魚や貝類が斃死するという事件が起こった。当時、漁民は大挙して県庁に押しかけて、操業の停止を求めたが、行政側は「漁業者が工場作業停止を云々するのは僭越の沙汰」、「国産品として相当重大な影響を及ぼすので要求は認められない」といって相手にしなかった。また、警察力で陳情にむかう漁民を阻止する暴挙も行われた。この解決には六年もかかっている。

一九七二年には貝や魚の中にカドミウム、PCB、水銀が蓄積して水産生物の汚染が問題になった。それらには政府の決めた暫定許容規準すら超えるものも見つかり、漁業者は多大の被害を受けた。琵琶湖でとれた魚のなかには背脊骨の曲がった魚や頭部のねじれたコイ、上顎のないギギなどの魚が見つかる。しかし、それ以上に重大なのは外形は正常にみえる魚でも、レントゲン写真で調べてみると平均して一〇匹に一匹の割合で骨に変形が見られることである。背脊骨の一部が短縮したもの、背脊骨が消失してトゲ(棘状突起)が残ったもの、前後の背脊骨が融合したもの、背脊骨からのトゲが二本以上に枝分かれしたもの、背脊骨にこぶが出来ているものなど色々なタイプの変形魚が見つかる。一九六〇年ころは平均約五%の変形率であったのが、わずか一〇年の間に二倍に増えたのである。我々の気のつかないところで異変が起こっている一つの例である。

琵琶湖の自然環境の破壊も急速に進んだ。一九四三年以後、漁業の上でも、水浄化の上でも重要な機能を持つ内湖・内湾はその四分の三にあたる二五〇〇ha以上が干拓のため消失した。また、湖辺は現在までに四〇〇ha以上が埋め立てられ、今なお、その埋立は進行している。そのため、湖辺の水草地帯は大きな損傷を受けている。湖辺の最近の破壊は一九七二年に毎秒四〇tの新規の水資源開発を前提にして制定された「琵琶湖総合開発計画特別措置法」にもとづく工事によるものが多い。例えば道路建設・湖岸堤造成・人工島の建設・港湾の造成浚渫などである。その結果、昔からの自然の生態系が失われ、魚の産卵場・仔稚魚の生息場を失うとともに、水浄化の作用も低下して水質面でも著しい悪影響を受けた。水産生物では特に最近、琵琶湖の固有種であるニゴロブナやホンモロコなども激減している。ニゴロブナの減少はふなずし業者に大きな打撃を与えている。その上、最近、急増したオオクチバス（ブラックバス）が在来魚の減少に追い打ちをかけ、在来の魚類に決定的な打撃を与えている。水質の悪化と浚渫による底質の悪化で琵琶湖の固有種であるセタシジミも激減し、南湖ではほとんど絶滅した。

将来、新規の水資源開発の発動で琵琶湖の水位がマイナス一・五mからマイナス二・〇mまで低下することがある。これによって、さらに湖辺の生態系が大きな変革を受け、水質はますます悪化することになる。

最近、アメニティ政策の一環として親水性の復権が叫ばれている。しかし、琵琶湖の現実の姿は親水性の回復に名を借りた新たな観光開発や新たな自然破壊であったりする例が多い。琵琶湖の南西部に位置している浜大津は観光船の基地となっている。この付近から東側一帯はかつて大規模な埋め立てがなされ、矢板で垂直の護岸が出来た所やテトラポットが投げ込まれたままになった所もある。そこで湖と人間とのかかわりを遠ざけてしまったことへの反省から、新たに「人工なぎさ」を復元する工事が始まっている。しかし、この「人工なぎさ」は自然環境の復元にはほど遠く、新たな埋め立てを行ったに過ぎない。

自然環境の復活や水質の改善には河川環境、森林など総合的な対策をとることが必要である。しかし、琵琶湖の周辺にはいまなお、湖岸の改変・埋立・リゾート計画・ゴルフ場の造成などによって改善の方向とは全く逆の方向に進んでいる。

（鈴木紀雄）

霞ケ浦汚染

霞ケ浦は茨城県南に位置し、湖面積約二二〇㎢（北浦を含む）で、琵琶湖に次ぐ日本第二の湖である。海抜高度〇・一六mで低地にあり、平均水深四mと浅く、流域では筑波山以外に山地はなく、富栄養化しやすい。『常陸国風土記』成立当時（約一二〇〇年前）は内海であったが、江戸期の利根川東遷工事によって河口部付近に利根川が運んだ土砂が堆積し、次第に内陸湖となった。その後昭和三〇年代までは水質が良好で、帆曳舟によるワカサギ・シラウオ漁も行われ、湖水浴が可能であった。

しかし、昭和三八年に塩害と洪水防止を名目に完成した常陸川逆水門によって、昭和四五年頃にはほぼ完全に淡水化され、閉鎖生態系となった。また流域の都市化による人工増加や産業化によって汚濁負荷量が増大し、富栄養化が急速に進行した。昭和四八年にはアオコ（藍藻などの植物プランクトン）が大発生し、酸欠による養殖鯉の大量死がおきた。その後、アオコの発生は毎年夏繰り返され、湖水を原水とする水道水の水質悪化、腐ったアオコによる悪臭の発生、漁獲高の激減、観光地（水郷筑波国定公園）としてのイメージ低下など様々な弊害が出ている。

茨城県は「琵琶湖富栄養化防止条例」にならい、昭和五七年に「霞ケ浦富栄養化防止条例」を施行し、これに基づく富栄養化防止基本計画や指導要綱を策定し対策を講じている。また、昭和五九年に公布された「湖沼水質保全特別措置法」に基づく同法施行令によって、霞ケ浦は特に汚濁が進み、総合的に水質改善施策が必要な湖として指定を受けた。これによって、茨城県は霞ケ浦の水質保全計画を策定している。

茨城県の対策は、生活系排水、工場・事業場排水、蓄産排水、魚類養殖など、特定可能な点源に対して、重点的に窒素、燐の削減策を講じるもので、一部の流入河川の水質に効果が表われている。しかし、農地やゴルフ場などの面源対策は遅れている。一方、湖内対策は建設省の管轄であり、ヘドロの浚渫、アオコの回収が行われているが、全体量からみると微々たるものである。かつての霞ケ浦では、流入河川の河口部付近の浅瀬に広大なアシ原が発達し、自然浄化機能が高かったが、干拓と人工湖岸化により大部分が失われた。近年、建設省等によりアシ原の復活実験が試みられている。また、建設省は霞ケ浦浄化と首都圏の水資源開発を名目として、霞ケ浦導水事業を進めている。これは、直径四ｍの巨大な地下導水管により、利根川と那珂川の河川水を年間三億ｔ導水するもので、一六〇〇億円を超える予算規模で平成一〇年頃の完成をめざしている。しかし住民側では、この事業は流域の変更を伴い、生態系への影響が危惧されることから、その目的及び効果を疑問視する意見もある。

こうした行政による霞ケ浦対策にもかかわらず、水質改善は遅々として進んでいない。湖水の平均ＣＯＤ値は最悪期を脱して低下傾向にあるが、全窒素、全燐は横ばい状況にある。アオコの発生も毎年繰り返されている。このため、市民運動側からは、「霞ケ浦富栄養化防止条例」は、自然浄化機能が高い土地利用である山林・農地が乱開発により減少し、市街地化することを抑止できず、強力な面源負荷対策も実施できないので、条例の限界が見えてきたとする指摘がなされつつある。

「霞ケ浦富栄養化防止条例」により、洗剤の無燐化はほぼ実現したが、合成洗剤は依然として多量に使用されている。山林・農地・ゴルフ場で使用される農薬類も河川を経て霞ケ浦に流入し、水生生物の生存を脅かしている。このように近年は、化学物質による湖水の汚染が深刻になっているが、「富栄養化防止条例」では全く対応できない。また、湖水を原水とする飲用水は既に五六万人に利用され、生物処理法などの高次処理により日本一料金が高い水道水となっているが、浄水工程で加えられる大量の塩素によって生じる発癌性のトリハロメタンが問題になっている。

二一世紀を目前にして茨城県南地域は、霞ケ浦周辺のリゾート開発計画、つくば市を中心に一〇〇万都市化をめざす「グレーターつくば構想」、首都圏の機能を周辺に分散させようとする「業務核都市構想」、「常磐新線」、「首都圏中央連絡自動車道」など、霞ケ浦汚染に拍車をかける、国や県の大規模開発計画が目白押しの状況にある。これらの開発計画が霞ケ浦浄化対策に対して、どのような整合性を持つのか、行政の一貫性が問われるべきである。このような危機的状況のなかで、今後は生態学的認識に基づき、各流入河川の集水域ごとに自治体の枠を越えたキメ細かい流域管理を基礎として、逆水門の開放や森林・農地の強力な保全策など、多種多用な生物が生息する、自然度が高い霞ケ浦に再生させるための抜本的施策を実行しなければ、母なる霞ケ浦は、本当に生命を宿せない、死の湖への道をたどることになる。

（沼澤　篤）

宍道湖・中海の淡水化

事業の概要　宍道湖は島根県に位置し、中海は島根県と鳥取県の県境に位置し、湖面の広さは、宍道湖が七九・一六km^2で全国第六位、中海が八六・七九km^2で同第五位である（一九八九年一〇月一日現在）。両湖は、約七kmの大橋川で結ばれており、海水が中海を通り、大橋川から宍道湖に逆流して、海水と淡水が混ざる汽水湖の状態にある。

大正時代に、治水目的の大橋川浚渫工事が実施されると、これによって海水の逆流が頻繁となり、一九三一（昭和六）年頃から宍道湖の塩分が急増し、沿岸農地に塩害をもたらすようになった。この頃から、宍道湖淡水化論が主張されるようになった。

戦後、宍道湖淡水化計画は、島根県が策定した「斐伊川・宍道湖・中海総合開発計画」（一九五四年）において具体化されるところとなり、淡水化事業と農地干拓事業がセットになった開発計画となった。

その後、一九六三年度に国の予算が付き、事業がスタートした。事業は、次の三つの内容からなっている。

(1)中海における二五四二haの干拓事業。干拓工区は、本庄・揖屋・安来・彦名・弓浜の五地区あり、最大面積は本庄地区の一六八九haである。当初の計画では、水田稲作と酪農を目的としていたが、一九七〇年二月、農林省事務次官通達により、新しい開墾や干拓を見合わせる開田抑制策がとられて以降、作目を、酪農、養蚕、野菜、花卉に変え、干拓事業を継続してきた。

(2)中海・宍道湖の淡水化事業。二つの湖と海との接触地点に水門をつくり、淡水湖にする事業である。淡水化の目的は農業用水の取水であるが、工業用水や飲用水への利用を期待する意見もあった。

(3)新しい干拓農地と沿岸既耕地に対して農業用水を供給する事業である。給水予定面積は、干拓農地一九六二ha、沿岸農地七三〇〇haである。

開発事業は、農林水産省の直轄事業として実施されてきた。総事業費は、一九八八年度（淡水化事業の「凍結」された年度）で九九〇億円、八七年度末までに七二〇億円が使われていた。

事業の問題点　干拓・淡水化事業は、広範囲にわたる影響が予測された。その主な事項は、①水質・生態系への影響、②景観・アメニティへの影響、③洪水災害の危険、④地域経済への影響、⑤地方財政負担の増大等である。

特に、沿岸住民が最も危惧したのは、湖の水質の悪化、生態系への影響であった。淡水化事業は、潮汐に伴う潮の干満をなくすため、海水のもつ浄化作用をなくし、湖水の停滞をまねき、有機物や栄養塩の沈殿池化を促すことになる。また、淡水化は、アオコの発生を抑制している塩分をなくすため、淡水化の実施された霞ケ浦や児島湖のような、アオコの大発生と水質汚濁をまねく危険性が高かった。

この事業は、地域経済の振興を目的としたが、環境アセスメントの実施はなく、また、環境保全への配慮もなく着手されたものである。一九八四年八月、農水省側は、『宍道湖中海淡水湖化に関連する水理水質及び生態の挙動について』（中間報告）を発表し、「淡水化後の水質について湖の現状程度の水質をほぼ維持しながら進めていくことが可能」と結論した。しかし、この結論は、その後、科学者と住民の批判によって、水質・生態系への影響に対する見通しの甘さが科学的に明らかにされた。

また、減反政策の一方で干拓農地を造成する予盾も指摘され、日本一の漁獲高を持つ宍道湖の湖沼漁業の衰退や、湖の汚濁に伴う観光のデメリット等から、地域経済としても利益のない事業であることが明らかにされた。

宍道湖・中海の干拓・淡水化事業は、環境政策としても地域産業政策としても欠陥を持つ事業であった。

淡水化事業も干拓事業も「凍結」　一九八一年一一月、宍道湖漁協（組合員一三〇〇人）が、淡水化事業の延期を要望する決議を行った。翌八二年六月、「宍道湖の水を守る会」が結成された。松江青年会議所は、同年七月、新聞に「勇気をもって立ち止まれ」と淡水化反対の意見広告を掲載。同年一〇月から、「淡水化を考える会」が、「中海・宍道湖の富栄養化防止条例」の直接請求運動を開始し、翌八三年二月、二四、四〇六人の賛同署名を添えて本請求した。この頃から、沿岸に多くの住民団体が生まれ、住民運動が広範な広がりをもつようになった。

一九八四年の農水省の「中間報告書」提出後、「中海・宍道湖の淡水化に反対する住民団体連絡会」が結成され、住民運動の大同団結により反対運動の飛躍的な発展をもたらした。

一九八八年五月三一日、島根・鳥取両県知事は、各県議

会の全員協議会において、「淡水化事業は当分の間延期するのが望ましい」との意見表明を行い、七月五日、農水相がこれを認め、淡水化事業は「延期」という表現ながら、「凍結」された。そして、二年後の一九九〇年一二月、島根県議会は、知事提案の「本庄工区の干拓は当分の間延期するのが望ましい」との見解を了承し、淡水化事業についで最大工区の干拓の事業も「凍結」された。

国家プロジェクトが、環境問題を最大の争点として住民運動により事業途中で「凍結」されたのは、このケースが初めてである。我が国の環境と開発の歴史において画期的な結論を導いた宍道湖・中海干拓・淡水化事業の凍結は、次の二つの要因によってもたらされた。

第一に、住民運動が、政策の内在的批判を通じて、科学論争と政策論争に勝利したことである。スローガンと決起集会程度では、行政と政治の厚い壁を突破することは難しい。宍道湖・中海の住民運動では、専門科学者や行政の専門畑の人の知識を広く受け入れて学習し、科学的批判と一歩先んじた政策提言で局面をリードした。水質汚濁問題についても、農水省側は、汚濁しないとか、現状程度の水質を維持するとかの主張を最後まで貫くことは出来ない状況に追い込まれた。

第二に、行政も政治も無視できないほどの広範な世論が、事業の中止を積極的に意思表示したことである。淡水化反対署名には沿岸住民（一二市町四四万人）の過半数が賛同（八四年一〇月～八五年七月）、島根県景観保全条例の直接請求には沿岸有権者の四三％が賛同（八八年一月）、米子市の住民投票条例の直接請求の成立等に見られるように、環境保全を願う世論の広がりがつくられた。最終段階におけるマスコミの世論調査では、「淡水化反対」の意見が七四％を占めた。経済界においても、松江商工会議所が「淡水化反対」を決議（八七年一二月）、島根県経済同友会代表幹事三名の「淡水化中止、本庄工区干拓中止」所感（八八年四月）等により、事業の中止に同調した。

干拓・淡水化事業「凍結」の意義　直接には、公共事業による宍道湖・中海の環境破壊を防いだことであるが、それにとどまらない意義を持っている。

七二〇億円を投入した国の直轄事業が完成寸前にして、環境保全を最大の理由として「凍結」されたことである。我が国の公共事業は、一たん着工すると、環境保全上の危惧や住民の反対運動があっても完工することを常としてきたが、宍道湖・中海において初めて、この旧弊が破れた。このことは、今後の公共事業のあり方に一石を投じるものであった。

環境保全を公共事業に優先させることを定着させうるか否かは、これからの住民運動と世論、また行政姿勢に負うところが大きい。

（保母武彦）

安中金属公害

安中公害事件とは、東邦亜鉛ＫＫ・安中製錬所が排出する重金属や二酸化硫黄などによってもたらされた農業被害であり、それをなくすための農民の闘いをいう。

一九三七年、日本亜鉛製錬ＫＫ（一九四一年、東邦亜鉛ＫＫと社名変更）は、鉄カブトをつくる工場だから害は出さないといつわって群馬県安中市の丘陵に亜鉛製錬所を創設し、月産四〇〇ｔの電気亜鉛製錬を開始した。翌年の一九三八年から養蚕被害が続出したので農民たちは大挙して工場に抗議し、工場の即時移転、防毒施設、被害補償を要求した。が、会社は県と結託し、また戦時体制の強化にともなって運動はおしつぶされてしまった。

戦後、一九四八年に製錬が再開されるや鉱害は拡大され、反対運動も活発になった。しかし、会社側の切り崩しに抗することができず運動体は分断され、ばらばらになった。

それが大部分の農民を結集し、会社側を追いつめるような大闘争にまで発展したきっかけとなったのは、一九六一年六月、富山県神通川流域で発生していた奇病は、荻野医師らによってカドミウムによるイタイイタイ病であり、その元凶は三井金属ＫＫ・神岡鉱業所であることが明らかにされ、さらには、一九六八年五月、厚生省も「イタイイタイ病はカドミウムが主原因」との見解を発表したことによる。神岡鉱業所と同じ亜鉛製錬を行い、規模は東洋一といわれる東邦亜鉛安中製錬所がまた周辺にカドミウムをまきちらしているおそれは十分にあった。工場側は農民から買収した土地に拡張をすすめ、一九六七年七月、東電は超高圧送電塔の建設のため地主に無断で立木伐採を行った。これ以上の被害を受けたくないという決意に燃えた古老、藤巻卓次は一九六七年一一月、農民三八名とともに超高圧送電線設置反対期成同盟を結成し、岩井地区の農民を中心に、日夜をわかたず、工場の排出する二酸化イオウの被害をみずから受けながら現在まで送電線の設置を許さず工場の操業拡大を実力で不可能としてきた。電線の張られていない送電塔が丘陵に現在も立っており、安中公害闘争勝利のシンボルとなっている。

一九六八年五月、ＮＨＫの報道でカドミウムによるイタイイタイ病のおそれが安中にもあることを知った藤巻らは、会社側の妨害、近所の農民の白眼視にもめげず、高崎市内にまでビラ張りを行った。同年七月、安中市議森田春雄は民医連高崎中央病院に健康影響の調査協力を要請した。同病院の献身的な努力で検診が始まり、農民の組織化がすすめられた。同年一一月には安中市公害をなくす会が結成された。一九六九年一月、青年法律家協会の弁護士の調査活動が開始された（のちに安中公害弁護団を結成）。そして同年五月、一二〇〇名の農民を組織した安中公害対策被害者協議会が結成された．同年秋、被害者の要請にこたえて日本科学者会議の科学者による被害実態調査が開始された。

被害者団体は公害防止協定や損害補償などについて会社側と団体交渉によって解決しようとしたが、会社側から誠意ある解答が得られなかったので、やむにやまれぬ気持で一九七二年四月、前橋地裁に訴え、裁判で争うこととなった。約一〇年の長い裁判の末、一九八二年三月、前橋地裁の判決は企業に「故意責任」を認めた公害裁判史上画期的なものであったが、他方、過去四〇年間にわたる一〇〇余名の原告の損害賠償額は請求額の二〇分の一程度の約八千万円という低額なものであった。この程度の額ならば公害をまきちらした方が企業にとって有利であり、公害助長型の判決であるとし、原告側は直ちに控訴した。原告の平均年齢七十余歳、老骨にむちうって、杖をたよりに東京高裁へ足を運ぶ姿に東京の労動者、市民は感動し、東京で安中公害闘争の支援の輪が広がった。裁判長の斡旋で両者の和解が成立した。(1)原告らの工場立入調査を認めた公害防止協定の締結、(2)和解金、四億五千万円。

立入調査を認めさせたことは、約半世紀にわたる原告の生涯をかけての不屈の闘いの成果といえよう。（本間　慎）

知床原生林伐採問題

北海道・知床国立公園内の国有林を舞台に、一九八六年から八七年にかけて起こった森林伐採の是非をめぐる問題で、林業と自然保護の価値観の変換をもたらす一つの契機となった。

知床半島には羅臼岳（一六六一ｍ）を主峰とする火山群が連なり、その山裾は直接または海岸段丘をへて海に臨み、豪壮な海蝕崖となっているところが多い。山頂部はハイマツと高山植物に彩られ、中腹以下はイタヤカエデ、ミズナラ、ダケカンバなどの広葉樹林、またはそれにエゾマツ、トドマツなどを交える針広混交林となっており、ヒグマ、シマフクロウなど野生鳥獣の生息環境としても重要である。海域一帯はサケ、マス、イカなどの好漁場で冬には流氷が接岸する。

知床地域は森林、草原、河川、湖沼、高山、海岸など多様な環境のなかに、原始的で変化に富んだ生態系が一地域にまとまって見られるのが特徴である。羅臼（羅臼町）とウトロ（斜里町）を結ぶ知床横断道路より先端部は沿岸にわずかな漁家が点在するほかには定住者も少なく、知床半島の主要部は、日本に残された最後の原始境ともいわれる、自然性のきわめて高い国立公園となっている。指定は一九四六年、面積は約三八、七〇〇haである。

国立公園の大部分九四%は林野庁所管の国有林であり、高山帯を中心とする五〇%は開発を認められない特別保護地区に指定されている。しかし中腹から山麓にかけての自然林は、ある程度は森林伐採の認められる第二種特別地域、第三種特別地域となっている。そのため北海道営林局北見営林支局は一九八六年から、自然性の高い森林の一部で、ミズナラ、イチイなどの大木を一〇年間で約二万m³伐採する計画を明らかにした。国有林としては老齢過熟の大木を切ることによって、その木陰で成長をはばまれているトドマツの成長が良くなるので、森林を活性化させ、あわせて木材の有効利用を図ろうとするものだった。

しかしこのことを知った自然愛好者は、この伐採計画は、シマフクロウをはじめとする野生鳥獣の生息環境をおびやかし、伐採が森林を活性化させる保証がなく、むしろ赤字を背景とする国有林の経営政策から優良で高価な大木をねらったものであり、また周辺で行われている知床一〇〇m²運動（日本のナショナルトラスト運動の第一号地）の精神に逆行する、と反発した。この世論は一九八六年夏から一九八七年春へかけて急速に全国的に広がり、新聞やテレビも連日にわたって大きく報道し、それがさらに世論を広げた。そのため営林局では伐採を一時凍結し、緊急に生態調査を実施して自然に与える影響が少ないとの結論を得、一九八七年春に、世論に逆らって一部の伐採を強行してしまった。

ところが強行伐採はかえって世論を刺激し、伐採直後に行われた地元斜里町の町長選挙では、伐採反対を叫ぶ候補者が当選するという事態も生まれた。そのため営林局としては地元町長の同意も得られないこととなり、以降の伐採計画を凍結せざるを得なくなった。

知床森林伐採問題を一つの大きな契機として、林野庁では林業と自然保護の在り方を整理し、新たに「森林生態系保護地域」などの制度を作ることとした。森林生態系保護地域は多様な生態をもつ環境としての森林を重視し、木材生産は行わないことを原則とする地域で、当面は白神山地など全国で一二ヵ所が候補地となっている。知床横断道路周辺以東の約三五、五〇〇haは一九九〇年に森林生態系保護地域に指定された。

しかしこれで林業と自然保護のすべての問題が解決したわけではない。国有林の経営は一九八九年で二兆円以上の累積赤字をかかえ、経営改善にとりくんでいるが、現状では国有林野特別会計の枠内で、国土保全、自然保護など、収益の期待できない公益的森林経営を義務づけられている。赤字解消のためには「環境より収益」へ傾きがちであり、金になる伐採やリゾート企業などへの土地売却が続くであろう。森林の公益性を発揮するために必要な経費は、一般会計で負担できるように改善されることが緊急の課題であ

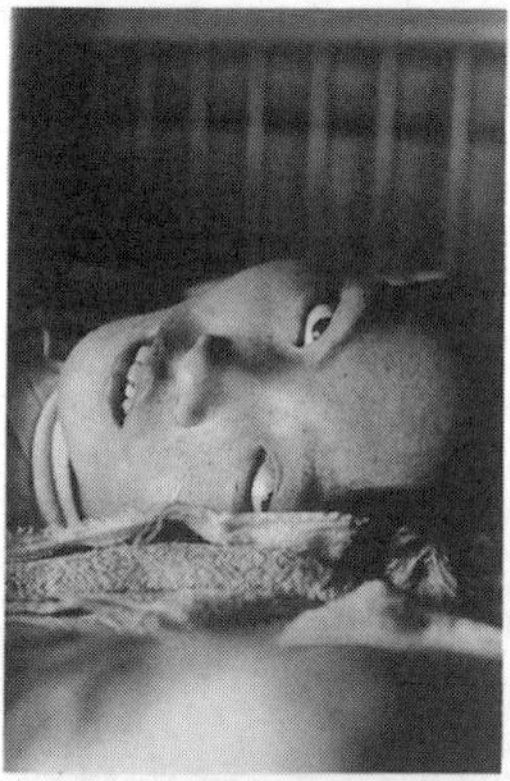

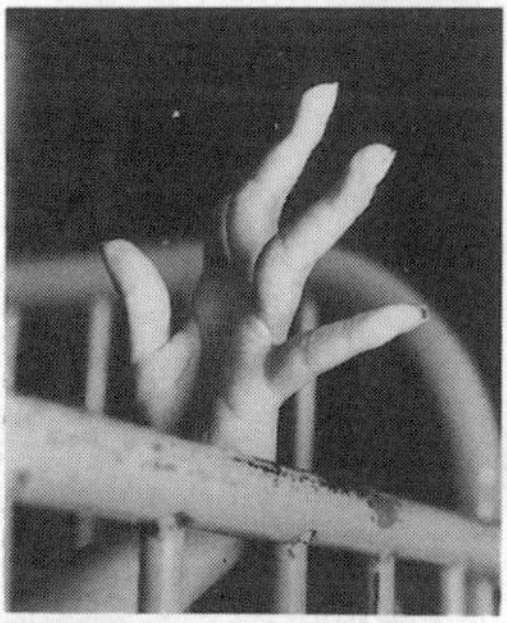

チッソ水俣工場の廃水口（水俣市）

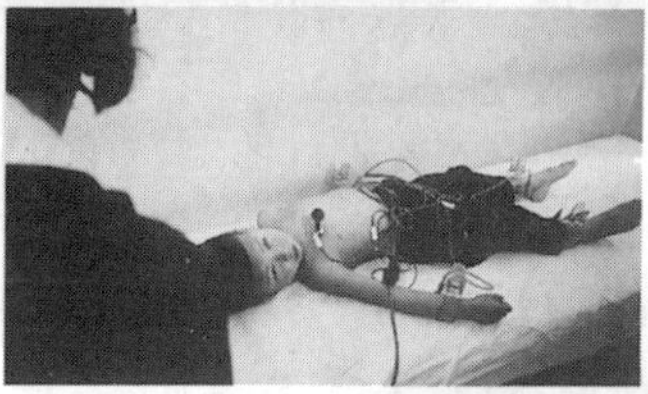

左上　生まれながらに水俣病患者となった少女（水俣市湯堂）
左中　痛々しい手が何かを必死で訴えていた。
左下　四日市公害は子供や老人にゼンソクを引き起こした。認定をうける少年（塩浜病院）

グリーンにはえるゴルフ場も実は大規模な自然破壊を余儀なくされる。(群馬県白沢村)

24時間操業をつづけていた1960年後半、四日市の夜空はコンビナートの白い霧に覆われていた。(公害激甚地磯津地区)

第一コンビナートを目前にする四日市塩浜小学校

１日に20万トンという膨大な量の濃硫酸をたれ流し海上保安部に摘発された石原産業の工場廃水口

わずかとは言え放射性物質を含む毎秒70トンの温排水が海に流れ出ている。(伊方原発)

島ぐるみの軍事基地化(NLP)反対闘争は激烈をきわめた。(三宅島)

NLP基地建設反対の意志を貫ぬく島民の家にはこのステッカーが玄関に貼られていた。(三宅島)

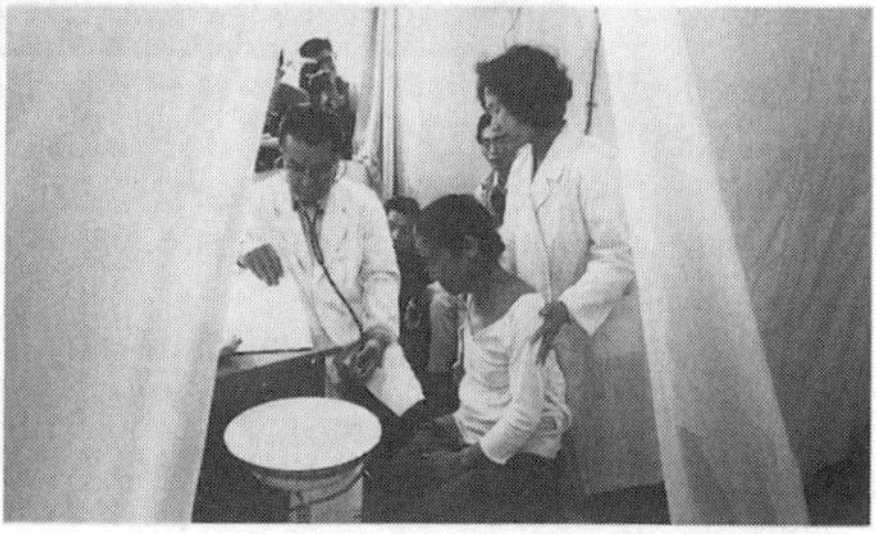

東邦亜鉛によるカドミウム汚染は田畑だけでなく人体にも被害を及ぼし、イタイイタイ病を発生させた。集団検診をする故萩野昇医師(対馬厳原町)

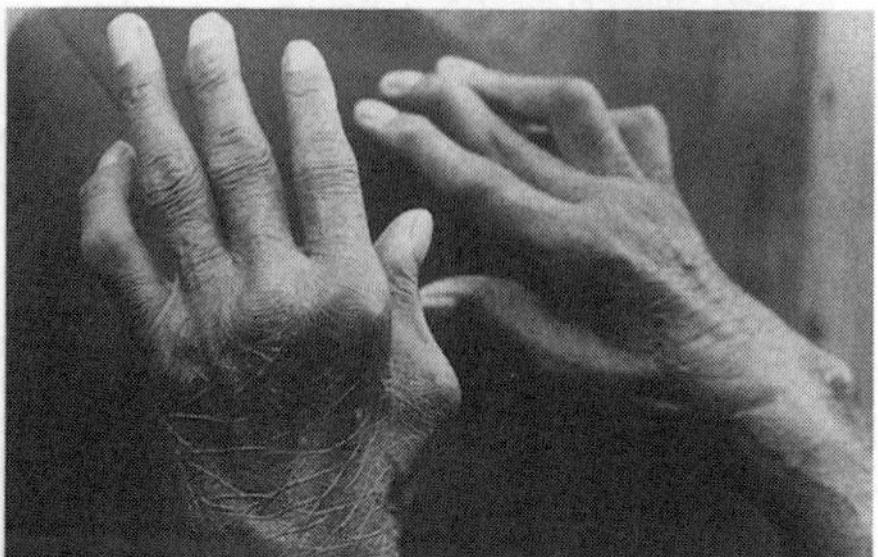

隠された公害。対馬イタイイタイ病の重症患者の手。(長崎県対馬)

東邦亜鉛対州鉱業所跡にはズリ山とイタ
イタイ病患者がのこされた。(対馬)

条例後も琵琶湖周辺には開発の波が押し寄せ環境は破壊されつづけた。

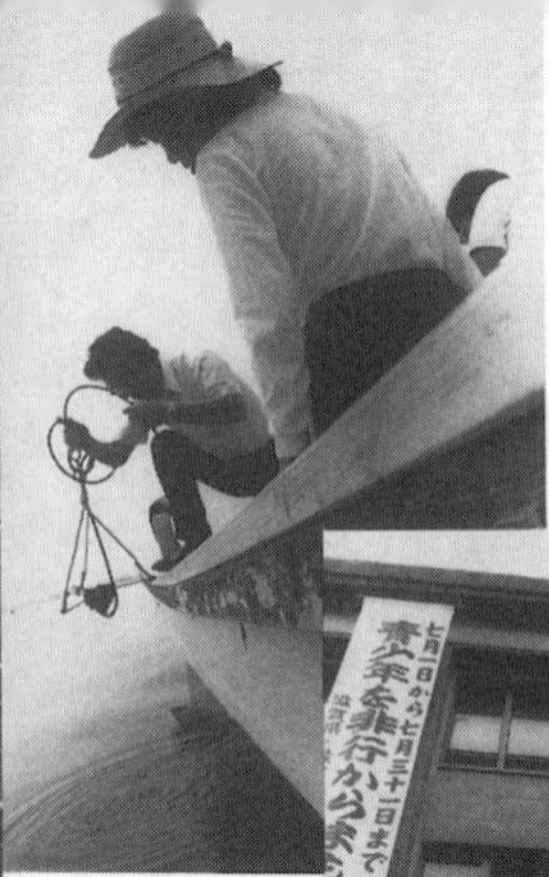

上　鈴木紀雄さん（滋賀大）のグループは汚染の情況を常に研究しつづける。　下　1980年7月1日「合成洗剤追放、琵琶湖富栄養化防止条例」の滋賀県で制定され注目を集めた。

腫瘍におかされた魚が魚網にいくつもかかった。（霞ヶ浦）

工場や家庭雑排水などが河川を通じ湖に流れ込んで汚染を早めた。（土浦市内）

る。そしてそれが、国際的にも通用する（国際自然保護連合の規定する国立公園の内容に合致する）国立公園への道でもある。

（俵　浩三）

富士山の自然破壊

静岡・山梨の両県にまたがって聳え立つ富士山は、古来わが国第一の霊峰あるいは麗峰として他と隔絶した地位を誇ってきた。この山を対象として創作された芸術作品も無数に存在する。富士山はわが国第一の自然環境であるとともに第一級の文化遺産になぞらえることができよう。

自然環境としての富士山の特色は、比較的新しい火山であること、海岸線近くより、わが国の最高地点に達する高峰であることなどによる。第一の特色によって、富士山の生物相は、隣接する南アルプス地域ときわだった差異を見せ、第二の特色によって、高度差による生物分布の段階的変化を見せている。このように、きわめて特色ある自然を擁する広大な環境がわが国の中心部に存在することは世界に誇るべきことである。

しかしながら、多くの都会地に囲まれて存在することから、富士山の自然環境は明治以来絶えざる開発の波にさらされ、とりわけ近年の急激な大規模開発は、貴重な富士山の自然を壊滅状態に追いやろうとしているかのようである。その様相について順次述べることとする。江戸時代、富士山麓の標高八〇〇ｍから一六〇〇ｍの地域は、ブナ、ミズナラなどの落葉広葉樹の原生林で覆われていた。しかし、この地域は明治以降の絶えざる伐採と植林によって、昭和四八年ごろまでにはほぼ完全に、スギ、ヒノキ、カラマツ、モミなどの人工林に置きかえられた。そして、昭和四〇年代からは、その上部二五〇〇ｍまでの地域を覆うシラビソなどの針葉樹林帯に開発の手が延び始めた。山梨側からの富士スバルライン、静岡側からの富士スカイラインがその代表的なもので、ともに森林限界附近にまで達しているが、その附近のヘアピンカーブ内で針葉樹の大量枯死が生じた。昭和六〇年頃には、当局の努力もあって回復に向かっているが、道路周辺の植生の陳腐化、車での登山者によるゴミ公害など問題が多い。両道路の年間通過車輛は昭和六三年度で往復八五万台と発表された。現在新たな問題として、山梨側樹林帯から須走口の相当上部まで、四輪駆動車、オートバイなどの暴走による植物被害がある。また、前記ハイウェイ終点から山頂に至る斜面での宿泊小屋への食糧運搬等のためのブルドーザ使用も問題である。

次に近年にわかに生じた問題に地下水の汚染がある。富士山麓には数多くの湧水が存在するが、その湧水量の減少が静岡県側では昭和四〇年代から顕著となっていたが、平成元年、駿東郡清水町の柿田川湧水および富士宮市浅間大神の湧玉池の水から発癌性物質であるトリクロロエチレンが検出され住民を驚かせた。これは御殿場、裾野、富士、富士宮の市域に昭和五〇年代から建設されたいわゆるハイテク工場で洗浄用に大量使用されていたものが、地下に浸透したものと推定される。また、山梨側では、古来蒸溜水に近い水質を誇った忍野《おしの》八海《はっかい》の湧水が、周辺の観光開発による汚染を受け、飲料に適さない状態となっている。

このような状況にかてて加えて、平成元年からいわゆるリゾート開発の大波が富士山の自然破壊を極限までおし進めようとしているのが現状である。愛鷹山、五湖地域を含む富士山周辺には四十二ヶ所のゴルフ場がひしめいているが、さらに数十のゴルフ場計画がリゾート法制定を好機として進められようとしている。ゴルフ場は既存の植生を根絶した上で行われ、さらに芝生を維持するために、殺菌・殺虫・除草剤などがあわせて十数種から数十種、量にして年間二—四t使用されるのが普通とされている。これらの農薬による地下水の汚染が憂慮されている。

富士山の自然破壊について、語り尽す紙数がないのが残念である。ともかく、日本一の富士の山には現在「特別保護地区」さえ設置されておらず、国立公園の体をなさぬままに荒廃にさらされつつあることは確かである。

（杉山恵一）

尾瀬の観光災害

尾瀬入山者は年ごとに増加し、いろいろな難問題が多発するようになり、自然の生態系バランスが崩れ荒廃が進んできた。

最初に踏圧に弱い湿原植物が、つぎつぎと枯死する裸地化現象が見られるようになってきた。山小屋周辺には平地の路傍に普通に見られるオオバコ群落などが確認され、これは東北最高峰燧が岳の頂上でも確認されている。

現在、緑の復元作業がなされているが、ミズゴケ類を含む高層湿原にまで復元させるのには、かなりの長年月が必要であり、傾斜地の復元はまだ残されている。

植物の分布状況が動物にも影響をおよぼす結果となり、尾瀬のトンボ類のなかで最も人気のあるハッチョウトンボなども、一部木道付近から姿を消した時期もあった。さらに尾瀬には本来生息していないオニヤンマが確認され、ドブネズミが捕獲される時期もあった。

現在大きな問題になっているのが、生活雑排水である。特に山小屋が集中している見晴地区で問題が深刻であり、いろいろ対策が試みられたが、未だに本質的な解決とはなり得ない状態である。排水がすべて湿原に流れ込むため、特定の植物が水の富栄養化によって特大に成長し、尾瀬本来の植物をその場所から駆逐しつつある。特にヨシが大繁茂し、リュウキンカやミズバショウなども巨大化している。

昭和五六年五月以来、帰化水生植物コカナダモが尾瀬沼で繁茂し、現在ほぼ全面に分布拡大している。このため沼本来の水生植物センニンモやヒロハノエビモなどが駆逐されつつある。何よりも沼全体の生態系や景観の破壊が心配されるのである。

山小屋よりの生活雑排水が、この帰化水生植物コカナダモの繁殖に拍車をかけている可能性がある。

貴重な自然文化財、世界の宝である湿原の尾瀬を保護するため、自然科学的アプローチのみではなく、学際的研究が期待される。（星　一彰）

千葉のハイテク公害

一九八四年兵庫県太子町の東芝工場で、わが国で初めて半導体工場による地下水汚染が発見された。汚染物質はトリクロロエチレンで基準超過井戸は一二八ヶ所であった。

それから三年後の一九八七年、千葉県君津市の同じ東芝半導体工場が、基準値の三三〇倍を超える地下水汚染を引き起こし、有機溶剤による地下水汚染の深刻さをクローズアップして社会に大きな衝撃を与えた。

きっかけは市内民家の飲用井戸がトリクロロエチレンで汚染されていることが判明したためである。市が地層調査を行い、一九八七年三月、汚染源は東芝コンポーネンツ君津半導体工場とわかった。市は、これを一年半後の一九八八年六月に公表した。

東芝コンポーネンツ君津工場は、自動車用発電機の整流素子の大手メーカーで、世界市場の二五％を生産している。一九七二年以来、トリクロロエチレン約一八九〇tを使用し、うち半量余りが未回収になっている。

工場敷地の地層調査によって、地下二〇〜三〇mが汚染され、とくに貯蔵タンクと廃液口を設置していた場所では、五四m地下の粘土層からも検出された。

市内井戸四三ヶ所の調査では、市営水道水源、家庭飲用、市民プール水源など一〇ヶ所の汚染が発見され、最高値はトリクロロエチレン一〇〇〇〇ppbであった。

汚染の拡がりを調査することによって、これまで知られなかった地下水の実態が解明された。地下には複数の帯水層が何層にも平行して形成され、各層の間には水を通しにくい粘土層があって滲出を妨げている、と考えられて来た。これでは、地下五四mの粘土層からの汚染物質の検出は説明がつかない。君津市の調査によって、複雑な帯水層は互いに連結し、そのため深層まで汚染が運ばれることがわかった。

汚染の経路としては、(1)地上の貯蔵タンクや地下の配管が漏れたり腐食したりした。(2)廃液用のポンプと配管の接続部から漏れた。(3)廃液をポリタンクでドラム缶に運ぶ作業中に漏れた。(4)焼却場で廃液を土に流した。(5)保管庫やタンクなどにおける取り扱い中にこぼした。(6)汚れた作業衣の洗濯液を垂れ流した、などがあげられている。

君津市は、「トリクロロエチレン等地下水汚染健康調査専門委員会」を設けた。住民には、先天障害、流産、心臓病、咽喉疾患、腰痛、肩の痛み、労働者には視力障害などの被害が生じることが心配されている。汚染がわかった後、一年半公表しなかった市と東芝が汚染を拡散し、公害をいっそう増大した責任は大きい。君津市は、公表を遅らせた理由を「不十分な情報では市民に不安を与えるから」と説明している。その間汚染井戸は市民プールに使用されるなど、危険は放置されていたのである。

千葉県は、地下水汚染調査を行いながら情報公開をせず、また最初に未検出の地点は再調査しなかったため、君津市を見逃してしまった。県は東芝コンポーネンツに対し、廃棄物処理法に基づき、除去または再発防止措置を命じた。飲用井戸の汚染に対して、この法が適用されたのは、わが国で君津市ただ一例である。君津市以外では、汚染源がだれの目にも明らかなのに、行政が汚染源不明とし、補償については、あたかも企業の寄付行為のような扱いになるのはなぜか。

東芝は太子町の先例にも関わらず、君津市で同じ事故を繰り返し、一年半かけて行政と共に内密処理を図った。東芝コンポーネンツは一九八八年一一月トリクロロエチレンからトリクロロエタンに切り替えたが、トリクロロエタンも同様の毒性を持ち、さらにオゾン層破壊や温暖化の原因物質でもある。

君津市の公害は、速やかな適法の制定、情報公開、住民参加の必要性を促している。

（山田國廣）

新石垣空港問題

沖縄県は一九七九年七月、新石垣空港建設計画を発表した。この計画は、沖縄県・八重山・石垣市・白保の東海域の礁湖をおよそ一〇〇ha埋め立てて、滑走路二五〇〇㍍の大きな空港を建設するというものである。はじめは現石垣空港を現在の滑走路一五〇〇㍍から一七〇〇㍍ないし二〇〇〇㍍に拡張する計画であったが、将来航空需要が大幅に伸びるという予測の下に、ジャンボ機が就航できる大型空港化が必要であるということになり、白保海上案が決定された。

しかしこの計画には当初から幾多の問題があった。主な問題を挙げてみると、

(1)この計画は、地元白保部落民（人口およそ二〇〇〇人）との話し合いがまったく行われず、地元の合意を得ずに、沖縄県と石垣市によって一方的に決定された。このことが、民主的行政にあるまじき由々しい問題として、地元白保住民の反対運動の引き金となった。

(2)沖縄県は白保海上案を決定するに際して、主に騒音の問題と航空安全上の問題をクリアすればよいとの考え方で、後に新石垣空港問題の最大の争点となり、沖縄県にとって致命傷となった白保東海域のサンゴ礁生態系の保全に関する問題は、全く考慮に入れていなかった。

(3)沖縄県と石垣市が東京―石垣間のジャンボ機直行便のための大型空港化を計画したのは、将来航空需要が大幅に伸びるという予測によるものであったが、しかし一九八〇年～八三年の旅客実績の伸び率の停滞により、運輸省は当初の予測値を下方に修正せざるを得なくなり、その後も航空需要の伸びは横ばいの状況にあって、結局、当初の滑走路二五〇〇㍍案は二〇〇〇㍍に縮小された。

(4)新石垣空港問題の取り扱いをめぐって、とりわけわが国および沖縄県の環境行政の在り方が問われるようになった。たとえば「環境影響評価調査」（以下、「アセス調査」）の在り方が開発上の重大な問題として大きな関心を引き、多くの論議を呼んだのは、沖縄では新石垣空港建設にかかる「アセス調査」がはじめてであろう。「アセス調査」の在り方（目的と方法）、「アセス調査」報告書の縦覧の仕方、報告書に対する住民の「意見書」の取り扱い方をめぐって、沖縄県は失態を重ね、国および沖縄県の行政に対する県民の強い不満と不信感を煽ることになった。わが国では、「アセス調査」は建設省などの単なる「実施要綱」で行われていて、科学的客観的な「アセス調査」を義務づける法律がない。このことは今後、国際的にも大きな問題になるであろう。

新石垣空港建設計画にはまだまだ多くの問題があるが、しかし最大の争点は、前にも述べたように、白保東海域のサンゴ礁の調査と保全に関する問題である。白保の海は世界有数のサンゴの宝庫で、地元の漁民たちが「魚湧く海」と呼んでいる、豊かな海である。海洋学者たちの調査、ダイバーや水中写真家たちの証言によると、すでに沖縄本島の海岸線はほとんど埋め立てられて、サンゴは九〇％全滅状態にあるが、いま沖縄県域では、奇跡的に汚染、破壊を免れ、生き生きと残っている海は白保東海域だけであろう、と言われる。白保の海はいまでは世界的にも注目され、白保の海を守る運動は広く世界の支援を得るようになった。イギリス、アメリカ、カナダをはじめ、世界の多くの国々から多数の海洋学者、自然保護団体―クゥストー協会、IUCN（国際自然保護連合）、WWF（世界野性生物基金）など―が白保を訪れ、白保の海の調査および白保支援活動を行っている。

このように新石垣空港に対する世界の反対世論がますま

す高まるなかで、沖縄県知事は遂に一九八九年四月、これまでの白保海上案を断念し、当初計画より四km北側へ移すという計画変更を発表した。しかし計画変更といっても、新予定地の南端と旧予定地の北端の距離は実際にはわずか一・五km程で、誘導路の位置は旧予定地から三〇〇㍍程しか離れていない。新予定地も同じ白保のリーフ生態系内にあり、沖縄県の計画変更は新石垣空港問題を全く解決していない。新予定地ではさらに、本土企業による「土地転がし」が大きな社会的政治的問題になっており、新石垣空港建設計画はますます難航することが予想される。

（米盛裕二）

逗子米軍住宅建設問題

旧日本海軍が一九三八年、逗子町の池子の森に弾薬庫建設、強制的に土地を収用、四三年、軍の命令で逗子町が横須賀市に強制合併された。敗戦直後、米軍が弾薬庫として使用開始、四七年一一月、池子爆薬庫で大爆発事故発生、五〇年七月、横須賀市から分離独立、五四年四月、市制施行。池子弾薬庫は二九〇万平方㍍の広大な面積で市域の約一五%をしめ、皮肉にも弾薬庫が国有地だったため、大部分が自然状態のまま残され、ベトナム戦争終了後は遊休化していた。

このような状態のもとで一九五四年以降、逗子市、市議会、市民の三者一体による全面返還運動が進められ、その過程で池子弾薬庫跡地の国営自然公園化が市民の共通認識となり、市の総合計画にも明確に位置づけられてきた。ところが日本政府は、日米合同委員会が池子に米軍住宅を建設することを決め、その調査通告を八二年八月、神奈川県と逗子市におこなった。ただちに市民の池子の緑を守ろう、環境を守ろうを合言葉に米軍住宅建設反対運動が高まった。これ以来、建設に同意した三島虎好市長のリコール請求、市長辞任、市長選挙、反対の富野暉一郎当選、次いでたび重なるリコール請求、選挙がおこなわれたが、いずれも市民の多数の米軍住宅建設反対が確認されてきた。この間防衛施設庁は神奈川県の環境影響評価条例にもとづいて「環境影響評価書案」を県に提出（八五年三月）、同条例の手続で公聴会がもたれ、反対意見一一四人、賛成意見六人があったにもかかわらず、長洲一二知事は、政府の案に若干の修正を加えたにとどまり、建設に基本的に同意した。住宅建設のために必要とされる防災調整池は富野市長が管理権をもつ池子川の付替を含み、河川法によって防衛施設庁は市長との協議をしなければならない。協議未成立なのに施設庁は一方的に防災調整池を仮設調整池とし、環境影響予測評価書変更届を出し（八九年四月）、県はこれを軽微な変更として承認（五月）、河川協議抜きで池子の森の伐採などを開始した（八九年九月）。富野市長は河川法協議成立までの工事差止め請求の訴訟を横浜地裁に対しておこなった（八九年一二月）。同地裁は河川管理が機関委任事務で法律上の争訟性を欠くとして却下した（九一年二月）。市長はただちに控訴した。東京高裁も同様の判決を下した（九二年二月）。市長は最高裁に上告。

右述のような経過をたどっているが、環境問題としては、横須賀基地の米空母ミッドウェー（九一年夏さらに大型の空母インデペンデンスと交替）などの母港化艦船がふえ、その乗組員家族用住宅建設のために貴重な自然＝池子の森を破壊しようとしていることである。そこには豊かな動植物の生態系および学術的価値の高い文化遺産の存在が確認されており、とりわけ世界的にも貴重な深海底生物シロウリガイ化石群が発見され、現状、保存と国の天然記念物指定をめぐって市、住民、学者の運動が新たに広がりをみせている。

（佐藤昌一郎）

三宅島基地問題

横須賀米海軍基地を母港とする航空母艦ミッドウェー（九一年夏インデペンデンスと交替）艦載機の夜間離着陸訓練（NLP）が厚木基地では周辺住民・自治体の反対で十分にできないとして、在日米海軍が日本政府に横須賀から一八〇キロ以内に代替基地を要求（一九八二年八月）、政府が三宅島を適地としたのと前後して、三宅村議会の多数派が民間ジェット機も使用できる官民共同空港という名の基地誘致決議をした（八三年一二月）ことから端を発した問題。島民の反発が爆発的に高まり、島民は島の自然と自らの生活を守るために「反対する会」を結成し、反対派議員、村長を推薦し、誘致派議員のリコール、自民党の七〇〇億円の補助金提供の拒否など創意ある反対運動を展開し、一九八七年九月一日には気象観測用鉄塔建設のため、政府が機動隊を島に送りこんだのに対し、島の老若男女が非暴力の血と汗で抵抗した。寺沢晴男村長、村議会・村民の多数の三位一体の強い反対に手を焼いた政府は、米軍に硫黄島の暫定使用を申しいれ、八九年一二月、その工事に着手した。

政府はこのような迂回戦術をとったが、依然として三宅島をNLP基地の適地としており、あきらめていない。にもかかわらず反対する会推薦の村議のなかに寺沢村長反対グループが生じ、誘致派議員と一緒になって、特別老人ホーム建設予算案を否決した。その責任をとって島民の信を問うため辞任した寺沢村長の対抗馬に桑原「反対する会」会長が立候補し、二五票差で当選した（九一年二月）。これはNLP問題に複雑な波紋をなげかけているが、島民の約七〇％がNLP反対である。

環境問題としての三宅島は、飛行場による軍用機爆音・生活・産業・自然破壊反対、国立公園としての環境維持に加えて、かけがえのない「自然史モニュメント」として保全されなければならない価値をもつ島であることが日本地質学会や日本環境学会によって明らかにされている。日本地質学会は三宅島問題小委員会の名において、日本列島形成史、太平洋形成史の解明のための比類のない貴重なステーションであること、地質学、地生態学的意識、火山活動と生物相、人間社会との相互作用などの観点から評論し、その保全を訴えている。逗子の米軍住宅問題と同様に、日米安保条約の基地提供義務なるものによる日本政府の環境破壊加担の姿勢を看取できる。（佐藤昌一郎）

東海の放射能汚染

茨城県東海村には、日本動力炉核燃料開発事業団（動燃）の使用済み核燃料再処理工場（年間設計処理能力二一〇t）、日本原子力発電（日本原電）の東海第一原発（電気出力一六万六〇〇〇kWのガス冷却炉）、東海第二原発（同一一〇万kWの沸騰水型炉）のほか、日本原子力研究所（原研）の数基の実験用原子炉や大型照射施設、日本アイソトープ協会の放射性廃棄物貯蔵所、民間会社のさまざまな原子力施設などがあり、大きな原子力複合体を形成している。

このうち、核燃料再処理工場は、事故、故障続きで、過去十数年間に計一七〇tしか処理していないが、それでも東海村における最大の汚染源である。設置許可のための安全審査に用いられた評価値によると、同再処理工場は、東海第二原発と比較して（ともに平常運転時）、一年間に五四倍の気体廃棄物と、二五九倍もの液体廃棄物を環境中に放出するからである。しかも、再処理工場から放出される放射性核種は、核分裂をさせてから時間が経っているから、原発と違って、長寿命のものばかりである。

そのことは、海外の再処理工場の実績からも裏付けられている。イギリスのセラフィールド（旧名ウィンズケール）、ドーンレイ、フランスのラ・アーグ、アメリカのウェストバーレイ（一九七一年閉鎖）のいずれの再処理工場周辺でも、原発周辺とは比較にならない放射能汚染が現実に起こっており、人体に対する影響すら認められている。

事実、東海村の環境からは、さまざまな放射性核種が検出されるが、各地の原発周辺と異なるのは、原研の研究者らが報告しているように、ヨウ素一二九という超長寿命（放射能半減期一七〇〇万年）の核種が検出され、しかもその量が年々増加してきていることである。この核種の放出量はごくわずかであるが、半減期が極端に長いために減衰せず、環境中に蓄積してゆくからである。（市川定夫）

原発の集中立地

「原発銀座」は、福島と福井にある。福島では、東京電力が七一年に福島第一原発一号炉を運転開始して以来、九一年現在で計一〇基の軽水炉が稼動している。一方、福井では、七〇年に敦賀と美浜で軽水炉一基ずつが運転を開始して以来、九一年現在で、日本原子力発電が敦賀に軽水炉を二基、関西電力が軽水炉を美浜で三基、高浜で四基、大飯で二基、動力炉・核燃料開発事業団が敦賀で新型転換炉を一基それぞれ稼動させており、さらに大飯では軽水炉が二基、敦賀では高速増殖炉が一基建設中である。

同一サイトへの集中立地は、設置者にとっては土地取得費を節約になり、設備や労働者の合理化を容易にする。また、燃料の輸送や使用済燃料の搬出などにも有利である。地元自治体にとっては、原発建設の見返りとして電源三法による交付金や補償金、協力金が支払われるが、原発依存の自治体財政となるため、さらに原発増設を要請する悪循環に陥っていく。反原発運動の高まりのなかで、新規に用地を取得することが非常に困難になっているから、原発既設地への集中化は一層促進される恐れがある。

原発が集中して稼動すれば、放射性気体廃棄物の日常的な放出総量は、当然増加する。また、温排水とともに排出される放射性液体廃棄物もサイト周辺海域に集中放出されて海の汚染度を高めていく。固体廃棄物も当然増加し、さらに廃炉の時期になれば、原発集中地は必然的に廃炉の集中地となり、長期間にわたる安全管理が問題となる。

特に、一施設で発生した事故が他の施設の事故を誘発する恐れがあり、地震発生時には事故の同時多発も強く懸念されている。周辺住民の日常的被曝、事故時における環境汚染と大量被曝は、住民の癌発生率を増加させ、健康に著しい影響を与える恐れが大きい。

原発の誘致による経済的利益は一過性であり地域の産業の振興は決して図られない。

（福武公子）

ラジオ・メディカル・センター

岩手県の滝沢村（盛岡市の北隣）に、日本アイソトープ協会のラジオ・メディカル・センター（ＲＭＣ）が建設中である。医療分野での放射性同位元素（ラジオアイソトープ、ＲＩ）の利用に伴って出る放射性廃棄物を貯蔵および処理する施設である。また、ＲＩで標識した医薬品を製造する民間会社の工場の建設も計画されている。

医療および医学におけるＲＩの使用量は、近年、急速に増加している。それは、診断のための代謝や生理機能の検査とその基礎研究にＲＩが用いられることがますます多くなっているからである。また、ＲＩを用いる検査法によって、従来の検査法よりも、容易にかつ正確に診断できるという利点に加えて、同じＲＩ検査法でも、ＲＩをより多く使ったほうが、より早く、より正確な結果が得られるということから、医師による安易なＲＩ使用も増えている。そのため、ＲＩに汚染された布類、紙類、注射器などの放射性廃棄物の量も急増していて、どの病院の放射性廃棄物貯蔵庫も満杯の状態になっているのである。

かつては、アイソトープ協会が、こうした放射性廃棄物を定期的に回収し、東海村の貯蔵所で保管していたが、一九八〇年代に入ってから、その貯蔵所も満杯状態になり、近年は、一年に一度も回収できないという状況になっている。同協会がＲＭＣの建設を急いだのは、そうした背景があったからである。

八一年に発表されたＲＭＣの建設計画は、地元の強い反対運動に直面した。医療に用いられる放射性核種が人体や家畜、農作物に入りやすいものばかりであり、また、なぜ中央から遠く離れた滝沢村に建設するのか、という不信もつのった。このため、建設予定地が村内で点々と変わり、最終的に建設地が決まったのちも、排水管を私有地に無断で埋設するなど、協会側の強引な姿勢が反対運動を強めた。しかし、協会は、こうした反対を押し切り、八六年に建設に着手したのである。

（市川定夫）

アイソトープ事故

放射性同位元素（ラジオアイソトープ、ＲＩ）の利用が、理学、医学、農学、工学などの各分野で急速に拡大しているが、それに伴って、ＲＩの放出、紛失、違法投棄など、さまざまな事故が頻発するようになっている。

ＲＩの使用は、科技庁の認可を得た事業所（大学、研究所、病院、会社など）でのみ、各事業所が使用を許可された核種に限り、かつ核種ごとに許可を得た使用量の範囲内でのみ認められている。しかも、使用者に対して事前および一年ごとに教育訓練を行い、実際の使用に当たっては、ＲＩの購入、貯蔵、使用、廃棄のつど、その核種、性状、量、年月日、使用者、期間、目的などを記録し、ＲＩの使用前後に放射線量率や汚染状況を測定することが義務づけられている。また、使用者がＲＩ使用施設の管理区域に出入りするたびに、年月日、時刻、氏名を記入し、被曝線量を測定するフィルムバッジなどを着用することも義務づけられている。そして、資格を認められた放射線主任者が、これらの義務の履行を監督することになっている。

このように、数多くの義務が法令によって課せられているのは、RIの使用によって、本人に危険が伴うだけでなく、汚染によって他者にも危険が及ぶからである。

ところが、こうした厳しい規制にもかかわらず、現実には、法令によって定められた義務が守られず、さまざまな事故や違反事件が続発しているのである。

その典型的な例が、一九九〇年一月に発覚した東大病院（東京都文京区本郷）でのRI地中投棄事件である。同事件が発覚した契機は、同病院がストロンチウム九〇を内蔵した旧型の機器を、そうとは知らずに一般業者に解体させていたその作業中に、同核種の内蔵がわかって科技庁に届け出たところ、八九年一一月の同庁の立入検査により、同病院のRI管理に三〇項目に及ぶ違反が露呈し、それが九〇年一月九日に大きく報道されたことであった。その後、内部告発により、RI汚染物の同病院中庭への過去の不法地中投棄が発覚して、科技庁の再度の立入検査によって、自然レベルの最大百数十倍もの放射線が検出され、コバルト六〇などの地中埋蔵が確認されたのである。

八〇年に起こった東大原子核研究所（東京都田無市）でのカリフォルニウム二五二放出事故も、典型的な例である。同研究所の共同利用研究に来ていた九大のグループが、同核種を定められたRI実験室以外で開封して汚染を起こし、しかも、汚染検査も報告も怠ったため十日間も放置され、その間に、強く汚染された紙類など可燃物が一般のゴミとともに焼却炉で焼却されて、環境中に相当量の同核種を放出してしまったのである。

このほか、高エネルギー物理学研究所（筑波研究学園都市）でのストロチウム九〇線源紛失事故（八〇年、一般ゴミに混じって地元の焼却場に出されていた）や、京大原子炉実験所（大阪府熊取町）からのコバルト六〇やセシウム一三七廃液の放出事故（七九年、泥や貝類から検出された）、電車内コバルト六〇汚染事故（七四年、東大助教授が衣服を同核種で汚染されたまま茨城県大洗町まで行った）、千葉県市原市の造船所でのイリジウム一九二線源紛失事故（七一年、下請作業者が知らずに持ち帰り、六名が被曝）など、さまざまなRI事故が多発している。

こうしたさまざまな事故は、第一に、法令に定められているRI管理上の義務が守られていないことから発生している。RI利用が拡大するにつれ、利用が当然のものとなり、慣れも加わって、そのつどの測定や記録の義務が面倒なものとなって、監督者に見つからないかぎり、記録や管理を簡略化しようとする傾向が出がちなのである。つまり、RIの危険性から求められている義務と責任のうち、責任を忘れてしまえば、義務は繁雑で面倒なものとなってしまうのである。


（市川定夫）

ゴルフ場問題

一九九〇年三月二五日、神戸市において「第三回全国ゴルフ場問題住民交流集会」が開催された。四〇〇人程度の会場に、全国から七〇〇人もの住民が参加し、主催者側を驚かせた。これほど多くの住民が、手弁当で集会に馳せ参じなければならないほど、「ゴルフ場問題」は全国各地で過熱している。

一九八八年の三月、奈良県山添村から端を発したゴルフ場に反対する運動は、急速に広がりつつある。ゴルフ場に反対する運動の多くは、当初、農薬問題を中心に運動が展開された。しかし、最近になって「無農薬、省農薬ゴルフ場だから無公害であり、新設を認めてほしい」という論理が開発側から積極的に発言されるようになってきた。

このような状況に対して住民側も反論を始めた。環境問題だけを取り上げても、ゴルフ場には農薬以外に、合成肥料、赤い水、造成中の濁り、生活排水汚染や井戸水や河川水の枯渇、森林伐採による生態系破壊など様々な「総合的破壊」を伴う。さらに、ゴルフ場建設時には贈収賄、会員権汚職、住民同士のいさかいなどの「社会汚染」が起こる。そして、ゴルフ場のもう一つの問題点は企業による大規模な「土地の囲い込み」である。

ゴルフ場問題＝農薬問題ではない。「無農薬や減農薬」は一八〇〇もある既設ゴルフ場に適用されるべきである。「総合的環境破壊」「社会汚染」「土地の囲い込み」こそゴルフ場の三大悪であり、無農薬でもゴルフ場の新設は認めるべきではない。

現在は第三次ゴルフ場建設ラッシュに入ったと言われている。第一次は東京オリンピックのとき、第二次は田中内閣時代の日本列島改造論、そして第三次は中曽根内閣時代の民間活力導入政策や総合保養地域整備法（通称リゾート法）によって推進されてきた。こうみると、ゴルフ場建設はときの政府の土木政策と大きく関係してきたことがわかる。

日本のゴルフ場数は一九九一年末で、既設が約一八〇〇、造成中が約四〇〇、計画中が約一〇〇〇箇所となっている。第三次ラッシュの特徴は造成中と計画中の数の多さであるが、ラッシュのピークはまだこれからである。

ゴルフ場建設の立地条件としては(1)大都市から車で一時間程度で行ける、(2)土地が安く手にはいる、(3)ゴルフコースに適した緩やかな起伏があるなどであるが、その他にも開発の手続きが行政的にスムーズに進められることも大切な条件になっている。このような条件を最も充たしているのが関西では兵庫県であり、関東では千葉県である。

ゴルフ場は平均的な一八ホールの規模で約一〇〇haとい

う膨大な面積を占める。それが全国に一八〇〇箇所近くあり、これから約一四〇〇箇所も建設されるのであるから、その合計面積は三〇万ha以上となる。ゴルフ場開発の基本は「森林を伐採して芝生を植えコースを作る」ということであるが、そのことは巨大な「緑の破壊」をもたらすという事実に注目する必要がある。全国どこにでもあるゴルフ場の環境破壊については次のようにまとめることができる。

(1)一〇〇～一五〇haという広大な自然のダムである森林の多くが伐採され、なくなってしまう。(2)自然林地に対してゴルフ場の保水力は約¼に低下し、大雨のとき下流で洪水や土砂崩れが生じる恐れがある。経営会社が倒産した場合、ゴルフ場が放置され、土砂流失や地崩れなどの災害がおこる可能性もある。(3)ゴルフ場に降った雨は芝生の下に張り巡らされた配管で集められ調整池に溜められるが、そのごとはダムの効果と同じく下流の河川水量を低下させ、農業用水も地下水も少なくなり、河川の浄化能力は低下し、河川生態系が破壊される。(4)工事中や大雨の後では濁りが出やすくなり、水源や農業用水が利用できなくなったり、川底の岩や石に土砂が堆積して生態系を破壊してしまう。(5)一八ホールのゴルフ場には年間一～二トンの殺菌剤、殺虫剤、除草剤が散布される。それらの農薬には発癌性、催奇形性、変異原性などの特殊毒性や神経障害、内臓障害などの慢性毒性があり、散布農薬が水源に影響を与える場合は、周辺住民の長期的な健康被害が心配される。さらに、散布される農薬のなかには魚毒性が強いものがあり、魚がいなくなったり、背骨の曲がった魚が多くなる。

殺虫剤に使用される有機燐系農薬は、散布後蒸発し、皮膚や呼吸器系から人体に入るため、キャディーやグリーンキーパーに神経障害などの健康被害が生じている。蒸発した農薬は、ゴルフ場周辺にまで拡散し住民にも大気汚染被害が生じる恐れがある。(6)大量の化学肥料が散布されるため、下流の河川、池、ダム、貯水池などは窒素、燐などの富栄養化が進み、藻が繁殖したり、赤潮が発生したりする。富栄養化が進んだ水源は、カビ臭の原因になるだけでなく、浄水場で塩素を投入し水道水にするとき、発癌性のあるトリハロメタンが多く生成される。(7)一八ホール一〇〇haのゴルフ場では一〇〇人の従業員と一日平均二〇〇人のゴルファーがし尿や生活雑排水を排出することになる。その排水は合併浄化槽などで処理されるが、ＢＯＤ（生物化学的酸素要求量）は一〇～二〇ｐｐｍ程度であり、ＢＯＤが一ｐｐｍ台の谷川に流れ出すと有機汚染をもたらすことになる。(8)ゴルフ場を造成するとき、一部の樹木や木の根は土のなかに埋めてしまう。さらに、芝を育成するために使用する土壌改良剤には鉄やマンガンが含まれている。土中の植物が溶け出し、そこに鉄やマンガンが混入されると、ゴルフ場排水口に良く見られる「赤いヘドロ」が排出され河川や田畑を汚染させてしまう。(9)ゴルフ場建設により、大規模な土地が企業によって囲い込まれてしまう。周辺の地価が上昇し、地元の公共団体が福祉的な施設をつくろうと思っても、適当な土地が見付かりにくくなったり、値上により購入できなくなる。このようにゴルフ場建設によって総合的な環境破壊が引き起こされる。

（山田國廣）

大阪空港騒音

大阪空港は兵庫県伊丹市と大阪府豊中市・池田市にまたがる総面積三一七万㎡の第一種空港（国際空港）であり、一八〇〇ｍと三〇〇〇ｍの二本の滑走路を有する。

この空港は、大阪・京都・神戸の三都の中間点にあり、その立地は交通至便であるが、空港の狭隘さに加えて、周囲に人家が密集しているため、昭和三九年六月、ジェット機の就航以来深刻な騒音公害問題が生じた。

住民は、昭和四四年一二月に国を被告として、午後九時から翌朝七時までの夜間飛行の禁止と損害賠償を求めた。大阪高裁は昭和五〇年一一月の判決において、住民の請求を全面的に認容したが、国の上告を受けた最高裁判所大法廷は、昭和五六年一二月、前者の差止請求については、実質上、国の航空行政権の行使の取消変更を求めるもので、民事上の請求として成り立たないとして却下した。一方、周辺住民に等しく不快感、いらだち等の精神的苦痛、睡眠その他日常生活の広範な妨害があり、一部住民には聴力損失を含む身体的被害の可能性があると認定して、過去の慰藉料を認めた。

この裁判を通じて、憲法第一三条、第二五条を根拠として、住民の身体の安全・健康、精神的自由を守る「環境権」か、空港という多数の利便に供せられている施設の「公共性」かをめぐる論議が注目を集めた。

現在、国は、騒音基準の行政上の施策目標値としてＷＥＣＰＮＬ（加重等価平均感覚騒音基準）を住居専用地域で七〇以下、それ以外の住居地域で七五以下と定めている。国は行政措置として、大阪高裁の判決以来、午後九時から翌朝七時までの夜間飛行の禁止を続行しており、周辺民家の移転補償、学校・病院・民家に防音工事の助成を実施している。

（木村保男）

新幹線騒音

驚くべきことに我が国では鉄道騒音を規制する法律が存在しない。鉄道や航空機などの社会的有用性の高い領域における騒音対策はもっぱら事業主体にまかされてきた。新幹線が開通し、安全対策にさまざまな努力がなされてきたことは社会的に認知されてきたが、こと騒音に関しては経済的に重要な位置をしめる新幹線に、何らかの規制を加えることは考慮されなかった。

その後、沿線住民からの申し立てが各地で起こった。そのなかで騒音や振動について一定限度以上の発生の差止めを求める裁判が名古屋の住民からおこされた。彼らの居住区では住宅が密集しており、商店や小さな工場が集まった場所の真ん中を新幹線が通り、それらの家をすれすれに毎日電車が高速で通過している。一日に通過する電車は二一八本で、時速二〇〇kmで通りすぎる。午前七時から午後八時まで平均すると四分間に一本の割合で電車が通過する。

それらは平均すると七〇ホンから八〇ホンの騒音を発する。振動も四八デシベルから七五デシベル起こす。住民たちはこのような環境では電話で会話もできないし、テレビやラジオ、ステレオも聞こえない。子どもが勉強や読書するにも集中力を妨害し、睡眠も妨害されると訴えた。住民の要求である限度を超える騒音、振動の差止めの請求は裁判所によって却下され、二〇m以内のものが妨音工事の助成を受けるか移転をするかになった。しかし、裁判所は住民の苦痛は認め、損害賠償請求を認める判断を行った。このように高度成長期における経済合理性最優先の考え方は日本全体をおおいつくしており、諸外国では考えられない非人間的な状況でも、それをやむなしとする傾向があったことは、記憶から消すことはできない。これからも整備新幹線や中央新幹線が計画され実行に移されようとしているが、騒音対策については万全の準備を行い沿線住民の意見を尊重し計画を進行させるべきだろう。

（石田和男）

高速道路建設

人類のスピードへの限りなき夢が、現実のものとなったのは一九世紀の鉄道の発明からである。この夢の交通機関は、単に輸送機関としてばかりでなく、時間の価値観を変えてしまうだけの威力のあるものであった。遠く離れた二つの地点を短時間に結ぶことで、それまでの日常的な時間の流れを圧縮し、速度観を大きく変化させたのである。

鉄道に比べるとより個人的なスペースが確保される自動車もまたそんなスピードへの夢と不可分である。現在、日本では北陸道、東名、名神、関越、中央が一本に結ばれ、日本列島の中央部を環状につなぐいわゆる「ビッグドーナツ」が実現している、騒音や大気汚染も問題になっているが、一見効率化をもたらしたかに見えるそれらの輪のなかの短縮された時間が、速度と時間を取り巻く風景を一変させたことも触れられねばならない。

日に何本かの列車しか走らない一九世紀には、まだ日常の時間の中に、圧縮されたその時間の束が時折通過していくことで、時間軸そのものが変化した訳ではなかった。それはスピードに対する夢と憧れが入り交じって、速度のない日常の状態を脅かすものではなかった。しかし、今世紀も終盤に差しかかり、高速道路はもとより、航空、船舶や、リニアなどによる高速化が、ますますその度合いを深めると、時間そのものは別の次元へ移行し始めている。飛行機、新幹線、電車、タクシーなどの輸送機関に限らず、打ち合わせ時間、昼食時間、テレビ番組の時間、公衆電話の時間まで、ありとあらゆる時間の束が高速度になって生活を覆っている。そこでは、時間が細かく細分化され、速度こそが価値になっている。もはや、身体に備わった自然時間は破壊され、圧縮された無数の時間の束こそが時間そのものになりつつある。時間そのものが変質したのである。

（永田　靖）

交通公害

交通の目的は人びとの生活を向上させることにある。人びとが必要とするものを安全かつ迅速に、大量にしかも安く、正確にできるだけロスを少なくして提供しなくてはならない。我が国の都市交通はたび重なる震災や戦災にもかかわらず、都市交通の政策を欠いたために、現在最大の困難につきあたっている。戦後、経済復興をめざした我が国の交通政策は市場システムに基づき確立された。徐々に所得水準が高まり、大衆消費時代をむかえ、商品の流通や人の移動も活発化した。人々はそれまでのバスや路面電車から自家用車、自転車、バイクへと手段を変えていった。しかし、我が国の道路は急増した交通量に対処できるだけの大きさになく交通混雑が増大した。朝夕の満員電車、道路での慢性的交通渋滞により沿線や沿道の人々に騒音、振動、排気ガスなどの交通公害が深刻化した。原因は交通分野における技術革新が遅れていたり、交通投資や資源の適切な配分が欠けていることによるが、対策の遅れがこの問題をさらに深刻化させた。昭和四五年の歩行者天国は自動車抑制策の一つとして行われた。その後、都市内の駐車規制、特定車両の通行規制などが行われたが、交通事故による死傷者数は増えていった。石油ショック以後は地方都市が活力を持ち始めるにしたがって交通公害が地方分散化した。これらの混乱に対処するのに、短期的にはバス路線や地下鉄などによる公共交通の見直し、信号規制の中央管理システム導入、排ガス規制の強化などの政策が考えられる。長期的には本来の都市生活の快適さを保障すべく新しい産業社会に対拠した都市計画を行わなければならない。その際に東京・大阪のような巨大都市と、その他の中核都市との役割の違いを大いに考慮しながら交通政策を再検討する必要がある。これから実現する魅力ある地方都市作りが、交通公害を解消する本質的な解決策となろう。

（石田和男）

スパイクタイヤ粉塵

凍結路でも滑らずスピードが出せる、チェーン交換の手間も不要、と登場したスパイクタイヤは三〇年程で市場に拡がったが、深刻な粉塵公害をひきおこす結果となった。

一本のタイヤに百二〇本の特殊合金の鋲が打ち込まれており、それが凍結面にくい込んで進む。しかしアスファルトやコンクリート舗装面に接触すると表面を削りとる。舞いあがる粉塵は一㎢あまり月に九〇t（八〇年三月・仙台市調査）に達する地域も出た。寒冷地での、春さきや初冬の被害が著しい。粉塵中には塵肺症の原因物質のひとつとされる遊離珪酸や発癌物質が含まれ、幼児に気管支喘息の症状をもたらすことなども判明して、規制への契機となった。仙台市民の場合、肺組織の切断面に占める粉塵率は男性で〇・二五％、女性〇・〇五％であり、北九州工業地帯なみの大気汚染であるという報告（八六年四月・日本病理学会）も出た。環境庁による生態影響調査（動物実験）では、肺・リンパ節の異物沈着や、一部の肺に線維化がみられることが確認されている（八八年発表）。

宮城県は八五年一二月、国に先がけてスパイクタイヤ対策条例を可決し、翌年には札幌市でも条例制定となった。自治体や市民団体による規制要求運動が進むなかで、国レベルでは九〇年六月にようやく「スパイクタイヤ粉塵発生防止法」が国会を通過した。但し全面禁止ではない。環境庁が使用規制地域を指定、原則的に禁止とし、違反には一〇万円以下の罰金となった。規制は九一年四月から、罰則は九二年四月からの実施。それまでに松本市など全国一九〇余の自治体が独自規制をうち出し、国より厳しい上乗せ規制も行われた。八八年の公害調停委員会で製造・販売中止の調停が成立、国産品は九〇年末で製造中止、九一年三月末日で販売中止となった。東欧諸国やドイツではすでに八〇年代に全面禁止となっていたものである。

代替品としてはスタッドレスタイヤがある。しかし滑り止め力で劣るため、急坂のロードヒィーティング化も必要とされている。

（中村梧郎）

淡路島のニホンザル

兵庫県淡路島上灘地区一帯に生息していた野生ザルが絶滅状態にあった。この話を聞いた中橋実氏は一九六七年一月、船越山で野生ザルの餌付けに成功した経験を活かすべく淡路島に渡った。約五〇頭ほどいたサルに餌付けを開始し、同年四月には淡路島モンキーセンターを開園した。現在一七〇頭余りに増加している。

餌付け後二年たった一九六九年に産まれた一三匹中七匹(五三・八%)に奇形が見られた。翌年には一二匹中八匹(六六・七%)に、その次の年には一四匹中一二匹(八五・七%)に奇形が認められた。この高い奇形率に驚いた中橋氏はその原因の追究に力を注ぐことになった。その後もそれまでのような高率ではないが、ほぼ数十パーセントの奇形が発生し続け今日にいたっている。昨年(一九八九年)の出生三二匹中四匹(一二・五%)が奇形であった。淡路島で、この二一年間に四四〇匹の出産があったが内八六匹(一九・五%)に奇形が見られた。

しかし、この奇形ザル現象は淡路島だけでなく全国の野猿公苑で起きており、早くは一九五五年から餌付けが始まった大分県の高崎山で三年後の一九五八年に最初の奇形ザルが報告されている。

「ニホンザル奇形問題研究会」が一九七六年に結成され貴重な資料が収集された。また、一九七三年には京大霊長類研究所、日本モンキーセンター、順天堂大学などによる捕獲調査が実施された。

一九七七年に和秀雄氏(当時日本モンキーセンター研究員)らによって「ニホンザルの奇形の実態調査と原因究明」のためのプロジェクトチームが発足した。こうした研究者の研究から奇形の種類は短指(趾)、欠指(趾)、単指(趾)、裂手・裂足、半肢、欠肢、合指(趾)、多指(趾)、屈指(趾)など四肢の異常が主であること。また各地の七四群で奇形の調査がなされた結果、そのうち二九群(三九・二%)で奇形が確認されている。餌付け群だけでみると三九群中二〇群(五一・三%)に奇形が確認された。また、奇形に家系集積性が認められることから、遺伝的要因が考えられたが、検査の結果奇形ザルには染色体異常、伴性遺伝、奇形ザルによる交配実験などが行われたが遺伝を疑わせる結果は認められていない。

こうしたことから、外部環境からの要因が問題になった。保存されていた奇形ザル九体の標本と奇形のない一一体について、肝臓と腎臓から農薬の分析がなされた。その結果、DDTやBHCなどには両群に差が認められなかったが、農薬のヘプタクロールの代謝産物であるヘプタクロール・エポキシボは奇形ザル群に統計的有意差をもって残留濃度が高いことがわかった。こうした一連の調査研究から、一躍農薬による汚染が疑われている。

こうした奇形ザルの問題が各マスコミや市民運動のミニコミで紹介されて社会問題化した。特に、淡路島の奇形ザルはその数の多かったことと、モンキーセンター所長の中橋実氏の積極的な問題提起とで注目されてきた。特に、一九八〇年に産まれた奇形ザルのコータを育てたことで、コータは奇形ザルのシンボル的存在になった。

この奇形ザルに関心を持った研究者らにより現在ボランティア的な規模で研究が進められている。この問題が人間社会への警告とされる背景には水俣病のときの猫の異常や、カネミ油症事件が起きる前に大量にニワトリが死亡したダーク油事件が人間への危険を予見していたからである。

（里見　宏）

下北のニホンザル

青森県下北半島に生息するニホンザルは、我々ヒトをのぞく現生霊長類約一八〇種のなかで最も北に分布している。その意味できわめて貴重な存在であり、〝世界最北限のサル〟として国の天然記念物にも指定されている。

下北のサルは戦中、戦後の混乱期を通して一時絶滅が心配されたが、半島の西北部の奥山と西南部の海岸域に、二つの地域個体群が残存していることが一九六〇年代以降に明らかになった。当時の西北部個体群は三群約一〇〇頭、西南部個体群は三群約四五頭だった。それから今日までの三〇年間、雪深く寒さの厳しい下北の地で両個体群の歩んだ歴史はおおよそ以下の通りである。

西北部個体群は生息域が人里離れた奥山だったことで、しばらく大きな変化はなかった。ところが一九七〇年代以降、生息域の国有林が大規模に伐採され、スギ造林地に大量の除草剤が散布されるなど、人為的な環境改変の影響をまともに受けることになった。その結果、次のような事柄が順次起こっていった。すなわち、ブナ―ヒバ原生林のなかで一定の行動圏と個体数を維持し続けていたかれらが、樹林の伐採とスギの植林によって行動圏を著しく拡大したこと、拡大に伴って人里近くの多様な環境を利用しはじめ個体数が増加したこと、個体数の増加につれ群れの分裂が繰り返し起こったこと、群れの分裂によってさらに生息域が拡大し、分裂群のいくつかが人里に出没して畑荒しをするようになったこと、などである。

一方西南部個体群は、平館《たいらだて》海峡に面した険しい海岸斜面とその後背地が生息域だったが、西北部より早く後背地の原生林が大規模に伐採され始め、かれらの生息域は極端に狭まって、海岸斜面に押し込められたような形になった。そのうち一番南に行動圏をもつ一群が半島西南端にある九《く》艘泊《そうどまり》部落の畑に出没するようになる。一九六五年、地元脇野沢《わきのさわ》村は文化庁と県のバックアップをえて、猿害防止と北限のサル保護を目的に、この群れの餌づけを開始した。

以後しばらく村民と餌づいたサルたちとの密月時代が続く。村はかれらを観光資源としても積極的に利用した。だが一九七〇年代に入って、餌づけの影響で個体数が急激に増加していく。そして個体数の増加に伴って餌づけ群の行動圏は著しく拡大し、群れの分裂も二回起こって、ついには分裂群を含めた三群が村内全域の田畑を荒すまでになった。しかも保護対策は後手後手に回り、一九八〇年代に入ってからは、日本各地で猿害対策としてすでに実行されていたと同じ手段、すなわち集団捕獲による一方的な除去が繰り返し実施された。その結果、現在は捕獲の網をくぐり抜けたサルたちによって再編成された個体数の小さい三群が、相変らず畑荒しを続けながら残存するのみである。

一方餌づけされていない西南部個体群の残り二群は、以後もずっと平館海峡に面した海岸斜面にへばりつくようにして、行動圏も個体数もほとんど変えずに今日まで生き延びている。

このように、下北のサルをとりまく状況は、この三〇年間に激しく変化したが、それを生起させた根本の原因が林野庁と営林署による国有林の大規模な伐採およびスギを中心とした造林地化にあるのは明白である。現在国有林は、独立採算制をとる林野庁の所有物といった性格を色濃く持ち、国有林本来の在り方からはあまりにも遠い。膨大な累積赤字を抱える林野庁はその赤字補塡ゆえに、原生林をひたすら伐採し続けているといっても過言ではないだろう。国が、国有林とは国民共有の財産だという原点に立ちかえり、林野庁の独立採算制を今すぐ停止し、かつ現在の林野庁・営林署の組織そのものを大改革しない限り、下北のサルのみならず、日本のすべての野生動物にとって明るい未来は望むべくもない。

（伊澤紘生）

ニホンカモシカ

ニホンカモシカはヤギやヒツジに近縁な草食獣で、本州、四国、九州の山地に分布する。春から秋にかけては落葉広葉樹の葉や草本が主な食物になるが、冬期は冬芽のほかに常緑針葉樹の葉も食べる。このため、昭和四〇年頃から幼齢木植林地や農作物などに対する食害が報告されるようになった。特に御岳山麓周辺の岐阜県・長野県の町村を中心にヒノキの食害が大きな社会問題になり、昭和六〇年には岐阜県の林業関係者が国を相手どって被害損失約一六億円の補償を求める訴訟を起こすまでになっている。

カモシカは学術的に貴重種であること、日本特産種であること、乱獲で数が著しく減少したことで、昭和九年に種指定の天然記念物に、昭和三〇年には特別天然記念物に指定されている。当初三〇〇〇頭とされたカモシカの個体群も徐々に回復し、昭和五二～五三年の環境庁の調査では七万五〇〇〇頭と推定されるに至っている。

この数字からカモシカは著しく増えているとして、岐阜県・長野県の林業の被害者側から捕獲申請が出され、昭和五〇年のワナ捕獲を皮切りに、五三年には麻酔銃による捕獲、五四年からは一般銃の使用が認められている。防護柵、ポリネットをかぶせる方法、忌避剤などの防除方法は手間がかかりすぎるとして、保護捕獲を名目にしながら実質的な射殺が先行しているのが現状である。毎年七〇〇〜一〇〇〇頭のカモシカが射殺され、これまでの累計でほぼ一万頭が捕獲されている。今では捕獲されたカモシカの肉の自家消費、毛皮の売買も認められている。

このような状況のなかで、昭和五四年に文化庁、環境庁、林野庁は三庁合意によりカモシカに対する基本方針を明らかにしている。その骨子は、(1)カモシカを特別天然記念物の種指定からはずし、保護地域を設定して地域指定にする、(2)保護地域外では個体数調整を認める、としている。これにより、全国一五ヵ所の保護地域を設定する作業が進められたが、設定には問題が多く現在に至っても九州・四国の二ヵ所の設定がまだ終わっていない。

保護地域として設定されているところは、冬期にカモシカが生息できないような山岳地の多雪地帯が多い。また、カモシカはなわばりをもつため、食害がみられる植林地であっても生息するカモシカの数は限られている。なわばりをもったカモシカを間引いたとしても、周辺のあぶれたカモシカがすぐに侵入する。このため、間引きによって食害を防除しようとすると、その地域に生息するカモシカをほとんど捕り尽くさないとその効果が期待できない。したがって、行政の対症療法的な方法は、カモシカを再び絶滅の危機に追いつめるものといえる。

カモシカの食害は林野行政が根本的な原因と考えられる。林野庁は昭和三〇年代の好景気にともなう木材需要の大幅な増大に応えるため、大面積皆伐とスギ・ヒノキなどの単一樹種の植林を推し進めてきた。伐採後に生育する下草はカモシカにとって格好の餌となり、一時的に個体数の増加をもたらすと考えられる。しかも、冬期には下草が枯れたり雪に被われるため、植林木だけがカモシカの餌として残る。皆伐面積が広ければ広いほど冬期は餌がなくなり、植林木に対する食害もそれだけひどくなる。また、拡大造林が進められるあまりに、「適地適木」を無視した植林が行われている。このような場所ではカモシカの食害がなくても植林木の生育は悪く、食害があれば壊滅的な打撃を受けることになる。

皆伐方式と単一樹種の植林は、治山治水の上からも多くの人が見直すべきだと考えている。「カモシカ問題」は食害ばかりが強調されるが、実際には皆伐方式が引き起こしてきた「林業問題」の一部としてとらえるべきものであり、林野行政を根本から見直す時期にきているといえる。

（岸元良輔）

トキ

学名をニッポニア・ニッポンというトキは国際保護鳥で、温帯に生息する種類で絶滅が心配されている。このトキは、かつて日本のほかに、東部シベリアや中国、朝鮮半島の広い地域に数多く生息していた。現在は、日本と中国だけで、それ以外の国では生息する確実な情報はない。日本のトキは飼育している二羽だけで、中国の野生に生息するトキは、一九九一年五月の調査で、陝西省《せんせい》、洋県の秦嶺山《しんれい》に三〇羽がいると発表している。

トキの特徴は、白色レグホンくらいの大きさで、翼を広げると、およそ一mで、風切羽と尾羽が美しいトキ色である。頭には羽冠があって、黒い嘴は下に曲がっていて先端が赤く、脚も赤い色をしている。成鳥は繁殖期になると、頭と頸、背が灰色になる。それは、頭の後から黒い分泌物を出して、体の上面の羽毛に塗り、保護色に変わる。

トキは藩政時代まで、北海道から九州に至る各地に生息した野鳥であった。石川県でも、県内の各地に見られていた。加賀藩の『改作所旧記』や『政隣記』には、トキのことが記されている。明治時代以降は野鳥にとって暗黒時代で、鉄砲の普及によって乱獲され、トキは滅多に見ることができなくなった。

一九三〇年頃は、まだ能登半島のほかに、隠岐島と佐渡島に生き残っていたので、国では一九三四年一二月に、天然記念物に指定した。その後も乱獲が続いて、隠岐島のトキは滅び、能登半島でも密猟が続いた。

一九五七年になっても、特別天然記念物のコウノトリ射殺事件があった。

能登半島に生息していたトキが絶滅してから二〇年になろうとしているが、私は、一日もトキを忘れたことはない。それは、トキの生息地に生まれて、そこに育ち生活したからだと思っている。小学生の頃、家の上空は、トキが飛翔するコースになっていた。朝夕、トキを見ようと思えば、毎日でも眺められたので、二〇数羽を数えたのを覚えている。トキが編隊で、トキ色の翼を輝かせて飛ぶのを見ても、珍鳥だとは知らずに、カラス同然にしか思っていなかったのである。世界大戦が始まって、私は、二年六ヶ月間ベトナムへ派遣された。終戦後に帰って見ると、かつてトキがねぐらにしていた松山は伐採されて、トキは奥山へと移り住んで見えなかったのである。トキのことを気にしていた私が、生息情況を調べていると、時折見かけると言う人もいた。ほかに、トキの肉を食った人の話を何度も聞いて、トキが密猟されていることが分った。それからの私は、能登半島のトキを救おうと思い立って、本屋で鳥類図鑑を一冊買って見てみた。この図鑑によると、トキは特別天然記念物で、かつて能登に生息していたトキが滅んで、佐渡島だけに生き残っていると書いてあったのに驚いたのである。その頃、能登に一〇羽余りのトキが生息していたので、私は、この図鑑を見たことがきっかけで、トキの保護対策に若い情熱を注いだ。その後の私は、何としても能登半島にトキが生き残っていることを発表しようと決心した。安い給料のなかから買ったのは、中古品で蛇腹のカメラであったが、今でも大切に保存している。

望遠レンズの付かないカメラだから、飛ぶトキを何度撮影しても、白い点にしか写らなかったのである。それでも土曜日と日曜日はカメラと双眼鏡を持って山へ行くのが日課で、トキ撮影のチャンスを狙った。その頃、山のなかで張ったブラインドのなかで泊ったり、暇さえあれば山歩きをする私を見かける人は、気でも狂っているのではと言われたのは当然であろう。トキの生態調査を始めて三年後の、一九五六年八月一六日午後三時頃であった。いつもトキが餌場にしていた池を、木の陰から双眼鏡で覗いて見ると、採餌していた家族らしい四羽の群を確認した。私は、すかさず死角でトキから見えない一〇〇m離れた位置に、脱衣の暇を惜しんで着たまま水中に入った。水面から頭だけ出してカメラを顔に当て、トキに接近して撮影を試みたのは冒険であった。ファインダーを覗きながら前進すると、一羽のトキが見張っていて、三羽は夢中で採餌していた。水面に波一つ出さずに、見張るトキを目標に、三〇m近寄っても気づかれないのは、水面から出ている私の頭を、てっきり鴨の昼寝だと判断したのであろう。こうして一〇mまで接近して、トキ撮影に成功したことは、生涯忘れられない思い出である。撮影したトキの写真は、教育委員会へ報告したので、中央の新聞社も報道し、能登半島のトキは一躍全国へクローズアップされた。その後も私は、トキのねぐらや餌場など、行動する範囲を調べて、トキを密猟から守るために、保護区を設定する青写真を作成した。やがて教育委員会が中心になって、トキ保護会を結成した。トキの保護対策は、トキが生息する自然環境を守ることが先決である。結成されたトキ保護会の役員は、トキの生息地域の代表と、猟友会、学識経験者で構成された。このトキ保護会の席上で、私は独自で調査したトキの行動範囲を、鳥獣保護区に設定するよう要望した。ところが、トキ保護会に出席した猟友会の役員は、保護区の設定は猟ができないと、私にテロを知っているかいと、猛烈に反対して脅迫した。結局、トキ保護会では結論が出ず、この問題は挫折した。仕方なく県庁の林務課と、教育委員会へ行き早急な対策を要望したものの、ここでも猟友会の圧力が強く、受け入れられず門前払いされた。今度は、いても立ってもおられず上京して、鳥類学者の故山階芳麿博士、故中西悟堂先生、故黒田長禮博士、黒田長久博士を訪ねて、現地の実情を訴えて歩いた。文部省へも行ったが、まもなく中央の学者が能登を視察し、県知事宛に保護区の設定を要請したので、やっと実現した。しかし緊急を要する問題だけに、トキ保護対策に消極的な行政に、唖然としたものであった。トキの保護区が実現してから、トキが巣ごもりし、産卵して雛も育ったが、なかなか殖えなかった。その原因には、対策の遅れもあった。一九五三年まで八羽確認したトキが、一〇年後の一九六三年には一羽に減った。ほかに農薬で汚れたタニシやカエル、小魚、水生昆虫を食べて死んだのである。また、テンに食べられた死体も発見された。こうして減少したトキは、近親結婚によることも重なったのであろう、能登半島に一羽だけ生き残ったトキをめぐって、さまざまな意見があった。

(1)トキの生息地を金網で囲んで飼育すれば密猟や農薬から守り安全である。(2)捕獲して動物園に飼育し、教材にすればどうか。(3)佐渡のトキを捕獲して、能登へ移して繁殖させるべきだ。(4)一日も早く捕獲して佐渡へ移し、近親結婚の弊害を防ぐことが望ましい。

こうした議論は、結局、結論が出なかったのであるが、私は、あくまで佐渡へ移すべきだと主張した。それは一九六九年二月に、一羽残ったトキの調査に出かけた日のことである。トキが繁殖期に入る頃で、かつて巣ごもりしていた山の近くへ行くと、タカに追われて鳴いて飛んでいるトキを観察した。このトキを追跡していて、古巣のある山へ入ったのを確認した。トキがその山から出るのを待って、巣の山へ入り調べていると、巣の下に新しい糞を発見した。私は、巣の近くにブラインドを張って泊り、翌日、トキの飛来を待ち、古巣に座ったトキを撮影した。このトキの体羽は、繁殖期に見られる灰色の羽毛に変わっていた。私は、その瞬間に、一羽のトキは佐渡のトキと結婚させるべきだと判断した。その情況を、早速、文部省や中央の学者に手紙を書き、捕獲を要請した。一九七〇年一月に、トキの捕獲に成功して佐渡へ移したのである。そして、来春の繁殖に望みをかけていたが、一九七一年三月に、事故のため死んでしまった。その瞬間に、日本の本土に生き残っていたトキが絶滅したのである。

これまでに、トキの保護対策や生態研究にと歩いたころを顧みると、文書や言葉には表現できない。多くの思い出のなかに、青年たちの餌場づくりや学童たちの餌集めまでの協力に発展し、行政による生息地山林の借り上げなど、人事を尽して天命を待ったのである。しかし、やがて日本から絶滅を余儀なくされるトキを語れば、絶滅に追い込んだのは、乱獲、農薬による被害と、生息地の破壊であった。これは、すべてのトキの保護に対する無関心による対策の手遅れで、自然淘汰ではなかったのである。そのことは、トキに限らず、コウノトリ、ライチョウ、オジロワシ、クマタカ、イヌワシ、タンチョウにも言えるので、保護対策は急を要する。最近のリゾート開発は、ゴルフのブームに発展し、減少するオオタカ、ミサゴ、ハヤブサ、サシバの生息する山林が失われるのが惜しまれる。

トキの絶滅は、歴史的にも悲しいできごとである。一度消滅した生物は、いかに科学の進歩があっても、人間の力では再現できない。トキが、われわれ人間に対して、残してくれた教訓を忘れてはならないのである。（村本義雄）

スギ花粉症

近年になって、スギ花粉症に苦しむ人が急増している。かつて問題となったセイタカアワダチソウやブタクサなど、外国からの帰化植物の花粉によるとされたこれまでの花粉症よりも、大きな広がりを見せているのである。このスギ花粉症は、スギ花粉を抗原とするアレルギー症状である。つまり、過去に体内に入ったスギ花粉に対して抗体がすでにできている場合に、抗原（スギ花粉）が皮膚や粘膜などに付着したり、体内に入ったりしたときに起こる異常反応であり、抗原抗体反応の結果、副産物としてヒスタミン類似物質が産出された場合に起こる症状である。その症状をやわらげるために抗ヒスタミン剤が用いられるのは、そのためである。

こうしたスギ花粉症の急増のため、近年は、春になると、テレビの天気予報の際にもスギ花粉量の予測が出るほどになっているのである。

スギは、昔から日本に自生していた樹木であるから、その花期の春には、当然のこととして、スギ花粉は、必ず日本の環境中に存在していた。しかし、近年、環境中のスギ花粉量は、以前と比べて数十倍、場合によっては一〇〇倍以上にも増えており、それがスギ花粉症の原因となっている。

戦後、丸裸となっていた山を回復させるキャンペーンであった「緑化運動」の名のもとに、国策としてどんどん人工植林が進められ、経済林を育てるとして、スギの苗木が全国各地で大量に人工植林された。林業が採算の取れたころは、スギの成長とともに間引きをし、下枝をはらい、そしてよく手入れされた美しいスギ林がどこでも見られた。間引かれた木や、はらわれた下枝は、薪や炭として有効に利用され、そして十分に成長すると、山から伐り出されて材木となっていた。

しかし、一九七〇年ごろから、林業は、まったく採算の合わないものとなった。薪や炭の需要が急速に減るなかで、政府が有効な林業政策を出せないまま、一方で、商社が安価な輸入材（主として東南アジアからのラワン材）をどんどん輸入するようになって、国産のスギ材が競合できなくなったのである。間引きや下枝はらいはむろん、伐り出しさえ大赤字になることから、人工植林されたスギ林は、そのまま放置されることになった。そして管理も伐採もされないそうしたスギ人工林が、密植状態のままでいびつな成長を続けているのである。

植物は、一般に、その個体の生育環境が悪くなると、その個体の死に備えて、より多くの子孫を残そうとする性質をもっている。そのため、間引きもされず、密植状態になっているスギは、はらわれていない下枝も含めて、どの枝にもたわわに花器をつけ、たっぷりと花粉をつくり出してまき散らすのである。近年の環境中のスギ花粉の急増には、このような背景があるのであり、したがって、最近急増しているスギ花粉症患者は、スギの単一樹林をつくり出した過去の誤った「緑化運動」と、林業と木材輸入をめぐる政府の無策の犠牲者といえるのである。

もう一つ見逃してはならないのは、こうしたスギ花粉症が都市部でとくに多いという事実である。これは、都市での道路舗装がどんどん進み、露出した地面が著しく少なくなってきていることと関係している。露出した地面が多いと、とくに降雨のあとなど、飛んできた花粉が湿った地面に捕まりやすいのに対して、コンクリートやアスファルトで舗装された地表は、ほとんど常時乾燥しており、降雨のあともすぐ乾くので、地面に落ちた花粉もすぐ風に飛ばされやすく、また空気中に漂うことになるからである。

いずれにせよ、こうして環境中に急増しているスギ花粉が、スギ花粉症という新しいアレルギー症状をひき起こしている。したがって、こうしたスギ花粉症の急増もまた、人間の営為がつくり出した問題なのである。　（市川定夫）

リゾート法

リゾート法（正式名称は「総合保養地域整備法」という）は、国土、農水、通産、運輸、建設及び自治の六省庁の個別法案を統合して、一九八七年五月成立した。ゆとりある国民生活の実現、地域の活性化及び内需拡大を目的に、民間活力の活用を主な開発方法として、長期滞在型の保養地域を整備するものとされている。

リゾート地域整備の基本構想は都道府県が作成し、国に承認されると税財政、金融上の優遇措置が与えられる。一九九二年三月五日末現在、同法に基づく承認件数は三五都道府県であり、この地に申請中のものが茨城県と鹿児島県の二件ある。

同法の施行を機に、全国的なリゾート開発ブームが起こり、ホテル、ゴルフ場、スキー場またはマリーナ建設計画が乱立し、土地投機をまねいている。この開発は、リゾート施設の運用収益よりも地価や会員券等の高騰によるキャピタルゲインをねらった投機的性格が強く、なかには町村面積の四割をゴルフ場用地用に買い占められた地域もある。しかし、施設の建設は、せいぜい二～三割の着手状況とみられ、超豪華型巨大リゾート開発には早くもかげりが出はじめている。バブル経済崩壊に伴い見直しの気運もある。

リゾート開発ブームは、企業の余剰資金と銀行の融資によって仕掛けられ、農林漁業等の地域産業が衰退した地域が誘致に熱心になるという構図で作り出された。しかし、開発対象地域の環境破壊が重大な問題となっており、その割には、地域の雇用や所得等の経済効果が小さく、地域の活性化効果には疑問が残る。

国民のゆとりある生活の実現のためには、リゾートは必要だが、それは、環境保全の枠組みのなかで整備すること、また、農山漁村等の地域産業の真の発展に結びつく方式が望まれる。それは、手づくりリゾートであり、ルーラル・ツーリズムであろう。国民が広く利用するリゾートのためには、長期休暇の充実と、安価な料金体系の施設整備が必要である。

（保母武彦）

列島改造論

一九七二年六月、時の総理大臣田中角栄によって『日本列島改造論』が書かれ、いきなりベストセラーとなった。建設会社を経営していたこともあって田中の都市政策に対する関心は並々ならぬものがあり、六八年の自民党幹事長時代も「都市政策大綱」を手がけ、論争を巻き起こしている。彼は総裁選挙の際にも本構想を公約のなかに掲げていることもあって、しかし、著書自体は数人の官僚の手が入っていることもあって、まわりくどくわかりにくい。本書を要約すると、日本列島は大都市の過密と地方の過疎という問題をかかえている。この二つの問題は表裏一体の関係にあるので、一方だけに手をつけるのではなく、両方同時に解決の方策を練らなければならない。そのためには大都市に存在する公害型大工業を地方に分散させ、それを拠点に新二五万都市を建設する。一方、無公害型の内陸型工業は広く農村地域に分散させ、そこにも新二五万都市を建設する。また四国地方は日本の表玄関にあたるので、本四架橋を建設し四国の活性化をはかる。また、大都市の過密化、大災害の可能性を少なくするために、オープンスペースを増やす必要がある。そのためには建物の立体化、不燃化が急務となる。積極的に都市計画、土地利用計画をたてることが大切である。民間企業だけでこれらの再開発が実行できない場合には、他に都市開発公団がその任にあたるべきである。この構想を具体化するために田中は関係各省に対して、これらの具体化案を提出させ、その内容を審議する私的諮問機関「日本列島改造問題懇談会」を設置し審議が開始された。しかし彼のアイデアが実現されたのは大企業の利益が保たれる分野においてだけで、大都市に存在する工場移転を強制する「工場追い出し税」は各方面の抵抗にあい実施は見送られ、また国土利用に関する総合計画法、都市計画法の改正、建築基準法改正、農村環境の整備等は七二年度内に実現されなかった。一方、列島改造のスローガンには、国が予算を投入して列島を再開発し、高度成長を再びもくろもうとする意図が強化されている。新幹線は山陽線にも延び、北海道、北陸、九州までも新幹線の設置計画がたてられ、高速道路は東名、名神以外に一〇路線が決定された。各省庁はこれらの大プロジェクトを実施するために、それぞれ都市開発公団（建設省）、農村環境整備事業団（農水省）、新学園公団（文部省）などの新設を要望した。しかし、各省庁間のおもわくが交錯し、政府としてのこのプロジェクトに対する確固たる方針が打ちたてられることがなかった。事実これだけの改革を進めるためには、土地政策も確定しなければならなかったが、なに一つ手をつけられないままになった。そのため、本構想に対しては野党のみならず各界の人々から批判がなされた。本構想が改造を銘打っておりながら本音としては政府主導型の成長経済をめざしているもので、地価対策もなされず、インフレ容認策となっている。「日本列島のなかに、無公害基地をつくる」とうたっておりながら、実際には日本列島の環境調査すらしないで、むつ小川原や鹿島における巨大産業の基地を建設し、実際には公害をまき散らす結果を生み出している。この時以来、公害の再分配に反対して全国各地で住民が、立ちあがっている。大都市における日照権問題はマンションの高層化にブレーキをかけ、新幹線沿線住民による騒音反対運動はねばり強い活動に発展していった。本来、田中が打ちたてた過密と過疎問題の解決策はこのように挫折した。田中に代表される日本の指導層がまだ高度成長という経済合理性第一主義をすてることができなかったために、結局その矛盾をおし進める結果にしかならなかった。九〇年代になっても彼の構想の影はまだ列島に色濃く残っているが、当の経済主義は後退しつつあり、これから傷ついた列島が、真にその傷をいやすときがこなければならないのである。

（石田和男）

ナショナル・トラスト

ナショナル・トラストは一言でいえば次のように定義できる。「野放図な開発や都市化の波から、貴重な自然や歴史的環境を守るために、ひろく人々から寄付金を募って土地や建設などを買い取り、あるいは寄贈を受けて、保存、管理、公開する運動」。一八九五年イギリスで、弁護士のサー・ロバート・ハンター、婦人運動家のオクタビア・ヒル、牧師のキャノン・ローウンスリーの三人の市民の話し合いからうまれたこの運動は、今や、イギリスをはじめ日本、オーストラリア、ニュージーランド、アメリカ、バハマ諸島、バーミューダ、インド、マレーシアなど二四ヵ国に広がっている。

これらの運動には、いくつかの特質がある。第一に、住民の「自発性」に支えられた運動である。

わが国では一九六四年、鎌倉の鶴岡八幡宮の裏山の宅地造成計画に対して、市民たちが「歴史的景観を守ろう」と立ち上がり、財団法人「鎌倉風致保存会」を組織して募金運動を展開、一・五haの土地を買い取り保存に成功したのが最初である。その後、一九七八年に北海道の知床半島の原生林の復元をめざして起こった「知床国立公園内一〇〇㎡運動」には、地元の斜里町当局の「知床で夢を買いませんか」の呼びかけに応えて、一九八九年現在、全国から、三万人近くの人々が、計三億九千万円もの寄金を送金している。また別荘地として開発されようとした和歌山県田辺市の紀伊水道に面した天神崎の自然を買い取る運動にも、四万人を超す人々から三億余円の寄付金がよせられた。最近では東洋一の水量といわれる富士山麓の静岡県駿東郡清水町の柿田川湧水の自然を守る運動に、目標の三分の一の五五〇〇万円もの寄付金が集まっている。

九七年の歴史を誇るイギリスのナショナル・トラスト運動は、今日、二〇三万人の会員の寄金に支えられて、二〇〇の歴史的建造物や一〇〇にのぼる庭園、村落、自然海岸などを所有する巨大組織に成長している。その背景には、国民の間にキリスト教の信仰に基づくチャリティ（慈善）の伝統があるからであって、そのような伝統の希薄な日本では、多くの国民がすすんで募金に応ずるという運動は発展しにくいのではないかという声があった。しかし、こうした先入観は、知床や天神崎などでの運動によって、ものの見事に打破された。ナショナル・トラスト運動は日本人の伝統的行動のパターンの変容をもたらしたといえよう。

第二の特質は運動の持つ「教育的効果」だ。環境を守るために、小学生から年寄りまで多くの人々が寄金に応ずることによって、「自然は私たちの力で守るのだ」といった保護運動への参加意識が社会的にひろまった。「一人の人の一万ポンドより、一万人の人の一ポンドずつを」というイギリスのナショナル・トラスト運動の原則が、わが国の運動の拡大に大きな役割を果たしたことに注目したい。

第三の特質は、将来、破壊されるかもしれない貴重な環境を、先手をうって保存していこうとする「先見性」に富んでいることだ。同時に、入手した自然や歴史的環境を管理し、公開するという「持続性」を備えている。「知床一〇〇㎡運動」や、「天神崎の買取り運動」の現場では、毎年、植樹祭や海の生物の観察会など、自然保護教室が開かれている。このように環境を守ると同時に、それを公開し、将来にわたって如何に活用していくか、という長期の見通しをもって運動は続けられている。

第四の特質は運動の「協力性」ということだ。現在、国内各地に四〇を超えるナショナル・トラスト運動が展開されているが、一九八三年に、これらの運動の協力・連絡組織として「ナショナル・トラストを進める全国の会」がつくられた。以来、田辺市、横浜市、佐倉市、足利市、世田谷区、大宮市、北海道小清水町、群馬県川場村そして函館市と毎年、場所を移して「全国大会」をひらいている。開催地のトラスト運動を激励すると同時に、各団体が直面している問題点について情報を交換し、一緒になって対策を研究している。

この研究の成果をもとに「全国の会」は、政府に向かって、ナショナル・トラスト運動への寄付者に対する税金の減免措置を働きかけてきた。その結果、一九八五年度の税制改正で、国によって「自然環境保全法人（ナショナル・トラスト法人）」と認定された組織に寄付をした人の所得税の控除と企業など法人の寄金を損金扱いにして控除する優遇措置を決めた。さらに八六年度には相続財産を贈与したときは、相続税を非課税にすることが認められた。すでに「㈶天神崎の自然を大切にする会」と「㈶小清水自然と語る会」「大阪みどりのトラスト協会」が自然環境保全法人に認定されている。

ナショナル・トラストの第五の特質は運動の進め方の「多様性」だ。当然のことながら、それぞれの国の風土の違いによって、さらに、同じ国内でも、地域の事情によって、運動の組織はさまざまな形をとっている。それらは大きく分けて、次の三つのタイプに分類される。

(1)住民が中心になって進められているもの。イギリスのナショナル・トラストは、まさにこのタイプの典型で、ロンドンに本部があり、各地に支部をもち、職員二〇〇〇人からなる巨大な民間の全国組織である。「ナショナルとは国家の、という意味ではなく、国民のという意味である」として、「非政府団体」（ＮＧＯ）であることを強調している。わが国でも天神崎買取り運動や北海道・小清水町のオホーツクの村づくり運動、静岡県の柿田川湧水保護運動などは、この第一のタイプに属するといえよう。

(2)自治体が主導しているもの。北海道の斜里町による「知床国立公園内一〇〇㎡運動」は、まさにこれに該当する。

(3)はじめから自治体と住民が協力して進めているもの。近年、このタイプの運動が、わが国の各地で盛んになってきた。それらは神奈川県の「みどりのまち・かながわ県民会議」や埼玉県の「さいたま緑の環境協会」、岡山県の「郷土文化財団」、東京・世田谷区の「せたがやトラスト協会」などのように県や特別区レベルで行われているものと、千葉県佐倉市の「佐倉緑の銀行」や栃木県足利市の「足利文化保護財団」などのように市や町のレベルで進められているものとがある。

このようにいくつかの特質を備えた内外のナショナル・トラスト運動のなかにあって、近年、わが国の運動に見られる、ひときわ目立つ傾向は、自治体がナショナル・トラスト運動に強い関心を示してきたことだ。

地域の環境を守るためには、自治体の行政施策だけでは不十分で、住民の協力が必要であることに自治体が着目しはじめた。とくに緑化事業や伝統的な町並みの保存・再生策などでは、自治体の予算支出によるだけではなく、そこに住民からの寄付金が加わることによって、その後の維持、管理に対する住民の関心の度合いが飛躍的に高まることが明らかになったからだ。

一方、住民の側でも、実際に、募金運動にたずさわってみて、わが国では、住民だけのグループより、なんらかの形で公共団体が関与するほうが、社会的に信頼性が高まり、寄付金が集めやすくなる、ということを知ったからだ。さらに、これまでどちらかというと身近な環境の保全に冷淡であった自治体を巻き込んで、運動の目標を達成させようという自信が、住民の側についてきたからであろう。

わが国のナショナル・トラスト運動の前に立ちふさがるのは、高騰する地価の壁だ。とくに大都市とその周辺では、いくら寄金を集めても、それで目指す土地を買い取ることは不可能に近くなった。そのため、ナショナル・トラスト団体では土地所有者との間に保存のための賃貸借契約を結んで、固定資産税などに見合う金額を提供するかわりに一定期間、その土地の環境を維持、管理し、場合によっては一般に公開するというユニークな方式を編み出した。その第一号として、「みどりのまち・かながわ県民会議」では秦野市の葛葉川沿岸の緑地を守るため、七五〇〇〇㎡の緑地所有者六六人と相談し、すでに三〇人の地主との間に一〇年間の緑地保存契約を締結している。

あくまでも忘れてはならないことはナショナル・トラスト運動の原点は住民の自発性にある、ということだ。「ナショナル・トラストを進める全国の会」では、こうした理念のもとに、今、これらの直面している問題について解決策を検討している。今世紀のはじめ一九〇七年に、イギリス議会が「ナショナル・トラスト法」を制定して運動の基盤を確立させた英国の経験をも参考にしながら、「保有資産の永久保存の保証」などの原則を盛り込んだ、わが国の風土に根ざした「ナショナル・トラスト法」の制定をめざして運動を展開している。

（木原啓吉）

原発行政訴訟

原発は平常運転時にも絶えず放射性物質を環境に撒き散らすが、大事故が発生すれば、一九八六年四月に起こったソ連チェリノブイリ原発事故のように全地球的規模の大惨事となる。したがってその設置には、他の産業施設と較べて格段に厳重な安全規制がなされることになっている。

安全確保の法規制としては、まず「原子力基本法」があり、これを承けて、「核原料物質・核燃料物質及び原子炉の規制に関する法律（規制法）」がある。

電力会社が原発を設置しようとすれば、あらかじめ通産大臣の許可を得なければならず、通産大臣は「設置許可申請」があれば、その「原子炉の位置・構造及び設備が核燃料物質によって汚染された物又は原子炉による災害の防止上支障がないものであること（規制法二四条一項四号）」という条件に適合していなければ、許可をしてはならないことになっている。またその際には、電力会社が「原子炉の運転を適確遂行するに足る技術的能力があること」の確認も要求されている（同条一項三号）。

通産大臣は右の許可に際しては「原子力安全委員会の意見を聴き、これを充分に尊重してしなければならない（同条二項）」とされているが、具体的な安全性の検討は、委員会から委嘱された専門家たちをメンバーとする「安全審査会」がこれに当たることになっている。

この安全審査は、ことが周辺住民のみならず、広汎な人々の生命・健康に重大な影響を及ぼすものであるだけに、「軽水炉についての安全審査指針」や「軽水動力炉の非常炉心冷却系の安全評価指針」、「原子炉立地審査指針及びその適用に関する判断のめやす」等々の「指針」や「めやす」を審査における判断基準として結論を出すことが要求されている。「原子炉設置許可処分取消請求」の行政訴訟は、当該の許可処分が、これらの基準の定めを守って充分な安全確認がなされたかどうかを中心にして争われるのである。

なおこの行政訴訟を提起するためには、事前に「異議の申立」を処分庁に対してしなければならず、その期間は、「許可処分があったことを知った日の翌日から六〇日以内」にしなければならず、またこの異議申立が棄却されると、三ヶ月以内に行政訴訟を提起しなければならないことが、「行政不服審査法」や「行政訴訟法」で定められている。

私が関与している四国電力伊方一号炉だけを考えてみても、それを一年間運転すると、合算すれば約二一億キュリーという途方もない量の放射性物質が生み出されるのである。これは広島型原発の六〇〇発分に相当し、単純に我が国の一般人に対する許容線量年間一〇〇ミリレムにあてはめて計算すると、一〇〇兆人分にも相当する。現在の科学は放射性物質の性格を変え、放射能の放散を止めることができず、ただ自然消滅を待つだけであることは周知のとおりである。原発の運転で生み出される核種のうちで、強烈な毒性を持つプルトニウムの半減期は二万四千年であり、それが消滅するまでに数十万年の気の遠くなる歳月を必要とする。原発の電気エネルギー源としての必要性や有用性があらゆるメディアを通じて宣伝されているが、本質的にみれば、エネルギー源として放射性物質が利用できるのは極めて短い瞬間のことであり、その後は生産された放射性物質の安全管理の課題が残されるだけである。原発は我々を危険に曝すだけでなく、未来の人類に解決不能の危険なつけをまわすだけの存在なのである。もし大事故が発生すれば、取り返しのつかない災害に至ることをチェルノブイリ事故が教訓として示している。このような原発の本質を直視すると、さきに述べた安全審査の具体的欠陥や許可処分の違法性を問題とする以前に、原発の建設を認める法体系のすべてや、当該の許可処分が、憲法一一条（基本権の享有、永久不可侵性）、同一三条（個人の尊重）、同二五条（国民の生存権の保障）等の各条項に違反するものであるか否かが根本的に問題とされなければならないと考える。

現在日本で提訴されている原発の許可処分に対する取消請求の行政訴訟は、年代の順で云えば、(1)伊方一号炉、(2)東海二号炉、(3)福島二号炉、(4)伊方二号炉、(5)柏崎一号炉などがあり、それ以外に日向濃縮施設建設許可に対して、また「もんじゅ」の設置変更許可に対して、下北濃縮施設の事業許可に対して、それぞれ取消請求の行政訴訟が提起され、裁判所で審理中である。また行政訴訟ではなく、直接電力会社に対して建設差止めの民事訴訟が女川一号、「もんじゅ」、泊一号炉、能登原発などに提起されており、各地で反原発の住民が国や電力会社と闘っている。なお伊方二号炉の裁判では、原告たちは代理人としての弁護士を依頼せず、彼等自身の創意と努力で、公判ごとに国を追いつめていることは敬服に価いする。

伊方一号炉の裁判は、一九七三年八月に提起された我が国最初の本格的反原発裁判であり、そこでは安全審査の欠陥や許可処分の違法性のすべての点が審理の対象とされている。

被告国側は裁判の初期には意気込んで、「この裁判を公開の安全審査の場とし、原発の安全性を国民に宣伝する場にしたい」と豪語していたが、安全審査を担当した国側の専門家証人たちが、つぎつぎと住民側の弁護士の反対尋問に答えられず、形勢不利が誰の目にも明らかになると、当初の意気込みはどこへやら、代理人を交替させ、「そもそも原告にはこのような裁判を訴える資格はないので門前払いにしろ」とか、「安全か否かの判断は行政庁の裁量によるものであるから、裁判所は審査の実態に立ち入るべきでない」、「安全審査は基本設計（国側の言い分によると安全についての基本的な考え方）の確認だけで足りる」などという、およそこれまで住民に対して強調してきた「権威ある専門家が最高の知識によるテクノロジカルアセスメントにもとづいて安全性を確認してきたのであるから万一の事故も起こらない」という宣伝とは正反対の主張を展開し、もっぱら三百代言的法理論で煙幕を張るという情けない態度に変わった。しかもそれだけではなく、一審の裁判官を結審直前になって裁判長を含む三名中二名を交替させるという、司法行政上の非常手段までとって「住民敗訴」の判決を下したのである。

一審判決の翌年の一九七九年にはスリーマイル島原発事故が起こり、また控訴審判決の翌々年の一九八六年四月にはソ連のチェルノブイリ原発事故が発生し、原告住民たちが裁判で主張してきたことの正しさが誰の目にも明らかになった。岬の先端や、ひっそりした海岸線に建てられ、日常生活のなかでは意識されない原発によって、私たちは運命共同体として固く結びつけられているのである。

このような大事故が起こると、国側はそれまで「原発はフェイル・セイフ、フール・プルーフに設計されており、運転員のどのような誤操作も安全サイドに収まる」と主張していたのを掌を反すように、これらの事故の原因を運転員たちの誤操作・人為ミスに矮少化し、安全審査と運転管理上の問題とは関係ないと変更した。伊方の安全審査報告書にも、多くの運転員たちのミスを俎上に乗せて、それでも安全性が確保されているとの結論を出しているにもかかわらずである。伊方一号炉の裁判は、現在最高裁判所第一小法廷に係属中であるが、最高裁がまともに事実を直視し、正しい法律の解釈をすれば、原告住民らの勝訴は動かないはずなのである。

（藤田一良）

OA化と労働環境

コンピュータ利用は、その発達初期から事務部門で活発だった。NC機も、ロボットもない一般の町工場でも、事務部門からコンピュータ化が始まっている。しかし事務の自動化・OAというレベルになると話が違う。事務処理を自動化するといっても、会計事務に限られる程度である。

しかし、オートメーションとはいえないものの、現在のOAは、オフィスでコンピュータ化は激しく進んでいる。

コンピュータが個々に使われるスタンドアロン型（独立型コンピュータ）から、発達しつつある通信網を利用して、ネットワーク化することによって、企業あるいは社会のなかに点在する事務作業（オフィス・ワーク）の一部をコンピュータ処理するシステムへという動きとして進んでいる。FAが物理的空間を限っての自動化ならば、OAは、物理的空間を超えての自動化であるということができる。しかし事務作業は工場の作業よりも不安定型で調節的作業がはるかに多いため、ネットワーク化にしても限定された業種（たとえば金融業）、大規模組織（多国籍企業・大企業・大規模自治体などの一部）でしか行われていない。

しばらくの間、OAは、事務の合理化という段階にとどまっていたが、ネットワーク化が進むことによって、新しい段階に入りつつある。ことに国際的な展開が著しく発達した金融市場で活躍する金融業のディーリング・ルーム、あるいは証券業や商社のトレーディング・ルームはメーカーの工場と同じように機能している。

コンピュータを利用する場合、すべての情報が記号化されていてコンピュータ内に蓄積されるために、その利用に関わった人、関わり方、その内容などを管理資料として再構成することが容易である。

つまり、コンピュータは、それぞれがタコグラフを内蔵しているようなもので、この機能を利用して、教育にコンピュータを適用させるCI（コンピュータ利用の教育）システムでは学習者の学習進度を把握し、それを解析して次の学習プランをコンピュータが決めていくなどというように使っている。

この例を応用して、労働者の成績評価を行い、昇進や配置転換、さらに給料の査定なども行うことができる。仮にそうなると、これは問題の大きい労働環境だということになる。

事務部門でのコンピュータ利用では、内外の情報、それもかなり機密に属する情報を多くやりとりするだけに、管理・監視機能は今後さらに強化されていくだろうと考える。だから楽観は許されないのではない。現代、ビル内の各種の監視行動にコンピュータと工業テレビカメラが実用化されていないのは、コンピュータの画像処理技術がまだ幼稚で、監視能力を発揮するにはほど遠いからである。しかし、画像処理技術の発達はめざましいものであるから、やがてはという心配は、やはり消せないと思われる。

コンピュータ利用時のプライバシー保持もまだ明確になっていない。それだけに、労働の場での個人秘密の保持を、雇用者、労働者それぞれに重大関心事としなければならない。労働内容によるコンピュータによる把握が、プライバシー侵害にあたるかどうか微妙であるだけに、多方面からの議論が先に行われていいと考える。現状では、それほどの実害がないと思われ、比較的安易にコンピュータが使われている。しかし、問題は大きく深いだけに社会的にコンピュータ利用労働と管理の問題に高い関心が集まって、実効ある防御方法を編み出す必要がある。

ともあれコンピュータの役割は今後も変わらず、管理のツールとして発達が模索されていくだろう。そこでは、さまざまな管理法が開発され、開発されれば使われるであろう。それだけにコンピュータの利用については社会的な合意を確立しておくことが是非とも必要である。（里深文彦）

ロボットと労働環境

日本には、世界中の産業用ロボットの六七％が集まっている。どうして、そのようになったのか、さまざまの理由が考えられる。まず第一に、大企業から中小企業までの経営者がロボットを高く評価し、労働者がそれにほとんど反対しなかったからだということができる。

このロボットが期待できる労働者であるというのは、経営者の言うままに働いてくれること、汚れた仕事を文句一つ言わずにやってくれることによる。実際にロボットは、ほとんどが人間の労働者に担当させにくい作業を受け持つ機械として使われている。人間は、自己の力を補うものとして道具を考え出し、さらに進んで機械を使うことを考案し、使ってきた。ロボットもその延長線上にあって、それまでの機械では担当しにくい労働をおこなう機械として発達している。このロボットの有用性を否定できないけれども、そこにはひとつの落し穴がある。

ロボット需要の順調に高まっている状況下で、さらにロボットが担当する作業分野の拡大のため、懸命に技術開発が進められている。その典型例は、通産省工業技術院が組織した極限作業ロボット技術研究組合でのプロジェクトである。一九八三年から一九八八年にかけて約二〇億円を投じて極限作業ロボットを研究開発しようとしたプロジェクトである。原子力施設、海洋、災害の三分野で作業するロボットを研究開発した。その点では、原子力施設用の作業ロボットが一番進んでいるといわれる。この開発は、人間の労働を投入しがたい現場にロボットを使おうというものである。

一九八六年四月二五日に発生したチェルノブイリ原子力発電所の事故処理には、リモートコントロールのロボットが使われた。しかし歪んでしまった屋根の上など、不定形の場所でロボットは活動できず、人が事故処理にあたるほかなかった。

それでも、人間の力を利用しにくい仕事をロボットに担当させるための技術開発は、ますます進められるであろう。チェルノブイリでロボットが活躍できなかった理由を追求して、次にはロボットですべての処理を済まそうなどと考える技術者が現われるにちがいない。高齢化社会をまぢかにひかえて、高齢者の労働を助けるというシルバーロボットの開発なども進められている。

問題は、ロボットの技術開発がどう進むかではなく、その発達により、次第に人間が自分に不都合な労働を、機械、ロボット、コンピュータ・システム、あるいは他の人間に任せて、ハイテクの恩恵を享受しようと考えることである。

コンピュータを中心とし、ロボットを新しい道具として、発達しつつあるこの新技術は、在来技術と融合して、次の時代の主流技術となっていくであろう。その技術によって、高齢化していく社会での筋肉労働が助けられ、各部門での労働力不足の幾分かは軽減できよう。しかし、コンピュータとロボットを中心とする技術は万能ではないし、それらをほとんど利用できない労働分野における辛苦労働も多くある。そのことを銘記し、そのような労働こそ人を社会にとって大切な労働として、精神的・経済的評価を高く与える社会的価値観を早く築くことが何よりも大切である。

今日、ロボットを使えない職場に外国人労働者が入り、また種々の代行ビジネスがニュー・ビジネスの一つとして盛んに創出されている。宅配便をはじめ、職場の清掃、家庭の食事の支度、ランチ・サービス、伝言の肩代わり、何から何まですべて代行で済まされる勢いである。この代行ビジネスもまた、一種のロボットである。

他人との関係が断ちきれがちなロボット社会において、やはり人は労働を軸に他人との関係を回復し、再構築するしかないのではなかろうか。

（里深文彦）

環境教育

用語としての環境教育は、一九四八年の国際自然保護連合の設立総会で、英国人であるトマス・プリチャードによって用いられたのが最初である。しかし、その背景には、米国に端を発する自然教育、野外教育、保全教育があり、その延長としての教育思潮といえる。とりわけ、一九六〇年代の急激な開発と工業化による深刻な環境問題の発生が、人間と自然との間にある根本的矛盾を顕在化させるなかで、人間と自然との共生ぬきに人類の存続はありえないことが認識されるにいたって、環境教育の必要性が強調されるようになった。環境教育の定義は、米国の環境教育法や様々な国際会議において確認されているが、それらを要約すれば、自然と人間との間の関係の改善をめざす学際的アプローチであるといえる。具体的には、環境問題を解決し未然に防止するための人間を育成することであり、自然にやさしいライフスタイルを実践することである。教育には体制を維持する保守的な側面と新たな社会を創造する革新的な側面があるが、環境教育はまさに後者である。一九八九年に日本政府が主催した「地球環境に関する東京会議」において提唱された環境倫理は、従来より環境教育のめざすものであり、オルタナティブな生活の基盤をなすものである。環境教育のめざす人間像は、時間的には次世代を、空間的には全世界を視野に入れ行動できる人間である。環境教育は非常に幅広く、その範囲を規定することはできない。従来から行われている自然（保護）教育、野外教育、保全教育、公害教育はもちろん環境教育に含まれるが、自然科学的アプローチのみでなく、人間の思考・行動様式のすべてを反映した、人文・社会科学、芸術等による新たな創造的アプローチが求められている。また、低開発によってもたらされる様々な問題について先進国の人々を対象にして行う開発教育は、まさに南北問題に焦点をあてた環境教育ということができる。さらに戦争が最大の環境破壊であること、今日の環境問題の幾つかが構造的暴力によって引き起こされていることを考慮すれば、平和教育、国際理解教育や人権教育は環境教育と密接に関係している。

環境教育の国際的取り組み　一九七二年の国連人間環境会議の宣言第一九項で、環境教育は、「個人、企業および地域社会が環境を保護向上するよう、その考え方を啓発し、責任ある行動をとるための基盤を拡げるのに必須のものである」とされ、勧告九一項で、あらゆるレベルの教育機関を用い、すべての人々を対象に学際的に取り組むことと勧告された。これを受けてUNESCOとUNEPが共同で一九七五年以降、国際環境教育計画（IEEP）に取り組んでいる。環境教育の国際的規範といわれるものに、一九七五年一〇月、ユーゴスラビアのベオグラードで開催された環境教育専門家会議がまとめたベオグラード憲章がある。それは、環境教育の目的を「環境とそれに関わる諸問題に気づき、関心をもつとともに、当面する問題の解決や新しい問題を未然に防止するために、個人及び集団として必要な知識、技術、態度、意欲、実行力などを身につけた世界の人々を育てること」とし、環境教育の目標を、関心、知識、態度、技術、評価、参加の六項目にまとめた。このベオグラード会議の成果を受けて、一九七七年一〇月、旧ソ連のグルジア共和国トビリシで環境教育に関する初の政府間会議（トビリシ会議）が、UNESCOとUNEPによって開催され、一四項目の勧告に具体化した。一九八〇年三月にIUCN、UNEP、WWFが共同で「持続的開発」を初めて国際的に提起した世界環境保全戦略を発表し、その第一三章「保全に対する支持：参加と教育」のなかで、人間と自然との共生のための〈環境倫理〉と、その基礎をつくる環境教育の意義を強調した。一九八二年五月、ナイロビで行われたUNEP管理理事会特別会合は、国連人間環境会議の成果を再確認したナイロビ宣言と共に五つの決議を行った。宣言では、広報、教育及び研修としての環境教育の意義が強調され、第一決議のなかで、トビリシ会議以降の環境教育の立ち遅れを総括し、国連機関の協力のもとに、教師・専門家・企業の管理者・意思決定者らへの研修、マスコミ・一般大衆・科学者への情報伝達を重視するその後一〇年間の計画を策定した。一九八七年八月には「環境教育と訓練に関するUNESCO－UNEP国際会議」がモスクワで開催され、トビリシ会議後一〇年の環境教育の国内及び国際的レビューを行い、さらに一九九〇年代に向けての環境教育と訓練の国際的戦略を提示した。

米国における環境教育　米国の環境教育は、以下のように、自然保護の歴史に対応し発展してきた。第Ⅰ期：北米開拓の過程で行われた凄まじい自然破壊に対する反省が、一九世紀中頃に厳正自然保護運動となって現われ、J・ミューアらが活躍した。この時代に「自然の理解と尊敬、直接観察の重視」を目的とする自然学習が、W・ジャックマンらによって、そして、「野外における自然の直接体験は教育の基本である」とする野外教育が、L・B・シャープらによって始められた。第Ⅱ期：T・ルーズベルト大統領（一九〇一―九）は、天然資源の保護管理に多大な貢献をした。これ以降、天然資源の性質や分布、利用等を理解させる保全教育が着手され、特に、大恐慌後、ニューディール政策等で国土の保全活動に失業者を雇用したF・ルーズベルト

（一九三三―四五）の下で推進された。第Ⅲ期：経済発展に伴う環境汚染が広がるなか、R・カーソンの『沈黙の春』（一九六二）が著され、国際的な波紋をおよぼした。その後、種々の環境法が制定されるなか、宇宙船地球号や生活様式の見直しが叫ばれ、環境の質を問題とする時代になった。そして、一九七〇年に世界で唯一の環境教育法が制定された（その後、一九九〇年に全米環境教育法が制定されている）。米国では、連邦の環境教育法と州独自の環境教育法等により、環境教育のプログラム開発や人材養成等を行政が積極的に支援している。また、環境NGO等の行政以外の取り組みも盛んである。

日本における環境教育　日本の環境教育は、水俣病をはじめとする戦後の深刻な公害問題に対処するために生まれた公害教育に端を発する。公害教育は、四日市市での石油コンビナートによる子供の喘息の発生に対して、子供の生存権保障の立場に立って、環境破壊から子供を守り、地域を守ろうとする教育として出発した。一九六七年には三重県教研集会で、一九七一年には全国教研集会で、「公害と教育」分科会が設けられた。一九七〇年一二月の通称、公害国会で公害対策基本法が一部修正されたのを受けて、学習指導要領「社会科」の一部見直しがなされ、都道府県教委等が「公害教育の手引」等を作成した。また、自然破壊に対抗して設立された自然保護団体が自然観察会を、一九七〇年代初めから各地で組織したが、これは社会教育における環境教育として位置づけることができる。環境問題の関心が、公害や自然破壊からより広い環境へと移ってきたことと、国連人間環境会議等の影響により、一九七〇年代中頃から公害教育、自然保護教育から環境教育へと対象の範囲が広げられた。しかし、環境教育が学際的であり、教科主体・受験重視の教育制度に馴染まない、公害教育アレルギーをもつ行政の取り組みが弱い、環境NGOの力が弱い等の理由により、日本の学校教育における環境教育の取り組みは非常に遅れていた。しかし、地球環境問題がクローズアップされるなか、環境教育は今日の重要な教育課題の一つとなるにいたった。その結果、文部省は環境教育指導資料（中学・高校編は一九九一年、小学校編は一九九二年）を発表するとともに、一九九一年に環境教育専門官を設置し、学校教育における環境教育の導入に着手した。学校教育とは対照的に社会教育分野においては、自然保護団体やナショナル・トラスト等を通して、徐々にではあるが環境教育が浸透しつつあり、一九八八年、環境庁に環境教育専門官が設置されるにいたった。また、一九九〇年には、環境教育の理論と実践をめざして、日本環境教育学会が設立された。自然保護や環境教育は、自然を客観的にみる欧米的な自然観から生まれたものであり、そのベースとなる環境倫理は欧米の人権拡張の結果でもある。欧米で生まれた環境教育を日本に定着させるには、宇宙船地球号的な視点をもちつつ、地域的な風土に根ざした日本型環境教育の構築が必要不可欠である。

（阿部　治）

著者一覧

永田　靖（文芸評論家）
西　真平（上武大学）
九原　弓（フリージャーナリスト）
町田武生（埼玉大学理学部）
石田和男（哲学者）
窪田陽一（埼玉大学工学部）
室崎益輝（神戸大学工学部）
山田國廣（大阪大学工学部）
川上英二（埼玉大学工学部）
里深文彦（相模女子大学）
佐藤敬三（埼玉大学教養学部）
矢野　環（埼玉大学理学部）
市川定夫（埼玉大学理学部）
吉永良正（サイエンスライター）
深江誠子（女性問題研究家）
中山まき子（目白学園女子教育研究所）
上野恵子（フリーライター）
竹中恵美子（大阪市立大学経済学部）
山口和孝（埼玉大学教育学部）
荒井　功（久留米大学法学部）
北沢洋子（第三世界研究家）
宮島　喬（お茶の水女子大学文教育学部）
伊藤重行（九州産業大学）
根本順吉（気象研究家）
坂本和彦（埼玉大学工学部）
安達元明（千葉大学医学部）
小山　功（東京都環境科学研究所）
鈴木紀雄（滋賀大学教育学部）
松本　聰（東京大学農学部）
辻　万千子（市民エネルギー研究所）
宇根　豊（福島県糸島農業改良普及所）
葉山禎作（埼玉大学経済学部）
松尾嘉郎（元京都大学農学部）
岩坪五郎（京都大学農学部）
冨田重行（生活環境問題研究所）
森永謙二（大阪府立成人病センター）
生越　忠（元和光大学）
加藤　辿（東京ハイビジョン）
萩原なつ子（お茶の水女子大学）
小畠郁生（国立科学博物館）
小池裕子（埼玉大学教養学部）
永戸豊野（世界自然保護基金日本委員会）
加藤秀弘（水産庁遠洋水産研究所）
戸田　清（都留文科大学）
目崎茂和（三重大学人文学部）
小見山　章（岐阜大学農学部）
山倉拓夫（大阪市立大学理学部）
森田　学（京都文化短期大学）
田中正武（木原記念横浜生命科学振興財団）
香川尚徳（愛媛大学農学部）
西岡　一（同志社大学工学部）
浅沼信治（日本農村医学研究所）
高橋晄正（元和光大学）
里見　宏（健康情報研究センター）
村田徳治（環境資源研究所）
植村振作（大阪大学理学部）
浦野紘平（横浜国立大学工学部）

安斎　育郎（立命館大学国際関係学部）
豊崎　博光（フォトジャーナリスト）
加地永都子（アジア太平洋資料センター）
室田　武（一橋大学経済学部）
槌田　敦（理化学研究所）
荻野　晃也（京都大学工学部）
瀬尾　健（京都大学原子炉実験所）
小泉　好延（東京大学アイソトープセンター）
高木仁三郎（原子力資料情報室）
小林　圭二（京都大学原子炉実験所）
西尾　漠（原子力資料情報室）
児玉　睦夫（弘前大学教養部）
平井　孝治（九州大学工学部）
中川　保雄（神戸大学教養部）
須之部淑男（科学ジャーナリスト）
脇田　久伸（福岡大学理学部）
宇井　純（沖縄大学）
原田　正純（熊本大学医学部）
中村　悟郎（フォトジャーナリスト）
遠藤　邦彦（日本大学文理学部）
沼澤　篤（霞ケ浦情報センター）
保母　武彦（島根大学法文学部）
本間　慎（東京農工大学農学部）
俵　浩三（専修大学）
杉山　恵一（静岡大学教育学部）
星　一彰（福島県自然保護協会）
米盛　裕二（琉球大学法文学部）
佐藤昌一郎（法政大学経済学部）
福武　公子（弁護士）
木村　保雄（弁護士）
伊澤　紘生（宮城教育大学教育学部）
岸元　良輔（飯田市美術博物館）
村本　義雄（日本鳥類保護連盟）
木原　啓吉（千葉大学自然科学部）
藤田　一良（弁護士）
阿部　治（埼玉大学教育学部）

（掲載順）

項目索引

ア行

カ行

緊急普及版
環境百科
—危機のエンサイクロペディア—

編　者
市川定夫
石田和男
伊藤重行
佐藤敬三
永田　靖

2011年9月20日　緊急普及版発行

定価　1260円（本体1200円）
発行者　井田洋二
製版所　㈱フォレスト
発行所　株式会社 **駿河台出版社**

〒101-0062 東京都千代田区神田駿河台3丁目7番地
振替 00190-3-56669番
電話東京（03）3291-1676（代）番　FAX東京（03）3291-1675番

乱丁・落丁本はお取り替えいたします
ISBN978-4-411-04018-3 C0535 ¥1200 E